U0169991

相变应力波

Stress Waves with Phase Transition

唐志平　著

王礼立　审校

科学出版社

北京

内 容 简 介

本书是作者团队在 7 个国家自然科学基金项目的连续资助下，历经二十余年，系统开展了冲击相变理论和实验研究成果的基础上，凝练总结而成，主要涉及应力波的新分支：相变应力波。由于相变能强烈改变材料的力学性质和应力波传播特性，对于材料和工程结构的响应和破坏特性具有显著影响，其机理和规律不同于传统弹塑性波。相变对工业生产、加工、新材料合成、国防工程、武器效应，也具有很高的应用价值，因此，本书具有重要的参考价值。

本书可作为动高压物理、爆炸与冲击领域科研人员的参考书，也可作为物理、力学、材料科学、地球物理等专业的高年级本科生和研究生的教学用书，以及作为大专院校土木、机械、材料、交通、地质、海洋和航空航天等工程学科和动态相关的教师及科研工作者的参考书。

图书在版编目(CIP)数据

相变应力波 / 唐志平著. —北京：科学出版社，2022.12
ISBN 978-7-03-074059-5

Ⅰ. ①相… Ⅱ. ①唐… Ⅲ. ①相变-应力波 Ⅳ. ①O347.4

中国版本图书馆 CIP 数据核字(2022) 第 228117 号

责任编辑：刘信力 赵 颖 / 责任校对：杨聪敏
责任印制：吴兆东 / 封面设计：无极书装

科 学 出 版 社 出版
北京东黄城根北街 16 号
邮政编码：100717
http://www.sciencep.com
北京中科印刷有限公司 印刷
科学出版社发行 各地新华书店经销

*

2022 年 12 月第 一 版 开本：720×1000 1/16
2022 年 12 月第一次印刷 印张：23 1/2
字数：473 000

定价：198.00 元
(如有印装质量问题，我社负责调换)

序

与准静载荷下的力学问题相比，爆炸/冲击载荷下的力学问题以计及结构微元体的**惯性效应**和材料行为的**应变率效应**为主要特征和难点。前者导致各种形式的、精确或简化的波传播的研究，属于结构动态响应研究，促进了**结构冲击动力学**的发展；后者则导致各种类型的应变率相关的 (率型) 动态本构关系和失效准则的研究，属于材料动态响应研究，促进了**材料动力学**的发展。

结构动态响应与材料动态响应两者既有区别又有密切联系，这表现在如下一般形式的动态强度准则：

$$\Sigma(t) \geqslant \Sigma_c(\dot{\varepsilon}) \tag{1}$$

式中，$\Sigma(t)$ 是计及应力波传播的非定常动态力学场特征量，随时间 t 动态变化，依靠力学家来回答；$\Sigma_c(\dot{\varepsilon})$ 随应变率 $\dot{\varepsilon}$ 变化，是计及 $\dot{\varepsilon}$ 效应的表征材料动态强度特征的临界参量，依靠材料学家来回答。这里需要注意两点：① 力学场的波分析是以掌握材料动态本构关系为前提的，而材料的动力学实验又有赖于应力波分析，这是从另一种角度看的结构动态响应与材料动态响应的相互联系和依赖；② 波分析所依赖的材料应力–应变关系常常表观上与应变率无关，但它是区别于静态应力–应变曲线的动态应力–应变曲线，从而隐式地计及了应变率效应。

对于相变材料和结构，问题变得更加复杂，特别表现在以下两方面：

首先，材料发生相变时，由于其结构和物理化学性质发生改变，其本构关系也发生相应的改变，相当于从一种材料的本构关系变换到另一种材料的本构关系。研究者必须研究和掌握不同材料相的本构关系及其随外界载荷 (特别是冲击载荷) 和温度的变化。有关冲击载荷下这一方面的研究，已形成了一门跨学科的新兴学科分支——冲击相变。

其次，由于相变结构中的应力波传播特性强烈地依赖于相变材料的本构关系，相变引起的材料本构关系的转变必然引起应力波传播规律的变化。特别是，一旦涉及加载–卸载–再加载–再卸载过程，由于加载–卸载边界的传播，即使对于非相变材料，也由于涉及波速奇性而属于不定边界问题，对于相变波再添加相变边界的传播和相互作用，问题就更为复杂。研究者必须研究和掌握相变如何影响应力波传播的规律性特征，以及其随外界载荷 (特别是冲击载荷) 和温度的变化。有关冲击载荷下这一方面的研究，也形成了一门跨学科的新兴学科分支——相变应力波。

由此可见，冲击载荷下相变材料和结构的动态响应问题的研究，可以归结为两个关键问题：材料**冲击相变**的研究和结构**相变应力波**的研究，而这两方面的研究又是相互密切联系、相互影响促进的。从事这一新兴研究领域的研究者，既要掌握材料科学有关相变方面的知识，也要掌握应力波传播方面的知识，难免会有"高处不胜寒"而令人生畏的感觉。

令人高兴的是，唐志平教授及其研究团队二十余年迎难而上，持续地在这两个新兴学科分支开展了系统性的研究，积累了一系列有价值的研究成果，在国内外学术界居于前沿。2008 年《冲击相变》一书首先出版，如今《相变应力波》一书又将问世，互为姐妹篇，值得有关学者学习研究。

是为序。

王礼立

2020 年 11 月于宁波

前　　言

作者首次接触到冲击相变是在 1985 年赴美国华盛顿州立大学冲击物理研究所，在时任该所所长、国际著名冲击波物理学家 Y. M. Gupta 教授指导下从事 CdS 冲击相变的研究，从此踏入了冲击相变研究的领域。

自 20 世纪 90 年代初开始，作者一方面给中国科学技术大学近代力学系研究生开设冲击相变课程，编写了 "冲击相变基础" 讲义，另一方面带领团队在国家自然科学基金项目的持续支持下 (参见附表) 开展了较为系统广泛的研究和探索，转眼间，已有近三十年的时间。其间在 2008 年由科学出版社出版了第一部专著《冲击相变》，该书总结了半个世纪以来该领域的研究进展，并初步介绍了作者团队在冲击相变本构模型、一维相变波传播及其效应方面的一些新进展。

相变本来是自然界中普遍存在的一种临界现象，如三态变化，是物理学家和材料科学家关注的领域。那么，它是如何与爆炸力学和冲击动力学产生交集的呢？这需要追溯到 20 世纪。1956 年，Minshall 等采用炸药爆炸加载的方法发现了铁的 α 相至高压 ε 相的相转变，这一转变以前不曾被发现过，从而开辟了冲击相变研究的新领域。现在我们知道，材料受到强冲击载荷作用时，不仅会屈服，甚至可能发生相转变，相变对于材料和结构件的动态响应有重大的影响：① 相变后的材料实质上已经成为一种新材料，如石墨转变为金刚石；② 相变引起的材料的力学非线性会强烈地改变应力波的波形，造成冲击相变所特有的三波结构波阵面和卸载冲击波。因此开展材料和结构中冲击相变及其影响的研究是十分重要和必要的，也是很有学术价值的，是冲击波物理、材料科学和冲击动力学共同关心的跨学科问题。冲击相变研究在基础理论、国防工程和工业生产方面，特别是在新材料合成方面，有重要的科学意义和应用价值。

我们在研究中遵循两条原则：一是坚持基础和应用基础研究并重，如三维相变本构模型、复合应力作用下的相变波、热力耦合相变波等，以及相变层裂、基本相变结构件 (杆、梁、板、壳) 的冲击行为研究，为工程应用提供依据；二是研究方法上以实验和理论研究为主，数值模拟为辅，相互印证。近三十年来，作者团队在研究中发现了多种涉及冲击相变的新现象，例如，相变引起的异常层裂，耦合相变快波和慢波，耦合相变冲击波，相变梯度材料，相变铰及其有限性和可恢复性等，构成了较完整的相变应力波体系，将传统的应力波理论开拓至跨学科 (力学、物理、材料科学) 的相变范畴，标志着一门新的分支学科 "相变应力波" 的形成，拓展了冲击动力学的研究领域。本书主要涵盖相变应力波方面的内容。

谨以此书献给已故恩师朱兆祥先生，朱先生是我国爆炸力学学科创建人之一，衷心感谢他对作者的培育之恩。衷心感谢恩师，著名冲击动力学家王礼立教授对作者长期的栽培和关怀，他审校了本书全部书稿并提出宝贵修改意见。感谢华盛顿州立大学 Y. M. Gupta 教授将作者领入冲击相变的科学领域。缅怀因公殉职的我国动高压物理先驱者、中国科学院院士、中国工程物理研究院经福谦先生，经先生高风亮节，曾为我的专著《冲击相变》作序，感谢他对作者工作的长期支持和指导。感谢国家自然科学基金委员会对作者冲击相变研究的长期且连续的资助(见附表)，以及科学出版社为本书的问世所做的大量工作。

作者团队在冲击相变研究领域的研究生们：博士研究生王文强、郭扬波、张兴华、李丹、徐薇薇、吴会民、崔世堂、刘永贵、宋卿争、张科、王波、种涛、郑航和廖裕刚等，硕士研究生刘方平、戴翔宇、卢建春、李婷、张会杰和黄赫等，其中戴翔宇和黄赫分别赴美、法深造获博士学位。他们勤奋好学、刻苦钻研、勇于探索，是活跃在科研战线上的生力军和主力军，为研究取得突破性进展做出了杰出贡献，充分展现出了他们的聪明才智，可以说，没有他们，科研项目是难以完成的，本书也是他们共同研究成果的结晶，在此向他们表示感谢和祝贺。感谢实验室工作人员胡晓军老师、郑航老师和廖香丽老师在研究中的重要贡献和辛勤付出。感谢听过作者课程的历届研究生们提出的宝贵意见，可以说，没有他们，本书是不可能完成的，在此一并表示感谢。

由于本书是作者团队的独立研究成果，第一次较系统地总结成书，希望能够对读者有所裨益，但书中难免存在不妥之处，诚挚欢迎读者商榷和指正，以利今后改进。

作　者

2021 年春于中国科学技术大学东区石榴园

附表　国家自然科学基金面上项目资助表

	项目名称	编号	起止时间	负责人
1	强动载下材料屈服后剪切行为的研究	19372061	1994—1996	作者
2	冲击相变本构和宏观相边界传播	10072058	2001—2003	作者
3	高应变率下金属材料在相变不稳区的动态行为研究	10176029	2002—2004	作者
4	相变梁杆冲击特性研究	10672158	2007—2009	作者
5	相变柱壳结构冲击力学响应研究	10872196	2009—2011	作者
6	考虑温度和复合应力的相变波传播特性研究	11072240	2011—2013	作者
7	压剪联合冲击下聚合物临近界面的失效现象和机理研究	11272311	2013—2016	作者

目　　录

第 1 章 绪 论

1.1 固体中的应力波

在各种民用和军事工程技术中,在自然界甚至日常生活领域中,都会不同程度地遇到爆炸与冲击问题,如采矿、道路建设、武器效应、地震、陨石落地、锤击等。爆炸与冲击加载的特点是加载快、过程短 (ms、μs 量级,甚至更短)、载荷强 (GPa、10^2GPa,甚至更高),且受载点的载荷信息 (应力、应变、粒子速度、能量等) 只有通过应力波的形式向外传播,受载结构内部的早期应力状态是不均匀且随时间剧烈变化的,这是传统的静力学理论不能解决的,必须用波的传播和相互作用即应力波理论加以描述。另外,任何结构都由材料制成,结构的动态响应特征离不开材料的动态响应特征,两者既密切不可分,又互有区别。所以冲击动力学理论一般涉及两大部分:一是波动理论,体现了结构微元体本身的惯性效应,包括一维至三维波动方程组;二是构成结构的材料的动态本构模型,表现为材料本构行为的速率/时间效应。冲击加载往往是高应变率加载,许多材料在高应变率下的性质不同于准静态,因此,研究和建立动载下的材料本构关系也是冲击动力学理论和应用所避免不了的重要内容。

应力波理论的发展已经历百余年 (王礼立,2005),早期发展的是弹性波理论,至 20 世纪四五十年代才发展起了完整的弹塑性应力波理论,以及应变率相关的弹黏塑性应力波理论体系。代表性工作有:英国的 Taylor (1940)、美国的 von Karman 等 (1942) 和苏联的 Рахматулин (1945),他们各自独立地发展奠定了塑性波理论;苏联的 Соколовский (1948) 和美国的 Malvern (1951) 建立了应变率相关的弹黏塑性波理论。之后的半个多世纪应力波理论在各个领域获得了广泛的研究和应用,并开始向各种复杂条件发展,例如多应力复合加载、多场耦合以及与各种非线性材料和各向异性材料相关的结构中的应力波。

这里我们提一下在复合应力波方面的进展。丁启财 (Ting,1972;丁启财,1985) 在总结前人研究的基础上建立了复合应力塑性波的统一理论,其中最有意义的是耦合塑性快波和慢波的发现。耦合塑性波的特点是纵向和横向分量耦合在一起,以相同的波速传播,不过在应力空间中它必须遵循特定的应力路径,不能像弹性波那样纵波和横波分量可以独立地以不同的波速传播。实验方面,20 世纪 70 年代末,Clifton 的研究组 (Abou-Sayed et al.,1976) 以及 Gupta 等 (1980) 相继建立起了压剪炮装置和相应的测试系统，实现了一维应变条件下的平板冲击压剪复合加载。薄壁管的压扭复合加载方法是另一种比较容易实现的复合应力加载形式，Clifton 的研究组 (Lipkin et al.，1970) 在霍普金森压杆 (Hopkinson pressure bar) 的基础上建立了一套薄壁管预扭/冲击压缩的实验装置。与平板冲击压剪实验相比，薄壁管压扭实验最大的优势在于应力波传播的距离更远，有效测量时间更长，从而能够得到更多的波系信息，使得实验中观测耦合塑性波和验证理论预测具有了可能。

1.2   材料的冲击相变

物质视外界条件的变化具有不同的聚集态，称之为 "相"。在一定的温度和压力条件下，会产生物相之间的转变，如固–液–气三态的变化，这就是所谓的 "相变" (phase transition)。相变是自然界中普遍存在的一种临界现象。相变能引起材料的力、电、磁、声、光等一系列物理、力学性质的显著变化，是一个多物理场的耦合问题。从狭义的力学角度看，我们通常考虑的相变现象是指外力作用引起材料内部结构发生改变，从而造成其力学性质发生变化的现象。随着力学家深入介入相变力学效应的研究 (Carroll，1985)，目前已经初步形成了一门新的交叉学科 "相变固体力学"，并被认为是固体力学的十大基础前沿研究领域之一。

传统的相变研究主要采用静高压加载装置或加温炉，前者主要研究压力引起的相变，后者主要研究温度引起的相变，两种方法都属于准静态加载。1956 年 Minshall 等 (Bancroft et al.，1956) 用炸药冲击波压缩的方法发现铁在 13GPa 压力以上产生了一个新的冲击波阵面，原因未知。由于它的压力高于塑性冲击波阵面，因而被命名为 P2 波，即塑性波 2。1962 年 Jamieson 等 (1962) 采用静高压加载 X 射线衍射测量方法确定了铁在 13GPa 压力下发生的是 α 相 (体心立方 (bcc) 结构) 至 ε 相 (密排六方 (hcp) 结构) 的多形性相变。由此可见 P2 波不是纯力学意义上的第二道塑性波 (塑性扰动的传播)，而是材料相变意义上的相变波 (相变扰动的传播)。铁的高压 α-ε 相变以前不曾被观察到过，因此冲击下这一相变的发现具有重要的科学意义，它揭开了冲击相变和相变波研究的序幕 (唐志平，2008)。六十多年来，对冲击相变和相变应力波的广泛探索，极大地丰富了人们对于材料冲击响应的认识，也为应力波研究开拓了一个新的领域。

1.3   冲击相变本构模型

本构关系或本构模型是材料性质研究的重要组成部分，材料性质的研究最终都归结为建立本构模型。同样，相变本构模型的研究在相变研究中占有重要的地位。国内外学者在相变模型方面进行过大量的研究，主要集中在准静态领域。

在动态相变本构模型方面，Hayes (1975) 建立的具有 N 个转变相的冲击相变本构模型在动高压领域得到了广泛的应用。Hayes 本构模型实质上是一种 $P\text{-}V$ 状态方程 (属于忽略畸变效应的高压流体模型)，描述相变过程中的混合相状态的演变。这类本构模型中仅考虑静水压力的影响，没有考虑偏应力的影响，适用于以体积变化为主的动高压相变，不适用于较低应力下以形状变形为主的冲击相变。

近年来，作者研究团队的郭扬波等 (郭扬波，2004；郭扬波等，2004) 在研究 NiTi 形状记忆合金的冲击特性和相变热力学的基础上，同时考虑了静水压力和偏应力对相变的影响，分别导出了 "应力诱发" 相变 (材料从弹性段直接进入相变) 和 "形变诱发" 相变 (材料从塑性段进入相变) 的三维临界准则，建立了可以描写冲击下具有 N 个转变相的各向同性材料中的 "应力诱发" 相变和 "形变诱发" 相变的三维增量型冲击相变本构方程，以及考虑新相生长域的相变演化方程。三者联立起来构成了一组完整的冲击相变本构方程。有意思的是，在主应力空间中，上述相变准则给出的相变临界曲面是一个锥面，可以解释相变的拉压不对称性及其机理。此外，主应力空间中的柱形屈服面可能与锥形相变临界面相交，从而可以预测在一定条件下可能发生 "卸载相变"，以及 "形变诱发" 相变和 "应力诱发" 相变之间的转化等新现象。这一相变模型有望得到更广泛的应用。

1.4 相变应力波

固体材料在受到高速撞击、爆炸等强冲击载荷的作用时，可能会屈服甚至发生相转变，反过来，相变对于材料的动态性质和结构件的动态行为也具有重大的影响。这一点可以粗略地从两方面来说明：其一，相变后的材料具有和初始材料不同的物理–力学性质，实质上已经成为一种新材料，如石墨 → 金刚石的相转变；其二，相变会强烈地改变介质中冲击波的波形，造成所谓的冲击波阵面的三波结构和稀疏 (卸载) 冲击波，如图 1.1 所示，图中加载波阵面上的 S_1 和 S_2 分别是弹性波阵面和由于材料屈服引起的塑性波阵面，S_3 是由于材料相变产生的相变波波阵面，加载波阵面形成 "三波结构"。R_2 则为卸载时由于相的逆转变产生的卸载冲击波 (或称为稀疏冲击波)。通常的卸载稀疏波是弥散的，稀疏冲击波则是逆相变引起的一种特殊的波现象。显见，相变引起的材料性质和应力波形的改变必然会影响材料和结构件对冲击载荷的响应和破坏特性 (唐志平，2008)。

上文提到，冲击下加载点的信息是通过应力波的形式向外传播的，因此，相变信息也将由相变波携带并传播。相变波将结构分隔为相变区和未相变区，因此相变波也是宏观意义上的移动相界面或物质间断面，移动相界面在 $x\text{-}t$ 图上的轨迹构成了运动相边界。这里采用宏观相界面以区别于新相成核生长过程中形成的微

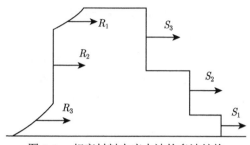

图 1.1   相变材料中应力波的多波结构

观尺度的相界面。相变波和卸载波作用还能产生静止相边界或称驻定相边界。依据相变波的强度和衰减规律，相转变区也可以分为完全转变区和部分转变区 (混合相区)，部分转变区往往构成相变梯度材料。假若材料存在逆相变，则可能形成卸载冲击波。对于具有 N 个转换相的材料，将存在更为复杂的相边界传播规律和相互作用图像。相变过程中释放的潜热及变形滞回产生的耗散功，使得相变波阵面两侧产生温差，它同时又是一个移动的温度界面。因此，相变波的传播是一个典型的热–力耦合过程，这对于理解相变材料的动态响应十分重要。冲击载荷下，相变波与弹塑性波，动、静相边界，材料边界面，以及温度界面的相互作用，在时空区域内不断地演变发展，将形成复杂的相边界传播图案，这是一个十分有趣的物理数学问题。由于相变应力波研究引入了物相和温度变化，这将大大拓展并丰富固体应力波的内涵。

尽管冲击相变领域已经开展了较为广泛的研究 (Duvall et al.，1977；唐志平，1992，1994，2008)，但有关冲击下相变波或宏观相边界传播的文献报道却并不多见。最初主要研究动高压加载下材料的高压相变，这类相变机制是以压力诱发为主，主要方式是一维气炮强冲击或爆炸等一维应变加载。近年来，随着各种形状记忆材料的快速发展，各种较低应力水平下的相变现象越来越受到人们的关注，对相变波的研究也越来越多。这类材料以形状记忆合金 (shape memory alloy，SMA) 为代表，其相变机制以剪应力诱发为主，采用一般的一维应力的 Hopkinson 压杆就可以开展研究了。

相变应力波早期研究以一维冲击加载为主，一般不考虑实验过程中的温度变化 (唐志平，2008)。代表性工作有，Lagoudas 等 (2003)，以及 Chen 等 (2005) 从实验和理论的角度研究了形状记忆合金长杆受到冲击加载时的波传播问题。Niem-czura 等 (2006) 对 NiTi 合金长薄板进行了单轴动态拉伸实验，计算了相边界的传播速度。Berezovski 等 (2005) 讨论了热弹性固体中应力引起的相变波阵面的传播。最近唐志平等 (王文强等，2000；戴翔宇等，2003；Dai et al.，2004；唐志平等，2005；徐薇薇等，2006) 对热弹性马氏体相变引起的相变波的传播规律进行了较全面系统的研究, 得到了一些新的认识。他们发现, 在强间断加卸载条件下, 杆中将形成三类基本的间断面: 弹性波、运动相边界 (相变波) 和静止相边界。三类间断面的相互作用构成复杂的波系结构; 卸载相边界传播过程中可能产生分叉、反向传播, 以及随着幅值减小反而增速等反常现象; 并提出了一种产生梯度材料的新方法 (Tang et al., 2006)。他们还初步探讨了外场作用下一级相变和二级相变转化的可能性, 以及温度对相变波传播特性的影响。

最近, 刘永贵等 (刘永贵等, 2011; 刘永贵, 2014; 刘永贵等, 2014a, 2014b; 唐志平等, 2015) 采用实时瞬态温度测量方法仔细研究了形状记忆合金 NiTi 在冲击过程中温度对相变波传播的耦合影响, 测到了相变波阵面的温升, 表明相变波是一个移动的温度界面。从实验和理论上研究了相变波和杆中预设的初始温度间断面的基本作用规律; 分析计算了相变波在温度梯度相变材料中传播问题, 以及考虑温度变化时对材料的相变特性从而对相变波的传播规律的影响。以上研究把相变波和温度的相互耦合作用的认识推进了一步。

在复合应力加载方面, 早年 Escobar 等 (1993, 1995, 2000) 采用压剪炮平板斜碰撞方法研究了 CuAlNi 和 NiTi 合金在压剪复合冲击加载下的相变行为, 其目的在于测量相变波的速度, 以验证或确定相变动力学关系。实际上, 由于 NiTi 形状记忆合金相变以剪切诱发为主, 平板碰撞形成的高静水压力会阻碍相变的发生 (见第 3 章), 因此实验中是否发生了相变尚不明朗。最近, 宋卿争等 (宋卿争, 2014; Song, 2014a, 2014b; 宋卿争等, 2015), 以及王波等 (王波, 2017; Wang et al., 2014, 2016; 王波等, 2016, 2017) 对复合加载 (压扭、拉扭、压剪) 下的耦合相变波的形成和传播规律进行了较系统的理论和实验研究, 并从实验上观测到耦合相变波的传播, 验证了理论预测。更有意义的是, 从理论上导出了复合载荷突加载至相变完成面以外 (进入纯第 2 相) 时将形成耦合相变冲击波。直接从相变本构模型出发的独立于相变耦合冲击波理论的数值模拟实验, 观察到了相变耦合冲击波的形成过程以及波前状态的调整过程, 模拟得到的冲击波波速以及波前状态与理论解基本一致, 从而验证了理论预测, 把复合应力波理论提升到一个新的高度。

1.5 内容安排

全书共 11 章。第 1 章是绪论。第 2 章扼要介绍冲击波理论和经典相变理论, 为非冲击力学和非物理专业的读者和学生提供必要的冲击波和相变的基础知识。更多内容可参阅科学出版社出版的专著《冲击相变》(唐志平, 2008)。第 3 章重点介绍冲击相变本构模型, 该模型是作者实验室近年来在传统的流体型冲击相变模型基础上发展起来的三维固体冲击相变模型和相变准则, 是描述固体材料冲击相变力学特性的基础，也是本书后续章节的力学基础。第 4 ~ 11 章论述各种冲击条件下相变应力波的形成、传播和演变规律。其中第 4 章讨论一维半无限介质中相变波的传播，加卸载相边界的作用和演变；第 5 章分析一维有限介质中相变波的传播，端面反射作用规律，以及相变引起异常层裂的新现象、新机理；第 6 章着重探讨温度对相变波传播的影响以及相变波在温度场中的传播规律；第 7 ~ 9 章讲述复合应力冲击加载下的相变耦合波传播现象和规律，其中，第 7 章研究一维薄壁管的拉 (压) 扭复合冲击加载，建立了耦合相变波理论，特别是耦合相变冲击波理论；第 8 章则是薄壁管复合加载下耦合相变波的实验研究，实验观测验证了耦合相变波的理论预测；第 9 章描述平板斜碰撞压剪复合应力下的相变波；第 10 章是对压剪复合冲击下结构的近界面剪切失效现象及其机理的探索，涉及结构强度与材料强度的耦合问题，指出材料的剪切强度限制是造成结构近界面剪切波衰减的力学机制，并具有普适性；最后一章 (第 11 章) 介绍横向冲击下半无限梁和悬臂梁中的早期波动响应，相变弯曲波的传播特性，以及相变铰的形成和演变规律，以拓展读者的视野。

由于篇幅所限，本书不设单独一章来叙述冲击实验方法和测试技术，而是分散在相关章节中结合具体研究需求作介绍。想系统了解动态实验技术的读者可以参考相关文献 (经福谦，1999；唐志平，2008)。此外，本书实验和数值模拟对象大都采用 NiTi 合金，原因在于它是一种较普遍使用的形状记忆材料，也是典型的相变材料，其形状记忆特性的机制在于奥氏体–马氏体相变。NiTi 合金性质稳定可靠，能方便地通过热处理调节其相变点及初始状态 (伪弹性状态 (PE) 或形状记忆状态 (SME))，能较好地展示相变应力波传播的主要特性。对于其他相变材料，可以先通过实验测定其动态特性曲线，拟合出相应的本构模型，过程和方法与本书的举例是类似的。

第 2 章 应力波和相变热力学基础

2.1 概　　述

材料动态特性研究和冲击加载技术是"二战"后发展起来的。主要发展了两类典型的实验技术，都与应力波密切相关。一类是平板碰撞实验，代表性装置是轻气炮，它采用飞片撞击靶板 (试样) 的方式对靶板加载。板的横向尺度远大于板的厚度，由于板的横向约束，在实验感兴趣的时间范围内，其中央区域的横向应变为 0，仅有轴向应变，该区域材料处于严格的一维应变状态。另一类采用杆撞击实验，代表性设备是 Hopkinson 压杆，采用长杆弹撞击细长杆 (试样) 对后者加载。当杆的横向尺寸 a 与波长 λ 之比是可忽略的小量时，即应力波意义上的细长杆，在杆的横截面上近似分布着均匀的轴向应力，而其横向应力可视为 0，材料处于一维应力状态。在冲击动力学领域通常采用这两种典型的实验装置来研究材料的动态响应和波传播特性，因为对各向同性材料而言，一维应变和一维应力状态可直接得到最核心的纵向应力、应变、粒子速度 (含时间) 之间的关系，排除了其他复杂因素。平板碰撞实验在高速碰撞下由于材料自身的横向约束可以形成远高于材料屈服强度的三向等轴压力 (即应力球量，俗称静水压力)，以至于可以忽略材料的剪切强度，材料可以作为忽略畸变强度的流体来看待。同时，由于材料可压缩性的非线性效应，将会形成强压缩冲击波的传播，譬如 100GPa。这类实验主要用于动高压物理、武器物理等领域的材料高压状态方程 (本构容变律) 的研究。杆撞击实验由于侧向应力为 0，静水压较小，但剪应力相对较大，受一维应力下剪切强度特性的限制，难以获得很高的轴向应力，主要用于应变率 $10^2 \sim 10^4 \mathrm{s}^{-1}$下材料的动态弹塑性等力学性能 (本构畸变律) 和一维应力波的研究。需要说明的是，我们一般认为，通过这两种方式可以直接得到材料的动态力学性能，但这种看法并不严格，譬如，同一种材料，分别用平板或长杆碰撞实验得到的应力–应变曲线是不相同的，其原因在于其试样结构 (形状、尺寸) 不同，约束条件不同。因此，对实验而言，材料总要加工成各种结构的试件，因此，称试样或结构可能更严谨 (王礼立，2005)，下文中有些地方用 "结构" 或 "试样" 代替习惯上的 "材料"。

传统相变主要研究准静态下相变与温度和压力的关系，早期有关动高压下的冲击相变研究也是如此。然而，不论静高压还是动高压研究，均已发现有些相变除了温度和压力外，还与剪应力相关 (唐志平，2008)。近年来，还发现有些相变主要由剪应力引起，如形状记忆合金的热弹性马氏体相变，因此一维应力加载也成为这类冲击相变研究的好方法。

本章扼要介绍凝聚态介质中与冲击相变有关的一维应力波理论基础，以及相变热力学的基本概念。进一步的资料可参阅相关文献 (王礼立，2005；王礼立等，2016；经福谦，1999；唐志平，2008)。

2.2　物质坐标和空间坐标

在连续介质力学中，可以采用两种坐标来描述材料的运动和变形，即物质坐标和空间坐标，前者也称为拉氏 (Lagrange) 坐标，后者称为欧拉 (Euler) 坐标。前者建立在材料的质点上，与质点一起运动，后者在空间建立一个静止的参照坐标。对于我们所讨论的一维运动而言，前者用 X 表示，后者用 x 表示。对于初始时刻位于 X 处的质点，t 时刻的空间位置 x 可表为

$$x = x\left(X, t\right) \tag{2.1}$$

反解可得

$$X = X\left(x, t\right) \tag{2.2}$$

对于某个物理量 φ 的传播，譬如应力 σ，质点速度 v 等，既可以用物质坐标也可以用空间坐标来描述

$$\varphi = F\left(X, t\right) \tag{2.3a}$$

$$\varphi = f\left(x, t\right) \tag{2.3b}$$

相应地，φ 对于时间的导数也有两种表述：一种是空间坐标 x 固定，称为空间偏导；另一种是物质坐标 X (质点) 固定，称为物质偏导或随体导数。需要说明的是空间偏导是单纯的时间偏导，而物质偏导由于跟随质点观察物理量随时间的变化，得到的就是该物理量对于时间的全导数，即

$$\frac{\mathrm{d}\varphi}{\mathrm{d}t} = \left[\frac{\partial F\left(X, t\right)}{\partial t}\right]_X \tag{2.4}$$

在空间坐标下表示的全导数公式为

$$\frac{\mathrm{d}\varphi}{\mathrm{d}t} = \frac{\partial f\left(x, t\right)}{\partial t} + v\frac{\partial f\left(x, t\right)}{\partial x} \tag{2.5}$$

式中 v 是质点速度。

虽然这两种观点都可以用来研究介质的运动，但对于某些物理量而言，在不同坐标下的表观数值可能是有差别的。以波速为例，在物质坐标中设波阵面 w 在 t 时刻传播至质点 X 处，其传播规律可表为 $X = S(t)$，其对时间导数 C 即为波阵面在物质坐标中的传播速度

$$C = \left(\frac{\mathrm{d}X}{\mathrm{d}t}\right)_w = \dot{S}(t) \tag{2.6}$$

C 称为物质波速、内禀波速或 Lagrange 波速。类似地，在空间坐标中，波阵面传播规律可用 $x = s(t)$ 表示，对时间导数 c 称为空间波速或 Euler 波速

$$c = \left(\frac{\mathrm{d}x}{\mathrm{d}t}\right)_w = \dot{s}(t) \tag{2.7}$$

根据 (2.1) 和 (2.2) 式，可以推导出一维运动下两种波速的转换关系 (王礼立, 2005)

$$c = v + (1 + \varepsilon)\,C \tag{2.8}$$

式中 v 和 ε 分别为波前介质的质点速度和工程应变 (一维时即 Lagrange 应变)。显见，对于波前静止和无变形的介质，两种波速是相等的。

其他物理量也有对应的转换公式，特别地，对于初始静止的材料，当 ε 很小时，两种观点得到的结果基本相同。因此小应变条件下，通常并不区分两种观点，甚至不提采用哪种观点。

一般情况下，固体冲击力学多采用 Lagrange 坐标，流体动态行为则多采用 Euler 观点，这是介质特性和研究的方便性决定的。固体材料的质点位置相对容易识别，典型的是，可以直接在试件上不同 Lagrange 位置处粘贴应变片，从而得到相应的 Lagrange 波速和应变等参数。流体介质具体质点不易识别，通常在实验室参照系统中 (典型的空间坐标)，布置传感器或其他测试装置，让介质流经它们，从而得到 Euler 观点的参数。虽然两种观点都可用于同一介质，但传统领域上已形成了惯有的观点和方法。对于冲击力学而言，不仅研究固体的力学响应，也要研究流体的冲击行为。由于固体介质在强冲击动高压载荷下，可能产生类似流体般的流动，因此在早期强动载研究领域，采用的是 Euler 观点，而一般固体冲击研究则倾向于 Lagrange 观点，这一点在文献阅读中需要加以识别。作为冲击力学工作者，应该同时掌握两种观点和方法。

有关两种坐标、两种观点的严格定义和应用，请参阅《应力波基础》一书 (王礼立，2005)。

2.3 一维应力控制方程

2.3.1 微分型控制方程

2.1 节中提到, 细长杆中波的传播属于一维应力问题, 我们采用物质坐标 X 来处理, 可以写出 3 个微分型基本力学守恒方程。鉴于一维应力冲击下的等轴压力 (应力球量) 不会很高, 因此对于密实材料, 其体积变化可以忽略, 流体力学近似情况下研究本构容变律所需的能量守恒方程可以不必列出。其他 2 个守恒方程为

$$\frac{\partial v}{\partial X} = \frac{\partial \varepsilon}{\partial t} \quad \text{(连续性方程)} \tag{2.9}$$

$$\rho_0 \frac{\partial v}{\partial t} = \frac{\partial \sigma}{\partial X} \quad \text{(运动方程)} \tag{2.10}$$

式中质点速度 $v = \dfrac{\partial u}{\partial t}$, u 是位移。工程应变 $\varepsilon = \partial u / \partial X$, ρ_0 是介质初始密度, σ 是工程应力。由于我们只关心轴向 (X 方向) 分量的关系, 所有分量都省略了下标 X。连续性方程, 也称相容性方程, 连续性方程和运动方程实质上就是质量守恒方程和动量守恒方程。

(2.9) 和 (2.10) 式对所有材料运动都是普适的, 不过, 为了研究某种特定结构的运动, 则需要列出构成该结构的材料之动态力学特性, 在冲击载荷下为应变率 $\dot{\varepsilon}$ 相关的本构方程

$$\sigma = \sigma(\varepsilon, \dot{\varepsilon}) \tag{2.11}$$

在不涉及温度与能量守恒的情况下, (2.9)~(2.11) 式构成了该结构的 σ, v, ε 的封闭方程组, 称为一维应力控制方程, 加上初、边值条件, 可以解决该结构的一个具体的冲击力学问题。

2.3.2 间断面守恒方程

上面微分型方程适用于连续可微力学场, 不适用于存在间断面的场合, 如冲击波阵面。由冲击波阵面前后的质量和动量守恒关系, 可以得到

$$[v] = -D[\varepsilon] \tag{2.12}$$

$$[\sigma] = -\rho_0 D[v] \tag{2.13}$$

式中方括号表示间断面后方值减去波前方的值, 负号表示以拉为正。D 是间断面 (冲击波阵面) 运动的速度, 它与材料性质相关:

$$D = \sqrt{\frac{1}{\rho_0} \frac{[\sigma]}{[\varepsilon]}} \tag{2.14}$$

(2.12)~(2.13) 式中有 4 个变量 $\sigma, v, \varepsilon, D$，当波阵面前方参数已知，材料性质未知时，只要实验上测得 2 个未知参量，就可求出其他 2 个未知量。

2.4　一维应变控制方程

一维应变条件下，如果仅关心纵向力学分量的传播，当采用 Lagrange 观点，并设以拉为正时，其微分形式及强间断形式的守恒方程分别和 2.3 节中 (2.9) 式、(2.10) 式以及 (2.12) 式、(2.13) 式相同。不同的是，由于受到侧向约束，对应的纵向模量和波速均比一维应力情况下的高，称为侧限模量和侧限波速 (王礼立，2005；经福谦，1999；唐志平，2008)。只要将相应的侧限模量和侧限波速代入即可得到一维应变条件下的控制方程。

由于动高压领域早期采用流体力学方法，即 Euler 观点研究一维应变冲击加载下材料的动高压压缩和流动问题，在该领域 Euler 观点一直延续至今。为尊重和了解这一传统，以下几节我们采用 Euler 坐标来建立方程。

2.4.1　一维应变下的应力–应变约定

我们主要处理冲击压缩问题，特别是一维应变平面冲击波问题，为方便起见，我们用压应力张量 P_{ij} 来代替通常的应力张量 σ_{ij}，并假定以压为正，即

$$P_{ij} = -\sigma_{ij} \tag{2.15}$$

设 X, Y, Z 为应力主轴方向，平面波沿 X 方向传播，则应力张量中的非对角线分量均为零，三个主应力分别记为 $P_X = P_{XX}, P_Y = P_{YY}, P_Z = P_{ZZ}$，在实验中通常能测量的是纵向应力 P_X。由三个主应力可得到平均应力 $\bar{P}$ 和剪应力 τ。对各向同性材料有

$$\bar{P} = (P_X + P_Y + P_Z)/3 = (P_X + 2P_Y)/3 \tag{2.16}$$

$$\tau = (P_X - P_Y)/2 \tag{2.17}$$

利用 $\bar{P}$ 和 τ，纵向应力 P_X 可写为

$$P_X = [(P_X + 2P_Y) + 2(P_X - P_Y)]/3 = \bar{P} + 4\tau/3 \tag{2.18}$$

(2.17) 式中的 τ 常称为 "最大可分解剪应力"，位于与 X 轴成 45° 角的方向上。平均应力 $\bar{P}$ 又称为静水压，在流体动力学问题中或与静高压结果比较时，就等同于静水压 P。在动高压领域的冲击相变研究中主要讨论与 $\bar{P}$ 的关系，然而有关 τ 对相变的影响也是一个关心的问题 (唐志平，2008)。

一维应变状态下，应变张量中只有 $\varepsilon_X = \varepsilon_{XX} \neq 0$，其余分量均为 0。这种情况下，应变与比容 V，密度 ρ 的关系有

$$\varepsilon_X = \frac{L_0 - L}{L_0} = \frac{V_0 - V}{V_0} = 1 - \frac{V}{V_0} = 1 - \frac{\rho_0}{\rho} \tag{2.19}$$

式中 L_0 和 L 分别表示变形前后样品的轴向长度。由于样品的横向没有发生变形，因此在一维应变条件下，材料的轴向应变就等于材料的体积应变。若发生斜撞击或材料呈各向异性，撞击方向不沿材料的主轴方向时，则会产生其他方向的粒子运动，应变张量中也将出现其他分量。

2.4.2 一维应变守恒方程

守恒方程在动高压物理中又称为流动方程，它由质量、动量和能量三个守恒方程组成，是一切流体型连续介质都必须遵循的普适方程。一维应变条件下三个方程的微分形式为

$$\frac{\partial \rho}{\partial t} + \frac{\partial (\rho u)}{\partial x} = 0 \tag{2.20}$$

$$\rho \frac{\partial u}{\partial t} + \rho u \frac{\partial u}{\partial x} + \frac{\partial P_X}{\partial x} = 0 \tag{2.21}$$

$$\frac{\mathrm{d}E}{\mathrm{d}t} = -P_X \frac{\mathrm{d}V}{\mathrm{d}t} + \frac{\mathrm{d}Q}{\mathrm{d}t} \tag{2.22}$$

式中 x 是 Euler 坐标，粒子速度改用 u，V 为比容，ρ 是密度，$V \equiv 1/\rho$，E 是比内能 (单位质量具有的内能)，$\mathrm{d}Q$ 是单位质量介质从外部获得的热量。式中 $\mathrm{d}/\mathrm{d}t$ 表示全导数：

$$\frac{\mathrm{d}}{\mathrm{d}t} = \frac{\partial}{\partial t} + u \frac{\partial}{\partial x} \tag{2.23}$$

值得强调的是，虽然守恒方程是描述连续介质运动的普适规律，但它们本身并不能确定任何实际的运动，必须加上具体材料的力学性质的表述 (本构关系，对于不考虑剪切分量的流体型材料，在可逆热力学框架下，称为状态方程) 和初、边值条件，才能构成一组封闭的方程组，用来求解具体的运动流场。守恒方程加上材料本构方程能描述某种介质的运动规律，它们也被称为支配方程或控制方程。

同一维应力类似，(2.20)~(2.22) 式是微分形式的守恒方程，用于连续可微流场，不适用于间断情况。

2.4.3 间断条件和冲击绝热线

当一均匀压力 P_1 突加于半无限空间介质的表面上并保持不变时，在介质中将产生一个以波速 u_S 前进的冲击波阵面 S。冲击波阵面可视为数学上的间断面，

跨过它,介质的状态量将发生突跃,如图 2.1 所示。图中下标 0 和 1 分别表示波前和波后的参量。设 u_S 为空间波速,单位时间、单位面积扫过波前 0 区的介质为 $m = (u_S - u_0)/V_0$,根据质量、动量和能量守恒条件,可得跨过波阵面的 Euler 形式的冲击突跃条件为 (经福谦,1999;唐志平,2008)

$$1 - V_1/V_0 = (u_p - u_0)/(u_S - u_0) \tag{2.24}$$

$$P_1 - P_0 = (u_S - u_0)(u_p - u_0)/V_0 \tag{2.25}$$

$$E_1 - E_0 = (P_1 + P_0)(V_0 - V_1)/2 \tag{2.26}$$

式中符号意义见图 2.1,其中 u_p 为波后粒子速度。

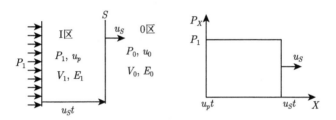

图 2.1　平面冲击波传播的间断关系

(2.24)~(2.26) 式适用于强间断情况或稳态波 (波阵面形状不随时间变化) 情况。在实际应用中,若波阵面前后状态变化非常剧烈 (即波阵面很陡),比波头形状随时间变化大得多时,也可近似地使用此条件。当波头不稳定 (非稳态波) 时,对波速的定义要格外当心,因为这时对于不同幅值和不同物理量,可能存在不同的波速 (所谓相速度),必要时可用 Lagrange 分析方法加以处理 (唐志平,1993)。

三个冲击突跃条件中,(2.26) 式具有特别重要的意义,称为 Rankine-Hugoniot 方程,它联系了冲击波前后的 E、P、V 状态量之间变化关系。若已知某种材料的状态方程,譬如内能形式的状态方程 $E = E(P, V)$,它与 (2.26) 式的联立解表征了一条在 E、P、V 状态空间中的曲线,消去 E,可得 P、V 平面内一条表示波后 P_1, V_1 状态关系的曲线:

$$E(P_1, V_1) - E(P_0, V_0) = (P_1 + P_0)(V_0 - V_1)/2$$

或写为

$$P_1 = f(V_1; P_0, V_0) \tag{2.27}$$

这说明只要确定一个初始状态 (P_0, V_0),对于不同的冲击压力 (即不同强度的冲击波),其波后状态点 (P_1, V_1) 在 P-V 平面上的集合可构成一条以 (P_0, V_0) 为始点的曲线,该曲线称为以 (P_0, V_0) 为始点的 Rankine-Hugoniot 线 (R-H 线) 或冲击绝热线 (图 2.2)。又因位于 $P\text{-}V$ 平面上,故全称应为 $P\text{-}V$ R-H 线。冲击绝热线的简称很多,如 Hugoniot 线、R-H 线或 H 线等,中文译名为雨贡纽或许贡纽曲线。始点的状态参数很重要,不同的始点,对应的 R-H 线各不相同。如图 2.2 中的 R-H 线 ABC 是以 A 为始点,而 BD 则是以 B 为始点。图中还给出了等温线和等熵线 (虚线所示),冲击绝热线位于它们的上方。

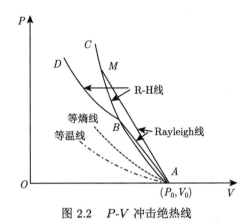

图 2.2 $P\text{-}V$ 冲击绝热线

须强调的是,R-H 线本身并不是一条过程线,而是同一始点、不同强度冲击波的终态点的集合,如图 2.2 中的 M 点。终态点与始点的连线 AM 称为 Rayleigh 线。Rayleigh 线具有特殊的意义,它的斜率决定冲击波的波速 (可由 (2.24) 和 (2.25) 式看出),而由 (2.26) 式知,Rayleigh 线下面的面积恰好代表了冲击波波阵面上的内能突跃值。对于稳定的冲击波,波阵面上每一部分以相同的波速传播,而波速又由 Rayleigh 线的斜率所确定,这意味着冲击突跃所经历的各状态点的变化路径,实际上就是沿 Rayleigh 线,不过除了初态和终态两点是热力学平衡态外,其余各点都处于非平衡态。

Hugoniot 线除上述讨论的 $P\text{-}V$ 形式外,还有其他形式,实际上任意两个有突跃变化的力学和热学状态参量之间都存在相应的 Hugoniot 关系,常用的有 $P\text{-}u_p$ 关系和 $u_S\text{-}u_p$ 关系。

由 (2.24) 和 (2.25) 式可以得到

$$u_S - u_0 = V_0[(P_1 - P_0)/(V_0 - V_1)]^{\frac{1}{2}} \tag{2.28}$$

$$u_p - u_0 = [(P_1 - P_0)(V_0 - V_1)]^{\frac{1}{2}} \tag{2.29}$$

上述两式把 $P\text{-}V$ 平面上的 Hugoniot 线映射到 $u_S\text{-}u_p$ 平面,称为 $u_S\text{-}u_p$ Hugoniot 线。而 (2.29) 式和 (2.27) 式又把 $P\text{-}V$ 平面上的 R-H 线映射至 $P\text{-}u_p$ 平面,称为

P-u_p Hugoniot 线。

原则上，(2.24)~(2.26) 式、(2.28) 式和 (2.29) 式等 5 个式子中，只要通过测量知道任何一对参量的 Hugoniot 关系，即可求出其他所有参量之间的关系。在冲击加载实验中，目前能够直接测量的参量有压力 P、冲击波速 u_S 和粒子速度 u_p，其他量的直接测量有困难。实验上测定材料的 u_S-u_p 形式的 Hugoniot 线特别有意义，这是基于下述原因：

(1) u_S 和 u_p 都是速度量纲的量，在实验中易于直接测量。

(2) 大多数材料的 u_S-u_p Hugoniot 线在相当宽的压力范围内呈简单线性关系 (图 2.3)，可以用下式来表示

$$u_S - u_0 = c_0 + s(u_p - u_0) \tag{2.30}$$

式中 u_0 是波前粒子速度，c_0 和 s 是材料常数，c_0 表示初压 $(P = P_0)$ 下的体波声速：

$$c_0 = \sqrt{k_0 V_0} \tag{2.31}$$

其中 k_0 是 $P = P_0$ 时的体积模量。当 $P_0=0$ 时，c_0 则为零压体积声速。一些常用材料的 c_0，s 值可参见文献 (唐志平，2008)，更完整的数据可参阅文献 (Marsh，1980)。事实上冲击波实验所确定的 c_0 值通常很接近材料的体积声速。由于 c_0 可用超声方法测定，因此可以核对或补充冲击实验的结果。

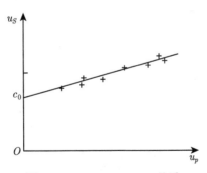

图 2.3 u_S-u_p Hugoniot 关系

(3) 除某些材料外，如果 u_S-u_p 曲线偏离这一线性关系，那么很可能是由于多孔、大变形或相变等原因造成的。由于 u_S-u_p 曲线很敏感，通过它可以发现在 P-V Hugoniot 线上也许不易觉察的轻微变化，如二阶相变等 (唐志平，2008)。

从 (2.28)~(2.30) 式中消去 u_S，u_p，可以把 u_S-u_p 平面上的 Hugoniot 关系映射回 P-V 平面，得到

$$P - P_0 = \frac{c_0^2(V_0 - V)}{[V_0 - s(V_0 - V)]^2} \tag{2.32}$$

图 2.4 表示当飞片以速度 u_0 打击初速为 0 的靶板时，其撞击面处的压力和粒子速度可由两种材料的 P-u_p Hugoniot 线的交点确定，因为界面处要满足压力和粒子速度相等的连续条件。P-u_p 形式的 Hugoniot 线 (图 2.4) 对于处理两物体的高速撞击，两个冲击波的相互作用，以及冲击波在界面的反射、透射等问题最为方便，对于板撞击实验的设计也极有价值。

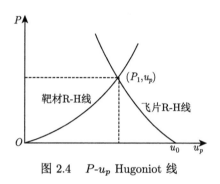

图 2.4　P-u_p Hugoniot 线

一维应力条件下也有类似的 σ-u 曲线，可以在 X-t 平面和 σ-u 平面上求解一维应力波的传播和相互作用问题。

2.5　相、相变及其分类

物质通常有固、液、气三个状态，分别称为固相、液相和气相。在某些极端条件下还存在等离子态。有些物质在固态和液态还具有不同结构/组织/性质的相。物相之间的转变叫做相变。一般可用 P-T (压力–温度) 相图来表示各相存在区域及相变时的 P-T 参数。图 2.5 给出水的固、液、气三个相区，两相并存线 OA、OB、OC，以及三相 (共存) 点 O。图 2.6 示出铁的三个固态相存在的区域，其中 α 相具有体心立方 (bcc) 晶体结构，γ 相具有面心立方 (fcc) 晶体结构，ε 相具有密排六方 (hcp) 晶体结构。相图中相邻的两相在一定的压力和温度条件下均可能发生转变，所以上述两图中各存在六种可能的相变。

相的经典定义为：系统中任一物理与化学状态均匀的部分称为一个相。若整个系统只有一个均匀状态，称为单相，否则称为混合相或者多相系统。相是宏观热力学引入的概念，因此原则上应满足热力统计要求并具有一定的界面，这使得可以采用连续介质力学的描述方法来处理相和相变问题。既然相是宏观热力学中引入的概念，不言而喻，将它应用到微观领域是不合适的。更广义范围内，可引入广义相的概念 (肖纪美，2004)，这时将涉及化学热力学的方法，本书主要讨论力学响应，仅限于经典相变概念。

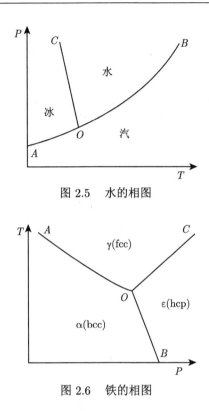

图 2.5 水的相图

图 2.6 铁的相图

关于相变可以提出三个方面的问题:

(1) 相变发生的临界条件和方向;

(2) 相变进行的方式;

(3) 相变产物的结构特征。

这三个问题分别属于相变热力学、动力学和结构学的问题,相变的分类可以按这三方面进行,得到不同的分类结果:

(1) 从热力学考虑,可以把单元系的相变分为一级相变、二级相变以及更高级的相变。

(2) 根据相变动力学机制上的差异,首先可以把相变划分为匀相转变和非匀相转变两大类,前者相变是在整体中均匀地进行的,没有成核生长过程,后者则是通过新相的成核生长过程来实现的。非匀相转变又可以按照成核是否均匀或者生长机制的不同细分为不同的类型。

(3) 按结构变化可以分为重构型相变、位移型相变和有序–无序型相变等。重构型相变涉及大量化学键的破坏,新相与母相之间在晶体学上没有明确的位向关系,相变进行缓慢。位移型相变的特点是相变过程中不涉及化学键的破坏,原子位移甚小,新相与母相间存在着明显的晶体学位向关系,相变过程迅速,著名的马氏体型相变就属于这种类型。

较详细分类请参看相关文献 (Christian，1979；徐祖耀，1988；冯端等，1990；肖纪美，2004)。以上介绍的是一般相变的分类。正如绪论中所强调的，冲击加载最大的特点是持续时间短 (ms、μs 量级，甚至更短)，因此影响冲击相变过程的最重要的因素将是相变动力学机制。如果转变速率高，比如位移型相变或电子型相变 (Syono，1987)，相变就可能在冲击加载的时间尺度内完成。另一方面，由扩散机制控制的相变则可能难以在这么短的时间内达到，因为其转变速率太低。然而，相变速率并非一成不变，下文将会看到它与相变驱动力有关，当强冲击下产生极高的相变驱动力时，相变速率亦可能大幅提高，使原先不可能发生的相变在冲击下成为可能。另一种重要的因素是冲击波引起的高压相的稳定性问题，这对于冲击相变的诊断显得尤为重要。如果高压相足够稳定以至于卸载后仍能保留，那么就可以对回收样品用常规手段，如 X 射线衍射等进行检测。对于只有在高压状态下存在、卸载后全部发生逆转变的相变，要确定其新相结构，则需要研发能在实验过程中高速诊断相结构变化的仪器进行原位实时测量 (唐志平，2008)。

2.6   相变的热力学关系

一个封闭系统的热力学性状可以用热力学状态方程 (equation of state，EOS) 来描述。任何 2 个或多个热力学状态参量之间的函数关系均可以构成一个状态方程，因此，状态方程有多种形式。总的来说，状态方程可以分为两类：完全状态方程和不完全状态方程。它们的区别在于当前者确定后，该系统的所有热力学性质和热力学参数都可以被确定，后者则不能。原则上，完全状态方程 (或称为热力学势函数) 共有 4 种：内能 $E(V,S)$，热焓 $H(P,S)$，Helmholtz 自由能 $A(V,T)$，以及 Gibbs 自由能 $G(P,T)$，它们的自变量以力学量压力 P、比容 V 之一与热学量温度 T、熵 S 之一交互组成。须注意的是，函数和自变量之间的搭配是固定的，凡是不符合上述搭配的就不构成完全状态方程。它们之间的关系以及求导法则可参见本章附录中的讨论。

当物质的一个相在某给定热力学条件下变得不稳定时，相变就会发生。对于相变时有结构和化学成分随 P 和 T 变化的系统，热力学状态用以 P 和 T 为自变量的 Gibbs 自由能 $G(P,T)$ 描述比较方便，$G(P,T)$ 是完全热力学状态方程。由于冲击相变中多数属于结构变化，经典热力学就能提供明晰的唯象表述。

对于某一化学组分不变的单元系统，每一相存在相应的 Gibbs 自由能函数，其表达式可以写为 (见本章附录)

$$G_i(P,T) = E_i - TS_i + PV_i, \qquad i = 1,2 \tag{2.33}$$

式中仅给出与某一相变有关的两相，并约定 $i = 1$ 相为母相 (冲击加载时通常为常压相)，$i = 2$ 相为新相 (通常为高压相)。(2.33) 式在 G-P-T 空间中表示了两个 Gibbs 自由能曲面 G_1 和 G_2 (图 2.7)。Gibbs(1878) 是最早把几何表示引入热力学的物理学家之一，这种表示直观、形象，对于讨论冲击相变特别适合，因为冲击波的许多重要关系在定性上都和状态方程曲面的拓扑性质有关。

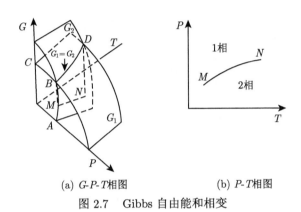

(a) G-P-T相图   (b) P-T相图

图 2.7   Gibbs 自由能和相变

当两相处于平衡状态时，必须满足

$$\left.\begin{array}{l} P_1 = P_2 = P \\ T_1 = T_2 = T \\ G_1(P,T) = G_2(P,T) \end{array}\right\} \tag{2.34}$$

上式三个等式分别表示力学、热学和势的平衡。G_1、G_2 曲面的交线 BD (图 2.7(a)) 称为两相共存线 (也称相线)，它在 P-T 平面上的投影 MN 就是 P-T 平面上的两相共存线 (图 2.7(b))，一般称为相边界或相线。跨过这一交线，即发生由一相至另一相的转变。因此，只要两相的势函数曲面 G_1 和 G_2 相接触，就有相变的可能性。一般来说，在同样的压力、温度条件下，具有较低位势的相为较稳定相，例如图 2.7(a) 中，在共存线 BD 的右下方，$G_1 > G_2$，2 相是稳定相，在 BD 线的左上方，有 $G_1 < G_2$，因此 1 相是稳定相。这可以用来判断相变的方向，因为相变总是朝着位势降低的稳定相进行。

相变的级数由两相势函数 G_1 和 G_2 曲面的接触阶数所决定，可分为一级、二级和更高级相变，它们分别对应于 G_1 和 G_2 曲面的一阶、二阶和高阶偏导数的不连续。一般把二级和二级以上的相变统称为高级相变。

当 G_1 和 G_2 曲面相交时，将发生一级相变。这时，沿两相共存线满足 (2.34) 式，因此有 $\Delta G = G_1 - G_2 \equiv 0$。但交线上两曲面的斜率不同，一阶导数有间断，即

$$\left.\begin{array}{l} \dfrac{\partial \Delta G}{\partial P} = \dfrac{\partial G_2}{\partial P} - \dfrac{\partial G_1}{\partial P} \neq 0 \\[3mm] \dfrac{\partial \Delta G}{\partial T} = \dfrac{\partial G_2}{\partial T} - \dfrac{\partial G_1}{\partial T} \neq 0 \end{array}\right\} \tag{2.35}$$

由于沿两相共存线 $\Delta G = 0$，应有

$$\mathrm{d}(\Delta G) = \frac{\partial \Delta G}{\partial P}\mathrm{d}P + \frac{\partial \Delta G}{\partial T}\mathrm{d}T = 0$$

再由热力学关系 $\dfrac{\partial G}{\partial P} = V, \dfrac{\partial G}{\partial T} = -S$，上式可写为

$$\Delta V \mathrm{d}P - \Delta S \mathrm{d}T = 0$$

或

$$\frac{\mathrm{d}P}{\mathrm{d}T} = \frac{\Delta S}{\Delta V} = \frac{S_2 - S_1}{V_2 - V_1} \tag{2.36}$$

(2.36) 式中的 $\mathrm{d}P/\mathrm{d}T$ 即为 $P\text{-}T$ 平面上相边界的斜率，$\Delta S, \Delta V$ 分别表示两相之熵差和比容差。上式表明，对于一级相变，虽然交线上两相的 G、P、T 是连续的，但参数 S、V 存在间断，并且，相线的斜率将取决于 $\Delta S, \Delta V$ 的比值。

由热力学第二定律 $\Delta S \geqslant \dfrac{\Delta Q}{T}$，在绝热条件下发生相变时，$\Delta Q = q$，$q$ 为相变潜热。对于可逆过程 (通常相变是可逆的)，第二定律中的等号成立，故有

$$\Delta S = S_2 - S_1 = \frac{q}{T} \tag{2.37}$$

由此，(2.36) 式可写为

$$\frac{\mathrm{d}P}{\mathrm{d}T} = \frac{\Delta S}{\Delta V} = \frac{q}{T \Delta V} \tag{2.38}$$

(2.38) 式就是描述一级相变的著名的 Clausius-Clapeyron 方程。它除了上述物理含义外，还说明，相边界的斜率取决于 q (吸热还是放热) 和 ΔV(比容增加还是减小) 的比值。

产生二级相变的条件是，两曲面沿交线呈一阶相切，即

$$\Delta G = 0$$

$$\left.\begin{array}{l} \dfrac{\partial \Delta G}{\partial P} = 0 \\[3mm] \dfrac{\partial \Delta G}{\partial T} = 0 \end{array}\right\} \tag{2.39}$$

但二阶偏导 $\dfrac{\partial^2 \Delta G}{\partial P^2}, \dfrac{\partial^2 \Delta G}{\partial T^2}, \dfrac{\partial^2 \Delta G}{\partial P \partial T}$ 不全为零，即存在二阶导数的间断。由热力学关系从 (2.39) 式分别可以得到在相线上有 $\Delta V \equiv 0, \Delta S \equiv 0$。这说明，对二级相变，$G$、$P$、$T$、$V$、$S$ 均连续。由于熵 S 连续，因此二级相变不存在潜热。如果将 V、S 也视为 P、T 的函数，则沿相线有

$$\begin{cases} \mathrm{d}(\Delta V) = \Delta \left(\dfrac{\partial V}{\partial P}\right)_T \mathrm{d}P + \Delta \left(\dfrac{\partial V}{\partial T}\right)_P \mathrm{d}T = 0 \\[3mm] \mathrm{d}(\Delta S) = \Delta \left(\dfrac{\partial S}{\partial P}\right)_T \mathrm{d}P + \Delta \left(\dfrac{\partial S}{\partial T}\right)_P \mathrm{d}T = 0 \end{cases} \tag{2.40}$$

注意到，热力学恒等式：

$$\left(\frac{\partial S}{\partial P}\right)_T = -\left(\frac{\partial V}{\partial T}\right)_P \tag{2.41}$$

$$\left(\frac{\partial S}{\partial T}\right)_P = \frac{C_P}{T} \tag{2.42}$$

式中 C_P 为等压比热。则 (2.40) 式可写为

$$\begin{cases} \Delta \left(\dfrac{\partial V}{\partial P}\right)_T \mathrm{d}P + \Delta \left(\dfrac{\partial V}{\partial T}\right)_P \mathrm{d}T = 0 \\[3mm] \Delta \left(\dfrac{\partial V}{\partial T}\right)_P \mathrm{d}T - \dfrac{\Delta C_P}{T} \mathrm{d}T = 0 \end{cases} \tag{2.43}$$

若 (2.43) 式存在非平凡解，必须有

$$\begin{vmatrix} \Delta \left(\dfrac{\partial V}{\partial P}\right)_T & \Delta \left(\dfrac{\partial V}{\partial T}\right)_P \\[3mm] \Delta \left(\dfrac{\partial V}{\partial T}\right)_P & -\dfrac{\Delta C_P}{T} \end{vmatrix} = 0 \tag{2.44}$$

由热力学公式

$$\beta = -\frac{1}{V}\left(\frac{\partial V}{\partial P}\right)_T \tag{2.45}$$

$$\alpha = \frac{1}{V}\left(\frac{\partial V}{\partial T}\right)_P \tag{2.46}$$

β，α 分别为等温压缩系数和热膨胀系数。将 (2.45) 和 (2.46) 式代入 (2.44) 式并展开，可得

$$(\Delta \alpha)^2 = \frac{\Delta \beta \Delta C_P}{TV} \tag{2.47}$$

式中 $\Delta\alpha = \alpha_2 - \alpha_1$，$\Delta\beta = \beta_2 - \beta_1$，$\Delta C_P = C_{P2} - C_{P1}$，分别为两相的热膨胀系数、等温压缩系数和等压比热的间断值。

上式表明，二级相变时热力学 Gibbs 势函数的二阶导数 C_P，β，α 等参数都可能发生间断，但是它们之间只有两个参数是独立的。这类相变不存在熵的间断，因此无潜热。由 (2.43) 式，可进一步得到

$$
\begin{cases}
\dfrac{\mathrm{d}P}{\mathrm{d}T} = -\dfrac{\Delta\left(\dfrac{\partial V}{\partial T}\right)_P}{\Delta\left(\dfrac{\partial V}{\partial P}\right)_T} = \dfrac{\Delta\alpha}{\Delta\beta} = \dfrac{\alpha_2 - \alpha_1}{\beta_2 - \beta_1} \\[4mm]
\dfrac{\mathrm{d}P}{\mathrm{d}T} = \dfrac{\Delta C_P}{T\left(\dfrac{\partial V}{\partial T}\right)_P} = \dfrac{C_{P2} - C_{P1}}{TV(\alpha_2 - \alpha_1)}
\end{cases}
\tag{2.48}
$$

上式表示，对于一个二级相变，其相线斜率将取决于热力学势函数的二阶偏导值 β，α，C_P 等的间断的比。

照此类推，可以定义三级或更高级相变。两相热力学势的差 ΔG 对 P 和 T 的直至 $(n-1)$ 阶偏导数均为零，但 n 阶偏导不全为零时的相变，称为 n 级相变。通常 $n \geqslant 2$ 的相变属于高级相变。对于 n 级相变，同样可以导出类似于 (2.48) 式的关系。(2.38) 式、(2.48) 式以及类似的更高级的相变公式统称为 Ehrenfest 方程，它们提供了各级相变的热力学基础。不过，二级以上的相变不常见，一般仅有理论上的意义。例外的是，20 世纪 20 年代爱因斯坦曾推断的量子统计玻色–爱因斯坦凝聚 (Bose-Einstein condensate, BEC) 现象可能是一个三级相变的例子 (徐祖耀，1988)，即当温度低于一个接近绝对零度的临界温度 T_{c} 时，空间中没有相互作用的玻色子就会形成一种 "凝聚"，然而 BEC 现象一直未得到实验验证。直到 1995 年，随着现代低温技术的突破，科学家利用碱金属原子终于观测到了 BEC 现象，成为物理领域的一个新热点。值得一提的是，BEC 现象的发现及相关实验技术的进展，使得 E. A. Cornel、W. Ketterle 和 C. E. Wieman 三人获得了 2001 年诺贝尔物理学奖，展示这一研究的重大科学价值。感兴趣的读者可以参阅相关文献。

本书仅限于讨论一级和二级相变。

2.7　高压冲击相变的 R-H 线

在冲击相变的研究中对一级相变更为关注，因为它造成比熵、比容及其他热力学参量的间断，从而对材料性质产生显著的影响。2.6 节中已在 G，P，T 空间

中对相变问题作了讨论, 本节将在冲击动力学常用的 P-V-T 等空间中介绍冲击相变的 R-H 曲线。

在 P-V-T 空间中, 状态方程可以写为 $P = P(V,T)$。因为一级相变时两相比容 V 有间断, 这样就存在一个 1 相和 2 相共存的混合相区。混合相区在 P-V-T 空间中是一个柱面, 它垂直于 P-T 平面。它在 P-T 平面上的投影即为相线, 其斜率取决于 Clausius-Clapeyron 方程 (2.38)。在混合相区内, (2.38) 式均适用。

图 2.8 对应于 $\mathrm{d}P/\mathrm{d}T > 0$, $\Delta V < 0$, $\Delta S < 0$ 的正常冲击相变情况, 图中阴影区域 $ABCD$ 为混合相区;$OQRS, O'Q'R'S', O''Q''R''S''$ 为由 1 相 $P = 0$ 出发的不同初始温度的等温压缩线, 它们在穿过混合相区时保持与 V 轴平行 (即等压过程)。$EQ'FG$ 为通过 Q' 点的等熵相变过程线, 它在混合相区边界上存在斜率间断。曲线 $OQ'HJ$ 即为以 O 为始点的 R-H 曲线, 与混合相区边界的交点为 Q' 和 H。该曲线在 O 点和 Q' 点与过该点的等熵加载线呈二阶相切。

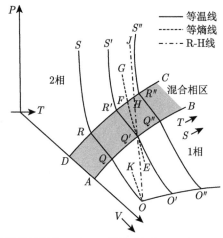

图 2.8　正常相变材料的 P-V-T 曲面 ($\Delta S < 0, \Delta V < 0, \mathrm{d}P/\mathrm{d}T > 0$)

图 2.9 对应于 $\mathrm{d}P/\mathrm{d}T < 0$, $\Delta V < 0$, $\Delta S > 0$ 的反常相变材料, 如锗和硅的反常熔化、铁的多形性相变等。图中实线是等温线, 虚线是等熵线, 点划线是 R-H 线。在这种情况下, 相变后, 沿等温线有 $S_R > S_Q$, 沿等熵线有 $T_F < T_Q$, 对于 R-H 线有 $T_H < T_Q$。这表明材料在绝热条件下发生相变时, 只有降低温度以提供所需的相变潜热。

图 2.10 给出了冲击相变时的 P-T 和 P-V 相图。当材料受到冲击压缩时, 材料在单相区内总产生温升 (熵增), 因此在 P-T 相图上单相区的 R-H 线 (图中点划线) 的斜率总为正。对于相线斜率 $\mathrm{d}P/\mathrm{d}T > 0$ 的正常相变材料, 存在两种可能情况:初相 (1 相)Hugoniot 线的斜率大于相线斜率或小于相线斜率。前一种情况

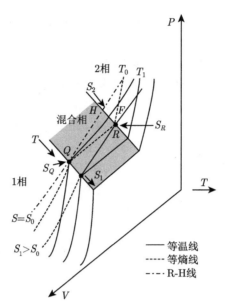

图 2.9　反常相变材料的 P-V-T 曲面 $(\Delta S > 0, \Delta V < 0, \mathrm{d}P/\mathrm{d}T < 0)$

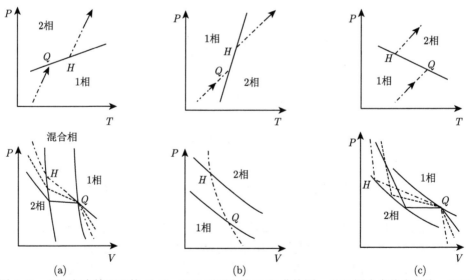

图 2.10　不同相变情况下的 P-T，P-V 平面上的 R-H 曲线图。P-T 图中实线为相线，P-V 图中双平行实线为混合相区边界，点划线是 R-H 曲线，实线是等温线，虚线是等熵线

如图 2.10(a) 所示，相变从低密度的 1 相进入高密度的 2 相，并伴有相变放热和冲击压缩产热，因此经过相变区，温度是升高的。反映在 P-T 相图上，H 点和 Q 点不重合。第二种情况示于图 2.10(b)，它表示冲击压缩时材料升温很快，这

时从 P-T 相图上可以看出材料从低温相 (高密度相) 的 1 相转变为高温相 (低密度相) 的 2 相。这种情况一般对应于冲击熔化或汽化现象。从 P-V 图来看，前者 R-H 线在相变起始点 Q 处有明显转折 (图 2.10(a))，而后者变化则不易察觉 (图 2.10(b))。需要说明的是，图 2.10(b) 中，$\Delta V > 0$ 表示相变本身引起比容增大，但是由于 H 点压力的增加，H 点和 Q 点比容的实际差值将取决于相变引起的比容变化和由于压力升高所产生的比容变化的代数和，因此图 2.10(b) 的 P-V 图中 H 点的比容 V_H 有时可能会小于 Q 点的比容 V_Q。

对于 $\mathrm{d}P/\mathrm{d}T < 0$ 的情况，只有一种可能，即从低温相 (低密度相) 转变为高温相 (高密度相)。图 2.10(c) 中给出了 $\Delta V < 0$，$S > 0$ 的情况。

为了进一步衬托冲击相变 R-H 线的独特性质，图 2.10 中还给出了各种情况下的等温线 (实线) 和等熵线 (虚线)，以供对比。

根据 Clausius-Clapeyron 方程 (2.38)，对于不同的相变过程，相变时 ΔV，ΔS 可正可负，但不论 ΔV，ΔS 如何变化，均符合以下规律：沿等温线，高压相的比容较小；沿等压线，则高温相的比熵较大。这一规律可以从图 2.10 分析得到。对于冲击相变过程，则还要考虑混合相区中由于冲击压缩所产生的体积压缩与熵增，上文已作了部分说明，不再赘述。

2.8 相变速率方程

前文 (2.5 节) 已经指出，相变按其动力学机制可以分为非匀相转变和匀相转变两大类，前者是通过成核和生长过程实现转变的，后者则无需经过这一过程。迄今为止绝大部分实验观测到的相变都属于非匀相转变，已经初步建立起非匀相转变中新相成核、生长各阶段的动力学理论框架。具体可参考文献 (Rao et al., 1978; 肖纪美, 2004; 唐志平, 2008)。

Johnson 和 Mehl (1939)，以及 Avrami (1939, 1940, 1941) 发展了由成核率和新相生长速率求解等温转变中新相体积增长速率的理论。由于这一理论并不涉及微观机制，通常被称为相变动力学的形式理论。

当一定条件下发生相变时，首先在母相中产生新相的晶核，然后新相晶核在母相基体中逐渐生长，只有遇到生长壁垒如生长域的边界或自由面时才停下来。如果生长速率 u 是与时间无关的参数，并设某一新相区在时刻 τ 成核并开始长大，由于晶核很小，一般在 nm 级，可以忽略其体积，那么到时刻 t 时它的体积 V 为

$$V = g u_x u_y u_z (t - \tau)^3 \tag{2.49}$$

式中 u_x，u_y，u_z 分别为新相沿 x，y，z 方向的生长速率，对于各向同性生长，

$u_x = u_y = u_z = u$，g 为形状因子，与新相区的几何形状有关，对椭球形有 $g = \dfrac{4}{3}\pi$，对立方形有 $g = 8$。为叙述方便，设系统的总体积为 1 个单位，这样新相的体积就等于它所占有的体积分数 x。如果不考虑生长域的相互碰挤 (impingement) 的影响，即假设各个晶核一旦形成便可以无限自由地生长，不受相互碰挤的影响，并且成核不受已经相变的区域的影响，即可以在全区域继续随机成核 (当然是假设的)，那么时刻 t 所有新相晶核生长的总体积分数可以写为

$$x_{\mathrm{ex}} = \int_0^t V R \mathrm{d}\tau = g u_x u_y u_z \int_0^t (t-\tau)^3 R \mathrm{d}\tau \tag{2.50}$$

式中 R 是成核率，即单位时间新相成核数；x_{ex} 被称为 "扩张体积" (extended volume)，因为它包含了不存在的所谓的 "虚拟域"(phantom domain) 的体积。"虚拟域" 体积的产生用图 2.11 来说明比较直观，图中空白部分为未转变成新相的区域即母相，有阴影线的表示已转变为新相的部分。其中标以 A 的区域是典型的虚拟域，因为它在已转变区 B 的内部成核并长大，实际是不可能的。该处体积被覆盖了两次，也就是说 (2.50) 式将该处的体积重复计算了一次。晶核 C 和 D 的重合部分也存在虚拟体积，被重复计算了一次。晶核 B，D 和 E 的共同重合部分，甚至被多算了 2 次。图中重合的区域都存在虚拟体积，必须加以扣除。设图中被阴影线覆盖一次的区域的体积为 x_1，覆盖两次的体积为 x_2，覆盖 i 次的体积为 x_i，则显然有

$$x_{\mathrm{ex}} = \sum_i i x_i \tag{2.51}$$

而实际新相体积应为

$$x = \sum_i x_i \tag{2.52}$$

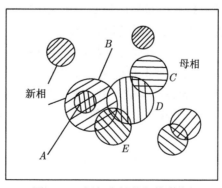

图 2.11 新相虚拟体积的产生

在相变进程中，如果新相体积从 x 增大至 $x + \mathrm{d}x$，同时相应的扩张体积 x_{ex} 将增大至 $x_{\mathrm{ex}} + \mathrm{d}x_{\mathrm{ex}}$，由统计考虑它们之间应满足以下关系：

$$\frac{\mathrm{d}x}{\mathrm{d}x_{\mathrm{ex}}} = 1 - x \tag{2.53}$$

积分得到

$$x = 1 - \exp(-x_{\mathrm{ex}}) \tag{2.54}$$

这一关系是 Avrami 首先得到的。将 (2.50) 式代入上式并假定成核率 R 与时间无关，生长速率各向同性并为球形 ($u_x = u_y = u_z = u, g = 4\pi/3$)，可以求得新相体积随时间的增长为

$$x = 1 - \exp\left(-\frac{\pi u^3 R t^4}{3}\right) \tag{2.55}$$

新相体积转变率即相变速率 $\dot{x}$ 为

$$\dot{x} = \frac{4}{3}\pi u^3 R t^3 \exp\left(-\frac{\pi}{3}u^3 R t^4\right) \tag{2.56}$$

由 $\mathrm{d}^2 x/\mathrm{d}t^2 = 0$，还可以求出在时刻

$$t = \left(\frac{9}{4\pi u^3 R}\right)^{\frac{1}{4}} \tag{2.57}$$

时，$\dot{x}$ 具有极大值

$$\dot{x}_{\max} = \exp\left(-\frac{3}{4}\right)(36\pi u^3 R)^{\frac{1}{4}} \tag{2.58a}$$

或

$$\dot{x}_{\max} = 1.54 u^{\frac{3}{4}} R^{\frac{1}{4}} \tag{2.58b}$$

从 (2.56) 式可以看出，即使成核速率 R 和生长速率 u 为常数，相变过程中的相变速率也是随着时间变化的。相变速率的变化可以这样来理解：相变初期，新相区少而且小，线性生长引起的新相体积增加并不快；随着时间的增加，较早形成的晶核的体积不断长大，同样的生长速率导致体积增长更快（因为体积增加和半径的 3 次方成正比），同时随着不断成核，新的相区不断产生，更加快了相变速度。到了相变后期，由于新相区的相互挤碰、限制，生长域迅速下降，生长停止，造成相变速率下降。整个相变过程形成速率两头低、中间高的现象。

一般而言，成核率 R 并非时间无关的，只要将 (2.55) 式作适当改写就成为更一般的形式：

$$x = 1 - \exp(-Kt^n) \tag{2.59}$$

式中 K、n 是材料相变参数,采用不同数值可以反映不同的成核和长大规律。这一方程称为 Johnson-Mehl-Avrami 方程,即 JMA 方程,有时也直接称为 Avrami 方程。由 (2.55) 式的推导可以看出,若成核率 R 随时间是增加的,那么,对应 (2.59) 式中 $n > 4$ 的情况;若 R 随时间是降低的,则对应有 $3 \leqslant n < 4$,其中 $n = 3$ 表示最初成核率之后 R 即降为 0。n 在各类相变情况下的取值见表 2.1。

表 2.1   JMA 方程在各种相变条件下的 n 值

(A) 多晶型转变、无扩散转变或胞区转变	n 值
仅在相变开始时成核	3
成核率为常数	4
成核率随时间增加	>4
初始成核,以后仅在晶棱上继续成核	2
初始成核,以后仅在晶界面上继续成核	1
(B) 扩散控制型转变	
仅有初始成核,在新相生长的初期阶段	1.5
成核率不变,在新相生长的初期阶段	2.5
有限大小的片状或针状晶粒的生长,晶粒间相互间隔	1
边缘相互碰挤的片状晶粒的增厚	0.5

JMA 方程在相变研究中已经得到广泛的应用。图 2.12 是 Burgers 等 (1957) 在不同温度下关于白锡–灰锡相变的实验结果,曲线呈 S 形,说明中间相变速率比较高,这与上面的分析是吻合的。实验得到的白锡至灰锡转变时 $n = 3$,而灰锡至白锡逆转变时 $n = 1.5 \sim 2$,由表 2.1 可以查出这两种转变的物理机制是不一样的。并不是所有相变时间曲线呈图 2.12 所示的 S 形,取决于具体相变的成核和生长的物理机制。

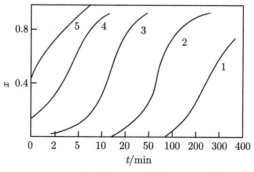

图 2.12   白锡–灰锡转变的 Avrami 图

1—298K,2—300.5K,3—303K,4—305.5K,5—508K

2.9 附录：热力学势函数

在 2.6 节中提到，热力学状态方程可分为完全状态方程和不完全状态方程两类，这与组成状态方程的变量之间的选取和搭配有关。符合完全状态方程这种要求的热力学势函数有 4 种：内能 $E(V,S)$，热焓 $H(P,S)$，Helmholtz 自由能 $A(V,T)$，以及 Gibbs 自由能 $G(P,T)$。它们的自变量以力学量压力 P、比容 V 之一与热学量温度 T、熵 S 之一交互组成。从中可以看出势函数和状态量之间的搭配关系。

凡是不符合上述搭配的均不是完全状态方程，如 $P(V)$，$P(V,T)$，$E(P,V)$ 等。一个不完全状态方程只能描述和确定材料的部分热力学状态和参量，如果要确定一个体系的全部热力学性质，还需要补充其他热力学关系或参数。4 种热力学势函数从不同框架描述系统的热力学特性，只要得到其中之一，即可确定系统的全部热力学性质，因为它们之间存在如下关系 (参看图 2.13)：

$$H = E + PV \tag{2.60}$$

$$A = E - TS \tag{2.61}$$

$$G = H - TS = E - TS + PV \tag{2.62}$$

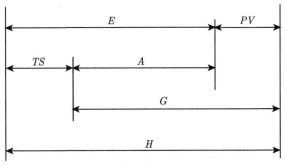

图 2.13　热力学势函数关系图

图 2.14 给出了 4 种热力学势函数的自变量的搭配以及相应的一阶偏导关系 (Kubo，1968)。图中势函数两旁为该势函数的自变量，由此可查出各热力学势函数应配置的自变量，如 H 应配置 (P,S) 等。箭头所指的量为对该自变量偏导的值，顺箭头方向为正，逆箭头方向为负。由该图可以容易导出各热力学势函数的一阶偏导关系

$$\begin{cases} \dfrac{\partial E}{\partial V} = -P, & \dfrac{\partial E}{\partial S} = T, & \dfrac{\partial H}{\partial P} = V, & \dfrac{\partial H}{\partial S} = T \\[3mm] \dfrac{\partial A}{\partial V} = -P, & \dfrac{\partial A}{\partial T} = -S, & \dfrac{\partial G}{\partial P} = V, & \dfrac{\partial G}{\partial T} = -S \end{cases} \tag{2.63}$$

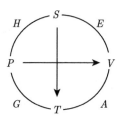

图 2.14　热力学势函数的自变量搭配及其相应的一阶偏导关系

材料的热力学参数如比热、热膨胀系数等可由热力学势函数的二阶偏导给出。这些导出的一阶偏导和二阶偏导既然出于同一个热力学势函数，必然存在内禀的协调关系，而不是互相完全独立的 (可参看《材料动力学》第二章 (王礼立等，2016))。

以 Gibbs 自由能为例，可得

$$\frac{\partial^2 G}{\partial P^2} = \left(\frac{\partial V}{\partial P}\right)_T = -V\beta_T \tag{2.64}$$

$$\frac{\partial^2 G}{\partial P \partial T} = \left(\frac{\partial V}{\partial T}\right)_P = V\alpha \tag{2.65}$$

$$\frac{\partial^2 G}{\partial T^2} = -\left(\frac{\partial S}{\partial T}\right)_P = -\frac{C_P}{T} \tag{2.66}$$

其中 β_T，α 和 C_P 分别为等温压缩系数、热膨胀系数和定压比热。(2.66) 式的得到是基于可逆条件下的热力学第二定律 $\delta Q = T\delta S$，由此可得 $(\partial S/\partial T)_P = (\partial Q/\partial T)_P/T = C_P/T$。

需说明的是，传统热力学中，用静水压 P 和比容 V 作为力学变量，定义压力为正，而在固体力学中，用应力 (张量) σ 和应变 (张量) ε 作为力学变量，一般定义拉应力 σ 为正。因此 (2.60)~(2.66) 式中，凡是出现 P 的公式，若用以拉为正的 σ 代替，则需要在前面加一负号：

$$H = E - \sigma : \varepsilon \tag{2.67}$$

$$A = E - TS \tag{2.68}$$

$$G = H - TS = E - TS - \sigma : \varepsilon \tag{2.69}$$

$$\begin{cases} \dfrac{\partial E}{\partial \varepsilon} = \sigma, & \dfrac{\partial E}{\partial S} = T, & \dfrac{\partial H}{\partial \sigma} = -\varepsilon, & \dfrac{\partial H}{\partial S} = T \\ \dfrac{\partial A}{\partial \varepsilon} = \sigma, & \dfrac{\partial A}{\partial T} = -S, & \dfrac{\partial G}{\partial \sigma} = -\varepsilon, & \dfrac{\partial G}{\partial T} = -S \end{cases} \tag{2.70}$$

第 3 章　冲击相变本构模型

3.1　相变本构模型概述

第 2 章提到应力波传播取决于由守恒方程和材料本构方程组成的控制方程组，其中守恒方程是普适的，因此结构中波的传播特性主要取决于材料性质。研究相变波传播首先需要建立描述材料动载下相变行为的数学模型，即冲击相变本构模型。

国内外学者在相变本构模型方面已经进行了大量的研究，不过主要集中在准静态领域，涉及瞬态时间相关性的冲击相变本构模型的工作较少，主要有 Hayes (1975) 建立的具有 N 个转变相的冲击相变模型和 Abeyaratne 等 (1993) 建立的三线性热弹性相变本构。后者是在研究形状记忆合金的相变时提出的，可以较好地描写一维应力条件下形状记忆合金的变形行为，不过 Abeyaratne 等的本构模型中的相变是通过一个单独的相边界的传播来实现的，不存在混合相，仅适合于描写一维简单应力状态下的相变，对于复杂应力状态，该模型会带来较大的误差。混合相的特性以及对相变波传播的影响是冲击相变主要关心的问题，因此本节对该模型不作讨论。

Hayes 模型是在研究铋的动高压冲击相变时提出的，主要描述相变过程中各热力学参量的关系，把它称为相变热力学模型 (状态方程) 更贴切。该模型没有考虑偏应力，不适用于以形状变形为主的相变。

最近郭扬波等 (郭扬波，2004；郭扬波等，2004) 在研究 NiTi 形状记忆合金的冲击特性和相变热力学的基础上，同时考虑了球应力 (静水压力) 和偏应力对相变的影响，分别建立了 "应力诱发" 和 "形变诱发" 相变的临界准则，并在 Hayes 模型的基础上，建立了可以描写冲击下具有 N 个转变相的各向同性材料中的 "应力诱发" 和 "应变诱发" 的动态相变本构模型。还考虑到相变所需的过驱动力和新相的生长空间随相变的进行而减小，建立了相变演化方程。相变临界准则、描述混合相变形的相变本构关系和相变演化方程联立起来就构成了一组完整的冲击相变本构方程。

如果我们仅关心轴向的一维应力–应变力学响应，假设相变速率足够高并从弹性直接进入相变，那么模型可以得到很大的简化。在一维应力形状记忆合金的轴向应力–应变曲线和 Tang 等 (1988) 研究气炮加载下 (一维应变)CdS(硫化镉)

的冲击相变得到的分段线性的热弹性马氏体相变曲线的基础上，可以建立起统一的一维简化热弹性冲击相变模型。

下面分别加以叙述。

3.2　Hayes 冲击相变热力学模型

3.2.1　冲击相变热力学模型

1975 年 Hayes (1975) 得到了具有 N 个变换相的凝聚态物质中波传播的一般表示，并提出了具有 N 个变换相的单元系统的冲击相变模型。正如绪论中所阐述的，冲击相变过程伴随多种复杂的影响因素，要在模型中全面地反映这些影响无疑是十分困难的。为此，Hayes 作了一些基本假设，归纳如下：

(1) 具有 N 个相的混合物在宏观上均匀分布，但在微观上由足够大的纯相区构成，各相区的表面影响 (如表面能) 可以忽略；

(2) 每一纯相区处于热力学平衡状态；

(3) 所有纯相区都处于当地压力下的热平衡条件，但混合物整体不必处于热力学平衡状态；

(4) 流动是绝热的，不过为了维持各相之间当地热平衡所需的热传导除外；

(5) 忽略材料的强度影响 (即忽略剪应力)，所有相在当地具有相同的粒子速度。

根据以上假设可以写出混合物的比容 V，比内能 E 和各相的 V, E 之间的关系 (即简单混合物关系)：

$$V(P, T, \boldsymbol{x}) = \boldsymbol{x} \cdot \boldsymbol{V}(P, T) \tag{3.1}$$

$$E(P, T, \boldsymbol{x}) = \boldsymbol{x} \cdot \boldsymbol{E}(P, T) \tag{3.2}$$

这里 $\boldsymbol{x}, \boldsymbol{V}, \boldsymbol{E}$ 分别为各相的质量百分比、比容、比内能矢量：

$$\begin{cases} \boldsymbol{x} = (x_1, x_2, \cdots, x_N) \\ \boldsymbol{V} = (V_1, V_2, \cdots, V_N)^{\mathrm{T}} \\ \boldsymbol{E} = (E_1, E_2, \cdots, E_N)^{\mathrm{T}} \end{cases} \tag{3.3}$$

其中 x_i, V_i, E_i 分别为 i 相的质量分数、比容和比内能。由归一化条件得

$$\boldsymbol{x} \cdot \boldsymbol{1} = 1 \tag{3.4}$$

这里 $\boldsymbol{1}$ 为单位矢量。方程 (3.1), (3.2) 对时间求全导有

$$\begin{cases} \dot{V} = \left(\dfrac{\partial V}{\partial \boldsymbol{x}}\right)_{T,P} \dot{\boldsymbol{x}} + \left(\dfrac{\partial V}{\partial P}\right)_{T,\boldsymbol{x}} \dot{P} + \left(\dfrac{\partial V}{\partial T}\right)_{P,\boldsymbol{x}} \dot{T} & (3.5a) \\[4mm] \dot{E} = \left(\dfrac{\partial E}{\partial \boldsymbol{x}}\right)_{T,P} \dot{\boldsymbol{x}} + \left(\dfrac{\partial E}{\partial P}\right)_{T,\boldsymbol{x}} \dot{P} + \left(\dfrac{\partial E}{\partial T}\right)_{P,\boldsymbol{x}} \dot{T} & (3.5b) \end{cases}$$

根据 (3.1) 式，上式中

$$\left(\frac{\partial V}{\partial \boldsymbol{x}}\right)_{T,P} \dot{\boldsymbol{x}} = \boldsymbol{V} \cdot \frac{\mathrm{d}\boldsymbol{x}}{\mathrm{d}t} = (V_1, V_2, \cdots, V_N) \begin{pmatrix} \mathrm{d}x_1 \\ \mathrm{d}x_2 \\ \vdots \\ \mathrm{d}x_N \end{pmatrix} \frac{1}{\mathrm{d}t}$$

注意到 (3.4) 式，上式可以写为

$$\left(\frac{\partial V}{\partial \boldsymbol{x}}\right)_{T,P} \dot{\boldsymbol{x}} = \Delta\boldsymbol{V} \cdot \dot{\boldsymbol{x}}, \qquad \Delta\boldsymbol{V} = \boldsymbol{V} - V_1 \boldsymbol{1} \tag{3.6}$$

因此 (3.5a) 式可以改写为

$$\dot{V} - \Delta\boldsymbol{V} \cdot \dot{\boldsymbol{x}} = \left(\frac{\partial V}{\partial P}\right)_{T,\boldsymbol{x}} \dot{P} + \left(\frac{\partial V}{\partial T}\right)_{P,\boldsymbol{x}} \dot{T} \tag{3.7}$$

同理，(3.5b) 式可以写为

$$\dot{E} - \Delta\boldsymbol{E} \cdot \dot{\boldsymbol{x}} = \left(\frac{\partial E}{\partial P}\right)_{T,\boldsymbol{x}} \dot{P} + \left(\frac{\partial E}{\partial T}\right)_{P,\boldsymbol{x}} \dot{T} \tag{3.8}$$

$$\Delta\boldsymbol{E} = \boldsymbol{E} - E_1 \boldsymbol{1}$$

根据假设 (4) 的绝热条件，由热力学第一定律可得

$$\dot{E} = -P\dot{V} \tag{3.9}$$

上式代入前两式并改写为矩阵形式有

$$\begin{pmatrix} \dot{V} - \Delta\boldsymbol{V} \cdot \dot{\boldsymbol{x}} \\[3mm] -P\dot{V} - \Delta\boldsymbol{E} \cdot \dot{\boldsymbol{x}} \end{pmatrix} = \begin{pmatrix} \left(\dfrac{\partial V}{\partial P}\right)_{T,\boldsymbol{x}} & \left(\dfrac{\partial V}{\partial T}\right)_{P,\boldsymbol{x}} \\[4mm] \left(\dfrac{\partial E}{\partial P}\right)_{T,\boldsymbol{x}} & \left(\dfrac{\partial E}{\partial T}\right)_{P,\boldsymbol{x}} \end{pmatrix} \begin{pmatrix} \dot{P} \\[3mm] \dot{T} \end{pmatrix} \tag{3.10}$$

对矩阵求逆并利用热力学关系可从 (3.10) 式反解出 $\dot{P}$, $\dot{T}$ 如下：

$$\begin{pmatrix} \dot{P} \\ \dot{T} \end{pmatrix} = \begin{pmatrix} a_{s,\boldsymbol{x}}^2 & \dfrac{K_{s,\boldsymbol{x}}}{VC_{P,\boldsymbol{x}}} \left[\left(\dfrac{\partial E}{\partial T}\right)_{P,\boldsymbol{x}} \Delta \boldsymbol{V} - \left(\dfrac{\partial V}{\partial T}\right)_{P,\boldsymbol{x}} \Delta \boldsymbol{E} \right] \\ \dfrac{\gamma_{\boldsymbol{x}} T}{\rho} & -\dfrac{K_{s,\boldsymbol{x}}}{V^2 C_{P,\boldsymbol{x}}} \left[\left(\dfrac{\partial E}{\partial P}\right)_{T,\boldsymbol{x}} \Delta \boldsymbol{V} - \left(\dfrac{\partial V}{\partial P}\right)_{T,\boldsymbol{x}} \Delta \boldsymbol{E} \right] \end{pmatrix} \begin{pmatrix} \dot{\rho} \\ \dot{\boldsymbol{x}} \end{pmatrix}$$

(3.11)

式中 C_P 是定压比热, K_s 是等熵体积模量, a_s 是等熵体积声速, γ 是 Gruneisen 系数, ρ 是密度, 下标 $\boldsymbol{x}$ 指的是在混合物 "冻结" 状态下求值。

(3.11) 式即为 Hayes 建立的单元多相凝聚态材料的冲击相变热力学模型, 它描述了冲击过程中混合相区的压力、温度、密度和各相含量变化的规律。该模型具有以下特点:

(1) 联系 $\dot{\rho}, \dot{\boldsymbol{x}}$ 和 $\dot{P}, \dot{T}$ 的系数矩阵, 只跟 "冻结" 状态下的混合物的热力学性质有关, 这样, 就能借助简单混合物理论求出这些参数, 尽管整个混合物不一定是热力学平衡的。

(2) 当不存在相变时, 即 $\dot{\boldsymbol{x}} = \boldsymbol{0}$, P, T 随 ρ 的变化过程是等熵的, 因而保证了纯相极限的一致性。

(3) 将上式按压力展开可写为如下形式:

$$\dot{P} - a_{s,\boldsymbol{x}}^2 \dot{\rho} + F = 0 \tag{3.12}$$

式中 F 为松弛函数:

$$F = \frac{K_{s,\boldsymbol{x}}}{VC_{P,\boldsymbol{x}}} \left[\left(\frac{\partial E}{\partial T}\right)_{P,\boldsymbol{x}} \Delta \boldsymbol{V} - \left(\frac{\partial V}{\partial T}\right)_{P,\boldsymbol{x}} \Delta \boldsymbol{E} \right] \dot{\boldsymbol{x}} \tag{3.13}$$

(3.12) 式与熟知的广义 Maxwell 型非线性固体本构方程的形式相同, (3.13) 式则明确表示松弛过程与相变速率相关。因此, (3.12) 式可以用来解释相变过程中的松弛现象, 同时表明 Hayes 相变模型 (3.11) 可以描述率相关相变过程中的材料动态响应。

由上述特点 (1), 可以得到某个瞬时冻结状态下混合物的 Gibbs 自由能表达式

$$G(P, T, \boldsymbol{x}) = \boldsymbol{x} \cdot \boldsymbol{G}(P, T) \tag{3.14}$$

这里 $\boldsymbol{G}(P, T)$ 是各相的 Gibbs 自由能矢量。"冻结" 状态下的混合物的热力学性质决定于 G 的二阶偏导 (参见 2.6 节)。由 (3.14) 式可以得到

$$\beta_{T,\boldsymbol{x}} = \boldsymbol{x} \cdot [(\boldsymbol{\beta}_T \cdot \boldsymbol{V})\mathbf{1}]/V \tag{3.15}$$

$$\alpha_{\boldsymbol{x}} = \boldsymbol{x} \cdot [(\boldsymbol{\alpha} \cdot \boldsymbol{V})\mathbf{1}]/V \tag{3.16}$$

$$C_{P,\boldsymbol{x}} = \boldsymbol{x} \cdot \boldsymbol{C}_P \tag{3.17}$$

这里 $\boldsymbol{\beta}_T$、$\boldsymbol{\alpha}$ 和 $\boldsymbol{C}_P$ 为各相的等温压缩系数、热膨胀系数和等压比热矢量。

3.2.2 相变速率演化方程

Hayes (1975) 假定任意两相间的相变速率与该两相间的 Gibbs 自由能之差 (即驱动力) 成正比, 与松弛时间 τ 成反比, 导出了冲击相变速率 $\dot{x}$ 的演化方程。由于每一相跟其余各相均可能存在相转变, 对于 i 相而言, 其生成率 $\dot{x}_i$ 的演化方程可以写为

$$\dot{x}_i = \frac{1}{nkT} \sum_{\substack{j=1 \\ j \neq i}}^{N} \frac{G_j - G_i}{\tau_{ij}} \tag{3.18}$$

式中松弛时间 τ_{ij} 是第 j 相到 i 相转变时, 建立平衡所需的特征时间; k 是 Boltzman 常量 $1.38 \times 10^{-23} \mathrm{J/K}$, kT 表示分子的平均能量。当 x_i 为质量百分比时, G_i 取为单位质量 Gibbs 自由能, 则 n 是单位质量的分子 (原子) 数。习惯上, 常用 KT 代替式中的 nkT, 意味着 1mol 物质的分子总能量, 因此 G 也要相应取为每摩尔 Gibbs 自由能。

相变模型 (3.11)、演化方程 (3.18) 和流动方程 (2.20)~(2.22) 相结合, 可以描述一般的具有率相关相变过程的材料响应与相变波的传播现象。

3.2.3 Hayes 冲击相变模型的讨论

(1) 虽然 Hayes 模型理论上可用于 N 个转变相的多相系统, 实际多数情况下研究的是两相 ($N=2$) 之间的转变, 这时公式可以大大简化。$N>2$ 的情况主要有两种: 一是三相点的存在 (图 3.1), 二是相变速度赶不上应力和温度变化的速度 (图 3.2)。先讨论第一种情况, 在一定压力和温度条件下可能三相共存, Hayes (1975) 曾用于铋的固 1-固 2-液相相变 ($N=3$) 的研究。图 3.1 展现铋的相图, 图 3.1(a) (P-T 平面) 中的 A 点即为固 1-固 2-液相的三相共存点, 在 P-T-V 空间 (图 3.1(b)) 中, A 点变成了三相共存线 AA'。图中有 2 条冲击过程线, 下面一条初温 400K, 冲击过程沿曲线 $\hat{o}\hat{c}\hat{d}\hat{p}\hat{e}$ 进行, 由固 1 相进入固 1/固 2 混合相区, 到最终的固 2 相区, 对应 $N=2$。上面一条初始温度为 493K, 冲击过程沿 $oabcdpe$, ab 段进入固 1-液相共存区, 液相成分在增加 ($N=2$), bc 段沿三相共存线, 固 1 相在减小, 液相和固 2 相成分在变化, 可能对应 $N=3$ 的情况, cd 段进入固 1-固 2 共存区, 对应 $N=2$, dp 进入固 2 相区。

第二种情况即多相同时发生转变的示意图见图 3.2 所示, 图中 A, B, C 分别是 1 相, m 相和 n 相的 Gibbs 自由能曲线 G_1, G_m, G_n 的交点, 即满足相变临界条件。随着冲击加载应力 σ 和温度 T 的快速增加, Gibbs 自由能高的相将

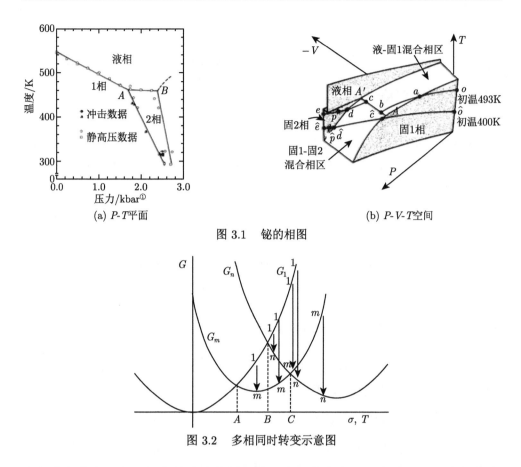

(a) P-T平面　　　　　　　　　　　　(b) P-V-T空间

图 3.1　铋的相图

图 3.2　多相同时转变示意图

向低的相转变。如果相变的速度较慢，前一个相变未来得及完成，下一个相变点已经来临，那么可能同时进行多相转变 (仅仅是推测)。如图 3.2 中可能在 AB 段产生 $1-m$ 相变，BC 段产生 $1-n$ 相变和 $1-m$ 相变，C 点向右，可能产生 $1-m$ 相变、$1-n$ 相变、$m-n$ 相变。

(2) 在 (3.11) 式的推导过程中，Hayes 采用了以第 1 相的比容 V_1 和比内能 E_1 为参照的 $\Delta \boldsymbol{V} = (\boldsymbol{V} - V_1 \boldsymbol{1})$ 和 $\Delta \boldsymbol{E} = \boldsymbol{E} - E_1 \boldsymbol{1}$，即扣除第 1 相的值，其目的不是很明确，可能认为 1 相是初始相，处于零载荷自然状态，可以作为统一的参照物。问题是，$V_1(P, T)$ 和 $E_1(P, T)$ 是随 P，T 变化的，并没有给方程带来简化。此外，既然可以用第 1 相作为参考，也可以用其他相作为参考，说明本质上和哪一相作为参照是无关的，但这样必然带来表述的不唯一性。下面，我们来分析为什么和哪一相作为参照无关。(3.6) 式中有

$$\Delta \boldsymbol{V} \cdot \dot{\boldsymbol{x}} = (\boldsymbol{V} - V_1 \boldsymbol{1}) \cdot \dot{\boldsymbol{x}} = \boldsymbol{V} \cdot \dot{\boldsymbol{x}} - V_1 \boldsymbol{1} \cdot \dot{\boldsymbol{x}}$$

① 1bar=10^5Pa。

根据 (3.4) 式, 有 $\mathbf{1} \cdot \dot{\boldsymbol{x}} \equiv 0$, 也就是说, 它的左边不论乘以什么量, 结果都是零, 对于比内能也一样。因此我们觉得没有必要采用 $\Delta \boldsymbol{V} = (\boldsymbol{V} - V_1 \mathbf{1})$ 和 $\Delta \boldsymbol{E} = \boldsymbol{E} - E_1 \mathbf{1}$ 形式, 不如直接采用 $\boldsymbol{V}$ 和 $\boldsymbol{E}$ 即可。按照以上分析, 我们把 (3.10) 式写为

$$\left(\begin{array}{c} \dot{V} - \boldsymbol{V} \cdot \dot{\boldsymbol{x}} \\ \\ -P\dot{V} - \boldsymbol{E} \cdot \dot{\boldsymbol{x}} \end{array} \right) = \left(\begin{array}{cc} \left(\dfrac{\partial V}{\partial P} \right)_{T,\boldsymbol{x}} & \left(\dfrac{\partial V}{\partial T} \right)_{P,\boldsymbol{x}} \\ \\ \left(\dfrac{\partial E}{\partial P} \right)_{T,\boldsymbol{x}} & \left(\dfrac{\partial E}{\partial T} \right)_{P,\boldsymbol{x}} \end{array} \right) \left(\begin{array}{c} \dot{P} \\ \\ \dot{T} \end{array} \right) \tag{3.19}$$

求逆得到的最终 Hayes 冲击相变热力学方程 (3.11) 写为

$$\left(\begin{array}{c} \dot{P} \\ \\ \dot{T} \end{array} \right) = \left(\begin{array}{cc} a_{s,\boldsymbol{x}}^2 & \dfrac{K_{s,\boldsymbol{x}}}{VC_{P,\boldsymbol{x}}} \left[\left(\dfrac{\partial E}{\partial T} \right)_{P,\boldsymbol{x}} \boldsymbol{V} - \left(\dfrac{\partial V}{\partial T} \right)_{P,\boldsymbol{x}} \boldsymbol{E} \right] \\ \\ \dfrac{\gamma_{\boldsymbol{x}} T}{\rho} & -\dfrac{K_{s,\boldsymbol{x}}}{V^2 C_{P,\boldsymbol{x}}} \left[\left(\dfrac{\partial E}{\partial P} \right)_{T,\boldsymbol{x}} \boldsymbol{V} - \left(\dfrac{\partial V}{\partial P} \right)_{T,\boldsymbol{x}} \boldsymbol{E} \right] \end{array} \right) \left(\begin{array}{c} \dot{\rho} \\ \\ \dot{\boldsymbol{x}} \end{array} \right)$$

$$\tag{3.20}$$

(3) 由于 Hayes 理论建立在多个假定的基础上, 而相变时产生的比容、比熵间断在细观尺度上可能会造成严重的非均匀场和微结构的改变, 加上剪力作用、塑性耦合等, 这些都偏离了 Hayes 的基本假设。在计算混合相的热力学势函数时, Hayes 理论采用简单混合物的线性叠加方法, 当组元间存在交互作用时, 这一方法也是不适宜的。更主要的是, Hayes 模型仅考虑静水压力和体积变化 (流体力学近似), 忽略了偏应力张量和偏应变张量的贡献, 因此, 该模型仅适用于以体积变形为主的相变, 如动高压下发生的相变。然而, 相变往往伴有形状变化 (剪应变间断), 有的甚至以剪应力、剪应变为主, 如形状记忆合金的奥氏体-马氏体转变, 这种情况下, Hayes 模型将不能很好地描述。因此, Hayes 相变模型需要进一步的改进。

3.3　考虑静水压和偏应力共同作用的相变临界准则

3.3.1　简介

国内外学者对相变临界准则已经进行了大量的研究, 不过多数属于准静态加载 (McMeeking et al., 1982; 王志刚等, 1991; Chen et al., 1986), 尚无一个较理想的同时考虑静水压力和偏应力作用的冲击相变临界准则。

发生固态一级相变时, 材料内部原子点阵的排列发生变化, 使材料产生体积和形状的变化。因此原则上静水压力和偏应力对相变都应该起作用, 当然, 对于不同的相变, 作用的主次或许不同。我们将从能量的角度出发, 同时考虑静水压力和偏应力的影响, 试图建立一个更为合理的宏观相变临界准则 (郭扬波等, 2004)。

　　假设某一单元系统，具有 N 个变换相，如果任意两个相 m，n 之间 $(m, n \in 1 \sim N)$ 存在相转变，两相的单位体积 Gibbs 自由能之差 $f_{mn}(\boldsymbol{\sigma}, T) = G_m(\boldsymbol{\sigma}, T) - G_n(\boldsymbol{\sigma}, T)$ 构成 m 相至 n 相的转变的驱动力，式中 $\boldsymbol{\sigma}$ 为应力张量，T 为绝对温度。设 $D_{mn}(\boldsymbol{\sigma}, T)$ 表示 m 相到 n 相转变所需克服的阻力，则当 $f_{mn}(\boldsymbol{\sigma}, T) \geqslant D_{mn}(\boldsymbol{\sigma}, T)$ 时，m 相开始向 n 相转变。可知，只要确定 f、D 与应力 $\boldsymbol{\sigma}$、温度 T 之间的关系，即可建立起具有 N 个变换相的相变的临界准则。

　　鉴于相变实质上是两相间的转变，为简化起见，我们先分析只具有两个相 (1 相和 2 相) 的系统，并以形状记忆合金 (SMA) 相变为例，它具有奥氏体 (1 相) 和马氏体 (2 相) 两个相，两相 Gibbs 自由能函数在相平衡点附近随温度和应力的变化示意图如图 3.3(a) 所示，T_0 或 σ_0 时，两相平衡，并不发生相转变。当温度降低或应力提高至 A 点及以上，将发生奥氏体至马氏体相变。反之，当温度升高或应力降低至 C 点，则发生马氏体至奥氏体转变。两相在应力和温度空间中的变化见图 3.3(b)，图中可见，应力为 0 仅当温度发生变化时，材料具有 5 个相变特征温度：T_0、$T_{\mathrm{Ms}}^{1\text{-}2}$、$T_{\mathrm{Mf}}^{1\text{-}2}$、$T_{\mathrm{As}}^{2\text{-}1}$、$T_{\mathrm{Af}}^{2\text{-}1}$ 分别对应两相平衡温度 (两相的自由能相等)，1 相到 2 相马氏体转变的起始和完成温度，2 相到 1 相奥氏体逆转变的起始和完成温度。若固定温度 $T > T_{\mathrm{Af}}$ 不变，改变应力 (图中应力路径 1)，则加载时将发生 1-2 相的马氏体转变，卸载时发生 2-1 相的奥氏体转变，同样存在 5 个特征应力 (图 3.3(b))：两相平衡应力 σ_0，加载时马氏体相变起始和完成应力 σ_{Ms}、σ_{Mf}，卸载时奥氏体逆相变起始和完成应力 σ_{As}、σ_{Af}。

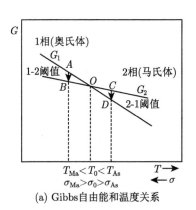

(a) Gibbs 自由能和温度关系

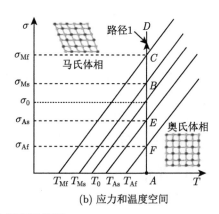

(b) 应力和温度空间

图 3.3　形状记忆合金相变示意图

　　我们主要考虑在一定的初始温度 T 下，由应力所引起的相变。在下面的推导中，应力张量 $\boldsymbol{\sigma}$ 和应变张量 $\boldsymbol{\varepsilon}$ 都以压为正。为了便于分别考察静水压力和偏应力的贡献，我们将应力、应变张量拆分为如下的球量和偏量部分：

$$\boldsymbol{\sigma} = p\mathbf{1} + \boldsymbol{s}, \qquad \sigma_{ij} = p\delta_{ij} + s_{ij}, \qquad p = \sigma_{ii}/3 \qquad (3.21)$$

$$\boldsymbol{\varepsilon} = \frac{\varepsilon_v}{3}\mathbf{1} + \boldsymbol{\gamma}, \qquad \varepsilon_{ij} = \frac{\varepsilon_v}{3}\delta_{ij} + \gamma_{ij}, \qquad \varepsilon_v = \varepsilon_{ii} \tag{3.22}$$

$$\boldsymbol{\varepsilon}^{\mathrm{Pt}} = \frac{\varepsilon_v^{\mathrm{Pt}}}{3}\mathbf{1} + \boldsymbol{\gamma}^{\mathrm{Pt}}, \qquad \varepsilon_{ij}^{\mathrm{Pt}} = \frac{\varepsilon_v^{\mathrm{Pt}}}{3}\delta_{ij} + \gamma_{ij}^{\mathrm{Pt}}, \qquad \varepsilon_v^{\mathrm{Pt}} = \varepsilon_{ii}^{\mathrm{Pt}} \tag{3.23}$$

其中 $\mathbf{1}$ 是单位矩阵, p 是静水压力, s 是偏应力张量, ε_v 是体积应变, $\boldsymbol{\gamma}$ 是偏应变张量, $\boldsymbol{\varepsilon}^{\mathrm{Pt}}$ 是相变引起的应变大小。我们用上标 Pt 表示相变 (Phase transition), 不用 p, 避免和塑性 (plasticity) 混淆。$\varepsilon_v^{\mathrm{Pt}}$ 是相变引起的体积应变的变化, $\boldsymbol{\gamma}^{\mathrm{Pt}}$ 是相变引起的偏应变张量的间断。

假定 1 相和 2 相的静水压力 p 和体积应变 ε_v、偏应力 s_{ij} 和偏应变 γ_{ij} 之间的关系如图 3.4 所示, 其中图 3.4(a) 和 (b) 分别表示静水压力–体积应变和偏应力–偏应变曲线。图 3.4(b) 中 1 相的偏应力–偏应变曲线的拐点 $B(\gamma_{ij}^B, s_{ij}^B)$ 表示材料发生塑性屈服, 塑性屈服后采用理想塑性模型, 如图中水平线 BC 所示 (注意, 是示意图), 该模型可以描述材料发生塑性屈服后的相变临界准则, 即所谓 "形变诱发" 相变。当相变临界偏应力低于 B 点时, 又可以描述热弹性相变的临界准则, 即所谓 "应力诱发" 相变。为了推导简化起见, 我们忽略两相热膨胀系数的差引起的热应变作用。

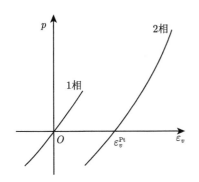

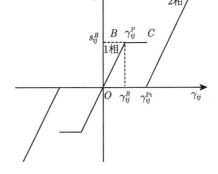

(a) 静水压力-体积应变曲线   (b) 偏应力-偏应变曲线

图 3.4 相变材料的应力-应变曲线示意图

3.3.2 "应力诱发" 相变临界准则

如果材料直接由弹性进入相变, 我们称之为 "应力诱发" (stress-induced) 相变, 也称为马氏体热弹性相变。应力加载所产生的自由能变化主要由弹性应变能引起 (王志刚等, 1991), 并忽略热应变作用, 两相 Gibbs 自由能可以分别写为

$$G_1(\boldsymbol{\sigma}, T) = G_1(0, T) - \left[\int_0^{\boldsymbol{\varepsilon}^1} \boldsymbol{\sigma} : \mathrm{d}\boldsymbol{\varepsilon} + \boldsymbol{\sigma} : \boldsymbol{\varepsilon}^1 \right]$$

$$= G_1(0,T) - \left[\int_0^{\varepsilon_v^1} p \mathrm{d}\varepsilon_v + \int_0^{\gamma_{ij}^1} s_{ij} \mathrm{d}\gamma_{ij} + p\varepsilon_v^1 + s_{ij}\gamma_{ij}^1 \right] \tag{3.24}$$

$$G_2(\boldsymbol{\sigma},T) = G_2(0,T) - \left[\int_{\varepsilon_v^{\mathrm{Pt}}}^{\varepsilon_v^2} p \mathrm{d}\varepsilon_v + \int_{\gamma_{ij}^{\mathrm{Pt}}}^{\gamma_{ij}^2} s_{ij} \mathrm{d}\gamma_{ij} + p\varepsilon_v^2 + s_{ij}\gamma_{ij}^2 \right] \tag{3.25}$$

式中的上、下标 1、2 分别表示 1 相和 2 相，其他参数见图 3.4。由图 3.4 可知，当两相都处于弹性段，两相的温度、应力相同时，有

$$\varepsilon_v^2 = \varepsilon_v^1 + \varepsilon_v^{\mathrm{Pt}}, \qquad \gamma_{ij}^2 = \gamma_{ij}^1 + \gamma_{ij}^{\mathrm{Pt}} \tag{3.26}$$

式中 $\varepsilon_v^{\mathrm{Pt}}$ 和 $\gamma_{ij}^{\mathrm{Pt}}$ 分别是相变引起的体积应变和偏应变的间断。为简化起见，假设 1 相和 2 相的 p-ε_v 线、s_{ij}-γ_{ij} 线分别互相平行，那么 (3.24) 和 (3.25) 式中的积分项是相等的，相减时消去，故两相的自由能差即相变驱动力可写为

$$f_{12}(\boldsymbol{\sigma},T) = G_1(\boldsymbol{\sigma},T) - G_2(\boldsymbol{\sigma},T) = G_1(0,T) - G_2(0,T) + p\varepsilon_v^{\mathrm{Pt}} + s_{ij}\gamma_{ij}^{\mathrm{Pt}} \tag{3.27}$$

由热力学关系式 $\mathrm{d}G = -\boldsymbol{\varepsilon} : \mathrm{d}\boldsymbol{\sigma} - \eta \mathrm{d}T$，其中 η 为单位体积的熵，当应力 $\boldsymbol{\sigma} = 0$ 不变时，可得到 1 相和 2 相的 Gibbs 自由能增量为

$$\mathrm{d}G_1(0,T) = -\eta_1(0,T)\mathrm{d}T$$

$$\mathrm{d}G_2(0,T) = -\eta_2(0,T)\mathrm{d}T$$

从两相平衡温度 T_0 积分至温度 T，得到

$$\begin{aligned} G_1(0,T) &= G_1(0,T_0) - \int_{T_0}^T \eta_1(0,T)\mathrm{d}T \\ G_2(0,T) &= G_2(0,T_0) - \int_{T_0}^T \eta_2(0,T)\mathrm{d}T \end{aligned} \tag{3.28}$$

在平衡温度 T_0 两相自由能相等，$G_1(0,T_0) = G_2(0,T_0)$，因此 (3.28) 式中两式相减，可以得到 $\boldsymbol{\sigma} = 0$ 时，两相自由能的差 $g_{12}(T)$ 的表达式为

$$g_{12}(T) = G_1(0,T) - G_2(0,T) = -\int_{T_0}^T \Delta\eta_{12}(0,T)\mathrm{d}T \tag{3.29}$$

式中 $\Delta\eta_{12}(0,T) = \eta_1(0,T) - \eta_2(0,T)$ 表示两相比熵之差。Levitas 等 (2002) 指出：在相当大的温度范围可近似认为 $g_{12}(T)$ 与温度呈线性关系，即 $\Delta\eta_{12}$ 可近似为一常数。假定 $\Delta\eta_{12}$ 与温度无关，是一个常数，有

$$g_{12}(T) = -\Delta\eta_{12}(T - T_0) \tag{3.30}$$

由 (3.27) 和 (3.30) 式可得

$$f_{12}(\boldsymbol{\sigma}, T) = -\Delta\eta_{12}(T - T_0) + p\varepsilon_v^{\mathrm{Pt}} + s_{ij}\gamma_{ij}^{\mathrm{Pt}} \tag{3.31}$$

上式和文献 (王志刚等, 1991) 的不同之处在于保留了相变引起的体积变化项。我们来考虑一个应力为 0 时的温度循环实验, 此时由 (3.31) 式得到 $f_{12}(0, T) = -\Delta\eta_{12}(T - T_0)$。当温度为 $T_S^{1\text{-}2}$ 时, 1 相开始向 2 相转变, 温度为 $T_f^{1\text{-}2}$ 时, 1 相完全转变为 2 相。因为实验是准静态过程, 相变过程中, 相变能障 $D_{12}(\xi) = f_{12}(0, T)$ 和新相含量 ξ 相关, 刚开始相变时 $\xi = 0$, 完成时 $\xi = 1$。假定相变所需克服的能障随 ξ 是线性增加的, 即

$$D_{12}(\xi) = -\Delta\eta_{12}\left[T_S^{1\text{-}2} - T_0 + \xi(T_f^{1\text{-}2} - T_S^{1\text{-}2})\right] \tag{3.32}$$

那么, 当 $f_{12}(\boldsymbol{\sigma}, T) \geqslant D_{12}(\boldsymbol{\sigma}, T)$, 即相变驱动力大于等于相变阻力时, 将发生 1 相至 2 相的转变, 等号即为临界条件。由 (3.31) 和 (3.32) 式可以得到 1 相到 2 相转变的相变临界准则为

$$p\varepsilon_v^{\mathrm{Pt}} + s_{ij}\gamma_{ij}^{\mathrm{Pt}} = \Delta\eta_{12}\left[T - T_S^{1\text{-}2} + \xi(T_S^{1\text{-}2} - T_f^{1\text{-}2})\right] \tag{3.33}$$

文献 (王志刚等, 1991) 指出, 当 $\boldsymbol{\gamma}^{\mathrm{Pt}}$ 与 $\boldsymbol{s}$ 方向相同时, 相变驱动力最大, 并给出了如下关系式:

$$\boldsymbol{\gamma}^{\mathrm{Pt}} = \frac{3}{2}\gamma_{\mathrm{e}}^{\mathrm{Pt}}\frac{\boldsymbol{s}}{\sigma_{\mathrm{e}}}, \qquad \sigma_{\mathrm{e}} = \left(\frac{3}{2}\boldsymbol{s} : \boldsymbol{s}\right)^{1/2} \tag{3.34}$$

式中 σ_{e} 是等效偏应力, $\gamma_{\mathrm{e}}^{\mathrm{Pt}}$ 是等效相变偏应变, 是与材料性质有关的常数, 该常数可以由 (3.34) 式定出, 得到 $\gamma_{\mathrm{e}}^{\mathrm{Pt}} = (2\boldsymbol{\gamma}^{\mathrm{Pt}} : \boldsymbol{\gamma}^{\mathrm{Pt}}/3)^{1/2}$。将 (3.34) 式代入 (3.33) 式, 最终得到的热弹性相变的临界准则为

$$p\varepsilon_v^{\mathrm{Pt}} + \sigma_{\mathrm{e}}\gamma_{\mathrm{e}}^{\mathrm{Pt}} = \Delta\eta_{12}\left[T - T_S^{1\text{-}2} + \xi(T_S^{1\text{-}2} - T_f^{1\text{-}2})\right] \tag{3.35}$$

当 $\xi = 0$ 时, 上式给出初始相变临界面, $\xi = 1$ 表示相变完成面, 两者之间则是处于混合相区的后继相变临界面。

3.3.3 "形变诱发" 相变临界准则

对于 "形变诱发" (strain-induced) 的相变, 由于材料在相变前处于 1 相时就已经发生了塑性变形, 会引起温度的升高, 因此 (3.35) 式不再适用。又由于模型中的 Gibbs 自由能指的是晶格的 Gibbs 自由能, 弹性阶段时, 宏观弹性应变通过晶格变形的累加实现, 弹性应变能即为晶格的变形能, 弹性阶段到图 3.4(b) 中的

B 点 $(s_{ij}^B, \gamma_{ij}^B)$ 为止。进入塑性后,塑性应变 γ_{ij}^{P} 通过位错运动导致晶格滑移,塑性应变能是克服晶格滑移中的摩擦效应所需的耗散能量,因此塑性应变能不能直接进入 Gibbs 自由能。然而,由于塑性功将转变为热,使温度上升,从而导致材料的 Gibbs 自由能发生变化,我们只要将这一温升计入 Gibbs 自由能的变化,那么仍然可以采用 Gibbs 自由能进行推导。通过上述分析,塑性屈服后 1 相的 Gibbs 自由能函数可以写为

$$\begin{cases} G_1(\boldsymbol{\sigma}, T') = G_1(0, T') - \left[\int_0^{\varepsilon_v^1} p\mathrm{d}\varepsilon_v + \int_0^{\gamma_{ij}^B} s_{ij}\mathrm{d}\gamma_{ij} + p\varepsilon_v^1 + s_{ij}^B \gamma_{ij}^B \right] \\ T' = T + \dfrac{A s_{ij}^B \gamma_{ij}^{\mathrm{P}}}{\rho C_P} \end{cases} \tag{3.36}$$

上式方括号内是弹性应变能,T 为 1 相的初始温度,T' 为塑性屈服后的温度,塑性应变为 γ_{ij}^{P} 时 1 相的温度,A 为材料的塑性应变能转变为热的系数,对于等温过程,$A = 0$,对于绝热过程,一般取 $A = 0.9$,ρ 是密度,C_P 是 1 相的定压比热。同样,假设 2 相处于弹性状态,可以得到 2 相的 Gibbs 自由能为

$$G_2(\boldsymbol{\sigma}, T') = G_2(0, T') - \left[\int_{\varepsilon_v^{\mathrm{Pt}}}^{\varepsilon_v^2} p\mathrm{d}\varepsilon^v + \int_{\gamma_{ij}^{\mathrm{Pt}}}^{\gamma_{ij}^B + \gamma_{ij}^{\mathrm{Pt}}} s_{ij}\mathrm{d}\gamma_{ij} + p\varepsilon_v^2 + s_{ij}^B (\gamma_{ij}^B + \gamma_{ij}^{\mathrm{Pt}}) \right] \tag{3.37}$$

类似于由弹性直接进入相变的推导,可得 "形变诱发" 相变的临界判据为

$$\begin{cases} p\varepsilon_v^{\mathrm{Pt}} + \sigma_{\mathrm{e}} \gamma_{\mathrm{e}}^{\mathrm{Pt}} = \Delta \eta_{12} \left[T' - T_S^{\text{1-2}} + \xi \left(T_S^{\text{1-2}} - T_f^{\text{1-2}} \right) \right] \\ T' = T + \dfrac{A s_{ij}^B \gamma_{ij}^{\mathrm{P}}}{\rho C_P} \end{cases} \tag{3.38}$$

式中 $\sigma_{\mathrm{e}} = \left(3 s_{ij}^B s_{ij}^B / 2 \right)^{1/2}$ 是屈服点 B 处的等效偏应力。

下面简单讨论应力分量对相变阈值的影响。由 (3.35) 和 (3.38) 式可知,对于 1 相到 2 相的转变,在弹性阶段,由于 (3.35) 式中的 $\sigma_{\mathrm{e}} \gamma^0$ 恒为正,故偏应力总是对相变起到促进作用。材料塑性屈服后,对于理想塑性而言,偏应力不再增加,弹性偏应变能保持为常值,同时塑性耗散功使 1 相的温度上升。如果 1 相到 2 相的转变是从高温相到低温相的转变,则塑性屈服后的偏应力由于它产生的温升将对相变起到阻碍作用。反过来,对于低温相到高温相的转变,塑性屈服后的偏应力将会起到促进作用。静水压力 p 所起的作用则取决于相变时的体积应变间断 $\varepsilon_v^{\mathrm{Pt}}$,对于压缩加载,如果相变时体积是膨胀的,则静水压力将起到阻碍作用,反之则起促进的作用。如果相变时材料只发生形状变化,无体积变化,则静水压力不

起作用。由于拉伸时静水压力所起的作用与压缩时相反，而偏应力的影响则与拉压状态无关，因此，同时考虑偏应力与静水压力联合作用的相变临界准则 (3.35)、(3.38) 将会呈现出明显的拉压不对称现象。

3.3.4 逆相变临界准则

类似于正相变临界准则的推导，对于卸载时 2 相到 1 相的逆转变 (卸载时只卸至 $\boldsymbol{\sigma} = 0$，不考虑反向加载)，可以得到

$$f_{21}(\boldsymbol{\sigma}, T_*) = G_2(\boldsymbol{\sigma}, T_*) - G_1(\boldsymbol{\sigma}, T_*) = -\Delta\eta_{21}(T_* - T_0) - p\varepsilon_v^{\mathrm{Pt}} - s_{ij}\gamma_{ij}^{\mathrm{Pt}} \quad (3.39\mathrm{a})$$

$$D_{21}(\xi) = -\Delta\eta_{21}\left[T_S^{2\text{-}1} - T_0 + (1 - \xi)\left(T_f^{2\text{-}1} - T_S^{2\text{-}1}\right)\right] \quad (3.39\mathrm{b})$$

其中 T_* 表示开始卸载时 2 相的温度，T_0 是相平衡温度。对于偏应力分量比值保持不变的加卸载过程，例如比例加载，由 (3.34)、(3.39) 式可以得到 2 相到 1 相的逆转变的相变临界准则为

$$p\varepsilon_v^{\mathrm{Pt}} + \sigma_{\mathrm{e}}\gamma_{\mathrm{e}}^{\mathrm{Pt}} = -\Delta\eta_{21}\left[T_* - T_S^{2\text{-}1} + (1 - \xi)(T_S^{2\text{-}1} - T_f^{2\text{-}1})\right] \quad (3.40)$$

我们来讨论准则 (3.40) 预测的逆相变行为。如果 1 相是高温相 (譬如奥氏体相)，2 相是低温相 (马氏体相)，有 $\Delta\eta_{21} = \eta_2(0, T) - \eta_1(0, T) < 0$。若 $T_* < T_S^{2\text{-}1}$，即卸载时 2 相温度低于逆相变起始温度，那么 (3.40) 式右侧始终小于 0，因为卸载时 2 相含量 $\xi = 1$，左侧应力即使卸至 0，仍达不到逆相变起始条件，因此将不会发生逆相变，这对应于不可逆相变情况 (有时称为形状记忆状态)。若 $T_* > T_S^{2\text{-}1}$ 时，$-\Delta\eta_{21}(T_* - T_S^{2\text{-}1}) > 0$，这种情况，当应力减小到一定值时就可以满足逆转变临界准则，材料将部分发生逆相变，如果 $T_* > T_f^{2\text{-}1}$，则材料将发生完全的逆相变，这对应于材料的伪弹性状态。以上三种情况可以从图 3.3(b) 中看出，同时也说明了逆相变临界准则的物理含义和适用性。

图 3.5(a) 给出了三维主应力空间中的初始相变临界曲面的示意图，注意，我们以压为正。对应于体积膨胀的高温相 (1 相) 到低温相 (2 相) 的 "应力诱发" 相变，初始温度 $T > T_S^{2\text{-}1}$。图中正相变和逆相变的初始临界曲面分别用实线和虚线表示，临界曲面呈顶朝下的圆锥面，表示出拉压不对称性 (静水压起到阻碍作用)。对于相变时体积收缩的相变，临界曲面将变为顶朝上的圆锥面。对于仅有形状形的相变，临界曲面则成为圆柱面。

对于 "形变诱发" 的相变，在相变临界面的内部将存在一个临界屈服面。一般而言，临界屈服面是一个圆柱面，因此，对于图 3.5(b) 所示的情况，可能会在某处发生圆柱形的屈服面和锥形相变临界面相交的情况 (图中在压应力区的 H 点)，这意味着在较高压应力下发生的 "形变诱发" 相变 (如 L 点) 在低于交界压力或者拉应力区可能转变为 "应力诱发" 的相变 (如 N 点)。对于顶点朝上的相变临界面，这种转变

将发生在交界以上。对于 "形变诱发" 相变，1 相屈服后，材料的温度随着塑性应变的增大而升高，此时相变临界曲面也将受到塑性应变温升的影响而增加复杂性，这里不作详细讨论。进一步讨论可以参阅 (郭扬波，2004；郭扬波等，2004)。

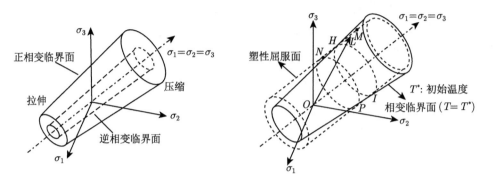

(a) 正相变和逆相变临界面   (b) 相变临界面和塑性屈服面相交

图 3.5   三维主应力空间中的初始相变临界曲面示意图

Lexcellent 等 (2002，2004) 通过实验测定了双轴比例加载下多晶 NiTi 合金的相变起始应力 (图 3.6 中的黑块)，根据其中单轴拉伸和单轴压缩的 2 个数据点 (分别为 370MPa 和 −510MPa，以拉为正)，可以由热弹性相变临界准则 (3.35) 给出相变临界面的预测。在 σ_1-σ_2 主应力平面上预测的相变初始临界曲线如图 3.6 所示，与实验结果符合还是比较好的，并呈现出明显的拉压不对称性，说明上述相变临界准则具有较好的预测能力。当然，该临界准则关于 "应力诱发" 相变和 "形变诱发" 相变在改变应力状态下可能发生转化的预测，还有待实验的验证。然而有意思的是，Tang 等 (1997) 进行的硫化镉 (CdS) 单晶沿 C 轴的平板冲击实验发现，材料从纤锌矿结构 (1 相) 弹性状态直接进入相变，转变为岩盐矿结构 (2

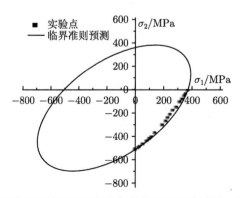

图 3.6 σ_1-σ_2 主应力平面中预测的相变初始临界面与实验结果的比较 (以拉为正)

相), 相当于 "应力诱发" 相变, 而之后 Sharma 等 (1998) 对同样材料沿 a 轴进行的平板冲击实验表明, 1 相材料先进入塑性, 然后再发生纤锌矿–岩盐矿的结构相变, 呈现出 "形变诱发" 相变的特性, 文献 (唐志平, 2008) 对此有较具体介绍。硫化镉单晶是各向异性材料, 不同晶向造成的应力状态不同, 引起 "应力诱发" 和 "形变诱发" 相变模式的转换。虽然材料不同 (本节是各向同性材料), 但说明了不同应力状态是有可能造成相变模式的转换的。

3.4　冲击下 "应力诱发" 相变的三维本构模型

本节只考虑各向同性材料中的 "应力诱发" 相变, "形变诱发" 相变将在 3.5 节讨论。"应力诱发" 相变是指材料不经塑性, 直接由弹性状态发生的相变。

纯相材料的弹塑性变形行为可以用该相的弹塑性本构模型来描写, 相变本构模型则主要描述相变过程中处于混合相状态下的材料的变形行为。我们将在 3.2 节 Hayes 相变模型 (Hayes, 1975) 的基础上, 加入偏应力对相变的影响, 建立起可以描写冲击下具有 N 个转变相的三维相变本构模型。

3.4.1　N 相系统中 "应力诱发" 相变的临界准则

在 3.3 节中, 我们对模量相同的两相材料建立了 "应力诱发" 相变的临界准则 (3.35), 本节将推广到具有 N 个相的情况。鉴于 N 个相的系统较为复杂, 我们将采用把初始相 $(i=1)$ 状态作为所有相 $i(i \in 1 \sim N)$ 的参照状态的方法, 可以包括 $i=1$, 即把相对于 1 相的状态量作为第 i 相的状态参照量来解决这一问题。只要将图 3.4 和 (3.35) 式中的 2 相用 m 或 n 代替 $(m, n \in 1 \sim N)$, 就可以推广到 N 个相的情况, 见图 3.7, 下面进行推导。需要说明的是, 在下述推导中, 为方便和清楚起见, 当上标或下标出现 m 或 (m) 时代表是 m 相的参量。

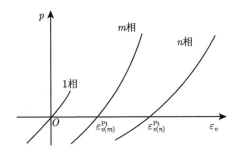
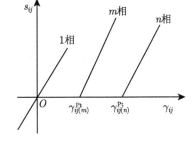

(a) 静水压力–体积应变曲线　　　　　　　　　(b) 偏应力–偏应变曲线

图 3.7　N 相系统的应力–应变曲线示意图

类似于 3.3 节, 我们先考虑 1 相至 m 相转变。图 3.7 中 $\varepsilon_{v(m)}^{\mathrm{Pt}}$ 和 $\gamma_{ij(m)}^{\mathrm{Pt}}$ 分别

是 m 相相对于 1 相的相变体积应变和相变偏应变。在 3.3 节中曾假定两相的弹性模量是相同的, 对于 N 个相的系统, 模量不一定都相同, 但假定压力不太高时体模量 K 和切模量 μ 均为常数, 那么由图 3.7, 只要把 (3.25) 式中的 2 改成 m, 就可得到 m 相的 Gibbs 自由能:

$$G_m(\boldsymbol{\sigma}, T)$$
$$= G_m(0, T) - \left[\int_{\varepsilon_{v(m)}^{\mathrm{Pt}}}^{\varepsilon_v^m} p\mathrm{d}\varepsilon_v + \int_{\gamma_{ij(m)}^{\mathrm{Pt}}}^{\gamma_{ij}^m} s_{ij}\mathrm{d}\gamma_{ij} + p\varepsilon_v^m + s_{ij}\gamma_{ij}^m \right], \quad m = 1, 2, \cdots, N$$

1 相和 m 相均可用上式表示, 不过 1 相的相变应变是零。注意到 (3.26) 式和 m 相的弹性模量, 得到 m 相的 Gibbs 自由能为

$$G_m(\boldsymbol{\sigma}, T) = G_m(0, T) - p\varepsilon_{v(m)}^{\mathrm{Pt}} - s_{ij}\gamma_{ij(m)}^{\mathrm{Pt}} - \frac{1}{2K_m}p^2 - \frac{1}{4\mu_m}s_{ij}s_{ij}$$

根据 (3.34) 式, 上式可写为等效应力和相变等效应变的形式如下:

$$G_m(\boldsymbol{\sigma}, T) = G_m(0, T) - p\varepsilon_{v(m)}^{\mathrm{Pt}} - \sigma_{\mathrm{e}}\gamma_{\mathrm{e}(m)}^{\mathrm{Pt}} - \frac{1}{2K_m}p^2 - \frac{1}{4\mu_m}s_{ij}s_{ij} \qquad (3.41)$$

对于图 3.7 中的 n 相曲线, 相对于 1 相, 同样可以得到上式, 只要把 m 换成 n 即可。类似于 3.3 节的推导, 我们可以得到 m 相到 n 相的临界准则是

$$p(\varepsilon_{v(m)}^{\mathrm{Pt}} - \varepsilon_{v(n)}^{\mathrm{Pt}}) + \sigma_{\mathrm{e}}(\gamma_{\mathrm{e}(m)}^{\mathrm{Pt}} - \gamma_{\mathrm{e}(n)}^{\mathrm{Pt}})$$
$$+ \left(\frac{1}{2K_m} - \frac{1}{2K_n} \right)p^2 + \left(\frac{1}{4\mu_m} - \frac{1}{4\mu_n} \right)s_{ij}s_{ij}$$
$$= (\Delta\eta_{(m)} - \Delta\eta_{(n)})(T_S^{m\text{-}n} - T) \qquad (3.42)$$

式中上标 m、n 表示 m 相、n 相, $\varepsilon_{v(m)}^{\mathrm{Pt}}$ 和 $\varepsilon_{v(n)}^{\mathrm{Pt}}$、$\gamma_{\mathrm{e}(m)}^{\mathrm{Pt}}$ 和 $\gamma_{\mathrm{e}(n)}^{\mathrm{Pt}}$ 分别表示 m 相和 n 相相对于初始相 1 相 (即从 1 相至 m 相或 n 相) 的相变体积应变和等效相变偏应变, $\Delta\eta_{(m)}$ 和 $\Delta\eta_{(n)}$ 分别表示应力为 0 时, m、n 相和 1 相的熵差, 如 $\Delta\eta_{(m)} = \eta_{(m)}(0, T) - \eta_{(1)}(0, T)$, $T_S^{m\text{-}n}$ 表示应力为 0、温度变化时, m 相向 n 相转变的起始温度。

由于 m 和 n 相各状态量都以初始相为基础计算, 卸载逆相变时, 相变偏应变各分量的变化可能不同于加载过程, 我们用 $\bar{\gamma}_{ij(m)}^{\mathrm{Pt}}$ 来表示。类似于 3.3 节的推导可以得到卸载过程中 n 相到 m 相的逆转变的临界准则为

$$p(\varepsilon_{v(n)}^{\mathrm{Pt}} - \varepsilon_{v(m)}^{\mathrm{Pt}}) + s_{ij}(\bar{\gamma}_{ij(n)}^{\mathrm{Pt}} - \bar{\gamma}_{ij(m)}^{\mathrm{Pt}})$$

$$+ \left(\frac{1}{2K_n} - \frac{1}{2K_m} \right) p^2 + \left(\frac{1}{4\mu_n} - \frac{1}{4\mu_m} \right) s_{ij} s_{ij}$$

$$= (\Delta\eta_{(n)} - \Delta\eta_{(m)})(T_S^{n\text{-}m} - T) \tag{3.43a}$$

式中 $T_S^{n\text{-}m}$ 表示应力为 0、温度变化时，n 相向 m 相转变的起始温度。对于偏应力的各分量的比值保持不变的加卸载过程，例如比例加载，上式可以化为

$$p(\varepsilon_{v(n)}^{\mathrm{Pt}} - \varepsilon_{v(m)}^{\mathrm{Pt}}) + \sigma_{\mathrm{e}}(\gamma_{\mathrm{e}(n)}^{\mathrm{Pt}} - \gamma_{\mathrm{e}(m)}^{\mathrm{Pt}})$$

$$+ \left(\frac{1}{2K_n} - \frac{1}{2K_m} \right) p^2 + \left(\frac{1}{4\mu_n} - \frac{1}{4\mu_m} \right) s_{ij} s_{ij}$$

$$= (\Delta\eta_{(n)} - \Delta\eta_{(m)})(T_S^{n\text{-}m} - T) \tag{3.43b}$$

3.4.2 "应力诱发"混合相变形过程的描述

为了描写混合相的变形过程，我们仍采用 3.2 节 Hayes 的假定，但去掉了第 5 点忽略材料剪切强度的假定。根据 Hayes 假定，混合相的状态量如体积应变 ε_v、剪应变 γ_{ij}、内能 e 等可以用各个纯相区的状态量来表示

$$\varepsilon_v(p, \boldsymbol{s}, T, \boldsymbol{\xi}) = \boldsymbol{\xi} \cdot \boldsymbol{\varepsilon}_v(p, \boldsymbol{s}, T) \tag{3.44}$$

$$\gamma_{ij}(p, \boldsymbol{s}, T, \boldsymbol{\xi}) = \boldsymbol{\xi} \cdot \boldsymbol{\gamma}_{ij}(p, \boldsymbol{s}, T) \tag{3.45}$$

$$e(p, \boldsymbol{s}, T, \boldsymbol{\xi}) = \boldsymbol{\xi} \cdot \boldsymbol{e}(p, \boldsymbol{s}, T) \tag{3.46}$$

其中 $\boldsymbol{s}$ 是偏应力张量，$\boldsymbol{\varepsilon}_v = (\varepsilon_v^1, \varepsilon_v^2, \cdots, \varepsilon_v^N)$ 为各相的体积应变构成的矢量，$\boldsymbol{\gamma}_{ij} = (\gamma_{ij}^1, \gamma_{ij}^2, \cdots, \gamma_{ij}^N)$ 为各相的偏应变构成的矢量，$\boldsymbol{e} = (e_1, e_2, \cdots, e_N)$ 为各相的单位体积的内能的矢量，$\boldsymbol{\xi} = (\xi_1, \xi_2, \cdots, \xi_N)$ 为各相的体积含量的矢量。各相的体积含量相加应等于 1，即

$$\boldsymbol{\xi} \cdot \boldsymbol{1} = 1, \qquad \dot{\boldsymbol{\xi}} \cdot \boldsymbol{1} = 0 \tag{3.47}$$

其中 $\boldsymbol{1} = (1, 1, \cdots, 1)$ 为单位矢量。混合相体积应变 ε_v 对时间求全导可得

$$\dot{\varepsilon}_v = \left(\frac{\partial \varepsilon_v}{\partial p} \right)_{s_{kl}, T, \boldsymbol{\xi}} \dot{p} + \left(\frac{\partial \varepsilon_v}{\partial s_{ij}} \right)_{p, s_{kl}(s_{kl} \neq s_{ij}), T, \boldsymbol{\xi}} \dot{s}_{ij}$$

$$+ \left(\frac{\partial \varepsilon_v}{\partial T} \right)_{p, s_{kl}, \boldsymbol{\xi}} \dot{T} + \left(\frac{\partial \varepsilon_v}{\partial \boldsymbol{\xi}} \right)_{p, s_{kl}, T} \cdot \dot{\boldsymbol{\xi}}$$

$$= \frac{1}{K_{\boldsymbol{\xi}}} \dot{p} + \left(\frac{\partial \varepsilon_v}{\partial s_{ij}} \right)_{p, s_{kl}(s_{kl} \neq s_{ij}), T, \boldsymbol{\xi}} \dot{s}_{ij} + \alpha_{\boldsymbol{\xi}} \dot{T} + \left(\frac{\partial \varepsilon_v}{\partial \boldsymbol{\xi}} \right)_{p, s_{kl}, T} \cdot \dot{\boldsymbol{\xi}} \tag{3.48}$$

其中 $K_{\boldsymbol{\xi}}$、$\alpha_{\boldsymbol{\xi}}$ 分别是各相含量冻结状态下的混合相的体积模量和体积热膨胀系数:

$$
\begin{cases}
\dfrac{1}{K_{\boldsymbol{\xi}}} = \xi_m \dfrac{1}{K_m} = \boldsymbol{\xi} \cdot \dfrac{1}{K} \\[3mm]
\alpha_{\boldsymbol{\xi}} = \xi_m \alpha_m = \boldsymbol{\xi} \cdot \boldsymbol{\alpha}
\end{cases}
\tag{3.49}
$$

上式用了爱因斯坦求和约定。对于各向同性材料,偏应力对体积应变无影响,因此

$$
\left(\frac{\partial \varepsilon_v}{\partial s_{ij}} \right)_{p, s_{kl}(s_{kl} \neq s_{ij}), T, \boldsymbol{\xi}} = 0
\tag{3.50}
$$

由 (3.44)、(3.47) 式可得

$$
\left(\frac{\partial \varepsilon_v}{\partial \boldsymbol{\xi}} \right)_{p, s_{kl}, T} \cdot \dot{\boldsymbol{\xi}} = \boldsymbol{\varepsilon}_v \cdot \dot{\boldsymbol{\xi}} = \left(\boldsymbol{\varepsilon}_v - \varepsilon_v^1 \mathbf{1} \right) \cdot \dot{\boldsymbol{\xi}} = \Delta \boldsymbol{\varepsilon}_v \cdot \dot{\boldsymbol{\xi}}
\tag{3.51}
$$

其中 $\Delta \boldsymbol{\varepsilon}_v = \boldsymbol{\varepsilon}_v - \varepsilon_v^1 \mathbf{1}$。将 (3.50) 和 (3.51) 式代入 (3.48) 式中可得

$$
\dot{\varepsilon}_v - \Delta \boldsymbol{\varepsilon}_v \cdot \dot{\boldsymbol{\xi}} = \frac{1}{K_{\boldsymbol{\xi}}} \dot{p} + \alpha_{\boldsymbol{\xi}} \dot{T}
\tag{3.52}
$$

偏应变 γ_{ij} 对时间求全导,得到

$$
\begin{aligned}
\dot{\gamma}_{ij} &= \left(\frac{\partial \gamma_{ij}}{\partial p} \right)_{s_{kl}, T, \boldsymbol{\xi}} \dot{p} + \left(\frac{\partial \gamma_{ij}}{\partial s_{mn}} \right)_{p, s_{kl}(s_{kl} \neq s_{mn}), T, \boldsymbol{\xi}} \dot{s}_{mn} \\
&\quad + \left(\frac{\partial \gamma_{ij}}{\partial T} \right)_{p, s_{kl}, \boldsymbol{\xi}} \dot{T} + \left(\frac{\partial \gamma_{ij}}{\partial \boldsymbol{\xi}} \right)_{p, s_{kl}, T} \cdot \dot{\boldsymbol{\xi}} \\
&= \left(\frac{\partial \gamma_{ij}}{\partial p} \right)_{s_{kl}, T, \boldsymbol{\xi}} \dot{p} + \frac{1}{2\mu_{\boldsymbol{\xi}}} \dot{s}_{ij} + \left(\frac{\partial \gamma_{ij}}{\partial T} \right)_{p, s_{kl}, \boldsymbol{\xi}} \dot{T} + \left(\frac{\partial \gamma_{ij}}{\partial \boldsymbol{\xi}} \right)_{p, s_{kl}, T} \cdot \dot{\boldsymbol{\xi}}
\end{aligned}
\tag{3.53}
$$

其中 $\mu_{\boldsymbol{\xi}}$ 是冻结态下混合相的弹性剪切模量,如下式所示 (遵循爱因斯坦求和约定):

$$
\frac{1}{\mu_{\boldsymbol{\xi}}} = \xi_m \frac{1}{\mu_m}
\tag{3.54}
$$

对于各向同性材料,静水压力和温度只对体积应变有影响,对偏应变无影响 (这里不考虑温度对剪切模量的影响)。由此,可以得到

$$
\left(\frac{\partial \gamma_{ij}}{\partial p} \right)_{s_{kl}, T, \boldsymbol{\xi}} = 0
\tag{3.55}
$$

$$\left(\frac{\partial \gamma_{ij}}{\partial T}\right)_{p,s_{kl},\boldsymbol{\xi}} = 0 \tag{3.56}$$

类似于 (3.51) 式, 由 (3.45)、(3.47) 式可得

$$\left(\frac{\partial \gamma_{ij}}{\partial \boldsymbol{\xi}}\right)_{p,s_{kl},T} \cdot \dot{\boldsymbol{\xi}} = \Delta \boldsymbol{\gamma}_{ij} \cdot \dot{\boldsymbol{\xi}} \tag{3.57}$$

其中 $\Delta \boldsymbol{\gamma}_{ij} = \boldsymbol{\gamma}_{ij} - \gamma_{ij}^1 \mathbf{1}$。将 (3.55)~(3.57) 式代入 (3.53) 式可得

$$\dot{\gamma}_{ij} - \Delta \boldsymbol{\gamma}_{ij} \cdot \dot{\boldsymbol{\xi}} = \frac{1}{2\mu_{\boldsymbol{\xi}}} \dot{s}_{ij} \tag{3.58}$$

类似地, 混合物内能 e 对时间求全导得到

$$\dot{e} = \left(\frac{\partial e}{\partial p}\right)_{s_{kl},T,\boldsymbol{\xi}} \dot{p} + \left(\frac{\partial e}{\partial s_{ij}}\right)_{p,s_{kl}(s_{kl}\neq s_{ij}),T,\boldsymbol{\xi}} \dot{s}_{ij} + \left(\frac{\partial e}{\partial T}\right)_{p,s_{kl},\boldsymbol{\xi}} \dot{T} + \left(\frac{\partial e}{\partial \boldsymbol{\xi}}\right)_{p,s_{kl},T} \cdot \dot{\boldsymbol{\xi}} \tag{3.59}$$

由 (3.46) 和 (3.47) 式给出

$$\left(\frac{\partial e}{\partial \boldsymbol{\xi}}\right)_{p,s_{kl},T} \cdot \dot{\boldsymbol{\xi}} = \Delta e \cdot \dot{\boldsymbol{\xi}} \tag{3.60}$$

其中 $\Delta e = e - e_1 \mathbf{1}$。由热力学关系 $e = G + \boldsymbol{\sigma} : \boldsymbol{\varepsilon} + T\eta$ 和图 3.7 可以得到 $m(m = 1, 2, \cdots, N)$ 相的内能为

$$e_m(\boldsymbol{\sigma}, T) = e_m(0, T) + \frac{1}{2K_m}p^2 + \frac{1}{4\mu_m}s_{ij}s_{ij} \tag{3.61}$$

由 (3.46) 式, 有

$$\left(\frac{\partial e_m}{\partial p}\right)_{s_{kl},T} = \frac{p}{K_m} \tag{3.62}$$

$$\left(\frac{\partial e_m}{\partial s_{ij}}\right)_{p,s_{kl}(s_{kl}\neq s_{ij}),T} = \frac{s_{ij}}{2\mu_m} \tag{3.63}$$

由 $de_m = pd\varepsilon_v^m + s_{ij}d\gamma_{ij}^m + Td\eta^m$, 得到

$$\left(\frac{\partial e_m}{\partial T}\right)_{p,s_{kl}} = p\left(\frac{\partial \varepsilon_v^m}{\partial T}\right)_{p,s_{kl}} + s_{ij}\left(\frac{\partial \gamma_{ij}^m}{\partial T}\right)_{p,s_{kl}} + T\left(\frac{\partial \eta^m}{\partial T}\right)_{p,s_{kl}} = p\alpha^m + C_p^m \tag{3.64}$$

其中 α^m 和 C_p^m 分别是第 m 相的体膨胀系数和单位体积的定压比热。由 (3.46) 式, 得

$$\left(\frac{\partial e}{\partial p}\right)_{s_{kl},T,\boldsymbol{\xi}} = \xi_m\left(\frac{\partial e_m}{\partial p}\right)_{s_{kl},T} = \xi_m\frac{p}{K_m} = \frac{p}{K_{\boldsymbol{\xi}}} \tag{3.65}$$

$$\left(\frac{\partial e}{\partial s_{ij}}\right)_{p,s_{kl}(s_{kl}\neq s_{ij}),T,\boldsymbol{\xi}} = \xi_m\left(\frac{\partial e_m}{\partial s_{ij}}\right)_{p,s_{kl}(s_{kl}\neq s_{ij}),T} = \xi_m\frac{s_{ij}}{2\mu_m} = \frac{s_{ij}}{2\mu_{\boldsymbol{\xi}}} \tag{3.66}$$

$$\left(\frac{\partial e}{\partial T}\right)_{p,s_{kl},\boldsymbol{\xi}} = \xi_m\left(\frac{\partial e_m}{\partial T}\right)_{p,s_{kl}} = \xi_m\left(p\alpha^m + C_p^m\right) = p\alpha_{\boldsymbol{\xi}} + C_{p,\boldsymbol{\xi}} \tag{3.67}$$

其中 $C_{p,\boldsymbol{\xi}}$ 是混合物冻结态的单位体积的定压比热, 如下式所示

$$C_{p,\boldsymbol{\xi}} = \xi_m C_p^m = \boldsymbol{\xi}\cdot\boldsymbol{C}_p \tag{3.68}$$

由 (3.46) 式可得

$$\dot{e} = \dot{\xi}_m e_m + \xi_m\dot{e}_m = \dot{\xi}_m e_m + \xi_m(p\dot{\varepsilon}_v^m + s_{ij}\dot{\gamma}_{ij}^m + T\dot{\eta}^m) \tag{3.69}$$

将 (3.44)、(3.45) 式代入 (3.69) 式得到

$$\begin{aligned}
\dot{e} &= \dot{\xi}_m e_m + p(\dot{\varepsilon}_v - \dot{\xi}_m\varepsilon_v^m) + s_{ij}(\dot{\gamma}_{ij} - \dot{\xi}_m\gamma_{ij}^m) + T(\dot{\eta} - \dot{\xi}_m\eta^m) \\
&= p\dot{\varepsilon}_v + s_{ij}\dot{\gamma}_{ij} + T\dot{\eta} + \left(e_m - p\varepsilon_v^m - s_{ij}\gamma_{ij}^m - T\eta^m\right)\dot{\xi}_m \\
&= p\dot{\varepsilon}_v + s_{ij}\dot{\gamma}_{ij} + T\dot{\eta} + G_m\dot{\xi}_m \\
&= p\dot{\varepsilon}_v + s_{ij}\dot{\gamma}_{ij} + T\dot{\eta} + \Delta\boldsymbol{G}\cdot\dot{\boldsymbol{\xi}}
\end{aligned} \tag{3.70}$$

式中 $\Delta\boldsymbol{G} = \boldsymbol{G} - G_1\boldsymbol{1}$, η 是混合相的单位体积的熵, $\eta = \boldsymbol{\xi}\cdot\boldsymbol{\eta}$。由 Hayes 假定 (3), 过程是绝热的, 故 $T\dot{\eta} = 0$。将 (3.60) 式、(3.65)~(3.67) 式、(3.70) 式代入 (3.59) 式, 得到

$$p\dot{\varepsilon}_v + s_{ij}\dot{\gamma}_{ij} - (\Delta e - \Delta\boldsymbol{G})\cdot\dot{\boldsymbol{\xi}} = \frac{p}{K_{\boldsymbol{\xi}}}\dot{p} + \frac{s_{ij}}{2\mu_{\boldsymbol{\xi}}}\dot{s}_{ij} + (p\alpha_{\boldsymbol{\xi}} + C_{p,\boldsymbol{\xi}})\dot{T} \tag{3.71}$$

由 (3.52) 式、(3.58) 式、(3.71) 式, 并经整理, 得到

$$\begin{pmatrix} 1 & 0 & -\Delta\boldsymbol{\varepsilon}_v \\ 0 & 1 & -\Delta\boldsymbol{\gamma}_{ij} \\ p & s_{ij} & -(\Delta e - \Delta\boldsymbol{G}) \end{pmatrix}\cdot\begin{pmatrix} \dot{\varepsilon}_v \\ \dot{\gamma}_{ij} \\ \dot{\boldsymbol{\xi}} \end{pmatrix} = \begin{pmatrix} \dfrac{1}{K_{\boldsymbol{\xi}}} & 0 & \alpha_{\boldsymbol{\xi}} \\ 0 & \dfrac{1}{2\mu_{\boldsymbol{\xi}}} & 0 \\ \dfrac{p}{K_{\boldsymbol{\xi}}} & \dfrac{s_{ij}}{2\mu_{\boldsymbol{\xi}}} & p\alpha_{\boldsymbol{\xi}} + C_{p,\boldsymbol{\xi}} \end{pmatrix}\cdot\begin{pmatrix} \dot{p} \\ \dot{s}_{ij} \\ \dot{T} \end{pmatrix}$$

$$\tag{3.72}$$

进行矩阵逆运算，得到的形式为

$$
\begin{pmatrix} \dot{p} \\ \dot{s}_{ij} \\ \dot{T} \end{pmatrix}
=
\begin{pmatrix}
K_{\xi} & 0 & -K_{\xi}\Delta\varepsilon_v - \dfrac{K_{\xi}\alpha_{\xi}\left(p\Delta\varepsilon_v + s_{ij}\Delta\gamma_{ij} - (\Delta e - \Delta G)\right)}{C_{p,\xi}} \\
0 & 2\mu_{\xi} & -2\mu_{\xi}\Delta\gamma_{ij} \\
0 & 0 & \dfrac{p\Delta\varepsilon_v + s_{ij}\Delta\gamma_{ij} - (\Delta e - \Delta G)}{C_{p,\xi}}
\end{pmatrix}
\cdot
\begin{pmatrix} \dot{\varepsilon}_v \\ \dot{\gamma}_{ij} \\ \dot{\xi} \end{pmatrix}
\tag{3.73}
$$

由 $e_m = G_m + \boldsymbol{\sigma} : \boldsymbol{\varepsilon}^m + T\eta^m$，有

$$
\Delta e = \Delta G + p\Delta\varepsilon_v + s_{ij}\Delta\gamma_{ij} + T\Delta\eta \tag{3.74}
$$

上式改写为

$$
p\Delta\varepsilon_v + s_{ij}\Delta\gamma_{ij} - (\Delta e - \Delta G) = -T\Delta\eta \tag{3.75}
$$

将上式代入 (3.73) 式，得到最终关系式为

$$
\begin{pmatrix} \dot{p} \\ \dot{s}_{ij} \\ \dot{T} \end{pmatrix}
=
\begin{pmatrix}
K_{\xi} & 0 & -K_{\xi}\Delta\varepsilon_v + K_{\xi}\alpha_{\xi}\dfrac{T\Delta\eta}{C_{p,\xi}} \\
0 & 2\mu_{\xi} & -2\mu_{\xi}\Delta\gamma_{ij} \\
0 & 0 & -\dfrac{T\Delta\eta}{C_{p,\xi}}
\end{pmatrix}
\cdot
\begin{pmatrix} \dot{\varepsilon}_v \\ \dot{\gamma}_{ij} \\ \dot{\xi} \end{pmatrix}
\tag{3.76}
$$

(3.76) 式即为描述"应力诱发"相变中的混合相变形过程的相变本构方程。该本构方程将静水压力的变化率、偏应力的变化率、温度的变化率与体积应变的变化率、偏应变的变化率、各相体积含量的变化率统统联系起来，是一个动态本构，可以方便地应用于冲击过程。不过 (3.76) 式右端的系数矩阵中，$\Delta\varepsilon_v$、$\Delta\gamma_{ij}$ 两个量尚待确定。根据图 3.7 可以得到这 2 个量的表达式如下

$$
\begin{cases}
\Delta\varepsilon_v = \varepsilon_v^{\mathrm{Pt}} + p\left(\dfrac{1}{K} - \dfrac{1}{K_1}\mathbf{1}\right) \\[3mm]
\Delta\gamma_{ij} = \gamma_{ij}^{\mathrm{Pt}} + s_{ij}\left(\dfrac{1}{2\mu} - \dfrac{1}{2\mu_1}\mathbf{1}\right)
\end{cases}
\tag{3.77}
$$

式中 $\varepsilon_v^{\mathrm{Pt}}$ 是各相相对于初始相的相变体积应变的矢量，$\gamma_{ij}^{\mathrm{Pt}}$ 是各相相对于初始相的相变偏应变的矢量。

下面对所得到的本构方程 (3.76) 进行讨论。由 (3.76) 式展开得到

$$\dot{T} = -\frac{1}{C_{p,\boldsymbol{\xi}}} T \Delta \boldsymbol{\eta} \cdot \dot{\boldsymbol{\xi}} \tag{3.78}$$

$$\dot{p} = K_{\boldsymbol{\xi}} \left(\dot{\varepsilon}_v - \Delta \boldsymbol{\varepsilon}_v \cdot \dot{\boldsymbol{\xi}} - \alpha_{\boldsymbol{\xi}} \dot{T} \right) = K_{\boldsymbol{\xi}} \dot{\varepsilon}_v^{\mathrm{e}} \tag{3.79}$$

$$\dot{s}_{ij} = 2\mu_{\boldsymbol{\xi}} \left(\dot{\gamma}_{ij} - \Delta \boldsymbol{\gamma}_{ij} \cdot \dot{\boldsymbol{\xi}} \right) = 2\mu_{\boldsymbol{\xi}} \dot{\gamma}_{ij}^{\mathrm{e}} \tag{3.80}$$

其中 (3.78) 式说明相变过程中的温升全部来自相变潜热，因为对于 “应力诱发” 相变，不存在塑性耗能产生的温升。不过仔细推敲发现除了相变潜热引起的热效应外，由于相变加卸载应力–应变路径的不同 (滞回曲线)，相变过程中也会产生变形耗能，从而引起附加温升，该模型 (3.76) 没有计及这一温升。6.5 节 (热力耦合作用下相变波传播规律) 中将专门讨论这一问题。(3.79)、(3.80) 式中的上标 e 表示弹性。(3.79) 式中 $\Delta \boldsymbol{\varepsilon}_v \cdot \dot{\boldsymbol{\xi}}$ 是相变引起的体积应变增加率，$\alpha_{\boldsymbol{\xi}} \dot{T}$ 是热膨胀引起的体积应变增加率，$\dot{\varepsilon}_v$ 减去 $\Delta \boldsymbol{\varepsilon}_v \cdot \dot{\boldsymbol{\xi}}$ 和 $\alpha_{\boldsymbol{\xi}} \dot{T}$ 等于弹性体积应变增加率，静水压力增加率即等于混合相当前冻结态的弹性体积模量和弹性体积应变增加率的乘积。(3.80) 式中，$\Delta \boldsymbol{\gamma}_{ij} \cdot \dot{\boldsymbol{\xi}}$ 为相变引起的偏应变的增加率，对各向同性材料，热膨胀对偏应变无影响，$\dot{\gamma}_{ij}$ 减去 $\Delta \boldsymbol{\gamma}_{ij} \cdot \dot{\boldsymbol{\xi}}$ 即等于弹性偏应变的增加率，偏应力的增加率等于混合相当前冻结态的弹性剪切模量和对应的弹性偏应变增加率的乘积。

建立的相变本构 (3.76) 中，$\dot{\boldsymbol{\xi}}$ 需要单独确定，因为它取决于各相变的物理机制和过程，这就需要补充一个相变动力学关系，即相变演化方程，下面加以讨论。

3.4.3 “应力诱发” 相变的演化方程

相变演化方程描写相变过程中各相体积含量随时间变化的物理规律。相变是一个时间相关的过程，在动载下尤为明显。相变演化方程必须反映出相变的时间相关性，才能适用于动态加载条件。

2.8 节和 3.2 节曾分别介绍过两种动态相变演化方程，即 JMA 相变速率方程和 Hayes 相变演化方程。JMA 方程给出了相变速率和新相成核速率以及生长速率的关系，具体形式为：$\xi = 1 - \exp(-At^n)$，其中 ξ 是新相的体积含量，A 和 n 是常数，n 由相变类型决定。由于 A 是常数，因此 JMA 方程适合于描写相变驱动力一定的相变。然而在冲击过程中，温度和应力都在不断地变化，相变驱动力也在不断地变化，使用 JMA 方程可能会引起较大的误差。为了较好地描写冲击过程，需要将相变速率与相变驱动力联系起来。Hayes 方程假定相变速率与相变驱动力成正比，与相变的松弛时间成反比，该模型可以较好地模拟冲击过程中的相变，其具体形式为：$\dot{\xi}_m = \dfrac{1}{rkT} \sum\limits_{n} \dfrac{G_n - G_m}{\tau_{mn}}$ 。不过，Hayes 演化方程未考虑

以下两点：① 相变的发生需要一定的过驱动力，这是因为相变需要克服能障 (包括弹性畸变能和界面能等)；② 随着相变的进行，新相的生长空间缩小，相变驱动力一定时，相变的速度随新相体积含量的增加而减小，JMA 方程是计及这一效应的。下面我们从这两方面出发，对 Hayes 相变演化方程进行改进。

首先考虑 m 相和 n 相间的相互转变。当 $G_n - G_m \geqslant D_{nm}$ 时，n 相向 m 相转变，此时单位体积中 m 相的生长空间为 ξ_n，m 相含量增长速率为正。当 $G_m - G_n \geqslant D_{mn}$，即 $G_n - G_m \leqslant -D_{mn}$ 时，m 相将向 n 相转变，此时单位体积中 n 相的生长空间为 ξ_m，m 相含量增长速率为负。当 $-D_{mn} < G_n - G_m < D_{nm}$ 时，两相之间不发生相互转变，m 相含量增长速率为 0。假定各相的生长率与可供其生长的空间成正比，则 m 相体积含量的变化率为

$$\dot{\xi}_m = H \cdot \frac{1}{rkT} \cdot \frac{G_n - G_m}{\tau_{mn}}, \qquad H = \begin{cases} \xi_n, & G_n - G_m \geqslant D_{nm} \\ 0, & -D_{mn} < G_n - G_m < D_{nm} \\ \xi_m, & G_n - G_m \leqslant -D_{mn} \end{cases} \quad (3.81)$$

若考虑所有的 N 个相之间的相互转变时，可以写出第 m 相含量增加速率为

$$\dot{\xi}_m = \frac{1}{rkT} \sum_{\substack{n=1 \\ n \neq m}}^{N} \frac{H \cdot (G_n - G_m)}{\tau_{mn}}, \qquad H = \begin{cases} \xi_n, & G_n - G_m \geqslant D_{nm} \\ 0, & -D_{mn} < G_n - G_m < D_{nm} \\ \xi_m, & G_n - G_m \leqslant -D_{mn} \end{cases}$$

$$(3.82)$$

该式即为得到的改进的相变演化方程。

将热弹性相变临界准则 (3.35)、描述混合相变形过程的相变本构模型 (3.76) 以及相变演化方程 (3.82) 联立，构成了一组完整的三维热弹性相变本构方程，可以对冲击条件下含有 N 个转变相的各向同性材料中的 "应力诱发" 相变进行描述。

3.4.4 "应力诱发" 相变本构的一维形式

一维条件下，上述相变本构具有较为简单的形式。常见的一维状态有一维应力状态和一维应变状态，前者对应的典型实验有 MTS 试验机和分离式 Hopkinson 压杆，后者有气炮平板碰撞。对于各向同性材料，它们的应力、应变状态可以表示为

$$\boldsymbol{\sigma} = \begin{pmatrix} \sigma_1 & & \\ & 0 & \\ & & 0 \end{pmatrix}, \qquad \boldsymbol{\varepsilon} = \begin{pmatrix} \varepsilon_1 & & \\ & \varepsilon_2 & \\ & & \varepsilon_2 \end{pmatrix}, \qquad \text{一维应力状态} \quad (3.83)$$

$$\boldsymbol{\varepsilon} = \begin{pmatrix} \varepsilon_1 & & \\ & 0 & \\ & & 0 \end{pmatrix}, \qquad \boldsymbol{\sigma} = \begin{pmatrix} \sigma_1 & & \\ & \sigma_2 & \\ & & \sigma_2 \end{pmatrix}, \qquad \text{一维应变状态} \quad (3.84)$$

　　上式表明对于各向同性材料，一维应力状态的侧向应变相等，一维应变状态的侧向应力相等。由 (3.83) 式，令轴向应力 σ_1 和轴向应变 ε_1 分别记为 σ 和 ε，则一般形式的相变本构模型 (3.76) 可以简化为如下一维应力条件下的相变本构模型：

$$\begin{cases} \dot{\sigma} = E_{\boldsymbol{\xi}} \left(\dot{\varepsilon} - \Delta\boldsymbol{\varepsilon} \cdot \dot{\boldsymbol{\xi}} - \dfrac{1}{3}\alpha_{\boldsymbol{\xi}}\dot{T} \right) \\[3mm] \dot{T} = -\dfrac{T\Delta\boldsymbol{\eta}}{C_{p,\boldsymbol{\xi}}} \cdot \dot{\boldsymbol{\xi}} \end{cases} \tag{3.85}$$

式中 $\Delta\boldsymbol{\varepsilon} = (\varepsilon^{(1)}, \varepsilon^{(2)}, \cdots, \varepsilon^{(N)})$ 是各相的轴向应变的矢量，有待确定。由于一维应力条件下，在整个加卸载过程中，各偏应力分量的比值保持不变，因此可得

$$\begin{aligned} \Delta\boldsymbol{\varepsilon} &= \frac{1}{3}\varepsilon_v^{\mathrm{Pt}} + \frac{\sigma}{|\sigma|}\boldsymbol{\gamma}^0 + \sigma\left(\frac{1}{E} - \frac{1}{E^{(1)}}\mathbf{1}\right) \\[2mm] &= \begin{cases} \dfrac{1}{3}\varepsilon_v^{\mathrm{Pt}} + \boldsymbol{\gamma}^0 + \sigma\left(\dfrac{1}{E} - \dfrac{1}{E^{(1)}}\mathbf{1}\right), & \sigma > 0 \quad \text{(压缩)} \\[3mm] \dfrac{1}{3}\varepsilon_v^{\mathrm{Pt}} - \boldsymbol{\gamma}^0 + \sigma\left(\dfrac{1}{E} - \dfrac{1}{E^{(1)}}\mathbf{1}\right), & \sigma < 0 \quad \text{(拉伸)} \end{cases} \end{aligned} \tag{3.86}$$

由上式可知，当 $\varepsilon_v^{\mathrm{Pt}} \neq 0$ 时，一维应力拉伸和一维应力压缩情况下的 $\Delta\boldsymbol{\varepsilon}$ 是不同的，这反映了轴向相变应变的拉压不对称性。

　　由 (3.84) 式，同样令轴向应力 σ_1 和轴向应变 ε_1 分别记为 P_X 和 ε，则一般形式的相变本构模型 (3.76) 可以简化为如下一维应变条件下的相变本构模型：

$$\begin{cases} \dot{P}_X = \left(K_{\boldsymbol{\xi}} + \dfrac{4\mu_{\boldsymbol{\xi}}}{3}\right)\dot{\varepsilon} - (K_{\boldsymbol{\xi}}\Delta\boldsymbol{\varepsilon}_v + 2\mu_{\boldsymbol{\xi}}\Delta\boldsymbol{\gamma}_{11}) \cdot \dot{\boldsymbol{\xi}} - K_{\boldsymbol{\xi}}\alpha_{\boldsymbol{\xi}}\dot{T} \\[3mm] \dot{T} = -\dfrac{T\Delta\boldsymbol{\eta}}{C_{p,\boldsymbol{\xi}}} \cdot \dot{\boldsymbol{\xi}} \end{cases} \tag{3.87}$$

式中 $\Delta\boldsymbol{\varepsilon}_v$、$\Delta\boldsymbol{\gamma}_{11}$ 两个量有待确定。一维应变条件下，偏应力分量之间有如下关系：$s_{22} = s_{33} = -s_{11}/2$，$s_{ij} = 0 \ (i \neq j)$，因此在一维应变条件下，加卸载过程中偏应力各分量之间的比值是保持不变的，由此可以得到

$$\begin{cases} \Delta\boldsymbol{\varepsilon}_v = \varepsilon_v^{\mathrm{Pt}} + p\left(\dfrac{1}{K} - \dfrac{1}{K^{(1)}}\mathbf{1}\right) \\[3mm] \Delta\boldsymbol{\gamma}_{11} = \begin{cases} \boldsymbol{\gamma}^0 + s_{11}\left(\dfrac{1}{2\mu} - \dfrac{1}{2\mu^{(1)}}\mathbf{1}\right), & s_{11} > 0 \quad \text{(压缩)} \\[3mm] -\boldsymbol{\gamma}^0 + s_{11}\left(\dfrac{1}{2\mu} - \dfrac{1}{2\mu^{(1)}}\mathbf{1}\right), & s_{11} < 0 \quad \text{(拉伸)} \end{cases} \end{cases} \tag{3.88}$$

3.5 冲击下 "形变诱发" 相变的三维本构模型

"形变诱发" 相变是指材料先屈服再发生相变。当同时存在塑性和相变时，材料的变形可以分为两部分：晶格自身的变形和结构转变引起的变形 (弹性变形和相变变形)，以及晶格滑移引起的变形 (塑性变形)。

上文提及，塑性应变能是一种耗散能，不能直接进入 Gibbs 自由能，但可以使材料的温度上升，导致各相的 Gibbs 自由能发生变化。因此上文给出的各相的 Gibbs 自由能和各相间相互转变的临界准则仍然适用于 "形变诱发" 相变，只要考虑塑性引起的温升的影响。因此，塑性对混合相变形过程的影响具体将体现为塑性对偏应变和温度的影响。

考虑到塑性的影响，3.4.2 节中的混合相的应变和内能表达式 (3.44)~(3.46) 可以改写为

$$\varepsilon_v(p, \boldsymbol{s}, T, \boldsymbol{\xi}) = \boldsymbol{\xi} \cdot \varepsilon_v(p, \boldsymbol{s}, T) \tag{3.89}$$

$$\gamma_{ij}(p, \boldsymbol{s}, T, \boldsymbol{\xi}) - \gamma_{ij}^{\mathrm{P}}(p, \boldsymbol{s}, T) = \boldsymbol{\xi} \cdot \gamma_{ij}(p, \boldsymbol{s}, T) \tag{3.90}$$

$$e(p, \boldsymbol{s}, T, \boldsymbol{\xi}) = \boldsymbol{\xi} \cdot e(p, \boldsymbol{s}, T) \tag{3.91}$$

其中 γ_{ij}^{P} 是晶格滑移引起的塑性变形，其余符号同 (3.44)~(3.46) 式。由于假定塑性对体积应变无影响，因此体积应变 ε_v 对时间求全导所得结果应该与 (3.52) 式相同，即

$$\dot{\varepsilon}_v - \Delta \varepsilon_v \cdot \dot{\boldsymbol{\xi}} = \frac{1}{K_{\boldsymbol{\xi}}} \dot{p} + \alpha_{\boldsymbol{\xi}} \dot{T} \tag{3.92}$$

由 (3.92) 式可得

$$\dot{p} = K_{\boldsymbol{\xi}}(\dot{\varepsilon}_v - \Delta \varepsilon_v \cdot \dot{\boldsymbol{\xi}} - \alpha_{\boldsymbol{\xi}} \dot{T}) \tag{3.93}$$

类似 (3.58) 式，$(\gamma_{ij} - \gamma_{ij}^{\mathrm{P}})$ 对时间求全导可以得到

$$\dot{s}_{ij} = 2\mu_{\boldsymbol{\xi}}(\dot{\gamma}_{ij} - \dot{\gamma}_{ij}^{\mathrm{P}} - \Delta \gamma_{ij} \cdot \dot{\boldsymbol{\xi}}) \tag{3.94}$$

使用理想塑性来描写材料的塑性行为，则屈服后偏应力不再变化，即

$$s_{ij} = s_{ij}^{\mathrm{P}} \tag{3.95}$$

s_{ij}^{P} 为屈服时的偏应力。屈服准则使用 Mises 准则

$$\sigma_{\mathrm{e}} = Y^{\mathrm{P}} \tag{3.96}$$

那么 (3.94) 式可以写为

$$
\dot{s}_{ij} = \begin{cases} 0, & \sigma_{\mathrm{e}} = Y^{\mathrm{P}} \text{ (加载)} \\ 2\mu_{\boldsymbol{\xi}}(\dot{\gamma}_{ij} - \Delta\boldsymbol{\gamma}_{ij} \cdot \dot{\boldsymbol{\xi}}), & \sigma_{\mathrm{e}} < Y^{\mathrm{P}} \text{ 或 } \sigma_{\mathrm{e}} = Y^{\mathrm{P}} \text{ (卸载)} \end{cases} \tag{3.97}
$$

类似于 (3.70) 式，将内能对时间求全导可得

$$
\dot{e} = p\dot{\varepsilon}_V + s_{ij}(\dot{\gamma}_{ij} - \dot{\gamma}_{ij}^{\mathrm{P}}) + T\dot{\eta} + \Delta\boldsymbol{G} \cdot \dot{\boldsymbol{\xi}} \tag{3.98}
$$

不同的是，当存在塑性时，塑性功会转变成热使材料的温度上升，即塑性应变能起到了一个外热源的作用，故 $T\dot{\eta}$ 可以写为

$$
T\dot{\eta} = As_{ij}\dot{\gamma}_{ij}^{\mathrm{P}} \tag{3.99}
$$

其中 A 是塑性功转变为热的比例，一般取为 0.9。这样类似于 (3.71) 式可以得到

$$
p\dot{\varepsilon}_v + s_{ij}(\dot{\gamma}_{ij} - \dot{\gamma}_{ij}^{\mathrm{P}}) - (\Delta\boldsymbol{e} - \Delta\boldsymbol{G}) \cdot \dot{\boldsymbol{\xi}} + As_{ij}\dot{\gamma}_{ij}^{\mathrm{P}} = \frac{p}{K_{\boldsymbol{\xi}}}\dot{p} + \frac{s_{ij}}{2\mu_{\boldsymbol{\xi}}}\dot{s}_{ij} + (p\alpha_{\boldsymbol{\xi}} + C_{p,\boldsymbol{\xi}})\dot{T} \tag{3.100}
$$

将 (3.92)、(3.94) 式代入 (3.100) 式可得

$$
\dot{T} = \frac{\left(p\Delta\boldsymbol{\varepsilon}_v + s_{ij}\Delta\boldsymbol{\gamma}_{ij} - (\Delta\boldsymbol{e} - \Delta\boldsymbol{G})\right) \cdot \dot{\boldsymbol{\xi}} + As_{ij}\dot{\gamma}_{ij}^{\mathrm{P}}}{C_{p,\boldsymbol{\xi}}} \tag{3.101}
$$

由 $e_m = G_m + \boldsymbol{\sigma} : \boldsymbol{\varepsilon}^{(m)} + T\eta^{(m)}(m = 1, 2, \cdots, N)$，考虑到处于同一位置的各相的应力和温度相同，有

$$
\Delta\boldsymbol{e} = \Delta\boldsymbol{G} + p\Delta\boldsymbol{\varepsilon}_v + s_{ij}\Delta\boldsymbol{\gamma}_{ij} + T\Delta\boldsymbol{\eta} \tag{3.102}
$$

由上式得到

$$
p\Delta\boldsymbol{\varepsilon}_v + s_{ij}\Delta\boldsymbol{\gamma}_{ij} - (\Delta\boldsymbol{e} - \Delta\boldsymbol{G}) = -T\Delta\boldsymbol{\eta} \tag{3.103}
$$

将上式代入 (3.101) 式，我们有

$$
\dot{T} = \frac{-T\Delta\boldsymbol{\eta} \cdot \dot{\boldsymbol{\xi}} + As_{ij}\dot{\gamma}_{ij}^{\mathrm{P}}}{C_{p,\boldsymbol{\xi}}} \tag{3.104}
$$

(3.93)、(3.97)、(3.104) 式联立起来即为考虑塑性时描写混合相变形过程的本构模型：

$$
\begin{cases}
\dot{p} = K_{\boldsymbol{\xi}}(\dot{\varepsilon}_v - \Delta\boldsymbol{\varepsilon}_v \cdot \dot{\boldsymbol{\xi}} - \alpha_{\boldsymbol{\xi}}\dot{T}) \\[2mm]
\dot{s}_{ij} = \begin{cases}
0, & \sigma_{\mathrm{e}} = Y^{\mathrm{P}} \text{ (加载)} \\[1mm]
2\mu_{\boldsymbol{\xi}}(\dot{\gamma}_{ij} - \Delta\boldsymbol{\gamma}_{ij} \cdot \dot{\boldsymbol{\xi}}), & \sigma_{\mathrm{e}} < Y^{\mathrm{P}} \text{ 或 } \sigma_{\mathrm{e}} = Y^{\mathrm{P}} \text{ (卸载)}
\end{cases} \\[4mm]
\dot{T} = \dfrac{-T\Delta\boldsymbol{\eta} \cdot \dot{\boldsymbol{\xi}} + As_{ij}\dot{\gamma}_{ij}^{\mathrm{P}}}{C_{p,\boldsymbol{\xi}}}
\end{cases}
\tag{3.105}
$$

同样，上式中 $\Delta\boldsymbol{\varepsilon}_v$、$\Delta\boldsymbol{\gamma}_{ij}$ 两个待定参数可由 (3.77) 式确定。

"形变诱发" 相变本构模型 (3.105) 中，$\dot{\boldsymbol{\xi}}$ 和 $\dot{\gamma}_{ij}^{\mathrm{P}}$ 需要单独确定，这就需要建立两个动力学关系。一个是 $\dot{\boldsymbol{\xi}}$ 的动力学关系即相变演化方程，可以采用 (3.82) 式。下面讨论如何确定 $\dot{\gamma}_{ij}^{\mathrm{P}}$。当等效应力小于临界屈服应力或屈服后卸载时，塑性应变率为 0，即

$$
\dot{\gamma}_{ij}^{\mathrm{P}} = 0
\tag{3.106}
$$

屈服后继续加载时，偏应力不再变化 (理想塑性)，即

$$
\dot{s}_{ij} = 0
\tag{3.107}
$$

将 (3.94) 式代入上式可得

$$
\dot{\gamma}_{ij}^{\mathrm{P}} = \dot{\gamma}_{ij} - \Delta\boldsymbol{\gamma}_{ij} \cdot \dot{\boldsymbol{\xi}}
\tag{3.108}
$$

归纳上述结果，我们得到

$$
\dot{\gamma}_{ij}^{\mathrm{P}} = \begin{cases}
0, & \sigma_{\mathrm{e}} < Y^{\mathrm{P}} \text{ 或 } \sigma_{\mathrm{e}} = Y^{\mathrm{P}} \text{ (卸载)} \\[1mm]
\dot{\gamma}_{ij} - \Delta\boldsymbol{\gamma}_{ij} \cdot \dot{\boldsymbol{\xi}}, & \sigma_{\mathrm{e}} = Y^{\mathrm{P}} \text{ (加载)}
\end{cases}
\tag{3.109}
$$

3.6 一维简化型唯象热弹性冲击相变模型

3.6.1 典型一维热弹性马氏体相变的应力–应变曲线

上文介绍的冲击相变模型主要关心相变过程中的力学和热力学参量的变化以及相变演化规律，甚至涉及三维形式。如果我们仅关心纵向的应力–应变力学响应，假设相变速率足够高并从弹性直接进入相变，那么模型可以得到很大的简化。下面介绍两种有代表性的热弹性相变特性曲线，分别对应一维应力和一维应变加载条件。

图 3.8 是一维应力加载下形状记忆合金 (SMA) 的轴向应力–应变曲线示意图，加载时的应力–应变曲线可由三个线段组成：1 相 OA (奥氏体相)，混合相 AB，2 相 BC (马氏体相)。卸载路径可能有两种方式，对于伪弹性效应 (PE) 的可逆相变 (图 3.8(a))，卸载时经历 2 相 CE、逆相变段 EF、1 相段 FO 回到原点。对

于形状记忆效应 (SME) 的不可逆相变 (图 3.8(b))，则沿 2 相段直接卸载到应力为零，有残余应变，卸载后材料处于 2 相。通过加热可以逆变为 1 相，消除残余应变，回复原有状态，因而称为形状记忆功能。一般而言，形状记忆合金 2 相斜率略低于 1 相。

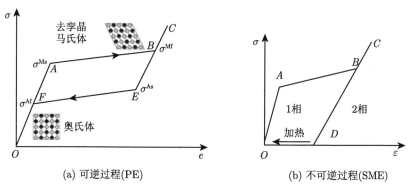

图 3.8   NiTi 形状记忆合金轴向应力–应变关系示意图

另一种是 Tang 等 (1988) 在研究气炮加载下 (一维应变)CdS(硫化镉) 的冲击相变时根据实验数据拟合出的分段线性的热弹性马氏体相变曲线，如图 3.9 所示。由于冲击下主要是压应力，为了不出现过多的负号，这里规定以压为正。图 3.9(a) 为可逆相变，加载时沿 1 相 OB (纤锌矿结构)、混合相 BE、2 相 EF (岩盐矿结构) 进行，卸载时沿 2 相 FR、逆相变线 RW、1 相 WO 回到原点。图 3.9(b) 表示不可逆相变，加载时同图 3.9(a)，卸载时直接沿 2 相卸载线 FH 卸到应力为 0，仍保持 2 相。图中 2 相斜率高于 1 相，反映压力越高，材料越不可压的特性，这里用直线近似。

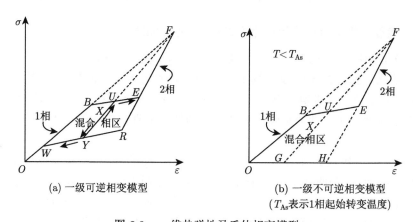

图 3.9   一维热弹性马氏体相变模型

归纳以上两种典型的热弹性马氏体相变，不论是一维应力还是一维应变，其加卸载特征都是雷同的。加载曲线由不同斜率 E_1，k_1，E_2 的 3 段直线构成，其中 E_1，E_2 分别是 1 相和 2 相模量，k_1 是相变路径的斜率。卸载时对于可逆相变，沿不同斜率 E_2，k_2，E_1 的 3 段直线构成的滞回路径回到原点，其中 k_2 是逆相变路径的斜率。对于不可逆相变，卸载时沿 2 相卸载到应力为 0。因此，可以为一维应力和一维应变建立起统一形式的一维唯象简化相变模型。

3.6.2 一维简化热弹性相变模型

3.6.1 节表明不论是一维应力还是一维应变，在纵向应力–应变平面上路径形式是雷同的，我们把 1 相和 2 相分别统称为广义奥氏体相和马氏体相。材料常数有 7 个：1 相模量 E_1，2 相模量 E_2，相变段斜率 k_1，逆相变段斜率 k_2，1 相到 2 相相变起始应力 σ_{Ms}，2 相到 1 相逆相变起始应力 σ_{As}，相变应变间断 $\Delta\varepsilon$。变量有 3 个：σ，ε 和 2 相含量 β，β 可以由 ε 和 $\Delta\varepsilon$ 算出，它并不是独立的。我们以图 3.9 为例来建立模型 (Tang et al., 1988)。

对于可逆相变，图 3.9(a) 中 OB 段为纯 1 相 (广义奥氏体相)，BE 段为混合相，EF 为纯 2 相 (广义马氏体相)。B 点 $(\sigma_B, \varepsilon_B)$ 为正相变 (马氏体相变) 起始点，E 点 $(\sigma_E, \varepsilon_E)$ 为正相变完成点，R 点 $(\sigma_R, \varepsilon_R)$ 为逆相变 (奥氏体相变) 起始点，W 点 $(\sigma_W, \varepsilon_W)$ 为逆相变完成点，F 点 $(\sigma_F, \varepsilon_F)$ 为 OB 延长线与 EF 的交点。图 3.9(a) 中 $BERW$ 区域包含了混合相所有可能的应力、应变状态。我们基于简单混合物法则建立相变模型，该模型对于混合相和逆相变有较好的描述，并具有一定的普适性。

以 E_1 代表 OB 的斜率，表示 1 相的弹性模量，EF 的斜率为 E_2，表示 2 相的弹性模量。BE 的斜率为 k_1，RW 的斜率为 k_2。注意，这里 k_1，k_2 并不代表混合相的材料模量，可以看到，k_1，k_2 比 E_1，E_2 小得多，这是由一级相变时的相变应变间断 $\Delta\varepsilon$ 所引起的。

图 3.9(a) 中几个特征点 B，E，W，R，F 可由材料常数定出：

$$\sigma_B = \sigma_{\mathrm{Ms}} \tag{3.110a}$$

$$\varepsilon_B = \sigma_{\mathrm{Ms}}/E_1 \tag{3.110b}$$

$$\sigma_E = \sigma_B + k_1\Delta\varepsilon \tag{3.111a}$$

$$\varepsilon_E = \varepsilon_B + \Delta\varepsilon \tag{3.111b}$$

当 $E_2 > E_1$ 时，1 相和 2 相线相交于坐标轴的上方 F 点，可求出 F 点参数为

$$\sigma_F = \frac{E_1\left(E_2\varepsilon_E - \sigma_E\right)}{E_2 - E_1} \tag{3.112a}$$

$$\varepsilon_F = \sigma_F / E_1 \tag{3.112b}$$

其他特征点 R, W 可以类推。

当加载应力超过 σ_B, 就发生相变。相变过程沿 BE 线进行, 1 相含量逐步减少, 2 相含量不断增加, 理论上到 E 点, 相变完成, 然后沿 2 相 EF 继续上升。BE 线上任一点 U 处于混合相, 设 U 点 2 相含量为 β_U, 则 β_U 可以用下式计算:

$$\beta_U = \frac{BU}{BE} = \frac{\varepsilon_U - \varepsilon_B}{\Delta \varepsilon} \tag{3.113a}$$

U 点 1 相含量 α_U 为

$$\alpha_U = 1 - \beta_U \tag{3.113b}$$

如果加载到 U 点后卸载, 将沿该成分含量的混合物的模量 E_U 的卸载线 UY 进行, 如图 3.9(a) 所示, Y 点是该成分的逆相变点。继续卸载将沿逆相变线 YW 进行, 至 W 点完成逆相变, 然后沿 1 相线 WO 回到原点。在 UY 线段, 成分不变, 按简单混合物假定 (两相应力相等, 应变为两相贡献之和), 可写为

$$\varepsilon = \frac{\sigma}{E_2} \beta_U + \frac{\sigma}{E_1} \left(1 - \beta_U\right) \tag{3.114}$$

进而由上式求得 UY 线段的斜率, 即该混合物的模量 E_U 为

$$E_U = \frac{\sigma}{\varepsilon} = \frac{E_1 E_2}{\beta_U E_1 + \left(1 - \beta_U\right) E_2} \tag{3.115}$$

可以证明, 该斜率近似等于 F 点和 U 点连线 FU 的斜率。由图 3.9(a), 写出 FU 的斜率为

$$E_{FU} = \frac{\sigma_F - \sigma_U}{\varepsilon_F - \varepsilon_U} = \frac{\sigma_F - \sigma_B - \beta_U \left(\sigma_E - \sigma_B\right)}{\varepsilon_F - \varepsilon_B - \beta_U \left(\varepsilon_E - \varepsilon_B\right)} = \frac{E_1 \left(\varepsilon_F - \varepsilon_B\right) - \beta_U k_1 \left(\varepsilon_E - \varepsilon_B\right)}{\varepsilon_F - \varepsilon_B - \beta_U \left(\varepsilon_E - \varepsilon_B\right)}$$

通常 $k_1 \ll E_1$, 因此上式分子部分第 2 项和第 1 项相比是个小量可以略去, 可得

$$E_{FU} \approx \frac{\sigma_F - \sigma_B}{\varepsilon_F - \varepsilon_B - \beta_U \left(\varepsilon_E - \varepsilon_B\right)} = \frac{1}{\dfrac{1}{E_1} - \beta_U \left(\dfrac{1}{E_1} - \dfrac{1}{E_2}\right)}$$

整理得

$$E_{FU} = \frac{E_1 E_2}{\beta_U E_1 + \left(1 - \beta_U\right) E_2} \tag{3.116}$$

比较 (3.115) 式和 (3.116) 式可见，从简单混合物方法得到的 U 点混合物的模量和从几何关系得到的连线 FU 的模量是基本一致的，计算时可以用几何连线来替代混合相区的加卸载路径线，使模型简化。

倘若滞回曲线 $BERW$ 内混合相中任一点已知，譬如位于 UY 线上的 $X(\sigma_1,\ \varepsilon_1)$，受力后应变为 ε_2，则该点 ε_2 对应的应力 σ_2 可以通过下面的方法来求解：

(1) 对于 $\varepsilon_2 > \varepsilon_1$ 的加载过程，将沿图 3.9(a) 中 XUE 方向进行，$U(\sigma_U,\ \varepsilon_U)$ 是状态点 X 的加载临界相变点。因此需要首先求出 U 点的加载相变临界应变 ε_U，这可由 X 点 $(\sigma_1,\ \varepsilon_1)$ 和 F 点 $(\sigma_F,\ \varepsilon_F)$ 的连线与 BE 线的交点求出：

$$\varepsilon_U = \left((\sigma_B - \sigma_1) + \left(\frac{\sigma_F - \sigma_1}{\varepsilon_F - \varepsilon_1}\varepsilon_1 - k_1\varepsilon_B \right) \right) \bigg/ \left(\frac{\sigma_F - \sigma_1}{\varepsilon_F - \varepsilon_1} - k_1 \right) \tag{3.117a}$$

变形后的应力 σ_2 可由图 3.9(a) 求出

$$\begin{cases} \sigma_2 = \sigma_1 + (\sigma_F - \sigma_1)(\varepsilon_2 - \varepsilon_1)/(\varepsilon_F - \varepsilon_1), & \varepsilon_2 \leqslant \varepsilon_U \\ \sigma_2 = \sigma_B + k_1(\varepsilon_2 - \varepsilon_B), & \varepsilon_2 > \varepsilon_U\ \text{且}\ \varepsilon_2 \leqslant \varepsilon_E \\ \sigma_2 = \sigma_E + E_2(\varepsilon_2 - \varepsilon_E), & \varepsilon_2 > \varepsilon_E \end{cases} \tag{3.117b}$$

(2) 对于 $\varepsilon_2 < \varepsilon_1$ 的卸载过程，将沿 XYW 方向进行，$Y(\sigma_Y,\ \varepsilon_Y)$ 是 X 对应的逆相变临界点。这时需要先求出相应的卸载逆相变的临界应变 ε_Y，这可由 X 点 $(\sigma_1,\ \varepsilon_1)$ 和 F 点 $(\sigma_F, \varepsilon_F)$ 的连线与 RW 线的交点来求出：

$$\varepsilon_Y = \left((\sigma_W - \sigma_1) + \left(\frac{\sigma_F - \sigma_1}{\varepsilon_F - \varepsilon_1}\varepsilon_1 - k_2\varepsilon_W \right) \right) \bigg/ \left(\frac{\sigma_F - \sigma_1}{\varepsilon_F - \varepsilon_1} - k_2 \right) \tag{3.118a}$$

同样可以求出变形后 ε_2 对应的应力 σ_2 为

$$\begin{cases} \sigma_2 = \sigma_1 + (\sigma_F - \sigma_1)(\varepsilon_2 - \varepsilon_1)/(\varepsilon_F - \varepsilon_1), & \varepsilon_2 \geqslant \varepsilon_Y \\ \sigma_2 = \sigma_R + k_2(\varepsilon_2 - \varepsilon_R), & \varepsilon_2 < \varepsilon_Y\ \text{且}\ \varepsilon_2 \geqslant \varepsilon_W \\ \sigma_2 = \sigma_W + E_1(\varepsilon_2 - \varepsilon_W), & \varepsilon_2 < \varepsilon_W \end{cases} \tag{3.118b}$$

这样混合相区内任一状态点 $X(\sigma_1,\ \varepsilon_1)$ 经加载或卸载到另一状态点 ε_2，则可以通过 (3.117) 或 (3.118) 式求出新状态点对应的应力 σ_2。

对于不可逆相变模型图 3.9(b) (图中 T_{As} 表示广义奥氏体起始转变温度)，加载时与可逆模型完全相同，不同的是卸载段，材料不发生逆相变，应力一直卸到 0，材料保持为 2 相，但存在残余应变。当材料从纯 1 相开始加载时，其加载曲线沿 $OBEF$。而从任一应力–应变点卸载时，不发生逆相变，由简单混合物关系，其卸载路径沿该点与 F 点的连线 (图中 UG, EH 等)。可以看到, 图 3.9(b) 中混合相区的范围是 $OBEH$。对于混合相区任一点 $X(\sigma_1, \varepsilon_1)$, 其 $\varepsilon_2 > \varepsilon_1$ 的加载过程将沿 XUE 方向进行, 变形后的应力 σ_2 由 (3.117) 式求解。对于 $\varepsilon_2 < \varepsilon_1$ 的卸载过程, 则沿 FX 的延长线 XG 方向进行, 有

$$\sigma_2 = \sigma_1 + (\sigma_F - \sigma_1)(\varepsilon_2 - \varepsilon_1)/(\varepsilon_F - \varepsilon_1) \tag{3.119}$$

若卸载至 G 点, $\sigma_2 = 0$, 可求出相应的残余应变 ε_G 为

$$\varepsilon_G = \varepsilon_1 - \sigma_1(\varepsilon_F - \varepsilon_1)/(\sigma_F - \sigma_1) \tag{3.120}$$

以上推导针对 $E_2 > E_1$ (图 3.9) 建模, 对于 $E_2 < E_1$ 的材料 (图 3.8(b)), 1 相和 2 相的应力–应变曲线的交点 F 将位于下方, 不过同样可由几何关系导出对应的计算公式, 不再赘述。在许多场合, 往往为简便起见, 令 $E_2 \approx E_1$, 即两相模量相等, 如图 3.8(a), 这时一维相变模型和相变波传播及作用就变得更加简明了。

第 4 章　一维半无限介质中相变波的传播

4.1　一维相变波概述

这里的一维半无限介质，指的是半无限杆 (一维应力状态) 或半无限空间 (一维应变状态)，我们仅讨论纵向冲击加载下相变纵波的传播特性。虽然两种条件下材料的纵向参数的数值不同，但本构方程的数学形式是一致的，可以统一论述。

第 1 章绪论中曾经指出，强冲击下相变材料中的冲击波波阵面往往具有三波结构：弹性前驱波、塑性波和相变波。图 4.1 是铁的 α-ε 冲击相变波形，呈现出三波结构，图中实线是实验记录波形 (Barker et al.，1974)，虚线是采用 3.5 节"形变诱发"相变本构模型得到的拟合曲线 (唐志平，2008)，有较好的吻合度。一般而言，固态相变可以分为"应力诱发"和"形变诱发"两类 (第 3 章)，前者通常称为热弹性马氏体相变，波阵面具有双波结构 (弹性前驱波和相变波)，后者具有图 4.1 所示的三波结构：弹性前驱波、塑性波和相变波。根据间断的几何性质可分为两类：强间断相变波和弱间断相变波。前者波阵面前后材料成分发生突变，形成物质间断面，该间断面随相变波同步传播，在 X-t 图上构成所谓的"以波速运动的宏观相边界"。之所以称其为"以波速运动的宏观相边界"，一是为了区别于微观成核生长过程中的相边界，二是为了区别于驻定相边界 (或称静止相边界)，在

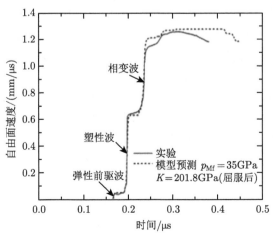

图 4.1　铁的 α-ε 相变波形

波系相互作用下可以产生驻定的相间断面，但它不是波。弱间断相变波中的物理量是连续变化的，波头形成一道弱间断的相变波。

虽然相变和塑性流动从物理机制上看是不同的，但在应力波理论的数学形式上则有相同之处。因此相变波传播的研究可以借鉴弹塑性波理论和弹塑性边界传播的研究成果 (虞吉林等，1982，1984)。

近年来，作者团队在相变波传播和效应方面进行了较系统的探索，发现了一系列新现象和新规律。在一维半无限介质中相变波传播过程中，可能出现卸载冲击波 (或称稀疏冲击波)、卸载冲击波的反常增速、驻定相边界、相边界 (相变波) 分叉、相变梯度材料、外场作用下一级和二级相变转换下的相变波 (戴翔宇，2003；戴翔宇等，2003；Dai et al.，2004；Tang et al.，2006)。在有限长相变介质研究中，发现了相变引起的异常层裂现象及其规律，称之为 "相变层裂" (徐薇薇等，2006；徐薇薇，2009；张兴华等，2007；Tang et al.，2006)。研究了温度对相变波传播的影响，相变波和温度界面的作用 (刘永贵等，2011；刘永贵，2014；刘永贵等，2014a，b)。

本章介绍一维半无限介质中相变波传播和相互作用的规律，有限介质中端面对相变波的作用以及温度对相变波的影响将分别在第 5 章和第 6 章中探讨。

本章应力、应变采用传统的以拉为正。不过冲击实验往往采用碰撞加载，这样得到的粒子速度沿加载方向 (即坐标轴方向) 是正的，但产生的压应力、压应变是负的，为了直观起见，在插图中应力、应变符号前加上负号，特此说明。

4.2　一级热弹性可逆相变介质中的相变波

4.2.1　不同类型间断面和基本作用

相变介质中的间断面，可能是应力、应变等力学参量的间断，也可能是不同材料和性质之间的间断，即母相 (1 相)、新相 (2 相)、混合相之间的间断。前者可以称为力学间断面，后者可以称为物质间断面，特别是不同含量的混合物之间也可以构成物质间断面。需说明的是本节讨论的间断是有限幅值的间断，属于强间断，它以应力波的方式传播，轨迹与波传播轨迹重合。对于第 3 章图 3.9(a) 所示的分段线性的热弹性相变材料，由于加载条件的不同，以及波系的相互作用，会形成不同的间断面。我们归纳和定义为如下三类。

(1) 弹性波：间断面两侧的力学量如应力、应变、粒子速度等发生间断，但物质无间断，处于同一相，如波前波后均处于图 3.9(a) 中纯相 OB (1 相) 段或 EF (2 相) 段，波速与该段斜率相关，不随幅值变化。

(2) 相变波：间断面两侧力学量和物质都发生了间断。物质间断可以是纯 1、2 相之间的，也可以是纯相和混合相之间的，还可以是成分含量不同的混合相之间的间断。相变波是一种以波速传播的物质间断面，也可以称之为"运动相边界"，不过，反之不一定成立，例如由复杂波系 (包括相变波) 相互作用在时空区域内形成的物质间断界面 (相边界) 的摆动，它不一定是波，如第 11 章图 11.29 中的相变区边界的变化。因此，为严谨起见，我们一般不用运动相边界来称呼相变波。相变波可以进一步分为波速恒定的相变波和相变冲击波，前者波前后状态均位于图 3.9(a) 中混合相区的 BE 段，波速由 BE 段斜率决定，不随幅值而改变。后者起点在 BE 段，但终点在 EF 段，波速由两点连线的斜率决定并随幅值的增高而增加，因为冲击波是由于 BEF 段的非线性引起的。一般把由于递增硬化的非线性效应产生的强间断波称为冲击波。卸载时，在图 3.9(a) 的 RWO 线段也能形成卸载相变波或卸载相变冲击波。

(3) 驻定相边界：指在冲击过程中产生的一种在物质坐标中静止不动的相边界。它不是波，跨过相界面，应力连续而应变间断，物质成分不同，实际上是一种"驻定"的或"静止"的物质间断面。4.5 节 (二级相变) 中还可能存在一种突加外场所致的时间驻定的相边界 (应变间断面)，本节暂不讨论。与弹塑性边界传播中出现的驻定间断面不同的是，由于塑性变形的不可逆性，驻定间断面不会消失，而驻定相边界则可能因逆相变而消失。

按类型的不同，三类间断面之间可能的相互作用共计五种 (驻定相边界是静止的，不会和别的驻定相边界相互作用)。考虑到间断面传播方向的不同、加卸载的区别以及强度的差别，三类间断面之间的相互作用将是十分复杂的，并可能产生一些反常现象，下面进行分类讨论。

本节讨论以第 3 章图 3.9(a) 描述的一级热弹性可逆相变的应力–应变曲线为依据，并将该图重绘于图 4.2(c)。为了表述的简洁性，下文中间断面之间的相互作用将主要用图来说明，如物理平面 X-t 图，以及对应的状态平面 σ-v (应力–质点速度) 图和 σ-ε (应力–应变) 图等。图 4.2 ~ 图 4.5 的 X-t 图中，细实线表示弹性波，粗实线表示相变波，驻定相边界则用虚线来表示。

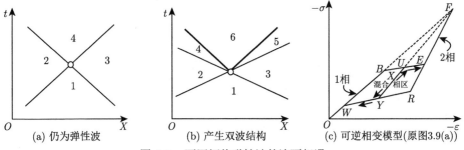

图 4.2　不同幅值弹性波的迎面相遇

4.2.1.1　弹性波和弹性波的相互作用

图 4.2 给出了两个相向传播的不同幅值的弹性加载波 1-2 和 1-3 相互作用的结果。不失一般性，假定 X-t 图上以弹性波分隔开的区域 1、2、3 均处于纯 1 相，即都位于图 3.9(a) (重绘于图 4.2(c)) 的 OB 段。右行加载波 1-2 和左行加载波 1-3 作用有两种不同的结果：① 如图 4.2(a) 所示，叠加后的应力未超过相变起始应力 σ_B，即图 4.2(a) 中 4 区的应力 $\sigma_4 \leqslant \sigma_B$，说明没有产生相变，作用后产生左行和右行弹性波 2-4 和 3-4。② 如图 4.2(b) 所示，弹性波 1-2 和 1-3 作用后的应力幅值超过了相变阈值 σ_B，即 6 区应力 $\sigma_6 > \sigma_B$ 发生了相变，将形成弹性波/相变波双波结构：2-4/4-6 和 3-5/5-6，先经过弹性波到达相变起始应力 σ_B (4 区和 5 区)，再经过相变波到达终态应力 σ_6。

根据图 4.2(c) 所示非线性本构特性 (3.117) 和应力波间断关系 (2.13)，可得到图 4.2(a) 和 (b) 中各间断的具体计算公式。对于弹性右行波 1-2 和左行波 1-3，有

$$\sigma_2 - \sigma_1 = -\rho_0 C_1(v_2 - v_1), \qquad \sigma_3 - \sigma_1 = \rho_0 C_1(v_3 - v_1) \tag{4.1a}$$

对于图 4.2(a) 中的弹性波 2-4 和 3-4，有

$$\sigma_4 - \sigma_2 = \rho_0 C_1(v_4 - v_2), \qquad \sigma_4 - \sigma_3 = -\rho_0 C_1(v_4 - v_3) \qquad (|\sigma_4| \leqslant |\sigma_B|) \tag{4.1b}$$

对于图 4.2(b)，有

$$\begin{cases} \sigma_4 = \sigma_5 = \sigma_B \\ \sigma_4 - \sigma_2 = \rho_0 C_1(v_4 - v_2), \quad \sigma_5 - \sigma_3 = -\rho_0 C_1(v_5 - v_3) \qquad (|\sigma_6| > |\sigma_B|) \\ \sigma_6 - \sigma_4 = \rho_0 D(v_6 - v_4), \quad \sigma_6 - \sigma_5 = -\rho_0 D(v_6 - v_5) \end{cases}$$
$$\tag{4.1c}$$

由式 (4.1b) 可知，弹性波 1-2 和 1-3 作用不发生相变的条件是

$$|\sigma_2 + \sigma_3 + \rho_0 C_1(v_3 - v_2)| \leqslant 2|\sigma_B| \tag{4.1d}$$

上述各式中，v 是粒子速度，C_1 为 1 相中的弹性波速：

$$C_1 = \sqrt{E_1/\rho_0} \tag{4.2}$$

D 为相变波速度，可由强间断条件 (2.12)，(2.13) 导出：

$$D = \sqrt{(\sigma_6 - \sigma_B)/\rho_0(\varepsilon_6 - \varepsilon_B)} \tag{4.3}$$

(4.1d) 式是相向弹性波作用是否产生相变波的判别式，若判别式成立，则采用图 4.2(a), 图中各区状态可以联立求解线性方程组 (4.1b) 和 (4.2) 得到。否则，

将发生相变，波结构如图 4.2(b) 所示，2-4，3-5 为弹性前驱波，4-6，5-6 为相变波。6 区为混合相甚至可能是纯 2 相，取决于加载弹性波 1-2 和 1-3 的强度。6 区的状态可以联立求解 (4.1c) 和 (4.3) 得到，这是一个非线性方程组。

对于其他弹性波作用情况，如异号弹性波，即弹性加载波与弹性卸载波的作用，或者 1 区状态位于 2 相或混合相等，均可以类似求出，并得到相应的波系结构，这里不一一列举。

4.2.1.2 弹性波和相变波的相互作用

弹性波与相变波的相互作用可能导致驻定相边界的产生。图 4.3 给出了右行的相变波分别与加、卸载弹性波相互作用的不同结果，图中 (a)、(b) 为卸载相变波与弹性加载波的作用，(c)、(d) 为加载相变波与弹性卸载波的作用。

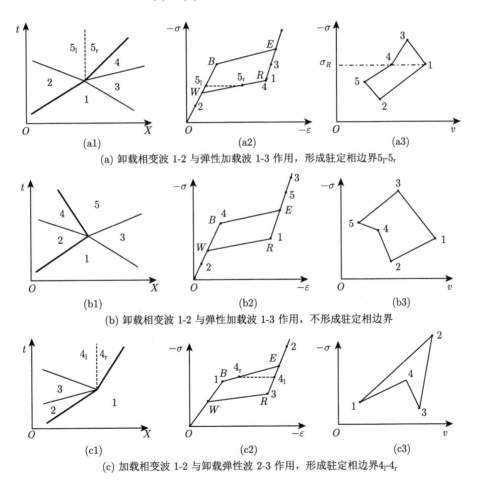

(a1)　(a2)　(a3)

(a) 卸载相变波 1-2 与弹性加载波 1-3 作用，形成驻定相边界 5_l-5_r

(b1)　(b2)　(b3)

(b) 卸载相变波 1-2 与弹性加载波 1-3 作用，不形成驻定相边界

(c1)　(c2)　(c3)

(c) 加载相变波 1-2 与卸载弹性波 2-3 作用，形成驻定相边界 4_l-4_r

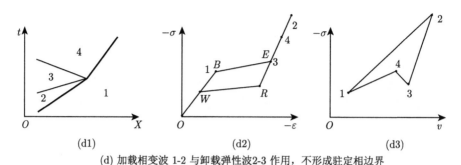

(d) 加载相变波 1-2 与卸载弹性波2-3 作用, 不形成驻定相边界

图 4.3   弹性波和右行相变波作用, 左边为 X-t 图, 中间为 σ-ε 图, 右边为 σ-v 图

对于图 4.3(a1), 1 区位于 2 相的逆相变起始点 R, 即图 4.2(c) 中的临界点 R, 右行的卸载相变冲击波 1-2 使 2 区变为纯 1 相, 而左行的加载弹性波 1-3 使 3 区应力增加到 σ_3, 二者相遇时, 发生透射和反射。通过弹性波 2-5_l 将 5 区的应力加载到 σ_5, 而 3 区将发生卸载, 先是弹性波 3-4 将应力卸到临界值 $\sigma_4 = \sigma_R$, 随后继续卸载到 σ_5, 由 (3.117b) 式, 将发生相变, 且卸载应力–应变路径沿 RW 线。可以看到, 当 5 区的应力满足 $|\sigma_W| < |\sigma_5| < |\sigma_R|$ 时, 驻定相边界 5_l-5_r 产生了, 下标 l 和 r 分别表示驻定相边界的左侧和右侧区域。图 4.3(a2) 给出了图 4.3(a1) 中各区的应力–应变状态图, 而图 4.3(a3) 给出了各区的应力-粒子速度图。5_l 为纯 1 相而 5_r 为混合相, 两区的应力相同而物质成分和应变产生间断。当加载弹性波 1-3 的幅值足够大时, 波系结构将如图 4.3(b1) 所示, 各区应力–应变状态参见图 4.3(b2), 可以看到, $|\sigma_5| > |\sigma_E|$, 整个 5 区位于 2 相, 这时没有产生驻定相边界, 但是产生了反向传播的相变波 4-5, 并且是卸载相变波变为加载相变波 (相变冲击波波速取决于 Rayleigh 弦 4-5 的斜率)。事实上, 对于图 4.3(a), (b), 当仅知道 1,2,3 区的状态时, 由于方程的非线性, 并不能确定作用之后的波系结构是 (a) 还是 (b), 这时就需要假设, 然后进行试算验证。具体各区状态参量的计算, 可参见 (4.1) 式。

图 4.3(c1) 和 (d1) 给出了右行的弹性卸载波追赶右行的加载相变波的 X-t 图, 各区的应力–应变状态可参见图 4.3(c2), (d2), 而各区的应力-粒子速度图参见图 4.3(c3), (d3)。与图 4.3(a) 类似, 当 $|\sigma_W| < |\sigma_4| < |\sigma_E|$ 时, 将产生驻定相边界 4_l-4_r。

4.2.1.3   弹性波和驻定相边界的相互作用

弹性波和驻定相边界的相互作用, 可能导致驻定相边界的消失并产生新的相变波, 如图 4.4(a1) 所示。图中弹性卸载波 1_l-2 和驻定相边界 1_l-1_r 的作用使得驻定相边界消失, 并且产生新的卸载相变波 3-4。图 4.4(a2)、(a3) 分别给出了各区的应力–应变状态和应力–粒子速度, 可以看到, 1_l 区是纯 1 相而 1_r 区是纯 2 相,

3 区为临界状态，其应力–应变点是逆相变起始点，而 $|\sigma_4| < |\sigma_W|$，处于纯 1 相，则从 2 到 4 是弹性加载波，而从 3 到 4 是卸载相变波。

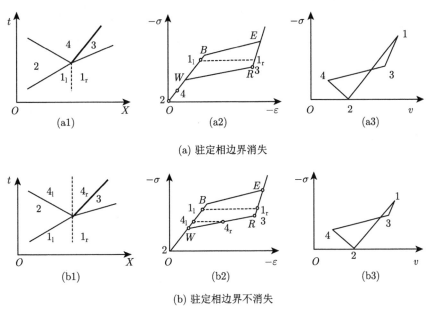

(a) 驻定相边界消失

(b) 驻定相边界不消失

图 4.4　弹性卸载波 1_l-2 和驻定相边界 1_l-1_r 的相互作用

　　驻定相边界是否消失，与弹性波的幅值和驻定相边界两侧的应变间断值有关。图 4.4(b1) 和 (b2) 给出的是弹性波与驻定相边界相互作用后，产生新的相变波而驻定相边界两侧的应变间断值减小但并不消失的情况。与 4.2.1.2 节所述类似，仅凭 1_l，1_r 和 2 区状态，无法确定波系结构，必须先假定波系结构，再进行试算验证。假设按图 4.4(a1) 的结构，根据 (3.117)、(2.12) 和 (2.13) 式，计算出的结果是 $|\sigma_W| < |\sigma_4| < |\sigma_R|$，说明假设是不对的，波系结构应如图 4.4(b1) 所示，然后再跟据图 4.4(b1) 的波系结构重新计算各区状态。

4.2.1.4　相变波和驻定相边界的相互作用

　　相变波和驻定相边界的相互作用，可能会导致相变波与驻定相边界同时消失，或者驻定相边界消失，而相变波发生反射，分叉形成一对反向传播的相变波。图 4.5(a1)，(b1) 给出了这两种相互作用的 X-t 图，图 4.5(a2)，(a3)，(b2)，(b3) 分别给出这两种作用情况下，各区的应力–应变和应力–粒子速度状态。

　　设图 4.5(a1) 中，1_l 为混合相，而 1_r 区为纯 1 相，右行相变波 1_l-2 使材料发生逆相变，2 区为纯 1 相。从 2 到 3 是弹性波加载，而从 1_r 到 3 是弹性卸载。1_r、2、3 都是纯 1 相，于是相变波和驻定相边界同时消失。

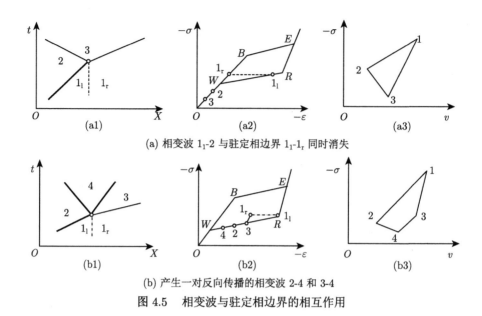

(a) 相变波 1_l-2 与驻定相边界 1_l-1_r 同时消失

(b) 产生一对反向传播的相变波 2-4 和 3-4

图 4.5　相变波与驻定相边界的相互作用

图 4.5(b1) 中，1_r、2、3、4 都位于混合相区，1_r 和 3 区具有相同的成分，从 1_r 到 3 是弹性卸载。2、3、4 区具有不同的成分，并且都处于临界状态，一旦有卸载即发生逆相变。它们之间的转变是相变。于是驻定相边界 1_l-1_r 消失，产生了一对反向传播的相变波 2-4 和 3-4，即右行卸载相变波与驻定相边界相互作用后，随着驻定相边界的消失，可能产生分叉，形成一对反向传播的相变波。

4.2.1.5　相变波之间的相互作用

图 4.6 给出了两个卸载相变波 1-2 和 1-3 迎面相遇作用的例子。1 区位于混合相，卸载后 2 区位于纯 1 相，3 区仍位于混合相，见图 4.6(a1)。卸载相变波 1-2 的幅值为 $\sigma_2 - \sigma_1$，波速与 Rayleigh 弦 1-2 的斜率相关，有 $D_{1\text{-}2} = \sqrt{(\sigma_2 - \sigma_1)/\rho_0(\varepsilon_2 - \varepsilon_1)}$，卸载相变波 1-3 幅值为 $|\sigma_3 - \sigma_1|$；波速与逆相变线 RW 的斜率相关。若作用后的 4 区处于 1 相 OW 上，且高于 2 点 (图 4.6(a2))，那么，作用后的左行波 2-4 是一个弹性加载波，右行波 3-4 是一个卸载相变波，幅值为 $|\sigma_4 - \sigma_3|$，波速与 Rayleigh 弦 3-4 的斜率相关，有 $D_{3\text{-}4} = \sqrt{(\sigma_4 - \sigma_3)/\rho_0(\varepsilon_4 - \varepsilon_3)}$。注意到 $|\sigma_4 - \sigma_3| < |\sigma_2 - \sigma_1|$，但有可能 $D_{3\text{-}4} > D_{1\text{-}2}$，譬如图 4.6(a2) 中状态点 3 比较靠近 W 点时。这就意味着在卸载相变波传播的过程中，随着相变波总幅值的减小，会出现波速反而增高的现象，譬如图 4.6(a2) 中，状态点 3 卸到 O 点和 R 点卸载到 O 点相比，前者幅值没有后者高，但前者斜率大于后者，因此波速也高于后者。这在冲击波传播过程中是一个反常的现象，这是由可逆相变材料特殊的卸载应力–应变关系 (RWO 段) 所决定的。

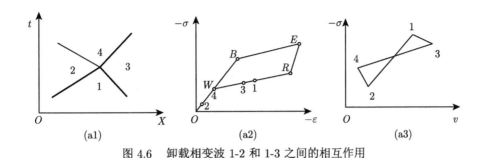

图 4.6 卸载相变波 1-2 和 1-3 之间的相互作用

4.2.2 半无限介质中一维可逆相变波的传播

根据简化的一维热弹性可逆相变模型 (图 3.9(a)),选取 Tang 等 (1988) 所用的 CdS 的材料常数,并作一定的修改,使得 1 相 OB 的斜率 (E_1) 等于 2 相 EF 的斜率 (E_2),而且正相变 BE 斜率 (k_1) 等于逆相变 RW 的斜率 (k_2)。这样做的主要目的是为了使整个相变波传播的过程更加清晰,计算过程也简单一些。这样的修改并不影响可逆相变的特性,从而也不影响相变波的传播特性。材料的初始密度 $\rho_0 = 4830\text{kg/m}^3$,其他的材料常数见表 4.1。

表 4.1 计算采用的可逆相变材料参数

$E_1 = E_2$/GPa	$k_1 = k_2$/GPa	σ_B/GPa	ε_B	σ_E/GPa	ε_E	σ_R/GPa	σ_W/GPa
50.79	4.623	−2.333	−0.046	−3.303	−0.256	−1.414	−0.444

材料的初始状态为自然状态,应力、应变均为 0,材料处于 1 相,以左端为 Lagrange 坐标原点。在 $t = 0$ 时刻,左端 ($X = 0$) 受突加矩形脉冲载荷,持续时间为 5μs,应力幅值 $\sigma^* = 4.0\text{GPa}$,在 $t_0 = 5\mu\text{s}$ 时,突然卸载到 0。计算得到了加、卸载相变波产生、发展、消失的整个过程,示于图 4.7。图中各点的坐标,各区的状态均按 4.2.1 节的方法,逐点、逐区求得,其中线性方程可直接求解,而非线性方程则采用数学工具软件进行求解。

图 4.7 显示在加载瞬间,左端产生一道弹性前驱波 0-1 和主加载相变波 OAB,由于右行卸载波的追赶卸载,在 A 点相变波强度减弱,而在 B 点再度削弱为弹性波。左端加载脉冲结束时,产生一道弹性卸载波 PA,以及一道主卸载相变波 $PCEG$,由于波的复杂作用还产生了另一条平行于 $PCEG$ 的卸载相变波 DKL,以及多处驻定相边界 (A,B,C 等) 和相边界 (相变波) 的分叉现象 (F,M 点等)。在 X-t 平面,卸载相变波 DKL 越来越偏向 X 轴方向,表明其波速越来越高,但其幅值是越来越小的,这是一种反常现象。下面会作扼要说明。

图 4.7 中可以看到上面各小节讨论中的各类间断面及其相互作用过程,例如,在 C 点,右行的卸载相变波 PC 与左行的弹性加载波 AC 相遇,产生了一条左

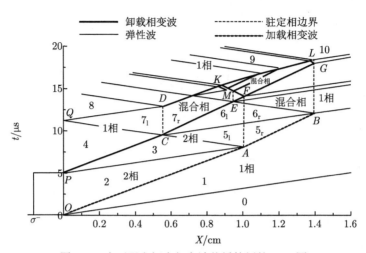

图 4.7　半无限空间中相变波传播算例的 X-t 图

主要点的坐标 (X, t)：$A(1.007, 8.104)$，$F(1.007, 14.08)$，$C(0.558, 9.489)$，$D(0.558, 12.93)$，

$E(0.946, 13.46)$，$M(0.946, 14.70)$，$B(1.395, 12.07)$，$G(1.395, 18.05)$，$L(1.395, 18.39)$，

$Q(0, 11.17)$，$K(0.876, 15.32)$

行弹性波 CQ、一个右行弹性前驱波 CB 和右行的卸载相变波 CE，并且产生驻定相边界 CD，在该间断面的左侧 7_l 区，材料处于纯 1 相，而右侧 7_r 区材料为混合相，这个波系结构与图 4.3(a1) 类似。由于弹性波和相变波的相互作用，在相变波传播的过程中，一共出现了 4 个驻定相边界，分别起始于 A，B，C 和 E 点。加载相变波产生于 O 点，在 B 点消失，同时产生驻定相边界 BG。卸载相变波产生于 P 点，在 D 点形成新的卸载相变波，从而形成两条主要的卸载相变波。卸载相变波最后在 L 点遇到驻定相边界，相互作用的结果是，卸载相变波和驻定相边界同时消失。

从图 4.7 可以看到，在卸载相变波的传播过程中出现了一些反常的现象。首先，从左端边界 Q 点反射的弹性波与驻定相边界在 D 点相交，引发一条新的卸载相变波。从这一点开始，杆中有两条主要的卸载相变波在传播，图中分别以线 $PCEFG$ 和 DKL 表示，我们也称这种现象为分叉。而上文中所述的分叉 (图 4.5)，即一条右行卸载相变波与驻定相边界作用后，可能产生一对反向传播的相变波，在 F 点和 M 点也可以观察到。另一个反常现象就是卸载相变波 DKL 的传播速度随着相变冲击波幅值的下降反而增大。可以从图 3.9(a) 来看，当左端面在 P 点瞬时卸载到应力为 0，产生图 4.7 中的卸载相变波 3-4 (图中 PC 段)，其中 3 区和 4 区状态位于图 3.9(a) 的 R 点 (逆相变起始点) 和 O 点，该相变波的速度对应于图 3.9(a) 中 OR 割线的斜率。而第 2 条主卸载相边界 DKL (图 3.9(a))，沿 DKL 方向观察，其右侧各区位于卸载过程中的混合相，各区状态位于图 3.9(a) 的 *RW* 线上, 左侧各区位于 1 相弹性区 *OB* 线上。假设从混合相 *RW* 上某点 *Y* 卸载到 1 相的 *O* 点, 可以看到割线 *YO* 的应力幅值小于 *RO*, 但其斜率却大于 *RO* 的斜率, 相变波的速度大于 *RO* 的速度。当 *Y* 向 *W* 点移动时, 幅值越来越低, 但斜率 (波速) 会越来越高, 这是逆相变产生的冲击波的特有现象, 或者称为反常现象。当然该区域的波系结构是十分复杂的, 但总的作用是卸载过程, 一遇卸载就会引发新的相变波。波前状态位于混合相 *RW* 线上, 应力是越来越低的, 波后位于 1 相弹性 *OB* 线上, 波前波后状态点割线斜率的总趋势是随着幅值降低而增加的, 从而形成图 4.7 中 *DKL* 段幅值降低波速反而增加的现象。

图 4.7 中各点坐标和各区状态是完全确定的 (列于表 4.2), 可以从中得到很多有用的信息。图 4.8 绘出了几个不同位置处的应力随时间变化的波形。

表 4.2　图 4.7 中各主要区域的状态参量

	0	1	2	3	4	5_l	5_r	6_l	6_r	7_l	7_r	8
σ/GPa	0	−2.333	−4.0	−1.414	0	−2.506	−2.506	−1.414	−1.414	−0.674	−0.674	0
ε	0	−0.046	−0.256	−0.219	0	−0.241	−0.083	−0.219	−0.061	−0.013	−0.058	0
v/(m/s)	0	149.0	426.8	261.7	8.497	192.0	192.0	122.2	122.2	−34.50	−34.50	−77.5
相	1	1	2	2	1	2	混合	2	混合	1	混合	1

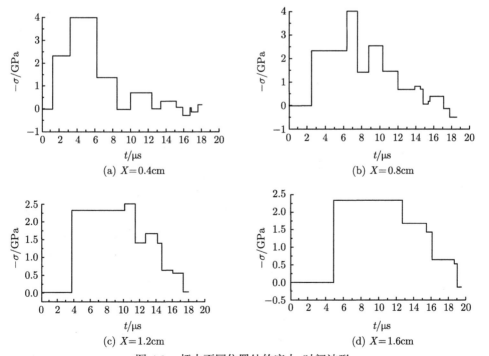

(a) *X*=0.4cm

(b) *X*=0.8cm

(c) *X*=1.2cm

(d) *X*=1.6cm

图 4.8　杆中不同位置处的应力-时间波形

4.3   弱间断加卸载条件下一维相变波的传播

4.3.1   连续加卸载条件下的弱间断相边界

事实上，弹塑性边界的传播是在弱间断加卸载的问题上比较有研究的价值，因为强间断加卸载的问题比较简单，利用强间断条件 (2.12)，(2.13)，求解线性或非线性代数方程组即可得到问题的解。而对于弱间断加卸载问题，则应该求解微分方程组 (2.9)、(2.10)，问题比较复杂，可能会出现新的数学物理问题以及相应的解决办法。一般而言，弹塑性边界的研究集中在弱间断边界上 (虞吉林等，1982；王礼立，2005)，即边界两侧应力–应变连续，但是存在应力–应变的一阶导数或者高阶导数的间断，而且材料在边界的一侧处于弹性状态，另一侧处于塑性状态。那么在相变波的传播过程中，是否也会出现弱间断的相边界呢？

首先分析弱间断弹塑性边界出现的过程。弱间断弹塑性边界之所以出现，是因为弹塑性材料只有处于加载状态时，才能保持处于塑性，而一旦卸载，立即进入弹性状态，弹塑性边界两侧的应力可以是任何大于或等于屈服应力的值。

我们采用和图 3.9 相变材料应力–应变关系相似的线性硬化的弹塑性本构模型来作比较。如果只考虑图 3.9(a) 中 1 相 OB 段和混合相 BE 段，即不考虑图 3.9(a) 中 E 点以上的 2 相部分和逆相变线段 RW 部分，或者图 3.9(b) 中 E 点以上的 2 相部分，则如图 4.9(b) 所示，和传统的线性硬化弹塑性本构曲线在数学形式上是一致的，那么在这一范围内，其数学解应该是相同的，不过其物理意义需要另作具体分析。

图 4.9(a) 是基于图 4.9(b) 相变模型给出的连续加卸载条件下的流场特征线解，图中 B 点应力 σ_B 是相变起始应力，σ_U 是最大应力，$\sigma_U < \sigma_E$。由图 4.9(a) 可见，左端 ($X = 0$) 纵坐标 OB 段发出的是弹性加载波，波速为弹性波速 C，BU 段发出的是连续相变加载波，波速为图 4.9(b) 中相变混合区 BU 段斜率决定的相变波速 D，形成加载相变区，2 相含量 β 逐渐从 0 升高至 β_U，UG 段则产生弹性卸载波，应力降低，但 2 相含量保持 β_U 不变，以上从图 4.9(b) 和 (d) 中的路径 $OBUG$ 可以清楚看到。由于弹性卸载波速 C 大于混合相变区的相变波速 D，因此卸载弹性波将追赶并削弱其前方的一系列连续相变加载波，并同时反射左行弹性波 (图 4.9(a) 中为简洁起见未画出，但包含在作用区内)，形成图 4.9(a) 中点虚线包围的作用区 $Udd'f'fU$。将作用区不同 X 处的最大应力位置点 $Uee'H$ 相连 (图中粗虚线)，即构成一条弱间断边界线，沿该线应力峰值是不断下降的，2 相含量 β 也逐渐下降。该边界线本质上是一条加载和卸载的分界线，这一点在图 4.9(c) 中看得很清楚，例如在 $X = X_1$ 位置，对应的边界线 $Uee'H$ 上的 e 点即为加卸载的分界点。对于弹塑性材料，该边界就是一条传播的 "弹塑性边界"，因

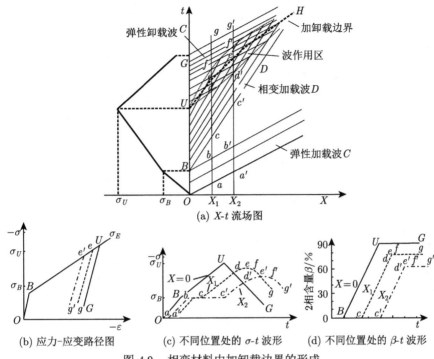

(a) X-t 流场图

(b) 应力-应变路径图　(c) 不同位置处的 σ-t 波形　(d) 不同位置处的 β-t 波形

图 4.9　相变材料中加卸载边界的形成

为弹塑性材料只有当持续加载状态才能保持其塑性行为，一旦进入卸载，立即恢复弹性响应，因此力学意义上的加卸载边界 (当然要超过屈服应力) 就是物理上的弹塑性边界。对于相变而言，虽然数学结果是相同的，但我们更关注的是相含量及其变化。图 4.9(d) 给出了 3 个固定位置处 2 相含量 β 随时间的变化，可见加卸载边界上的 U、e、e' 点基本上是一个转折点，β 从升高转向恒值，β 是连续的，但对于 t 的导数可能不连续，因此我们也可以把 β 的导数间断处称为弱相边界，即跨过该边界，物理量本身连续，但其一阶偏导或 n 阶偏导不连续，则称其为一阶或 n 阶弱间断。其实弹塑性问题中如果考虑塑性变形和残余应变是和相变理论中的相变含量对应的。

本小节的问题的讨论也可参考《应力波基础》(王礼立，2005) 中的 4.5 节 "弱间断卸载扰动的追赶卸载"。

4.3.2 高于相变完成应力的连续加卸载滞回条件下相变波的传播

图 4.10 给出一个连续加卸载应力边界条件 $\sigma_0(t)$，最大应力 $|\sigma_{\max}|>|\sigma_E|$。图中可见，$OB$ 段以速度 $c_1 = \sqrt{E_1/\rho_0}$ 向右传播着一系列互相平行的弹性加载波。而应力从 σ_B 增加到 σ_E 的过程中，混合相区 1 形成，对应着应力–应变曲线上

的 BE 段。混合相区 1 里传播着一系列彼此平行, 速度为 $D_1 = \sqrt{k_1/\rho_0}$ 的相变波, 构成一个相转变带, 材料中 2 相成分逐渐增加。而从 $\sigma_0(t) = \sigma_E$ 开始, 材料变为纯 2 相, 弹性加载波将以速度 $c_2 = \sqrt{E_2/\rho_0}$ 传播, $c_2 > D_1$, 发生汇聚形成一道加载相变波, 在此加载波的追赶增强作用下很快演变为含有强间断的相变波 (冲击波), 波速越来越快, 幅值越来越高, 最后成为一道直接从 σ_B 点跳到 2 相应力–应变线上 $\sigma_{\max}$ 点的相变冲击波, 这与图 4.9 不同。

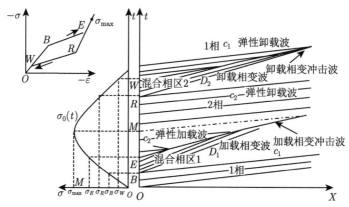

图 4.10　应力高于 σ_E 的连续加卸载滞回条件下的相变波

当应力从最大值开始卸载, 将沿 2 相弹性线卸载, 2 相区中传播的是速度为 c_2 的弹性卸载波。当应力减小到 σ_R 和 σ_W 之间, 逆相变混合相区 2 形成。在这个区域里, 以速度 $D_2 = \sqrt{k_2/\rho_0}$ 传播着一系列卸载相变波, 构成逆相变带, 材料中 1 相成分逐渐增加。而当 σ_0 卸载到 σ_W 以下时, 材料变为纯 1 相, 材料中传播的是速度为 c_1 的卸载弹性波。由于 $c_1 > D_2$, 卸载波也将发生汇聚而逐步形成卸载相变冲击波, 即卸载相变波。对于特征线汇聚形成冲击波的问题, 无法求得解析解, 可以采用数值求解。

4.4　不可逆相变材料中的相变波和梯度材料的形成

4.2 节和 4.3 节讨论的相变都是可逆的, 本节讨论不可逆相变材料。在温度低于奥氏体相变起始温度 T_{As} 时, 形状记忆合金所表现出的形状记忆效应是一种典型的不可逆相变。

王文强等 (2000) 采用上述基于简单混合物的相变模型 (图 3.9(b)), 对一阶不可逆相变材料杆中的相变波的传播作了研究, 对应于连续卸载的边界条件, 提出了一种基于特征线理论的计算方法。戴翔宇等 (戴翔宇等, 2003; Tang et al., 2006) 对半无限长杆中相变波传播过程中梯度材料的形成作了仔细的分析, 提出了利用相变波的传播制备梯度材料的可能性。

4.4.1 强间断加卸载条件下相变波传播的解析解

强间断加卸载条件下一维不可逆相变波的传播问题，与一维可逆相变材料杆中相变波的传播类似，甚至更为简单，因为没有逆相变的问题，从而也没有卸载相变波。具体的分析过程可以借鉴 4.2 节的讨论。

图 4.11 给出了一个一维不可逆相变材料杆承受脉冲载荷时的例子。可以看到杆中的间断面同样可以分为基本的三类，弹性波、相变波和驻定相边界，图中分别用细实线、粗实线和虚线表示。与 4.2 节不同的是，不存在卸载相变波，而且驻定相边界不会消失，类似于弹塑性波传播过程中出现的应变间断面。卸载后，材料中将留下新相含量不同的宏观区域，每一区域内部组分相同，区域之间由驻定相边界分割。

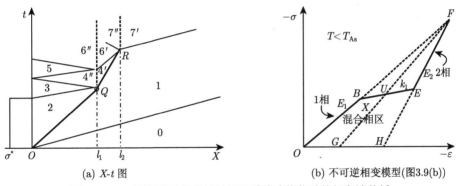

(a) X-t 图   (b) 不可逆相变模型(图3.9(b))

图 4.11 一维不可逆相变材料杆承受脉冲载荷时的相变波传播

由于不发生逆相变，从图 4.11(b) (即图 3.9(b)) 可看出，材料的组分由该物质点所经历的加载历史上最大应力 σ_M 所决定，σ_M 处的加卸载弹性波的波速 $c(\sigma_M)$ 可由图 4.11(b) 中的 F 点至 σ_M 的连线的斜率决定：

$$c(\sigma_M) = \sqrt{\frac{\sigma_F - \sigma_M}{(\varepsilon_F - \varepsilon_M)\rho_0}}$$

$$= \begin{cases} \sqrt{E_1/\rho_0}, & |\sigma_M| \leqslant |\sigma_B| \\ \sqrt{\dfrac{\sigma_F - \sigma_M}{k_1(\varepsilon_F - \varepsilon_B) + \sigma_B - \sigma_M}} \sqrt{\dfrac{k_1}{\rho_0}}, & |\sigma_B| < |\sigma_M| < |\sigma_E| \\ \sqrt{E_2/\rho_0}, & |\sigma_M| \geqslant |\sigma_E| \end{cases} \qquad (4.4)$$

式中 E_1 和 E_2 分别是图 4.11(b) 中 1 相和 2 相的弹性模量，k_1 是混合相 BE 线

的斜率。而相变波的波速由相变波后方应力 σ 和应变 ε 所决定:

$$D(\sigma) = \sqrt{\frac{\sigma - \sigma_B}{(\varepsilon - \varepsilon_B)\rho_0}} = \sqrt{\frac{\sigma - \sigma_B}{E_2(\varepsilon_E - \varepsilon_B) + \sigma - \sigma_E}}\sqrt{\frac{E_2}{\rho_0}}, \qquad |\sigma| \geqslant |\sigma_E| \quad (4.5a)$$

$$D(\sigma) = \sqrt{\frac{k_1}{\rho_0}}, \qquad |\sigma_B| < |\sigma| < |\sigma_E| \tag{4.5b}$$

图 4.11(a) 中，加载最大应力 σ_M 等于脉冲幅值 σ^*，各区应力和粒子速度可由 (2.12)，(2.13) 式，联立 (3.117)~(3.119) 式求得

$$1 \text{ 区}: \qquad \sigma_1 = \sigma_B, \qquad v_1 = -\frac{\sigma_B}{\rho_0 c_0} \tag{4.6}$$

$$2 \text{ 区}: \qquad \sigma_2 = \sigma^*, \qquad v_2 = -\left(\frac{1}{\rho_0 c_0} - \frac{1}{\rho_0 D_*}\right)\sigma_B - \frac{\sigma^*}{\rho_0 D^*} \tag{4.7}$$

$$3 \text{ 区}: \qquad \sigma_3 = 0, \qquad v_3 = v_2 + \frac{\sigma_2}{\rho_0 c^*} \tag{4.8}$$

(4.6)~(4.8) 式中，$D^* = D(\sigma^*)$，$c^* = c(\sigma^*)$，$c_0 = c(0)$，σ^* 是加载应力的幅值。

在 Q 点将可能形成驻定相边界，间断面两侧材料处于不同的相，应力和粒子速度相同，而应变和相含量出现间断。设 $\sigma^* > \sigma_E$，那么，图 4.11(a) 中 $4''$ 区的材料是纯 2 相，而 $4'$ 区材料可能处于纯 1 相、混合相或纯 2 相，相应地，该区的应力也有三种可能:

纯 1 相: $\qquad \sigma_4 = -\frac{\rho_0 c_0 c^*}{c^* + c_0} v_3, \qquad |\sigma_4| \leqslant |\sigma_B| \tag{4.9}$

混合相: $\qquad \sigma_4 = (\sigma_1 - \rho_0 D_4(v_3 - v_1))/(1 + D_4/C^*), \qquad |\sigma_B| < |\sigma_4| \leqslant |\sigma_E|$
$$\tag{4.10}$$

纯 2 相: $\qquad \sigma_4 = (B - \rho_0 E_2(v_3 - v_1)^2)/(A + 2E_2(v_3 - v_1)/c^*), \qquad |\sigma_4| > |\sigma_E|$
$$\tag{4.11}$$

式中 $D_4 = D(\sigma_4)$，$A = \sigma_B + \sigma_E - E_2(\varepsilon_E - \varepsilon_B)$，$B = \sigma_B \sigma_E - E_2(\varepsilon_E - \varepsilon_B)\sigma_B$。求解 4 区的应力必须有一个试算验证的过程，因为事先无法确定 $4'$ 区的材料状态。具体计算时先采用 (4.9) 式，若算出 σ_4 满足 $|\sigma_4| \leqslant |\sigma_B|$，则计算正确；否则，再采用 (4.10) 式计算验证，直至得出正确的应力。其他各区状态，可以类似求解。

4.4.2 连续卸载条件下相变波传播的数值方法

在突加载荷 σ^* 并连续卸载条件下，无法得到问题的解析解。而且在卸载过程中，随着混合相段的相变波后方应力的减小，由于两相模量不同，$E_1 < E_2$，相

应的混合相区的弹性卸载波的波速也在减小，因此相变波后方区域中的特征线不是直线，不能利用弹塑性边界传播过程中的近似方法。为此我们提出了一种基于特征线方法的数值方法 (王文强等，2000)。

网格划分如图 4.12 所示，图中相变波前的状态处于弹性前驱波之后，仍为 1 相，应力和粒子速度为 σ_B 和 v_B，图中沿相变波上的节点 1、3、6 等均为波后状态点。首先，从 t 轴 (同时也是左边界) 上每隔 Δt 引出一条右行特征线，特征线斜率由 (4.4) 式决定。再从特征线与相变波的交点处引出与 t 轴平行的直线，从而构成网格。当网格尺寸足够小时，可以认为每个网格内的状态是均匀的，且令其等于左下方节点的值。可将节点分为四类：① t 轴上的点，② 相变波上的点，③ 邻近相变波的点，④ 其他节点。例如，图 4.12 中的节点 4、3、5、8 分别属于这四类。节点 1、2 属于特殊节点，其状态值必须首先求出。节点 1、2 的应力可由边界加载条件直接求得，粒子速度 v_1 可由 1 点处波前 (σ_B, v_B) 波后 (σ_1, v_1) 的间断关系得到，v_2 可以这样来求，过 2 点引一条左行特征线 $2Q$，交相变阵面于 Q 点，由沿左行特征线 $2Q$ 的相容关系以及 Q 处的状态 (等于 σ_1, v_1) 可以求得如下：

$$v_1 = \left[(1/D(\sigma^*) - 1/c_1)\sigma_B - \sigma^*/D(\sigma^*)\right]/\rho_0, \qquad v_2 = \frac{\sigma_1 - \sigma_2}{\rho_0 c(\sigma_1)} + v_1 \qquad (4.12)$$

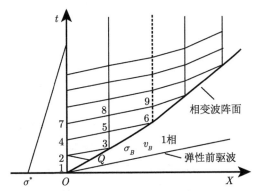

图 4.12 突加载荷弱间断卸载条件下特征线数值方法的网格划分

对于其他节点，则要按照其类型采用不同的方法计算，我们以节点 3、4、5、8 为例，分类加以说明。

(1) 节点 3。可由连接 2-3 的特征线关系和 1-3 的相变波的强间断条件得到

$$v_3 = \frac{\sigma_B - \sigma_2 + \rho_0 D(\sigma_1)v_B + \rho_0 c(\sigma_1)v_2}{\rho_0[D(\sigma_1) + c(\sigma_1)]}, \qquad \sigma_3 = \sigma_2 + \rho_0 c(\sigma_1)[v_3 - v_2] \qquad (4.13)$$

(2) 节点 4。应力可以由加载条件直接求得，只需求其粒子速度。作一条通过

点 4 的左行特征线，则该特征线将与网格线 2-3 或 3-5 相交，令交点为 j，则 σ_j，v_j 的值可由线性插值求得，从而由特征线关系解得 v_4

$$v_4 = \frac{\sigma_j - \sigma_4}{\rho_0 c(\sigma_1)} + v_j \tag{4.14}$$

(3) 节点 5。应力 σ_5 和粒子速度 v_5 都是未知的，由连接 4-5 的特征线关系可得第一个方程，从 5 点作左行特征线，与相变波相交，交点的值可近似取节点 3 的状态，从而解得节点 5 的状态：

$$v_5 = \frac{\sigma_3 - \sigma_4 + \rho_0 c(\sigma_1)v_4 + \rho_0 c(\sigma_3)v_3}{\rho_0[c(\sigma_1) + c(\sigma_3)]}, \qquad \sigma_5 = \sigma_4 + \rho_0 c(\sigma_1)[v_5 - v_4] \tag{4.15}$$

(4) 节点 8。需要两个方程，从节点 7-8 的特征线关系给出第一个方程，从节点 8 作左行特征线，交线 5-6 或者 6-9 于点 i，通过线性插值可得到 i 点的值，于是 8 点和 i 点又有了一个特征线关系。可得

$$v_8 = \frac{\sigma_i - \sigma_7 + \rho_0 c(\sigma_1)v_7 + \rho_0 c(\sigma_3)v_i}{\rho_0[c(\sigma_1) + c(\sigma_3)]}, \qquad \sigma_8 = \sigma_7 + \rho_0 c(\sigma_1)[v_8 - v_7] \tag{4.16}$$

(4.13)～(4.16) 式中函数 $c(\sigma)$ 和 $D(\sigma)$ 由 (4.4) 和 (4.5) 式所给出。类似地，X-t 平面内所有节点的状态都可以求得。

4.4.3　连续卸载条件下梯度材料形成的分析

连续卸载条件下，随着相变波传播距离的增加，应力幅值逐渐衰减，将会形成混合相区。在混合相区内，随着相变波后方应力逐渐减小，2 相成分逐渐减少，而 1 相成分逐渐增加，形成材料成分逐渐变化的一个转变带，由于两相性质不同，将构成梯度材料。类似的转变带，在可逆相变材料中也可能出现，但是由于逆相变，可逆相变材料中的转变带最终都会随着卸载而消失，因此只有不可逆相变材料中的转变带可以保留下来，形成所谓的 "梯度材料"。

梯度材料 (functionally graded material, FGM) 是指通过连续 (或准连续) 地改变两种材料的结构、组成、密度等因素，使其内部界面减小乃至消失，从而得到的相应于其成分与结构的变化而性能渐变的新型非均质复合材料。除了用作缓和热应力的结构梯度材料外，已研制出包括电、磁、声、光、核以及生物等多种功能在内的新型功能梯度材料。常用的制备方法如叠层粉末冶金、共沉降法等难以消除内部界面和控制材料的梯度 (张联盟等，1999)。

对于不可逆相变材料，由于卸载时不发生逆相变，则材料中某点的物质成分由该点加载历史上所承受的最大应力 $\sigma_{\max}$ 所决定。由图 3.9(b) 可知，混合相中

新相 (马氏体) 体积百分含量 ξ 可由该点卸载到应力为零后的残余应变占总的相变应变 ε_H 的比值来表述。例如图 3.9(b) 中的 G 点处于混合相,其新相成分 ξ 为 $\varepsilon_G/\varepsilon_H$。由图 3.9(b) 中几何关系并联立 (3.117a)、(3.117b) 式知,当某物质点卸载到 0 应力时,其残余应变 ε_r 由其加载历史上最大应力 $\sigma_{\max}$ 所决定。当 $|\sigma_{\max}| \leqslant |\sigma_B|$ 时,不发生相变,$\varepsilon_r = 0$。$|\sigma_{\max}| > |\sigma_E|$ 时,该物质点变为纯 2 相,$\varepsilon_r = \varepsilon_H$,$\varepsilon_H$ 是图 4.11(b) 中 H 点的应变。当 $|\sigma_B| < |\sigma_{\max}| \leqslant |\sigma_E|$ 时,该物质点为混合相,ε_r 由下式计算:

$$
\begin{aligned}
\varepsilon_r &= \varepsilon_{\max} - \frac{\sigma_{\max}}{\sigma_F - \sigma_{\max}}(\varepsilon_F - \varepsilon_{\max}) \\
&= \frac{\left(\varepsilon_B + \dfrac{\sigma_{\max} - \sigma_B}{k_1}\right)\sigma_F - k_1\sigma_{\max}\varepsilon_F}{(\sigma_F - \sigma_{\max})k_1} = \frac{(k_1 - E_1)\sigma_F(\sigma_B - \sigma_{\max})}{(\sigma_F - \sigma_{\max})k_1 E_1}
\end{aligned}
$$

上式中用到 $\varepsilon_B = \sigma_B/E_1$,$\varepsilon_F = \sigma_F/E_1$,而从纯 2 相卸载到零的残余应变 ε_H 为

$$
\varepsilon_H = \varepsilon_F - \frac{\sigma_F}{E_2} = \sigma_F\left(\frac{1}{E_1} - \frac{1}{E_2}\right) = \frac{(E_2 - E_1)\sigma_F}{E_1 E_2}
$$

于是 2 相 (马氏体) 体积百分含量 $\xi = \varepsilon_r/\varepsilon_H$,有

$$
\xi = \begin{cases} 100\%, & |\sigma_{\max}| > |\sigma_E| \\ \dfrac{\sigma_{\max} - \sigma_B}{\sigma_F - \sigma_{\max}} \cdot \dfrac{E_2}{k_1} \cdot \dfrac{E_1 - k_1}{E_2 - E_1} \times 100\%, & |\sigma_B| < |\sigma_{\max}| \leqslant |\sigma_E| \\ 0, & |\sigma_{\max}| < |\sigma_B| \end{cases} \tag{4.17}
$$

考虑具有图 3.9(b) 所示本构关系的不可逆相变材料,处于 $(0, \infty)$ 半无限空间,初始时刻是纯 1 相,应力为 0。在 $t = 0$ 时刻,左端受到高于相变完成应力 σ_E 的突加冲击载荷 σ^* 作用,随即连续卸载至 0。图 4.13 给出了该问题相应的相变波传播的示意图,图中可见,首先传播的是一道弹性前驱波 OF,波速为 C_1,然后是相变波,即相变波 OB。OB 在 $X = d_1$ 处的 A 点分作 2 段,$OA(0, d_1)$ 和 $AB(d_1, d_2)$。设 X 处相变波的幅值记为 $\sigma_b(X)$,则相变波上 A 点应力 $\sigma_b(d_1) = \sigma_E$,因此前一段波后状态为纯 2 相材料,后一段波后处于混合相。由于加载端弹性卸载波的连续追赶使相变波后方应力 σ_b 的幅值不断衰减,但对这 2 个区域的影响不同。对于 OA 段,相变波实际是相变冲击波,随着幅值的衰减相变波的波速不断变慢,在 X-t 图上呈向上弯曲状,不过由于后方是纯 2 相,故后方特征线的斜率不变,为平行直线。对于 AB 段,相变波虽然也是间断波,但波速只取决于混合相区的斜率 k_1,不随幅值的衰减而改变,相变波呈直线状,不过

由于 2 相含量的不断降低，后方弹性卸载波速逐步变慢，呈现向上弯曲，但相互平行。至 d_2 处，$\sigma_b(d_2) = \sigma_B$，相变波在 d_2 处消失。从相变程度看，$(0, d_1)$ 段材料为纯 2 相，(d_1, d_2) 段为过渡区，2 相成分从 1 连续地变为 0，从而形成梯度材料。在 $X > d_2$ 时，材料不发生相变，仍为纯 1 相。

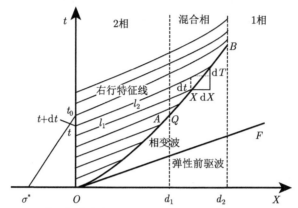

图 4.13   连续卸载条件下不可逆相变材料中相变波传播示意图

从图 4.13 可看出，任一物质点 X 所受加载历史上最大应力 $\sigma_{\max}(X)$ 为相变波后方应力 $\sigma_b(X)$。卸载区右行特征线是一族彼此平行的曲线。在 $(0, d_1)$ 段，为纯 2 相，特征线为直线，在 (d_1, d_2) 段，2 相成分逐渐减少而 1 相成分逐渐增加，特征线变为上凹的曲线。由 (3.118) 式可得任意点 X 处右行特征线斜率，即波速为

$$c(X) = \sqrt{\frac{E_2}{\rho_0}}, \quad 0 < X \leqslant d_1$$

$$c(X) = \sqrt{\frac{\sigma_F - \sigma_b(X)}{\rho_0(\varepsilon_F - \varepsilon_b(X))}}, \quad d_1 < X \leqslant d_2 \tag{4.18}$$

相变波上任一点与左边界上对应的点 $(0, t)$ 通过右行特征线相连接，并有相容关系：

$$\sigma_b(X) = \sigma_0(t) + \int_{v_0(t)}^{v_b(X)} \rho_0 c(\varepsilon) \mathrm{d}v \tag{4.19}$$

(4.18)、(4.19) 式中，c 表示特征线的斜率，v 表示粒子速度。混合相段相变波传播速度为常数 $D = \sqrt{k_1/\rho_0}$，且右行特征线虽然呈弧形，但彼此平行。从图 4.13 中可以看到 t 时刻从左端出发的特征 l_1 与相变波相交于 X 处，而从 $t+\mathrm{d}t$ 时刻出发的特征线 l_2 与相变波相交于 $X+\mathrm{d}X$ 处。从 X 点处引平行于 t 轴的直线，与 l_2 相交，得

到 $\mathrm{d}t$。当 $\mathrm{d}X$ 和 $\mathrm{d}t$ 很小时，则由几何关系，得到 $\mathrm{d}T - \mathrm{d}t = \mathrm{d}X/D - \mathrm{d}t = \mathrm{d}X/c(X)$，联立 (4.18) 式，解得混合段相变波 $\mathrm{d}X$ 和 $\mathrm{d}t$ 的关系为

$$\mathrm{d}X = \mathrm{d}t/[1/D - \sqrt{\rho_0(\varepsilon_F - \varepsilon_\mathrm{b}(X))/(\sigma_F - \sigma_\mathrm{b}(X))}] \equiv \mathrm{d}t/f(\sigma_\mathrm{b}) \qquad (4.20)$$

由 (4.17) 式知混合相段内，马氏体 (2 相) 含量的梯度为

$$\begin{aligned}
\frac{\mathrm{d}\xi}{\mathrm{d}X} &= \frac{E_2}{k_1}\frac{E_1 - k_1}{E_2 - E_1}\frac{\mathrm{d}\left(\dfrac{\sigma_\mathrm{b}(X) - \sigma_B}{\sigma_F - \sigma_\mathrm{b}(X)}\right)}{\mathrm{d}X} \\
&= \frac{a}{(\sigma_F - \sigma_\mathrm{b}(X))^2}\frac{\mathrm{d}\sigma_\mathrm{b}(X)}{\mathrm{d}X} = \frac{a}{(\sigma_F - \sigma_\mathrm{b}(X))^2}f(\sigma_\mathrm{b})\frac{\mathrm{d}\sigma_\mathrm{b}(X)}{\mathrm{d}t}
\end{aligned}$$

再联立 (4.19) 式，可求得 2 相含量与边界条件的关系为

$$\frac{\mathrm{d}\xi}{\mathrm{d}X} = \frac{a}{(\sigma_F - \sigma_\mathrm{b}(X))^2}$$

$$\times \left\{f(\sigma_\mathrm{b}(X))\frac{\mathrm{d}\sigma_0(t)}{\mathrm{d}t} + \lim_{\mathrm{d}X\to 0}\left[\left(\int_{l_2}\rho_0 c_{l_2}(v)\mathrm{d}v - \int_{l_1}\rho_0 c_{l_1}(v)\mathrm{d}v\right)/\mathrm{d}X\right]\right\} \qquad (4.21)$$

式中 a 为常数，$a \equiv E_2(\sigma_F - \sigma_B)(E_1 - k_1)/[k_1(E_2 - E_1)]$，而 l_1、l_2 是相隔 $\mathrm{d}t$ 的两条右行特征线。(4.21) 式中沿特征线 l_1、l_2 的函数 $C_{l_1}(v)$ 和 $C_{l_2}(v)$ 必须通过数值方法求得，因为卸载区不是简单波区，存在波的相互作用，在图中为直观起见，这种作用没有绘出，所以不能直接由此式解析得到转变区内的梯度分布函数，但此式表明，边界条件可以直接影响材料的梯度。

需要补充说明的是，如果对于图 3.9(b) 本构做这样的简化：令 $E_1 = E_2 = E$，同时限制载荷幅值 $\sigma^* < \sigma_E$，这时我们可以略去图 3.9(b) 本构中的 EF 段，那么本构和弹塑性线性硬化模型形式上是完全一致的。对于突加载荷线性连续加载问题可以得到解析解，请参照 "应力波基础" 线性硬化材料中冲击波的衰减一节 (王礼立，2005)。

算例

采用 (Tang et al.，1988) 中的材料常数计算了 A、B 两类边界条件下杆中的相变波传播和马氏体百分含量分布，$\rho_0 = 4830\mathrm{kg/m^3}$，其他参数见表 4.3。两类边界条件如下式所示：

$$\mathrm{A}:\begin{cases} \sigma_0(t) = \sigma^*\left(1 - \dfrac{t}{t_0}\right), & t < t_0 \\ \sigma_0(t) = 0, & t \geqslant t_0 \end{cases} \qquad (4.22\mathrm{a})$$

$$\mathrm{B}: \begin{cases} \sigma_0(t) = \sigma^* \left(1 - \dfrac{t}{t_0}\right)^2, & t < t_0 \\[2mm] \sigma_0(t) = 0, & t \geqslant t_0 \end{cases} \tag{4.22b}$$

式中 A 类边界条件为突加载荷，线性卸载；B 类边界条件为突加载荷，抛物线卸载。

表 4.3　计算采用的不可逆相变材料参数

σ_B/GPa	ε_B	σ_E/GPa	ε_E	σ_F/GPa	ε_F	E_1/GPa	E_2/GPa	k_1/GPa
2.333	0.046	4.303	0.256	24.79	0.468	50.79	96.39	4.623

图 4.14(a) 给出了 A 类边界，加载幅值 $\sigma^* = 20\mathrm{GPa}$，脉宽 $t_0 = 10\mu\mathrm{s}$ 时相变波上的应力分布，图 4.14(b) 为对应的 2 相马氏体含量的分布，图中实线和虚线分别为采用 4.4.2 节中的特征线方法和传统有限差分法的计算结果，图中字母 $OAQB$ 与图 4.13 相对应。

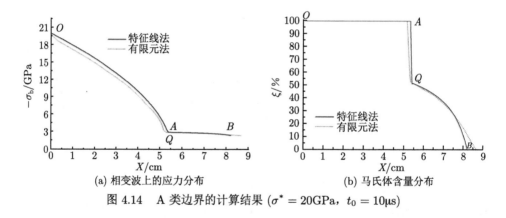

(a) 相变波上的应力分布　　　　　　　　(b) 马氏体含量分布
图 4.14　A 类边界的计算结果 ($\sigma^* = 20\mathrm{GPa}$，$t_0 = 10\mu\mathrm{s}$)

从图 4.14 可以看出两种计算方法的结果吻合较好，OA 段 (0~5.3cm) 是 100% 的马氏体相，AB 段 (5.3~8.2cm) 则为梯度材料区，2 相马氏体含量 ξ 从 100% 下降到 0。特别有意思的是，在 $X = 5.4\mathrm{cm}$ 的 Q 点处，材料梯度发生了间断，这种间断实际上是由边界条件所引起的，可由 (4.22) 式和图 4.13 看出：在 $t = t_0$ 时，$\mathrm{d}\sigma_0(t)/\mathrm{d}t$ 发生间断，而从该点出发的右行特征线在 $X = 5.4\mathrm{cm}$ 处与相变波相交，从而由 (4.21) 式知 $\mathrm{d}\xi/\mathrm{d}X$ 也将发生间断，于是在混合相区 AB 段 [5.3cm，8.2cm] 构成了以 Q 点为分界点的两种梯度分布。

由于 4.4.2 节中的数值方法基于特征线理论，具有较高的精度，我们采用这种方法计算了 A、B 两类边界条件，$t_0 = 10\mu\mathrm{s}$，σ^* 为不同幅值时的马氏体分布，见图 4.15、图 4.16。图中曲线旁的数字为加载应力 σ^* 的幅值，单位 GPa。

图 4.15 表明，当 σ^* 的幅值较低时，相变波传入深度较浅，相同 σ^* 值下，B 类边界相变波传入深度更浅，梯度材料 (混合相区) 出现位置比较靠前。值得注意的是，对于 A 类边界，当 $\sigma^* < 7.54\text{GPa}$ 时，混合相区中的梯度间断不再出现，转变区内 ξ 近似为线性递减。究其原因在于，σ^* 的幅值较小时，相变波在与从 t_0 始发的右行特征线相交之前就已经消失了，因而 $\mathrm{d}\sigma_0(t)/\mathrm{d}t$ 的不连续在材料梯度上没有反映出来。对于 B 类边界，这个临界应力值是 10.4GPa。这时由于 B 类边界条件 $t = t_0$ 处，$\mathrm{d}^2\sigma_0(t)/\mathrm{d}t^2$ 的间断属于二阶不连续，它对梯度间断点的影响相当于数学上的影响更小。

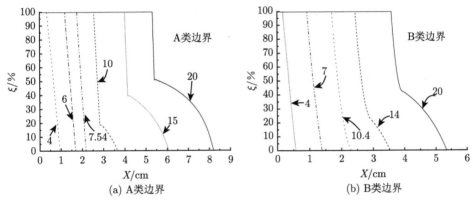

图 4.15　不同 σ^* 时的 ξ-X 分布曲线 (特征线法)，图中数字对应 σ^* 幅值，单位 GPa

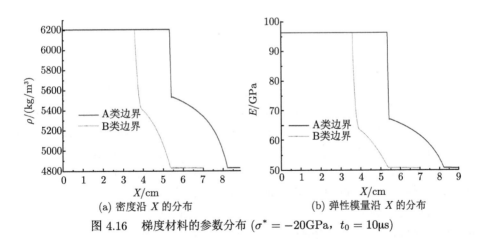

图 4.16　梯度材料的参数分布 ($\sigma^* = -20\text{GPa}$, $t_0 = 10\mu\text{s}$)

梯度材料的应用主要是基于材料的性能梯度，对于不可逆相变，由所给材料参数可以求得应力卸载到零之后材料的密度和弹性模量沿 X 的分布。1 相的密度 $\rho_1 = \rho_0 = 4830\text{kg/m}^3$，而 2 相的密度为 $\rho_2 = \rho_0/(1 + \varepsilon_H) = 6206\text{kg/m}^3$，则混合相密度为

$$\rho = (1 - \xi)\rho_1 + \xi\rho_2 \tag{4.23}$$

由 (4.23) 式和 (4.17) 式分别求出 A、B 类边界条件下, $\sigma^* = -20\text{GPa}$, $t_0 = 10\mu\text{s}$ 时所形成的杆中密度和弹性模量的分布, 示于图 4.16。如果给定 1 相和 2 相的其他材料参数如导热率、电阻率等, 则可相应求得其他材料特性的梯度分布。当然也可以反过来根据实际应用需求的材料性能梯度, 来选择合适的相变材料和加卸载边界条件, 以达到要求, 这就属于材料设计领域了, 或者说给材料设计增添了一种冲击相变的新方法。

强冲击加载的特点是载荷强, 脉冲持续时间短, 如气炮平板撞击加载的典型上升沿在 10ns 左右, 脉宽为数微秒, 幅值可达 $1 \sim 10^2\text{GPa}$。在这样的加载条件下, 马氏体相变的速率很高, 首先形成大量的体积很小的纳米级晶核, 晶核没有足够的时间长大, 从而使得混合物中新相颗粒很小, 通常容易达到微米甚至几十纳米的尺寸, 例如 Chang 等 (1988) 的实验中, 临界晶核体积仅为 65 个原子。这样由冲击相变方法得到的梯度材料近似一种连续变化的材料, 可视为无宏观内部界面的梯度材料。

须指出的是, 上述讨论仅限于理论和数值计算, 尚需实验验证。并且利用相变得到的梯度材料, 成分仅限于母相和新相, 不能按使用要求任意配比, 此外使用条件也受到一定程度的限制, 在一定的温度和应力条件下, 逆相变可能发生, 使得梯度消失。

4.5　二级相变材料中相变波的传播

4.5.1　二级相变波

第 2 章 (2.39) 式表明, 二级相变时, 两相的热力学状态量压力、温度、比熵等是连续的, 但其一阶偏导热膨胀系数、等温压缩系数和比热等物理参量可能产生间断。文献 (唐志平, 2008) 指出在冲击加载实验中, 二级相变的明确信号就是在某临界压力和温度下, 材料的压缩系数 (即可压缩性) 出现突然的变化, 反映在 P-V Hugoniot 线上相变点将发生斜率的间断。因此二级相变可以通过比较临界点上下材料的压缩性能是否不同加以判断, 也可以通过拟合 u_S-u_p 数据进行判定。一般而言, u_S-u_p 图上能更清晰地显示二级相变点: 当必须用两条斜率不同的直线段来拟合 u_S-u_p 实验数据时, 则很可能发生了二级相变, 它们的交点即为二级相变点。

二级相变属于高级相变, 冲击条件下材料的二级相变研究很少, Graham 等 (1967) 曾讨论过 Fe-Ni 低碳合金中产生的 "应力诱发" 的二级铁磁–顺磁转变的研究, 实验中测到 R-H 线的斜率在约 2.5GPa 处有突然增加, 标志着该处发生了二级相变。

图 4.17 是 Fe-Ni 低碳合金的 P_x-V/V_0 Hugoniot 曲线，可见在轴向压力 2.5GPa 的 A 点处有一个二级相变点，上下斜率 (压缩性) 明显不同。图 4.18 是相应的冲击实验记录波形，当载荷 P_x 低于相变压力时，呈现弹塑性双波结构 (图 4.18(a))，当载荷高于相变压力时，形成弹性前驱波和二级相变冲击波 (图 4.18(b))，相变冲击波速明显高于塑性波速。

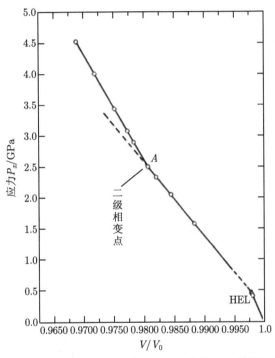

图 4.17　28.4at%Fe-Ni 低碳合金钢的 P_x-V/V_0 曲线，A 点是一个二级相变点

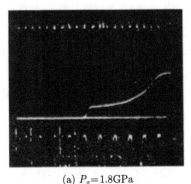

(a) P_x=1.8GPa

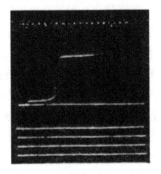

(b) P_x=4.5GPa

图 4.18　石英计记录应力波形

这一节将对二级相变材料中相变波传播的规律进行讨论，并探讨在一定条件下，二级相变和一级相变可能出现的互相转化现象，以及这种转化导致的相变波传播规律的变化。

4.5.2　二级相变波传播的一般规律

对于二级相变，不存在亚稳相，也没有相变滞后、两相共存以及潜热释放等现象。在相变点，两相合二为一，不再有明显可察觉的差异 (冯端等，1990)。某一恒定温度下二级相变材料的应力–应变曲线可能如图 4.19 所示，图中 σ_c 是相变应力阈值，二级相变可能使材料软化 (图 4.19(a)) 或硬化 (图 4.19(b))。

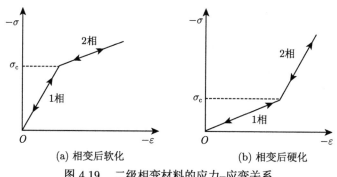

图 4.19　二级相变材料的应力–应变关系

二级相变都是可逆的，在不考虑塑性的情况下，准静态加、卸载沿相同的路径进行，应力–应变点一一对应，类似于非线性弹性。对于这种材料承受冲击载荷时的相变波的传播问题，可用应力波理论很好的解决。

图 4.20 给出了二级相变材料承受 $\sigma^* > \sigma_c$ (σ_c 是相变临界应力) 的冲击载荷下的一维波系图，定性地给出了二级相变波传播的图谱，图中以粗实线表示相变波，细实线表示弹性波。图 4.20(a1)、(b1) 是 $X\text{-}t$ 图，给出了相变波传播的过程和各时空区域，(a2)、(b2) 是相应的 $\sigma\text{-}v$ 图 (应力–粒子速度)，显示各区的状态。

可以看出，对于图 4.19(a) 所示的"软化"二级相变材料，有一道弹性前驱波 0-1，随后是加载相变波 1-2，卸载相变波 2-3 则为相变冲击波，且卸载相变波传播速度比加载相变波快。当卸载相变波 2-3 追上加载相变波 1-2 时，二者均消失，相变过程结束，产生弹性卸载波 1-4 和弹性加载波 3-4。当 3-4 遇到自由端反射成右行弹性卸载波 4-5，整个流场只剩下右行弹性波传播。

对于图 4.19(b) 所示的硬化二级相变材料，加载相变波 0-1 为相变冲击波，而卸载过程则为两道波，首先是一道前驱弹性卸载波 1-2 将材料卸到临界应力状态 σ_c，随后是卸载相变波 2-3 卸到 1 相。传播过程中，由于 2 相弹性卸载波 1-2，4-5 等的追赶卸载，加载相变波 0-1，0-4，0-7 等的波速会减小、强度减弱，而卸载相变波 2-3，5-6 等的波速基本不变，但强度不断降低。

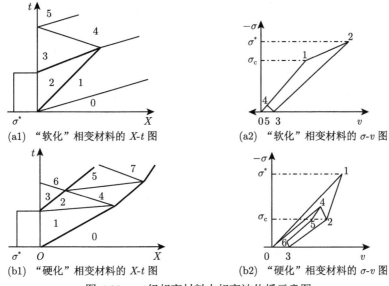

(a1) "软化" 相变材料的 X-t 图   (a2) "软化" 相变材料的 σ-v 图

(b1) "硬化" 相变材料的 X-t 图   (b2) "硬化" 相变材料的 σ-v 图

图 4.20   二级相变材料中相变波传播示意图

4.5.3 外场作用下二级相变和一级相变的互相转化

Landau (1937) 曾提出著名的二级相变理论，并指出，在一定条件下一级相变和二级相变之间可能会互相转化。这种转化将造成材料应力–应变关系的变化，从而导致其力学响应的改变。研究这种状况下的相变波传播特性是非常有意义的。事实上，Deribas 等 (1990) 和 Nesterenko (1990) 曾经讨论过利用爆炸 (冲击) 方法对高 T_c (超导转变起始温度) 陶瓷材料做处理，以期改变超导相特性，使 T_c 继续提高，就是一种可能的应用。

由于实验结果的匮乏，本小节对于外场作用下，一级相变和二级相变相互转化下的相变波传播的简单讨论仅具有理论意义。在外场的耦合作用下，材料的力学响应是一个复杂的课题，对于铁电、铁磁等材料在外场作用下的力学响应有专门的研究 (周友和等，1999)，外场作用下材料的冲击响应就更为复杂，尚未见专门的研究报道。

本节我们对外场的作用作了很大的简化：① 认为材料对外场的响应是瞬时的，没有传播的过程。这个简化对于磁场、电场等可能是合适的，对于温度场则不一定正确。② 在外场作用下，2 相材料的模量、应变等保持不变，而 1 相材料会有场致应变。也就是说 2 相材料对于外场无力学响应，而 1 相材料有外场所致的瞬态应变。对于某些材料来说，这个假设也是合理的，例如铁磁相–顺磁相转变。

　　图 4.21 给出了两种由于一级相变和二级相变的转化而表现出来的特殊的应力–应变关系，图中虚线表示在恒定外场作用下的应力–应变路径，这个外场可能是磁场、电场、温度场等。在不同强度的外场作用下，相变临界应力等可能发生变化。图中 σ_B，σ_E，σ_R，σ_W 分别表示一级正相变和逆相变的起始和结束临界应力，而 σ_c 是二级相变的临界应力。其中图 4.21(a) 表示 "a" 类相变材料，无外场作用时，材料呈现 "硬化" 特征的二级相变行为，应力–应变关系为实线 OCF，C 是二级相变点。当有外场作用时，应力–应变变为虚线 $O'BEFRWO'$ 构成的一级相变滞回曲线。假设外场能引起 1 相材料发生体积膨胀，但对 2 相材料性能影响不大，因此图中零应力时的状态点 O' 在 O 左侧，表示场致拉伸应变。图 4.21(b) 表示另一种可能的转变，称为 "b" 类相变材料，无外场时材料处于传统的一级相变状态，实线 $OBEFRWO$，当存在外场作用时转为二级相变行为，如图虚线 GCF 所示，C 是二级相变点。

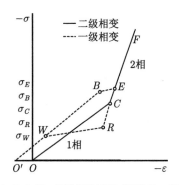

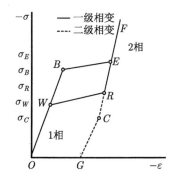

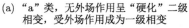

(a) "a" 类，无外场作用呈 "硬化" 二级　　　　　(b) "b" 类，无外场作用为一级相变，受
　　相变，受外场作用成为一级相变　　　　　　　　外场作用成为 "硬化" 二级相变

图 4.21　外场影响相变材料应力–应变特性示意图

　　应用上文所介绍的方法和应力波理论，可以定性讨论图 4.21 所示的两种相变本构关系的半无限介质杆承受冲击载荷和外场联合作用下的相变波系和各时空区域的状态，结果如图 4.22 和图 4.23 所示。

　　图 4.22(a) 所示的为 "a" 类半无限相变介质 (杆) 的 X-t 图，在 $t = 0$ 时刻突加恒值载荷 $\sigma^* > \sigma_E$，在 $t = t_0$ 时刻，突然卸载至 0，同时施加恒定外场。根据上述条件，加载时无外场，材料特性为 "硬化" 二级相变，受突加载荷 σ^* 将产生一条加载二级相变冲击波 0-1，材料状态从 0 区的 1 相变为 1 区的 2 相，应力从 0 增加至 σ^*。$t = t_0$ 时，由于突加外场的作用，卸载特性转变为一级相变的卸载行为，即 2 相弹性卸载波 1-2 和卸载相变波 (冲击波)2-3，2 区应力为一级相变逆相变起始点 R 处应力 σ_R。同时由于外场作用，0 区原本处于 1 相的材料会瞬间产生场致膨胀应变，使得 0 区变成 0' 区，材料仍处于 1 相，形成平行于 X 轴的

应变间断面 0-0′，图中与 t 轴垂直的虚线 ab 表示外场导致的时间驻定的应变间断面。$t > t_0$ 范围，材料将按一级相变考虑。由于 0′ 区的突然膨胀，对于 1 区将产生一个压缩加载扰动，沿 2 相应力--应变曲线形成弹性加载波 1-4。从 0′ 区到 4 区则属于一级相变，从应力--应变图 4.21(b) 看，将形成一级相变冲击波 0′-4，其斜率和二级相变冲击波 0-1 相近。当弹性卸载波 1-2 与弹性加载波 1-4 相遇时，将发生线性叠加。而弹性加载波 2-5 与卸载相变波 2-3 相交将产生空间驻定相边界 7-7′，此过程与 4.2.1 节中所介绍的情况类似。由于在外场作用下，加卸载均为一级相变，而一级相变有滞回，从而导致驻定相边界的产生。此后的波系相互作用同 4.2.1 节，不再赘述。各区应力、应变以及相状态，可参见图 4.22(b)，0、0′、3、7′ 处于 1 相，7 处于混合相，4、1、5、2、6 处于 2 相。

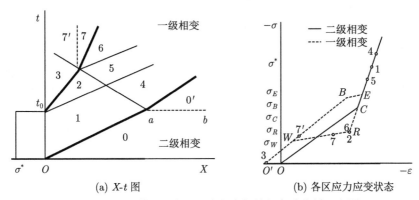

(a) X-t 图   (b) 各区应力应变状态

图 4.22   外场作用引起 "a" 类相变杆的相变波传播示意图

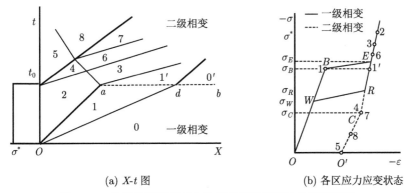

(a) X-t 图   (b) 各区应力应变状态

图 4.23   外场作用引起 "b" 类相变杆的相变波传播示意图

图 4.23(a) 的波系不同于图 4.22(a)，在无外场作用时是一级相变，外场作用下变为二级相变。在 $t = 0$ 时刻突加载荷 $\sigma^* > \sigma_E$，产生一级相变双波结构：1 相弹性加载波 0-1，1 区应力为相变起始应力 σ_B，随后是 1 相加载相变波 (冲击

波)1-2，2 区材料是 2 相，应力为 σ^*。在 $t = t_0$ 时刻突然卸载，同时施加恒定外场作用。在突加外场作用下，材料的卸载行为遵循二级相变规律：卸载为双波结构 2-4 和 4-5，前者是 2 相的弹性卸载波，卸载到二级相变逆相变临界应力 σ_c (即 σ_C) (图 4.23(b) 中的 4 点)，后者是二级相变的卸载相变波，卸载到应力为 0 (图 4.23(b) 中的 5 点)。在 t_0 时刻以后，由于突加外场，材料转为二级相变特性，这时 1 区的应力 σ_B 高于二级相变的临界应力 σ_c，因此 1 相不能稳定的存在，将发生场致相变，使得处于 1 相临界状态的 1 区在瞬间转变为 2 相，产生了应力相同的 $1'$ 区，1 和 $1'$ 之间就形成了一条时间上驻定的场致相边界 (图 4.23(a) 中与 t 轴垂直的虚线 ad)，两区的应力和粒子速度相同，但应变和相状态不同。同时，对于 0 区原来处于应力为 0 的 1 相，由于突加外场作用，在 $t > t_0$ 范围，将遵循二级相变应力–应变关系，0 区状态也将发生场致收缩，产生 $0'$ 区，两区之间由时间驻定应变间断面 db 分隔，两区应力为 0，同为 1 相，但应变不同，同时在 d 点产生相变冲击波 $0'$-$1'$。当相变波 1-2 在 a 点与场致相边界 ab 作用时，形成右行 2 相的弹性加载波 $1'$-3，相变波消失，同时，由于 $1'$ 区的相变收缩形成左行的卸载弹性波 2-3。其余作用过程可以同样分析，不一一列举了。图 4.23(a) 中，$0'$-$1'$，1-2，4-5 和 7-8 是相变波，1-$1'$ 是场致相边界，0-$0'$ 是应变间断面，其余是弹性波。各区的相和应力–应变状态见图 4.23(b)，其中 0 区和 1 区处于一级相变的 1 相，$0'$、5、8 处于二级相变的 1 相，2，3，6，$1'$ 处于 2 相，4 和 7 区处于二级相变的相变临界点。

上述讨论是定性的，只有给定外场作用下相应的材料参数，才能做具体分析。但是，外场对于材料物性的影响，特别是对相变特性的影响，对于材料的制备、开发和应用具有重要价值，对于相变应力波的探索和发展也具有重要的意义，值得深入的探索。

第 5 章　一维有限介质中相变波的传播规律及其应用

第 4 章介绍半无限均匀介质中相变波的传播，未考虑界面或边界的影响。一般而言，界面对于入射波而言，是一个新的扰动，将产生反射波和透射波，其比例和界面两侧材料的波阻抗相关。边界可以看成是一类特殊界面，我们关心两种边界：自由面边界和固定端边界，分别对应波阻抗为 0 或无穷大。如果边界介于两者之间，则可以按照波阻抗原理求得透射和反射分量 (王礼立, 2005)。这一章将针对一维有限介质中由于边界的存在对相变波传播的影响及其可能的应用作进一步的探讨。为了表述的简洁清晰，将主要用图来说明，图中均以细实线表示弹性波，粗实线表示相变波 (运动相边界)。本章除特别说明外，均以拉为正。

5.1　可逆相变材料中波在边界的反射图谱

5.1.1　可逆相变材料中波在自由面的反射

自由面的特点是应力恒为零，对入射波应力总是起卸载作用。因此弹性入射波遇自由面时总是反射一道卸载弹性波，应力卸载到 0，如图 5.1 所示。图中 (a) 为 $X\text{-}t$ 图，(b)、(c) 分别为 $\sigma\text{-}\varepsilon$(应力–应变) 图和 $\sigma\text{-}v$(应力–质点速度) 图，图中的数字对应图 (a) 中各区的状态，下文各图含义相同。

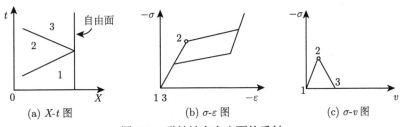

图 5.1　弹性波在自由面的反射

由于自由面处应力恒为零，因此一般说来相变波不可能传播到自由面，总是在到达自由面前被弹性前驱波从自由面反射回来的卸载波 (系) 卸载为弹性波。只有一种极端情况即加载幅值极高，使得相变波的波速超过了弹性前驱波的波速才有可能，如图 5.2 所示，其中图 (b) 中的 *OBEFRWO* 是相变应力–应变关系。这种情况下，相变波和弹性前驱波将合为一道相变冲击波 1-2，波后材料由 1 相直接转变为 2 相，此相变波 1-2 遇自由面将反射一道弹性卸载波 2-3 和一道卸载相变波 3-4，应力卸载到 0，材料状态从 2 相逆变至初始 1 相。

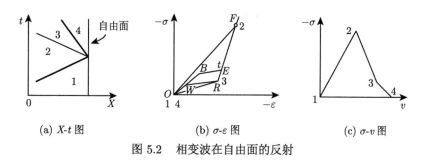

(a) X-t 图　　　　　　(b) σ-ε 图　　　　　　(c) σ-v 图

图 5.2　相变波在自由面的反射

5.1.2　可逆相变材料中波在固定端的反射

5.1.2.1　弹性波在固定端的反射

固定端的条件是粒子速度恒为零，受此约束，入射应力加载波其反射波也为应力加载波，入射卸载波则反射也将是卸载波。入射弹性波在固定端的反射状况如图 5.3 所示，根据入射波前后的力学状态，加卸载幅度，以及相含量，可能会产生图中所示的三种反射谱：①反射一道弹性波 (图 5.3(a))，这种情况的条件是入射弹性波幅值的 2 倍不能超过相应的相变起始阈值；②反射一道弹性波和一道相变波 (图 5.3(b))，条件是入射弹性波幅值的 2 倍超过了相应的相变起始阈值；③特别地，若入射波波后已处于相变或逆相变的临界点，则仅反射一道相变波 (图 5.3(c))。

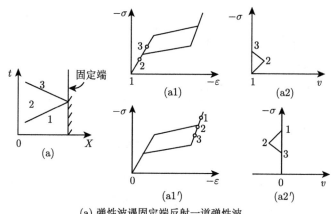

(a) 弹性波遇固定端反射一道弹性波

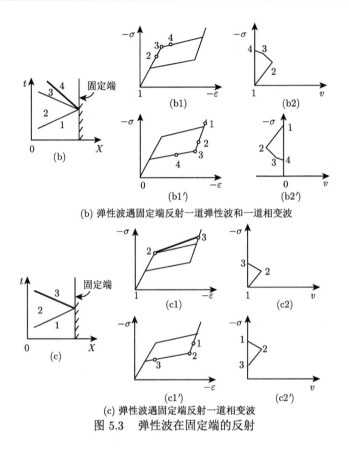

(b) 弹性波遇固定端反射一道弹性波和一道相变波

(c) 弹性波遇固定端反射一道相变波

图 5.3 弹性波在固定端的反射

5.1.2.2 相变波在固定端的反射

相变波在固定端的反射情况如图 5.4 所示。和弹性波状况类似，根据入射波前后状态，可能会反射一道弹性波 (图 5.4(a)) 或反射一道相变波 (图 5.4(b))。

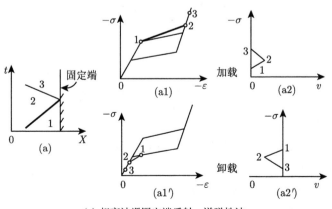

(a) 相变波遇固定端反射一道弹性波

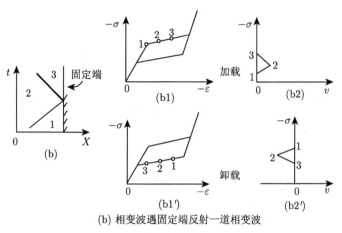

(b) 相变波遇固定端反射一道相变波

图 5.4　相变波在固定端的反射

5.2　矩形脉冲载荷下可逆相变有限介质中相变波的传播

与第 4 章一样, 相变模型采用 3.6.2 节一维简化热弹性可逆相变模型 (图 3.9(a)), 并做如下简化: 设 1 相和 2 相模量相等 ($E_1 = E_2$), 相变和逆相变线斜率相等 ($k_1 = k_2$)。初始相密度 $\rho_0 = 4830$ kg/m^3, 其他的材料常数见表 5.1, 表中参数和第 4 章表 4.1 相同, 不过本章以拉为正, 压缩应力、应变前加了负号。

表 5.1　计算时使用的可逆相变材料参数

σ_B/GPa	ε_B	σ_E/GPa	ε_E	σ_R/GPa	σ_W/GPa	$E_1(E_2)$/GPa	$k_1(k_2)$/GPa
-2.333	-0.046	-3.303	-0.256	-1.414	-0.444	50.79	4.623

考虑左端承载如下矩形应力脉冲:

$$\begin{cases} \sigma(t) = \sigma^*, & t < t_0 \\ \sigma(t) = 0, & t \geqslant t_0 \end{cases} \tag{5.1}$$

引入无量纲变量

$$\overline{X} \equiv X/L, \qquad \tau \equiv t/\tau_0, \qquad \overline{\sigma} \equiv \sigma^*/\sigma_E \tag{5.2}$$

其中 L 为介质长度, τ_0 为弹性波在有限介质中传播单次的时间, 即 $\tau_0 = L/C_0$, σ_E 是相变完成应力。

5.2.1　右端为自由面的有限介质中相变波的传播

5.2.1.1　加载脉宽 τ_0 的影响

考虑具有上述本构关系的一维有限介质, 长为 L, 处于纯 1 相。在 $t = 0$ 时刻, 左端受突加矩形冲击载荷, 幅值 $\sigma^* = -4$GPa(压应力), 右端为自由面。该问题可由应力波理论求得解析解 (王礼立, 2005)。下文中，我们分别用细实线和细虚线表示加载和卸载弹性波，粗实线和粗虚线表示加载和卸载相变波，点划线表示驻定相变间断面。

在矩形脉冲作用下，$t = 0$ 时在加载端将产生右行的加载弹性波和相变波，脉冲结束 t_0 时产生右行卸载弹性波和卸载逆相变波。右行的加载弹性波经自由面反射成为左行弹性卸载波，遇到右行加载相变波使其迎面卸载。右行的卸载弹性波波速快于右行的加载相变波，将会追上后者使其产生追赶卸载。不同的加载脉宽和幅值会影响波系的作用图谱，我们先讨论脉宽 t_0 的影响。

令弹性波和相变加载波的波速比 $\beta = C_0/C_{\mathrm{Pt}}$，根据波系作用的几何关系，我们可以定义两个特征加载脉宽 t_1 和 t_2

$$t_1 = \frac{2(\beta - 1)}{\beta + 1}\tau_0 \tag{5.3}$$

$$t_2 = 2\tau_0 \tag{5.4}$$

式中特征脉宽含义是，当 $t_0 = t_1$ 时，从自由面反射回来的左行弹性卸载波和脉冲卸载时产生的右行弹性卸载波正好同时和右行加载相变波相遇。当 $t_0 = t_2$ 时，加载脉冲结束时从自由面反射回来的左行弹性卸载波刚好到达加载端。据此，可以把加载脉宽 t_0 划分为三个区间：① $t_0 < t_1$。这时，右行加载相变波将首先被加载端产生的右行卸载弹性波赶上并卸载 (追赶卸载)，这种情况下左端面的卸载行为在短时间内不受右端面的影响。② $t_1 < t_0 < 2\tau_0$。这种情况下，右行加载相变波将先与自由面反射回来的左行弹性卸载波相遇发生迎面卸载，作用后的左行波将携带右端面的信息，逐步影响左端面附近的卸载响应。③ $t_0 > 2\tau_0$。这时，由于加载脉宽很长，右行弹性前驱波经自由面反射转变为左行弹性卸载波返回加载端之后，加载脉冲才开始卸载，这时，加载端附近的卸载行为将完全受到右端面的影响。

对于突加至 $\sigma^* = -4\mathrm{GPa}$ 的加载脉冲，已高于相变完成应力 σ_E，产生的是相变冲击波。由表 5.1 参数可求出弹性波速 $C_0 = 3.24\mathrm{km/s}$, 相变冲击波波速 $C_{\mathrm{Pt}} \approx 1.24\mathrm{km/s}$, 代入前面的公式得到 $t_1 = 0.89\tau_0$。下面逐一对三种脉宽作用下杆中的波系传播规律进行分析。

(1) $t_0 < 0.89\tau_0$。

由于这一范围波系特征基本雷同，我们不妨选取 $t_0 = 0.64\tau_0$ 作为典型加以讨论。此时杆中波系如图 5.5 所示，其中图 (a) 为时空域内的波系图，图 (b) 给出了 (a) 图中各区对应的应力-粒子速度状态，图中 τ 是无量纲时间 ((5.2) 式)。图中可见，右行加载相变冲击波 1-2 首先被右行弹性卸载波 2-3 在 A 点追上并卸载，形成静止相边界 $5_l/5_r$。削弱后的相变波 1-5_r 以较慢波速继续向右传播，同时反射左行加载弹性波 3-5$_l$。该波与左端面出发的右行卸载相变波 3-4 在 D 点相遇后产生复杂波系，包括静止相边界 7$_l$/7$_r$，右行弹性卸载波 5$_l$-6$_l$，卸载相变波 6$_l$-7$_r$，以及左行弹性加载波 4-7$_l$，然后进入复杂的相互作用。由于左端突然卸载产生的卸载弹性波和卸载相变波，以及卸载后左端面成为自由面的应力卸载作用，杆中从左向右传播一族卸载波 (5-6-7-12)。再来看右端面情况，加载前驱弹性波 0-1 右行至右端自由面后反射左行卸载波 1-8 在 B 点与被削弱的加载相变波 1-5$_r$ 相遇，使其衰减为右行弹性加载波 8-10$_l$，相变区深度到 B 点为止，约为 0.46L，其中 OA 段为纯 2 相，长约 0.36L，AB 段为混合相，长约 0.1L。D 点出发的右行卸载波和 B 点静止相边界作用首先在 B 点上方产生应力较小 (0.25GPa) 的拉应力区 24，但很快消失。经过 B 点的左行卸载波分别在 H, G, F 点与静止相边界 6$_l$/6$_r$ 以及右行卸载相变波 6$_l$-7$_r$ 以及 7$_r$-12 作用，形成高幅值的拉应力区 25 区 (2.25GPa) 和 26 区 (2.8GPa)，这样高的拉应力，多数材料会在该处发生断裂 (层裂)。

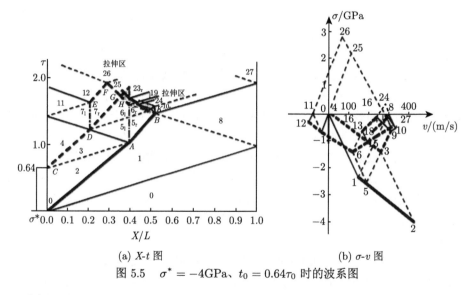

(a) X-t 图　　　　　　(b) σ-v 图

图 5.5　$\sigma^* = -4$GPa、$t_0 = 0.64\tau_0$ 时的波系图

(2) $0.89\tau_0 < t_0 < 2\tau_0$。

选取 $t_0 = 1.62\tau_0$ 来分析，杆中的波系如图 5.6 所示。这时加载相变冲击波 1-2 将首先在 A 点与右端自由面反射的左行弹性卸载波 1-5 在 A 点相遇发生迎面卸载，形成静止相边界 7$_l$-7$_r$，右行弹性加载波 5-6 和加载相变波 6-7$_r$，以及左行弹性卸载波 2-7$_l$。该左行卸载波与杆左端应力脉冲卸载时产生的右行卸载弹性波 2-3 和卸载相变冲击波 3-4 相遇，很快在左端面附近 E 点进入应力拉伸区 (17 区，约 1GPa)。A 点出发的右行加载波系 5-6-7$_r$ 从右自由面反射回来后经过多次作用，在杆右端自由面附近也进入应力拉伸区 (16 区，约 1GPa)。之后由于杆两端自由面的应力卸载作用，左行和右行卸载相变波族在杆中部 F 点发生迎面卸载，形成幅值较大的应力拉伸区 (20 区，约 3GPa)。当应力幅值达到拉伸极限时，杆中可能在两端和中间形成 3 处层裂。图中 B 点是最大相变深度，约为 $0.75L$，其中 OA 段是纯 2 相区，长约 $0.55L$，AB 段是混合相区，长约 $0.2L$，均比上一算例 ($t_0 < 0.89\tau_0$) 更加深入。

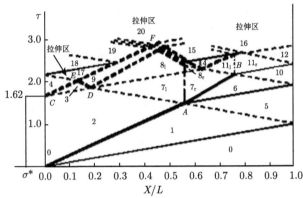

图 5.6 $\sigma^* = -4\mathrm{GPa}$、$t_0 = 1.62\tau_0$ 右端面是自由面时杆中的波系图

(3) $t_0 > 2\tau_0$。

不妨选取 $t_0 = 2.42\tau_0$ 来讨论，杆中波系如图 5.7 所示，图中 A 点和 B 点作用与图 5.6 相同，相变区分布和长度也相同。由于加载应力脉冲时间较长，加载端在 D 点卸载时产生的右行卸载弹性波和相变波，在靠近左端面处的 E 点附近和右端反射回来的左行卸载波系相遇，发生迎面卸载，形成拉应力区 30(0.6GPa),31(1.2GPa) 和 32(1.8GPa)，层裂可能发生在加载端附近。

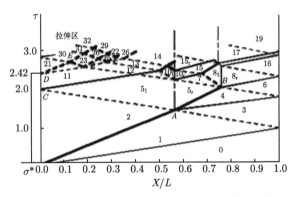

图 5.7 $\sigma^* = -4\mathrm{GPa}$、$t_0 = 2.42\tau_0$ 杆中的波系图

可以看到，在本节采用的固定加载应力幅值 ($\sigma^* = -4\mathrm{GPa}$) 的条件下，加载应力脉冲脉宽变化时，相变波的传播模式和结果随之发生变化。①相变区宽度与加

载脉宽 t_0 相关。当 $t_0 < 0.89\tau_0$ 时，加载相变波先被加载端卸载时产生的弹性卸载波追赶卸载，造成相变区域较短。当 $t_0 > 0.89\tau_0$ 时，加载相变波先与右端返回的弹性卸载波迎面卸载，形成的相变区域较长。②拉应力区的产生和分布与 t_0 相关。当 $t_0 < 0.89\tau_0$ 时，主要在杆的中部附近出现多处拉应力区；当 $0.89\tau_0 < t_0 < 2\tau_0$ 时，应力拉伸区出现在杆的中部和两端附近；当 $t_0 > 2\tau_0$ 时，多个应力拉伸区集中在杆的加载端附近。结果表明不论加载脉冲的长短，均能形成多个拉应力区，产生多重层裂，层裂位置与脉宽相关。

5.2.1.2　加载幅值对有限杆中宏观相变波传播的影响

5.2.1.1 节对加载应力幅值略大于相变完成应力条件下 ($\sigma^* = -4\text{GPa}$, $\bar{\sigma} \equiv \sigma^*/\sigma_E = 1.21$) 有限杆中的相变波作用规律进行了研究。为了进一步考察加载脉冲幅值的影响，我们选取两种幅值进行比较：①应力幅值远大于相变完成应力, $\sigma^* = -10\text{GPa}$, $\bar{\sigma} \equiv \sigma^*/\sigma_E = 3.03$；②加载幅值处于混合相区间, $\sigma^* = -2.8\text{GPa}$, $\sigma_B < \sigma^* < \sigma_E$, $\bar{\sigma} \equiv \sigma^*/\sigma_E = 0.85$。

(1) $\sigma^* = -10\text{GPa}$。

这时，应力幅值远大于相变完成应力，约为相变完成应力 σ_E 的 3 倍，可以由表 5.1 计算出相变冲击波波速 $C_{Pt} \approx 2.15\text{km/s}$, $\beta = C_0/C_{Pt} \approx 1.5$。由 (5.3) 式得到的特征加载脉宽 $t_1 \approx 0.4\tau_0$。为了与上文 $\sigma^* = -4\text{GPa}$ 结果进行对照，根据 (5.3) 和 (5.4) 式，我们考虑三种脉宽 $t_0 = 0.32\tau_0(t_0 < t_1)$、$t_0 = 1.62\tau_0(t_1 < t_0 < 2\tau_0)$ 和 $t_0 = 2.42\tau_0(t_0 > 2\tau_0)$ 下的波系作用。

图 5.8 是 $t_0 = 0.32\tau_0(t_0 < t_1)$ 时杆中的波系作用图，与图 5.5 比较可见，杆中波系结构大致相同，但由于 σ^* 远高于图 5.5，相变波传入杆中更深，达到杆长的 70% 以上。在拉应力区形成方面，除了和图 5.5 同样在杆中部先出现幅值较小的应力拉伸区 (18 区)，以及在加载端一侧产生幅值较大的应力拉伸区 (23 区) 外，由于相变区传入更深，自由面第 2 次反射的左行卸载弹性波 7_r–19 也参与了靠自由端一侧的高应力拉伸区的形成 (27 区)。

鉴于相变本构的复杂性，即使对于这种强间断加卸载条件，利用应力波关系解算有限长杆中的波系作用也是十分烦琐的。下面我们将基于有限差分数值模拟结果来进行讨论，需说明的是，为直观起见，计算中未考虑拉应力区的相变以及材料的层裂失效产生的影响。计算采用的本构模型 (图 3.9(a)) 和材料参数 (表 5.1) 与上面的波传播方法完全相同。

图 5.9(a) 给出了差分方法算得的 $\sigma^* = -10\text{GPa}$ 和加载脉宽 $t_0 = 0.32\tau_0$ 下杆中不同时刻 τ 的应力分布，和波传播法 (图 5.8) 结果的比较，前者在无量纲时间 $\tau \approx 1.94$ 时，在杆中部产生较低应力的拉伸区，随后在杆两端产生高应力的拉

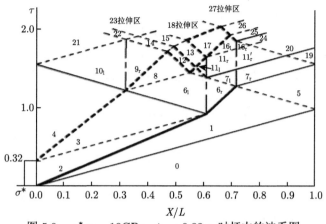

图 5.8　$\sigma^* = -10\mathrm{GPa}$，$t_0 = 0.32\tau_0$ 时杆中的波系图

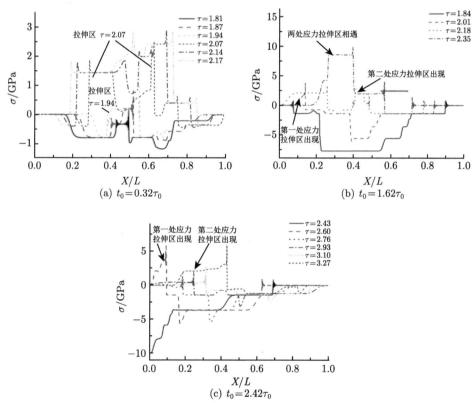

(a) $t_0 = 0.32\tau_0$

(b) $t_0 = 1.62\tau_0$

(c) $t_0 = 2.42\tau_0$

图 5.9　$\sigma^* = -10\mathrm{GPa}$，右端面是自由面时杆中的波系图 (数值模拟)

伸区，与后者 (图 5.8) 基本吻合，可见两种方法都可以分析相变波在有限杆中的传播和作用，不过波传播法能给出直观的二维信息，差分法则要从不同时刻或位

置的波形图中仔细提取相关信息。

图 5.9(b) 给出 $\sigma^* = -10\text{GPa}$，加载脉宽 $t_0 = 1.62\tau_0 (t_1 < t_0 < 2\tau_0)$ 时的差分计算波形，图中无量纲时间 $\tau \approx 2.01$ 时在 $X/L \approx 0.15$ 附近出现第一处应力拉伸区，这与图 5.6 中的 E 点产生拉伸区 (17 区) 结果相似，$\tau \approx 2.18$ 时刻在 $X/L \approx 0.45$ 附近出现第二处应力拉伸区。当脉宽 $t_0 = 2.42\tau_0(t_0 > 2\tau_0)$ 时 (图 5.9(c))，$\tau \approx 2.60$ 时刻在 $X/L \approx 0.1$ 附近出现第一处应力拉伸区，随后这个应力拉伸区消失，$\tau \approx 3.27$ 时刻在 $X/L \approx 0.2 \sim 0.5$ 附近第二次出现应力拉伸区，随后这个应力拉伸区向杆中部传播，这与图 5.7 中的结果也是类似的。

(2) $\sigma^* = -2.8\text{GPa}$。

这时，应力幅值介于相变起始和完成应力之间，相变波速恒定，由 (5.3) 式和 (5.4) 式得到特征加载脉宽 $t_1 \approx 1.1\tau_0$，$t_2 = 2.2\tau_0$。我们同样考虑三种脉宽 $t_0 = 0.64\tau_0(t_0 < t_1)$、$t_0 = 1.62\tau_0(t_1 < t_0 < t_2)$ 和 $t_0 = 2.42\tau_0(t_0 > t_2)$ 下的波系作用。图 5.10 给出了 $\sigma^*=-2.8\text{GPa}$ 时，三种脉宽作用下杆中不同时刻的应力分布。

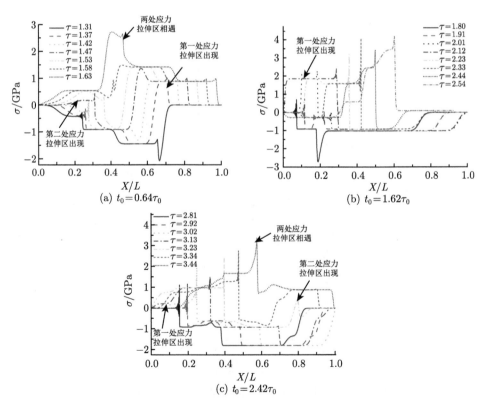

图 5.10　$\sigma^* = -2.8\text{GPa}$、右端面是自由面时杆中的波系图 (数值模拟)

图 5.10 可见，三种脉宽下相变波传播情况分别类似于图 5.5～ 图 5.7，不同

之处在于由于相变波传播速度更慢, 加载相变波与加载弹性前驱波自右自由面反射的弹性卸载波相遇得更晚、更偏左, 因此拉伸区主要集中在杆左端, 逐步向右发展。由于加载应力更小, 相变波传播深度也更小。

归纳起来, 右端面为自由面时, 有以下几个共同规律: ①有限杆中波系作用规律和加载脉宽 t_0 密切相关, 存在两个特征脉宽 t_1 和 t_2, 当加载脉宽小于 t_1 时, 加载相变波将首先被加载端的卸载弹性波追赶卸载。当介于 t_1, t_2 之间时, 加载相变波将先与自由面反射回来的弹性卸载波相遇发生迎面卸载。当加载脉宽大于 t_2 时, 虽然加载相变波先与自由面反射的弹性卸载波发生迎面卸载, 但是在加载端卸载开始以前, 杆右端自由面的应力卸载作用已经到达加载端, 从而影响加载端的卸载波系。三个脉宽范围内的作用波系大致类似。②相变波传入杆中深度 (即相变区域) 与加载脉宽和应力幅值呈正相关, 加载脉宽越长, 幅值越大, 相变区传入越深。但由于杆右端为自由面, 加载相变波一般情况下无法抵达右端面。③由于加载端产生的加卸载弹性波和相变波以及自由面反射的卸载波的复杂的相互作用, 在杆中均能形成多个拉伸区, 预示如果超过材料的破坏强度可能产生多处层裂。这种层裂发生的位置不同于通常的弹塑性材料, 是由相变波所引起的, 我们不妨称之为 "相变层裂", 详见下文相变引起的 "异常层裂" 的讨论。

5.2.2 右端为固定端的有限介质中宏观相变波的传播

考虑与 5.2.1 节具有相同本构关系和初、边值条件的一维有限杆, 处于纯 1 相, 右端为固定端。$t = 0$ 时刻, 左端受突加矩形冲击载荷, 幅值 $\sigma^* = -4\mathrm{GPa}$。同 5.2.1 节相同, 用细实线表示加载弹性波, 细虚线表示卸载弹性波; 相变和逆相变将产生加载和卸载相变冲击波, 下文称为加、卸载相变波, 分别用粗实线和粗虚线表示; 点划线表示驻定相边界。

与自由面边界不同, 固定端的约束条件是该处位移和速度恒为 0, 因此, 对于入射加载波, 反射的也是加载波, 见 5.1.2.2 节以及图 5.3 和图 5.4。图 5.11 表示不同加载脉宽下的早期波系作用。与上文应力自由端不同, 加载弹性前驱波 0-1 右行至右端面 (固定端) 时将反射加载波。由于 1 区处于相变起始点 $\sigma_1 = \sigma_B$, 因此反射的将是一道加载相变波 1-5, 如图 5.11 所示。设弹性波波速 C_0 和加载相变波 1-2 传播速度之比 $C_0/C_{\mathrm{Pt1\text{-}2}} = \beta$, C_0 和反射的加载相变波 1-5 波速之比 $C_0/C_{\mathrm{Pt1\text{-}5}} = \beta_0$, 由几何关系知, 存在两个特征脉宽 t_1 和 t_2

$$t_1 = \frac{(\beta_0 + 1)(\beta - 1)}{\beta + \beta_0} \tau_0 \tag{5.5}$$

$$t_2 = \frac{(\beta_0 + 1)(\beta + 1)}{\beta + \beta_0} \tau_0 \tag{5.6}$$

τ_0 是弹性波传播杆长 L 所需的时间。当加载脉宽 $t_0 < t_1$ 时,加载相变波 1-2 将首先被加载端卸载产生的卸载弹性波 2-3 追赶卸载 (图 5.11(a)),图 5.11 和图 5.12 中,纵坐标 τ 为无量纲时间,$\tau = t/\tau_0$。当 $t_1 < t_0 < t_2$ 时,加载相变波 1-2 将首先与右端反射回来的加载相变波 1-5 相遇发生迎面加载 (图 5.11(b))。特别当 $t_0 > t_2$ 时,加载相变波 1-2 与反射的加载相变波 1-5 相遇发生迎面加载后反射的弹性加载波 2-6 左行至加载端后,也就是说,右端面信号到达加载端后加载脉冲才开始卸载 (图 5.11(c))。由 5.2.1 节同样参数可以计算得到 $\beta_0 = C_0/C_{Pt1\text{-}5} = 3.3$,$\beta = C_0/C_{Pt1\text{-}2} \approx 2.6$。(5.5) 和 (5.6) 式可得 $t_1 \approx 1.2\tau_0$ 和 $t_2 \approx 2.6\tau_0$。

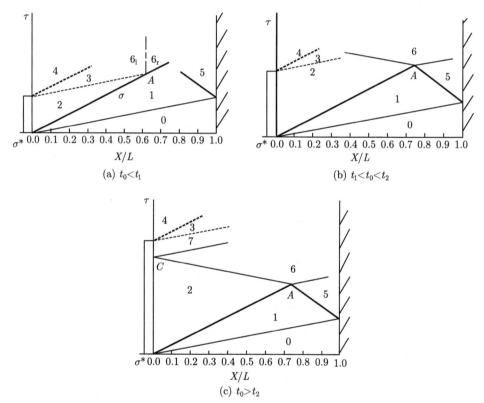

(a) $t_0 < t_1$　　　　　　(b) $t_1 < t_0 < t_2$

(c) $t_0 > t_2$

图 5.11　右端面是固定端的有限杆在不同脉冲时间 t_0 加载下的早期波系示意图

下面对三个脉宽区间的波系作用进行讨论。

(1) $t_0 < t_1$。

取脉宽 $t_0 = 0.64\tau_0$,波系作用见图 5.12。图中可见,加载相变波 1-2 首先被加载端卸载产生的卸载弹性波 2-3 追赶卸载。右端固定端反射的加载相变波 1-8 对左侧波系影响较迟,在与弹性卸载波 1-9$_r$ 相遇之前,杆左端波系传播不受杆右边界的影响, 规律如同半无限长杆。

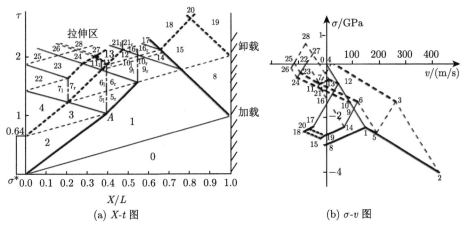

(a) X-t 图   (b) σ-v 图

图 5.12 右端面为固定端时杆中的波系图 ($\sigma^* = -4\mathrm{GPa}$, $t_0 = 0.64\tau_0$)

由于加载端在 $\tau = 0.64$ 卸载后成为应力自由面, 左行的加载波系至左端面总是被应力卸载, 同时向杆中传播一系列右行弹性卸载波, 这些右行卸载波和从杆中形成的各驻定相边界反射的左行波经过复杂的加、卸载作用过程, 在 $t = 2.1\tau_0$ 时, 27、28 区相继进入应力拉伸区, 从图 5.12(b) 看, 27 区和 28 区拉伸应力分别约为 0.3GPa 和 0.7GPa, 而此时波系尚未受到右端边界的影响。若拉伸应力大于材料强度, 则可能产生加载端附近的层裂, 此现象不同于传统的由自由面反射产生的层裂现象, 同上文一样, 这也属于相变异常层裂。

当反射加载相变波 1-8 与弹性卸载波 1-9$_r$ 相遇后, 固定端才开始对杆的左侧产生影响。为避免特征线法作图的复杂性, 我们采用有限差分法对该问题进行了时间更长的数值计算。图 5.13 是 $\tau > 2$ 时的一些典型时刻杆中的应力波形, 图中可以清楚地看到, $\tau \approx 2.10$ 时杆中 $X/L \in (0.3, 0.4)$ 位置首先进入应力拉伸区, 这对应于图 5.12(a) 中的 27 区, 随后该拉伸区向左传播, 拉伸应力幅值增大 (对应于图 5.12(a) 中的 28 区)。随着右端面反射的卸载相变波 15-19 左行对波系的卸载作用, 右端又逐渐进入应力拉伸区。当 $\tau \approx 3.06$ 时, 右行拉伸波经右固定端反射后, 其拉伸应力幅值加倍, 达到 1GPa 左右, 若材料强度低于此值, 则可能在固定端附近发生断裂 (层裂)。

(2) $t_1 < t_0 < t_2$。

不妨选取 $t_0 = 2\tau_0$。图 5.14(a) 为数值计算得到的不同时刻杆中的应力波形, 可以清楚地看到 $\tau \approx 4.44$ 时, 在杆中 $X/L \in (0.2, 0.23)$ 位置首先进入应力拉伸区。$\tau \approx 5.40$ 时拉伸区向右传播至右固定端反射后, 应力幅值加倍, 达到近 3GPa, 可能在右端面附近发生断裂。

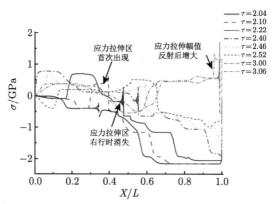

图 5.13　固定端条件下不同时刻杆中的应力分布 ($\sigma^*=-4$GPa，$t_0 = 0.64\tau_0$)(数值模拟)

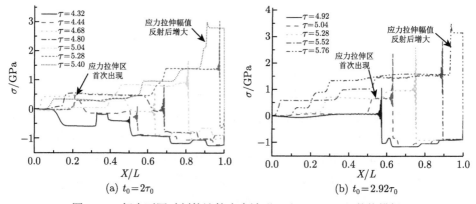

(a) $t_0 = 2\tau_0$ 　　　　　　　　　　(b) $t_0 = 2.92\tau_0$

图 5.14　杆中不同时刻的计算应力波形 ($\sigma^*=-4$ GPa)(数值模拟)

(3) $t_0 > t_2$。

选取 $t_0 = 2.92\tau_0$，杆中计算应力波形如图 5.14(b) 所示，图中可见 $\tau \approx 5.04$ 时在杆中部 $X/L \in (0.5, 0.65)$ 位置首先进入应力拉伸区。$\tau \approx 5.76$ 时拉伸区传播至右固定端反射，拉应力倍增，幅值超过 3GPa，可能造成层裂。

5.3　不可逆相变材料中波在界面的反射

不可逆相变 (SME) 材料加载阶段和可逆相变材料相同，不同的是卸载阶段材料不会发生逆相变，因此入射波遇界面时的反射情况较可逆相变材料要简单些。

5.3.1　自由面的反射

自由面处应力恒为零，对应力起卸载作用。由于不可逆相变材料卸载时不发生逆转变，恒为弹性卸载，因此不论是弹性波还是相变波遇自由面后都将反射一道弹性波 (图 5.15)。

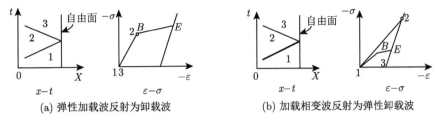

(a) 弹性加载波反射为卸载波   (b) 加载相变波反射为弹性卸载波

图 5.15 波在自由面的反射 (SME 材料)

5.3.2 固定端的反射

固定端处粒子速度恒为零。与 5.1.2.2 小节类似，但由于没有逆相变，情况要简单些。当入射波为弹性加载波时，根据其波幅和波后状态，将可能反射一道弹性加载波 (图 5.16(a))，或反射一道弹性加载波和一道加载相变波 (图 5.16(c))。特别地，当入射波波后处于相变临界点，则仅反射一道加载相变波 (图 5.16(b))。当入射波为加载相变波，将可能反射一道弹性加载波 (图 5.17(a))，或反射一道加载相变波 (图 5.17(b))。

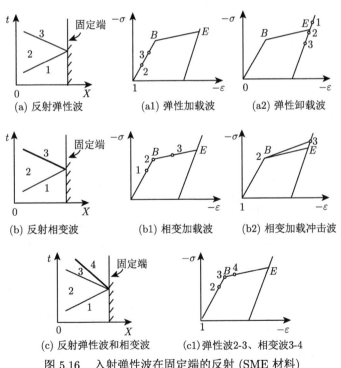

(a) 反射弹性波   (a1) 弹性加载波   (a2) 弹性卸载波

(b) 反射相变波   (b1) 相变加载波   (b2) 相变加载冲击波

(c) 反射弹性波和相变波   (c1)弹性波2-3、相变波3-4

图 5.16 入射弹性波在固定端的反射 (SME 材料)

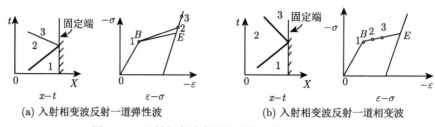

(a) 入射相变波反射一道弹性波　　　　　　(b) 入射相变波反射一道相变波

图 5.17　入射相变波在固定端的反射 (SME 材料)

5.4　动载下不可逆相变波在有限杆中的传播

本构模型如 3.6.2 小节图 3.9(b) 所示的一维不可逆热弹性马氏体相变模型, 初始密度 $\rho_0 = 4830$ kg/m^3, 其他材料常数见表 4.1, 但排除逆相变点参数 σ_R 和 σ_W。

5.4.1　矩形脉冲加载下不可逆有限杆中相变波的传播

$t = 0$ 时刻, 左端受突加矩形冲击载荷, 加载应力幅值为 $\sigma^* = -10$GPa$(\overline{\sigma} \equiv \sigma^*/\sigma_E = 3.03)$。由于加载应力幅值远高于相变完成应力 σ_E, 加载时将同时产生右行弹性前驱波和相变冲击波, 卸载时由于没有逆相变, 加载端面处只产生右行弹性卸载波。该问题可由应力波理论求得解析解 (王礼立, 2005), 读者也可参照 5.2 节内容自行分析求解。

5.4.1.1　右端为自由面

图 5.18(a) 和 (b) 分别给出 $t_0 = 0.36\tau_0$(10μs) 和 $t_0 = 1.08\tau_0$(30μs) 两种脉宽作用下的波系图。前者 (图 5.18(a)) 由于脉冲较短, 加载相变冲击波 1-2 首先被加载端卸载产生的卸载弹性波 2-3 追赶卸载, 形成驻定相边界 ($4_l/4_r$), 该相边界两侧 2 相含量不同。减弱后的相变波 $1-4_r$ 和自由面反射的弹性卸载波 1-5 作用, 形成驻定相边界 ($6_l/6_r$), 相变波消失。图中 X 轴上的 AB 段为纯 2 相, BC 段为混合相, CD 段未发生相变, 为纯 1 相, 整个杆成为一个物质不连续体。9 区和 12 区进入应力拉伸区, 若拉应力达到拉伸极限, 杆可能发生层裂。

后者 (图 5.18(b)) 由于脉冲较长, 加载相变冲击波 1-2 先与自由面反射的弹性卸载波 1-3 相遇迎面卸载。图中显示右行相变波与右端自由面反射回来的左行弹性卸载波的多次卸载作用后不断削弱直至消失, 但不会到达自由面。由于相变不可逆, 整个杆最后也成为一个物质分布的不连续变化体。图中 X 轴上的 AB 段为纯 2 相, BC 为混合相段, CD 为纯 1 相段, 显然较长的加载脉宽相变区将更为深入。经波系作用杆的中部 8 区进入应力拉伸区。

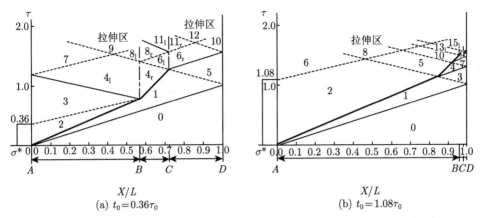

图 5.18 右端自由面时不可逆相变杆中的波系图 ($\sigma^* = -10$ GPa)(SME 材料)

5.4.1.2 右端为固定端

矩形脉冲加载且右端为固定端时的解析结果示于图 5.19，材料参数和加载条件同图 5.18(a)。由于脉冲较短，加载相变冲击波 1-2 首先被加载端卸载产生的卸载弹性波 2-3 追赶卸载。不同的是在图 5.19 中的 M 点处，右行弹性加载波 0-1 遇固定端后反射一道左行相变加载波 1-5。在 N 点处，弹性卸载波 5-10_r 遇到固定端后反射一道弹性卸载波 10_r-11_r。杆中 2 相分布很不均匀，图中横坐标上，AB 段和 CD 段为纯 2 相，BC 段 2 相含量大约为 1/3，DE 段的 2 相含量约为 2/3。比较图 5.18(a) 算例和本算例可以看出，右端面不同的约束条件，对杆中相变波的传播有很大影响，直接影响到杆中的两相物质的分布。另一个不同之处是，右

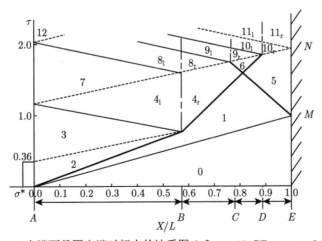

图 5.19 右端面是固定端时杆中的波系图 ($\sigma^* = -10$ GPa，$t_0 = 0.36\tau_0$)

端为自由面时杆中会形成拉伸区 (图 5.18(b))，本算例 (右端为固定端) 杆中不存在拉伸区。

5.4.2　突加载荷连续卸载下不可逆有限杆中梯度材料的形成

4.4 节曾对半无限杆受突加载荷连续卸载产生梯度材料的问题进行了初步探讨，包括卸载时长和形状等对相变含量和分布的影响。对于有限杆来说，不同之处在于多了一个右边界，由此对杆内的波传播和梯度分布带来了影响，这是本小节注重考虑的问题。由于连续卸载下形成的混合相成分是连续变化的，必须使用数值方法求解。

5.4.2.1　右端自由面

材料参数和几何参数同 5.4.1 节，加载条件同 (4.22a) 式 (突加载荷线性卸载)，重写如下：

$$
\begin{cases}
\sigma_0(t) = \sigma^* \left(1 - \dfrac{t}{t_0} \right), & (t < t_0) \\
\sigma_0(t) = 0, & (t \geqslant t_0)
\end{cases}
\tag{5.7}
$$

设 $\sigma^* = -5\text{GPa}$，杆长 $L = 9\text{cm}$，t_0 分别为 20μs ($t_0 = 0.72\tau_0$)、50μs($t_0 = 1.80\tau_0$) 和 160μs($t_0 = 5.76\tau_0$)，三种脉宽的计算结果示于图 5.20，图中粗实线为相变波，细实线为弹性波，虚线为杆中各点经历过的最大应力的分布 $\sigma_{\max}(X)$，点划线为杆中的 2 相体积含量分布 $\xi(X)$。图中结果表明相同应力幅值下，脉冲时间 t_0 越长，2 相传入深度越深，而且混合相区中 $\xi(X)$ 的过渡模式也发生了变化。t_0 较短时 (图 5.20(a))，$\xi(X)$ 近似线性连续过渡，随着 t_0 增加 (图 5.20(b)、(c))，混合相区逐渐右移，区内 $\xi(X)$ 出现了导数不连续处。这是因为脉冲较短时，相变波主要受加载端连续卸载波的追赶卸载，脉冲较长时，相变波除受加载端的追

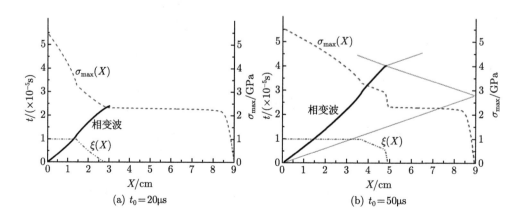

(a) $t_0 = 20$μs　　　　　　　　　　　　(b) $t_0 = 50$μs

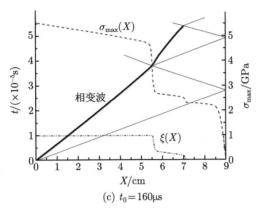

(c) $t_0 = 160\mu s$

图 5.20　右端自由面时杆中 $\xi(X)$ 和 $\sigma_{\max}(X)$ 分布 $(\sigma^* = -5\text{GPa})$(SME 材料)

赶卸载外，还受到右端自由面反射的弹性卸载波的迎面卸载，导致应力、$\xi(X)$ 分布出现突变。

5.4.2.2 右端为固定端

采用与 5.4.2.1 小节相同的参数，计算了左端面边界为突加应力连续卸载，右端面为固定端约束的不可逆相变杆中 2 相含量 $\xi(X)$ 的分布。右固定端条件使得右行弹性前驱波反射为左行相变波，该相变波受右行卸载波作用不断衰减乃至消失，从而在杆右端产生另一个梯度相变区。该相变区和杆左端的相变区构成杆中 $\xi(X)$ 的"马鞍形"分布，其分布规律与载荷峰值 σ^* 和脉宽 t_0 有关，下面分别加以讨论。

对于 (5.7) 式所示的加载条件，图 5.21 给出了固定脉宽 $t_0 = 10\mu s$，σ^* 分别为 -5GPa、-10GPa、-20GPa 时杆中 2 相的分布，图 5.22 给出了固定 $\sigma^*=-10\text{ GPa}$，改变 $t_0(10\mu s、20\mu s、30\mu s)$ 时杆中 2 相的分布。两图中可见，除了图 5.22(c)$(\sigma^* = -10\text{ GPa}, t_0 = 30\mu s)$ 整个杆全部转变为 2 相外，$\xi(X)$ 一般呈"马鞍形"分布，并

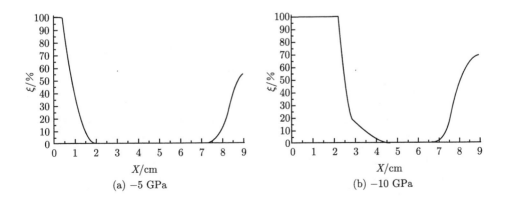

(a) -5 GPa　　　　　　　　(b) -10 GPa

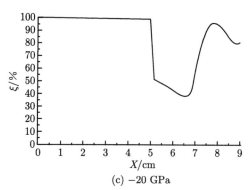

(c) −20 GPa

图 5.21　加载幅值 σ^* 对杆中 2 相分布的影响 ($t_0 = 10\mu s$)(SME 材料)

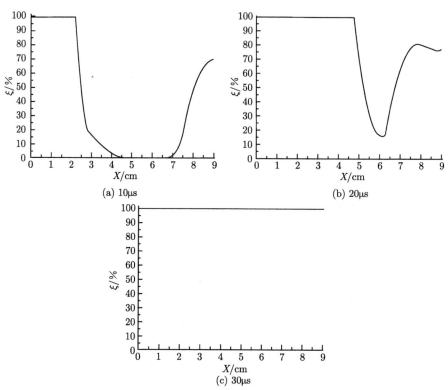

(a) 10μs　　　　　　　　　　(b) 20μs

(c) 30μs

图 5.22　加载脉宽 t_0 对杆中 2 相分布的影响 ($\sigma^* = -10GPa$)(SME 材料)

且杆中相变总量高于同等加载条件下的半无限杆。这种分布启示我们采用固定端条件或不同波阻抗的右边界条件加上控制应力脉冲的方式来得到近似对称分布的功能梯度材料 (FGM) 的可能性。如何通过材料的相变特性、加载方式、脉冲调控，以及边、界面条件来得到预想特性分布的功能梯度材料结构，是一个值得尝试的新途径。

5.5 相变引起金属靶板异常层裂的应力波分析

5.5.1 传统层裂和 "相变层裂"

传统层裂实验采用较薄的飞片打击靶板 (样品)，如图 5.23(a) 所示，图中 l_f 和 l_b 分别是飞片和靶板的厚度，一般 $l_f < l_b$。图 5.23(b) 是波系作用图，作为定性分析，我们把加载波和卸载波都简化为一道波。碰撞产生的压缩波 1-3 和 2-3 分别传至靶板和飞片背面自由面时，反射卸载波 3-4 和 3-5 相交于 F 点，4 区粒子速度等于撞击 u_0，5 区速度为 0，因此在板内形成拉伸区 6 区。如果 6 区的拉应力大于靶板材料的层裂阈值，则从 F 点断裂，形成痂片向右飞出，称为层裂 (spall)。痂片厚度一般与飞片相当，这就是正常层裂，下文中的实验 #3(FeMnNi) 就属于这种情况。如果飞片和靶板采用相同材料，称为对称碰撞，这时层裂片厚度通常等于飞片厚度，相当于把主要动量传递给了层裂片。对于飞片和靶板的厚度和材料都相同的实验称为等厚对称碰撞，由图 5.23(c) 的应力波分析知，这种情况下，卸载波 3-4 和 3-5 相交于碰撞面上的 F 点，4 区速度等于 u_0，5 区速度为 0，由于界面不能承拉，所以飞片处于静止，靶板以 u_0 飞出，相当于飞片把动量传给了整个靶板，靶板内不会产生层裂，一般层裂实验也不会采用这种方案。下文中的实验 #1(电磁纯铁 DT2) 就属于这种情况。

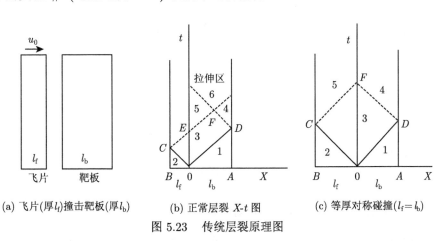

(a) 飞片(厚l_f)撞击靶板(厚l_b)   (b) 正常层裂 X-t 图   (c) 等厚对称碰撞($l_f = l_b$)

图 5.23 传统层裂原理图

近年来，唐小军等 (2006) 在对工业纯铁 DT2 的平板等厚对称碰撞实验中，意外观察到了靶板的层裂现象，张兴华等 (2007) 在对 FeMnNi 合金的非等厚碰撞实验中，发现了异常的层裂位置和浅表层裂现象，这些现象用传统的弹塑性波理论难以解释，不属于传统层裂。这些现象有一个共同点：冲击下都发生了相变，也就是说这种异常层裂可能是相变引起的。因此我们可以把这一现象称为 "异常层裂", 或更确切的定义为 "相变层裂"。这一现象目前还没有深入的研究和给出定量的分析。这一节, 作为本章有限介质中相变波传播理论的应用, 试图采用相变应力波理论, 分析和模拟冲击条件下加卸载相变波和弹塑性应力波的相互作用, 探索相变层裂的可能性和条件, 更好地认识相变层裂产生的机理。

5.5.2   纯铁 DT2 和 FeMnNi 合金层裂实验结果简介

5.5.2.1   实验简介

实验结果由文献 (唐小军等, 2006; Tang et al., 2005; 张兴华等, 2007) 给出, 层裂实验采用平板正碰撞方式, 实验装置如图 5.24 所示。实验分为两类: ①低速冲击 (图 5.24(a)), 飞片速度 u_0 小于 400m/s, 用于实验 #3。实验构型为飞片/样品/PMMA 背板, 使用锰铜应力计记录样品和 PMMA 背板界面处的应力波形, 撞击面上给出一个触发信号用于求得冲击波的波速, 飞片速度由刷子探针测试。②高速冲击 (图 5.24(b)), 飞片速度 u_0 大于 400m/s, 用于实验 #1、#2、#4、#5。实验构型为飞片/样品, 采用双灵敏度 VISAR 记录样品自由面的粒子速度波形, 飞片速度由刷子探针测试。相关实验状态参数和实验结果见表 5.2 和表 5.3, 表 5.2 中 DT2 材料是一种电磁纯铁的牌号。

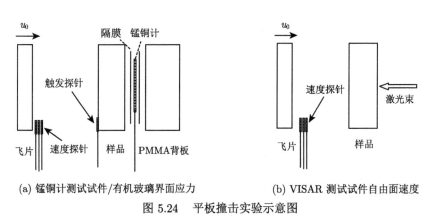

(a) 锰铜计测试试件/有机玻璃界面应力   (b) VISAR 测试试件自由面速度

图 5.24   平板撞击实验示意图

5.5.2.2   电磁纯铁 DT2 等厚对称碰撞实验

电磁纯铁 DT2 等厚对称碰撞 2 次实验的自由面速度波形见图 5.25。图 5.25(a) 中的 #1 波形是实验 #1(u_0=455.7 m/s) 记录的靶板自由面的速度波形, 该波形呈现弹塑性双波结构, 没有特殊的层裂回跳信号, 表明样品中没有产生层裂, 回收试样也证实无层裂发生。由飞片速度或记录波形可以计算出实验 #1(u_0= 455.7 m/s) 的碰撞压力为 −9.1GPa, 低于铁的 α 相至 ε 相的转变压力 −13GPa, 这表明靶板内部没有产生相变, 靶内传播的是弹塑性波, 上文已经分析, 对于传

表 5.2　平板撞击实验参数

序号	飞片		样品		飞片速度/(m/s)	峰值应力/GPa	备注
	材料	厚度/mm	材料	厚度/mm			
#1	DT2	6.28	DT2	6.28	455.7	−9.1	等厚对称碰撞,低于相变压力
#2	DT2	6.28	DT2	6.28	848.4	−14.5	等厚对称碰撞,高于相变压力
#3	A3 钢	4.66	FeMnNi/PMMA	8.14/10.08	213	−3.7	非对称碰撞,低于样品相变压力
#4	A3 钢	4.80	FeMnNi	9.94	524.0	−9.3	非对称碰撞,高于样品相变压力
#5	A3 钢	4.78	FeMnNi	8.00	805.0	−13.7	非对称碰撞,高于样品相变压力

表 5.3　层裂及自由面速度波形特征参数

序号	试件	层裂片厚度/mm		层裂强度/GPa (速度波形计算)	波形结构
		根据速度波形计算	回收实测值		
#1	DT2	无层裂	无层裂	—	双波
#2	DT2	2.02	后 2mm 断开, 前 2mm 裂缝	1.3	三波
#3	FeMnNi	5.06	4.7	1.5	单波
#4	FeMnNi	3.28	3.2, 2.0	1.9	三波
#5	FeMnNi	1.29	层裂片破碎	1.2	三波

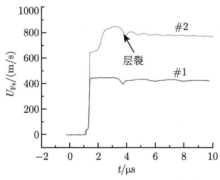

图 5.25　DT2 实验自由面速度波形

统的弹塑性材料而言, 等厚对称碰撞不会引起层裂, 预测和结果是吻合的, 属于正常情况。

　　实验 #2 的碰撞速度是 848m/s, 对应的冲击压力是 −14.5GPa, 高于相变起始压力 (−13GPa), 表明样品材料发生了铁的 α 相至 ε 相的转变。图 5.25 中的实验 #2 波形出现了显著的层裂回跳信号, 显示靶板发生了层裂。根据回跳信号算出的层裂强度 (拉应力) 为 1.3GPa, 层裂片厚度 2mm(有关层裂计算可参考 (经福谦等, 1999))。实验 #2 的回收试件 (图 5.26) 表明：样品在自由面 (靶板背面) 一侧发生了大面积的层裂崩落，层裂痂片厚度 ~2.0mm，和波形测量结果一致。此外，回收试件在距碰撞面约 2.0mm 处发现了一条宏观上未完全断开的大面积层裂损伤裂缝，表明样品产生了 2 处层裂，样品被撞击端一侧的层裂信号 VISAR 是测不到的。上文提及，通常的层裂实验采用较薄的飞片撞击较厚的靶板来实现，飞片和靶板的材料以及厚度都相同的等厚对称碰撞，一般不会发生层裂，通常也不会去做。如今电磁纯铁 DT2 的等厚对称撞击实验在低于相变压力时正常，高于相变压力时发生了 2 处层裂的异常层裂现象，可以推测应该与相变有关。

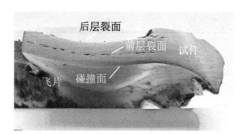

图 5.26　DT2 实验 #2 的回收试件形貌

5.5.2.3　FeMnNi 合金的层裂实验

FeMnNi 合金由于加入 Mn 和 Ni 元素，可以大幅降低铁的 α 相至 ε 相的转变压力 (唐志平, 2008)，相变压力大约降低至 −6.2 ~ −7GPa，因此能够在较低的冲击速度下研究相变对层裂的影响。FeMnNi 实验中，A3 钢飞片的厚度大约是 FeMnNi 合金样品的二分之一，属于正常层裂实验构型。FeMnNi 合金的 3 发层裂实验记录波形如图 5.27 所示。

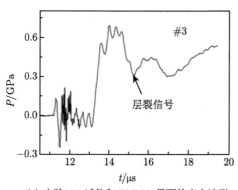

(a) 实验 #3 试件和 PMMA 界面的应力波形

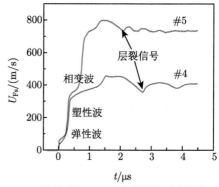

(b) 实验 #4, #5 靶板自由面速度波形

图 5.27　FeMnNi 样品的实验波形

实验 #3(图 5.27(a)) 的飞片速度是 213m/s，计算样品峰值应力为 −3.7GPa，低于样品材料的相变临界应力，只发生了弹塑性变形。锰铜计记录的压力波形上升沿呈单波结构，实际应为弹塑性双波结构，由于弹性限很低、锰铜计分辨率不够高，弹性波未能识别出来。实验记录波形 (图 5.27(a)) 中明显的回跳点表明发生了层裂，由波形回跳点计算出的层裂片厚度 5.06mm 接近飞片厚度 4.66mm(表 5.3)，属于正常的弹塑性层裂 (张兴华等, 2007)。

实验 #4、#5 碰撞速度较高，分别为 524m/s 和 805m/s，压力为 −9.3GPa 和 −13.7GPa，都超过了样品材料的相变压力。实验 #4、#5 的 VISAR 记录波形 (图 5.27(b)) 的加载波阵面均呈现明显的三波结构：弹性波、塑性波和相变波，表明样品中已发生相变，波形卸载段有清晰的层裂回跳点，说明样品中发生了层裂。

回收 FeMnNi 试件观测发现，实验 #3 靶板中产生了一次层裂，层裂片厚度为 4.7mm，与飞片厚度基本一致，断裂面粗糙，属于传统的正常层裂。实验 #4 靶板中产生了两次层裂，靠近自由面的一片厚度为 3.2mm，它与从图 5.27(b) 自由面波形算出的结果 3.28mm 非常接近，但小于飞片厚度 4.8mm。靠近撞击面的层裂片厚度约 2.0mm。对断裂面进行显微观察，实验 #4 中的两个断裂面呈现出不同的形貌，靠近自由面的层裂面粗糙，靠近撞击端的层裂面较光滑。实验 #5 中由于撞击速度更高，靶板本身较脆，未能回收到比较完整的试件，不清楚到底产生了几层层裂。由图 5.27(b) 自由面速度波形算出的实验 #5 靠近自由面的层裂片厚度为 1.26mm，远小于飞片的厚度 4.78mm，也小于实验 #4 的 3.2mm。张兴华等 (2007) 称这种靠近样品自由面的层裂片厚度远小于飞片厚度的层裂为浅表层裂。他们认为实验 #4 和实验 #5 中出现的这些异常现象是靶板材料发生了相变造成的，属于相变引起的层裂。

综上可知，当碰撞压力低于样品的相变起始压力时，纯铁的等厚对称碰撞未发生层裂，FeMnNi 样品的层裂厚度与 A3 钢飞片厚度基本相同，都属于正常层裂现象。当冲击应力高于相变应力后，则开始出现异常层裂现象：①纯铁的等厚对称碰撞发生了层裂，甚至是多层层裂，这一结果经由样品自由面 VISAR 记录的粒子速度波形和回收样品得到确认。②对于 FeMnNi 样品，有两点变化：(a) 靠近自由面的层裂片厚度小于飞片厚度，且随着撞击速度的提高变得愈来愈薄。(b) 回收样品表明产生了多次层裂，不同层裂面粗糙度明显不同，表明断裂过程有差异。高于相变压力时发生的异常层裂现象明显与冲击相变有关。

5.5.3 本构模型和简化假定

下面，我们将从解析和数模两方面着手分析样品内相变波的传播和波系作用，以探究相变层裂产生的机理和规律。模型仍采用 Tang 等 (1988, 1997) 提出的 CdS 材料的可逆冲击相变本构模型，具体模型和数学表达式参见 3.6 节。不同的是，本节讨论平板碰撞加载，样品处于高压状态，剪切强度一般予以忽略。因此，以下给出的本构均为材料的纵向压力 P 和体积应变 ε 的关系，应力依旧以拉为正。

纯铁和 A3 钢的冲击绝热线近似取图 5.28(a) 所示的 Armco 铁的曲线 (Barker et al., 1974)，FeMnNi 合金的 Hugoniot 线 (图 5.28(b)) 引自文献 (张兴华等, 2007)，并做如下假定：①忽略弹性前驱波的影响；②本构中各相区均做线性简化；③ 由于文献 (张兴华等, 2007) 中 FeMnNi 合金的卸载路径未知，我们参照 Armco 铁，假定其逆相变起始应力幅值低于相变起始应力约 3GPa，取为 -3.2GPa, 从而得到卸载逆相变段曲线 ERW。图 5.28 中 B, E, R, W 点分别是相变起始和完成临界点，逆相变起始和完成临界点。根据以上假定得到的图 5.28(a)，(b) 所示曲线的简化本构关系示于图 5.28(c)，其中横坐标 $\varepsilon = V/V_0 - 1$，其实图 5.28(c) 就是第 3 章的简化相变模型图 3.9(a)。模型中各参数的值列于表 5.4，表中符号意义同前

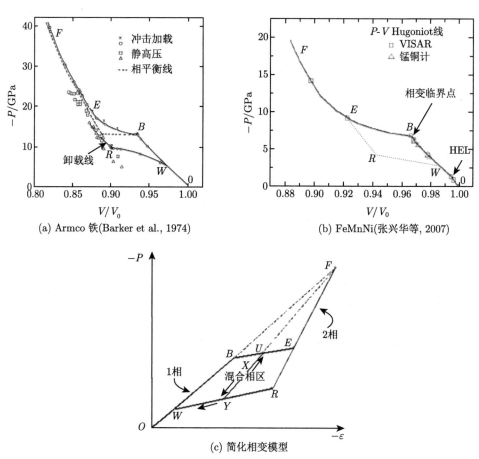

(a) Armco 铁(Barker et al., 1974)　　　　(b) FeMnNi(张兴华等, 2007)

(c) 简化相变模型

图 5.28　实验 P-V/V_0 Hugoniot 关系和简化相变模型

面表 4.1。由于实验得到的 FeMnNi 合金的相变阈值压力随驱动压力有一定变化，计算时对实验 #4 和实验 #5 使用的 FeMnNi 的材料参数略有不同。

表 5.4 计算采用的铁和 FeMnNi 合金相变材料参数

材料	σ_B/GPa	σ_E/GPa	σ_R/GPa	σ_W/GPa	σ_F/GPa	E_1/GPa	E_2/GPa	k_1/GPa	k_2/GPa
DT2, A3 钢	−13	−13.2	−9.8	−7.4	−42	203	302	4.3	36
FeMnNi(#4)	−6.3	−6.5	−3.2	−1.6	−26.4	194	304	5.2	31
FeMnNi(#5)	−6.9	−8	−3.2	−1.6	−26.1	194	304	27.9	31

5.5.4 冲击相变对纯铁异常层裂影响的应力波分析

上述冲击相变简化模型 (图 5.28(c)) 和表 5.4 所列分段线性参数，把纯 1、2 相的加卸载波等同于弹性波处理，实质上加载段产生的是塑性波 (弹性波已被忽略)，卸载波应为中心稀疏波，模型中被简化为一道波。下文用细实线表示加载塑性波，细虚线表示卸载稀疏波，相变和逆相变将产生加载和卸载相变冲击波，也可称为加、卸载运动相边界，分别用粗实线和粗虚线表示。

飞片和靶板材料均为纯铁，密度为 7870 kg/m³，厚度均为 6.28mm，其他参数如表 5.4。实验 #2 条件下，飞片以 848.4m/s 的速度撞击靶板，压力峰值为 −14.5GPa，超过了铁的 α-ε 相变压力。该问题可由应力波理论求得解析解 (王礼立, 2005)。由于完全对称，仅对靶板进行分析。

图 5.29(a) 为波系在时空域内的传播和相互作用图，图 5.29 (b) 是应力-粒子速度图，它给出了 (a) 中各区的应力、速度状态。靶板被飞片高速撞击后，产生右行的加载塑性波 0-1 和加载相变波 1-2，后者在 A 点与自由面反射回来的左行卸载波 1-3 相遇被迎面卸载。A 点作用结果将向右透射一道弱化的塑性加载波 3-5，左行的卸载稀疏波 2-4 和卸载相边界 4-5。这 3 道波分别在 D, B, E 反射成为卸载波，相交于 F 点和 G 点，产生拉应力区 9 区和 11 区，9 区拉应力达到约 2.76GPa，材料将迅速断裂产生层裂箭片，并形成新的自由面。11 区在不考虑 9 区层裂的情况下，计算拉伸应力超过了 3GPa，实际上 9 区已产生层裂，应力卸载到 0，11 区应力应远低于 9 区，不足以造成如 9 区层裂那样的完全破坏，可能使材料局部产生损伤裂纹。计算得到的两次层裂位置分别距靶板右自由面为 3.2mm 和 4.2mm，与实验中测到的 2.0mm 和 4.3mm 比较，计算的第一次层裂位置 (9 区) 偏左了约 1.2mm，第二次层裂位置 (11 区) 与实验观测 (距离碰撞面 2mm) 符合很好。以上分析可见，由于试样在加、卸载过程中发生了相变/逆相变，在忽略弹性波后，加、卸载波各自仍形成双波结构 (塑性波和相变波)，不像图 5.23(c) 那样是塑性波单波结构。加之两端面的影响，靶板中的波系作用更为复杂，从而导致等厚对称撞击的平板发生层裂现象。

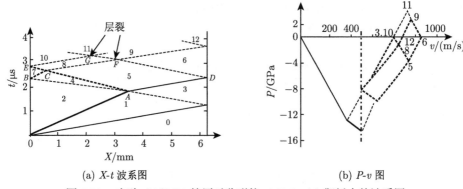

(a) X-t 波系图　　　　　　　　　　(b) P-v 图

图 5.29　实验 #2(DT2 等厚对称碰撞, 848.4m/s) 靶板中的波系图

5.5.5　FeMnNi 合金

方法同 5.5.4 节。飞片和靶板分别为 A3 钢和 FeMnNi 合金 (密度 7895 kg/m^3)，其他材料参数如表 5.4。

5.5.5.1　实验 #4(524m/s)

实验 #4 的飞片速度是 524m/s，最高冲击应力为 −9.3GPa，高于 FeMnNi 合金的相变应力但低于 A3 钢的相变压力，因此在飞片中不产生相变波。运用应力波求得的解析结果如图 5.30 所示，图中符号同图 5.29，其中点划线表示驻定相边界。图中靶板受撞击产生的右行加载相变波 2-3，在 A 点与自由面反射的左行卸载波 2-5 相遇后被迎面卸载，产生左行卸载波 3-8$_l$ 和右行加载波 5-8$_r$，并形成驻定相边界 8$_l$-8$_r$，8$_l$ 处于 2 相 (ε 相)，8$_r$ 处于 1 相 (α 相)。当飞片卸载波到达撞击面 (D 点) 后，向靶板传入右行卸载稀疏波 3-6 和卸载相边界 6-7，这两道卸载波与靶板自由面 B 点和 E 点反射的左行卸载波经过较复杂的作用，在 12 区和 14 区进入拉伸应力状态，拉伸应力分别达到 3.7GPa 和 3.5GPa，都超过了靶板的拉伸强度，发生层裂。从层裂位置看，层裂点 H 离靶背面距离和 A 点相同，A 是相变波 2-3 与反射波 2-5 的交点。如果没有相变的话，B 点的反射波应该在 F 点与 D 点发出的右行卸载波相遇，产生拉伸区，层裂厚度是 F 点到靶背面的距离，显然，有相变时的层裂厚度小于不发生相变时的厚度。可以设想，随着冲击速度增高，相变波速也随着增大，A 点将向靶背面移动，预示层裂厚度更薄。除此之外，G 点处的层裂也是 B 点反射的左行卸载波 2-5 经 A 点和 F 点作用后演变而成的卸载相变波 6-11 和 D 点发出的右行卸载相变波 6-7 作用而成的。这是靶板材料发生相变的情况下特有的。计算得到的两次层裂的位置分别距靶板自由面约 2.7mm(H 点) 和 5.9mm(G 点)，与实验测到的 3.2mm 和 5.2mm 相比分别偏右 0.5mm 和偏左 0.7mm，基本吻合。

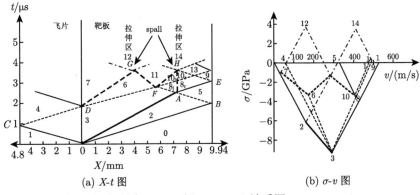

图 5.30 实验 #4(A3 钢/FeMnNi) 波系图，$u_0=524$m/s

5.5.5.2 实验 #5(805m/s)

飞片速度 805m/s 时撞击最高应力达到 -13.7GPa，刚超过 A3 钢的相变起始应力，这时飞片可能发生部分相变，靶板则发生较完全的相变，得到的 X-t 波系图示于图 5.31(a)，图 5.31(b) 是各区应力和速度状态。图中可见，飞片和靶板中均产生了加、卸载双波结构：加载时有塑性加载波 + 加载相变波，卸载时有卸载稀疏波 + 卸载相变波。它们之间的相互作用加上飞片和靶板自由面的反射作用，构成复杂的作用波系，如图 5.31(a) 所示，计算得到的各区状态参量见图 5.31(b)。结果表明：18 区 (距右自由面约 2.3mm)、20 区 (距右自由面约 1.8mm)、21 区 (距右自由面约 6.8mm) 和 23 区 (距右自由面约 4.3mm) 应力会先后达到拉伸层裂强度，分别为 2.38GPa(18 区)、1.65GPa(20 区)、3.1GPa(21 区)、4.73GPa (23 区)，导致靶板多重层裂。其中最靠右的一处层裂在 20 区，距右自由面为

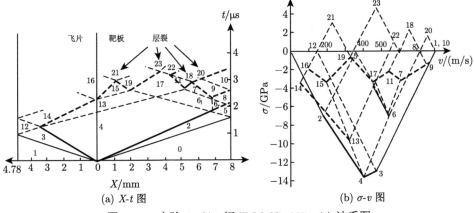

图 5.31 实验 #5(A3 钢/FeMnNi, 805m/s) 波系图

1.8mm, 张兴华等 (2007) 称这种层裂为浅表层裂, 是比较形象的。通过实验波形计算得到的层裂片厚度为 1.29mm, 比通过图 5.31 分析得到的 1.8mm 薄约 0.5mm。

我们来简要分析多重层裂发生的原因: 由于相变、逆相变的发生以及驻定相边界的存在, 使得从飞片和靶板自由面反射的卸载波分别由原来的一道增加到两道甚至更多道, 这些卸载波之间发生迎面作用, 可能导致靶板中多处位置先后进入拉伸应力状态, 一旦超过了层裂强度, 就出现多重层裂现象。从图 5.28(c) 的本构模型看, 在其他条件不变的情况下, 飞片撞击靶板的速度越高, 靶板中加载相边界后方的应力幅值越高, 相边界传播速度越快, 导致驻定相边界产生的位置越接近靶板自由面。相变波后方应力幅值越高, 则从靶板右自由面反射的卸载波就需要更多次的反射透射卸载才可使加载相变波消失, 因而透过驻定相边界向靶板中央传入的左行卸载波数量也越多。同时, 飞片的卸载波也成了双波结构, 进入样品后变成 3 波结构, 因为 FeMnNi 样品逆相变压力低于飞片。这样, 分别从样品左右端传入的多道卸载波迎面相遇, 产生多个拉应力区, 从而导致样品中更多层裂的发生。另外, 驻定相边界位置越接近靶板自由面, 越可能导致靠近自由面的层裂片厚度变薄。这是冲击下可发生相变/逆相变的材料在平板撞击时的特有现象。不过, 一旦撞击速度高到相变波波速超过塑性波波速时, 加载双波结构波将转变为单波结构, 情况又会发生新的变化。5.6 节将对这种现象进行探讨。

最后需要说明的是, 虽然解析结果得到的层裂数量和位置与实验结果总体上有较好的吻合, 但是有的层裂位置还存在较大误差。主要原因可能在于: 为了便于从理论上剖析相变层裂产生的机理, 做了许多简化分析, 如 5.5.3 节所述。此外还忽略了塑性卸载稀疏波的发散效应, 材料破坏准则也采用最简单的最大拉应力瞬态断裂准则, 等等。这些因素都可能给分析带来误差, 造成层裂位置的计算与实验之间的偏差。

5.6　相变材料等厚对称碰撞的层裂规律探索

5.6.1　FeMnNi 材料等厚对称高速碰撞实验

近来, 陈永涛等 (2008a, 2008b) 在对 FeMnNi 合金的等厚对称高速加载实验中也发现了 "反常" 层裂现象, 飞片和样品均为 FeMnNi 合金, 厚度 3.0mm。飞片速度由磁测速测定为 1966m/s, 样品的相变层裂行为由 VISAR 和 X 射线联合测试技术确定, 得到层裂片的厚度大约为 1.85mm。显然, 实验中的 "反常" 层裂是由相变引起的。

以下, 我们尝试用表 5.4 中的本构参数对该实验进行一些定量分析, 结果见图 5.32, 其中 (a) 为波系作用图, (b) 为实验 (陈永涛等, 2008a) 测量的靶板自由面速度波形, (c) 给出了 (a) 中各区的应力–速度状态, (d) 给出了 (a) 中各区在应力应变曲线上对应的状态点。

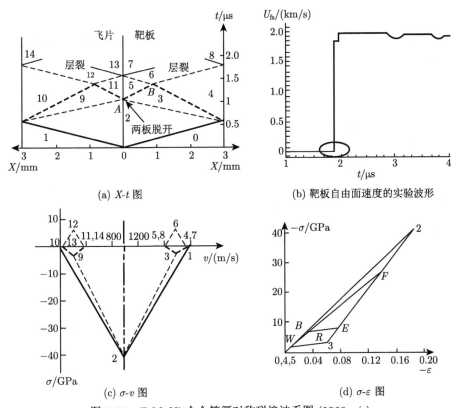

(a) X-t 图

(b) 靶板自由面速度的实验波形

(c) σ-v 图

(d) σ-ε 图

图 5.32 FeMnNi 合金等厚对称碰撞波系图 (1966m/s)

根据表 5.4 的本构参数计算,靶板中 2 区的应力在 $-41\mathrm{GPa}$ 左右,从应力-应变曲线 (图 5.32(d)) 可以计算出,当飞片速度大于 1349m/s 时,加载相变波传播速度将大于塑性前驱波,因此加载波呈单一相变冲击波结构,如图 5.32(a) 中的相变波 0-2 和 1-2。由于左右对称,我们只考虑靶板中的波作用。当靶板中相变波 0-2 行至右自由面边界时,应力卸载到零,反射两道卸载波:卸载稀疏波 2-3 和卸载相变波 3-4。前者左行至与飞片接触处的 A 点将和飞片内卸载稀疏波 2-9 相交,导致应力卸载至拉伸区。由于飞片和靶板之间不能承受拉应力,靶板将与飞片在 A 点脱离,靶板左端成为自由面。卸载波 2-3 在该自由界面上反射,向靶板中传入卸载相变波 3-5,两道卸载相变波 3-4 与 3-5 在 B 点相遇后迎面卸载,产生的 6 区进入应力拉伸区。计算出 6 区拉伸应力约为 6.1GPa,远大于材料的层裂强度,靶板发生层裂同样的传播过程见于飞片。

计算得到的 B 点距离靶板背面 (即右自由面) 的距离,也就是层裂片的厚度约为 2.1mm,比实验的 1.85mm 较厚些,由于解析计算中做了很多简化,结果基本是吻合的。

5.6.2　FeMnNi 合金等厚对称碰撞的相变层裂规律探索

飞片速度决定了靶材所受的冲击强度和物理过程，并且在实验中是能够精确测量的重要参量，因此，探讨层裂规律，按飞片速度进行分类是比较合理的。

设飞片速度为 v，由于对称碰撞，撞击加载波过后，飞片和靶板的界面速度和应力相等，粒子速度等于 $v/2$，应力由本构曲线确定。首先存在一个飞片速度阈值 v_B，它和相变压力起始阈值 σ_B 有关，低于这一阈值，材料不发生相变，根据前文分析，也不会产生层裂。这一阈值可以根据 $\Delta\sigma = \rho C\Delta v$ 求出，其中 $\Delta\sigma = \sigma_B$，C 是 1 相波速，对于 FeMnNi 合金由表 5.4 可得 v_B=320m/s。不过由于材料有一定的抗拉强度，只有当所受拉应力高于其层裂强度 (最简单的层裂准则) 时，层裂才会发生。设层裂强度为 1.3GPa，通过有限差分计算求得，飞片速度小于 390m/s 时，不会产生层裂，飞片速度为 400m/s 时数值计算表明产生了层裂。由此我们可以确定产生层裂的飞片速度阈值 v_{cr1}=390m/s。

下面按照波结构进行分区。碰撞速度不同，引起加载应力幅值不同，由此可能产生不同的波系结构。图 5.33 列出了两种基本模式。忽略弹性波，通常为图 5.33(a) 所示的加载双波结构：塑性加载冲击波 0-2 和加载相变波 2-4。当碰撞速度 v 很大时，加载相变波的传播速度将会超过塑性前驱波的波速，从而合并为一道相变冲击波，如图 5.33(b) 所示，我们把这一飞片速度定义为 v_{cr2}，跨过这一速度，加载波从双波结构转变为单波结构。

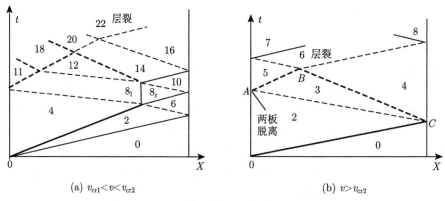

(a) $v_{cr1} < v < v_{cr2}$　　　　　　　　　　(b) $v > v_{cr2}$

图 5.33　不同碰撞速度下靶板中的波系示意图

v_{cr2} 可通过下式解出，式中各符号含义同表 4.1

$$\frac{v_{cr2}}{2} \times \rho\sqrt{\frac{E_1}{\rho}} = \sigma_F \tag{5.8}$$

对于 FeMnNi 合金材料,将表 5.4 中数据代入上述公式进行计算,可得 $v_{cr2} \approx$ 1349m/s。

当 $v_{cr1} < v < v_{cr2}$ 时,加载波呈双波结构,作用波系较复杂 (图 5.33(a))。随着碰撞速度增加,加载的应力幅值增大,由于相变本构的非线性特性,加载相边界 2-4 的传播速度相应加大,因而与反射卸载波 2-6 发生迎面卸载的位置就越靠近靶板自由面端,从而影响拉应力区出现的数量和位置,也就是说,在这个碰撞速度范围内,层裂位置和数量会有较大的变化。下面会结合数值计算结果 (图 5.34) 作简要介绍。

当 $v > v_{cr2}$ 时,加载波合并为一道相变冲击波 0-2,波系结构较为简单。相变冲击波 0-2 右行至自由面 C 点反射一道卸载稀疏波 2-3 和一道卸载相变波 3-4,卸载波 2-3 左行至碰撞面 A 点后反射一道卸载相变波 3-5,该相变波与左行卸载相变波 3-4 在 B 点相遇,发生迎面卸载进入应力拉伸 6 区,并可能发生层裂。值得注意的是,由于飞片和靶板间只能承受压应力,当碰撞速度大到一定程度,卸载波 2-3 左行至碰撞面 (A 点处) 反射时将发生飞片和靶板的脱离,形成自由面。5 区应力卸载为零。由相变本构特性,卸载相变波 3-5 和 3-4 总是由逆相变起始点 σ_R 卸载至零应力,因此这两条相边界传播速度恒定。加上 C 点发出的左行卸载波 2-3 的波速是 2 相波速 C_2,也是恒定的,导致 $\triangle ABC$ 大小和形状固定,构成一个 "铁三角",不随 C 点位置的上下浮动而变化,C 点位置的浮动是由于加载强度变化造成加载相变波 0-2 波速变化引起的。B 点即是层裂位置,因而当碰撞速度大到使飞片和靶板发生分离,此后的层裂位置就恒定了。

由于相变本构的复杂性,即使在忽略弹性前驱波的影响、本构中各相曲线均做线性简化、忽略塑性卸载稀疏波的发散效应等大量简化假定下,利用应力波关系解析计算等厚对称碰撞板中的波系还是十分烦琐。为了进行系列比较,我们使用有限差分法进行数值求解。

飞片和靶板均为 FeMnNi 合金,厚度同为 6mm,材料参数如表 5.4。图 5.34 给出了采用 $\sigma_{spall} = 1.3$GPa 的瞬态断裂准则时,不同碰撞速度下靶板中可能出现层裂的位置分布,具体数据列于表 5.5(表中层裂位置按照出现的先后排序)。层裂位置的判读主要根据一个飞片速度下,不同时刻超过层裂阈值的拉应力在靶板内的分布,因此在图 5.34 中有的层裂位置显示有一个宽度,实际层裂点应该位于它的中点,如虚线所示。

从图 5.34 中可以看到,当 $v > v_{cr2}$,即 $v > 1349$m/s 时,主层裂恒定处于距离撞击面三分之一板厚处 (2mm),这与图 5.33(b) 的应力波分析是一致的,此外在碰撞面附近 (约 0.1mm) 还产生浅表层裂。当 v 处于 $v_{cr1} < v < v_{cr2}$ 时,正如图 5.33(a) 的应力波分析指出的,变化比较复杂。仔细分析图 5.34 中碰撞速度 390~1349m/s 这一区间,可以以 $v_{cr3} = 850$m/s 为临界速度再分两个子区间:

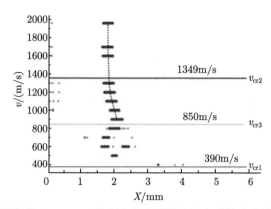

图 5.34   对称等厚条件下 FeMnNi 靶板中相变层裂位置和碰撞速度的关系 (数值结果)

表 5.5   不同碰撞速度下靶板中可能出现层裂的位置分布 (数值结果)

碰撞速度/(m/s)	第一处层裂位置/mm	第二处层裂位置/mm	第三处层裂位置/mm	第四处层裂位置/mm
400	3.3	3.8	4.0	
500	2.1			
600	2.0	2.4	2.6	1.8
700	2.5	2.0	1.9	1.2
800	2.4			
900	2.2			
1000	0.2	2.2		
1100	0.2	0.3	2.1	
1200	0.2	0.4	2.0	
1300	0.1	0.3	2.0	
1600	0.1	2.0		
1700	0.1	2.0		
1966	0.1	2.0		

① 390~850m/s, 多处层裂; ②850~1349m/s, 主层裂位置逐步移动并稳定在距碰撞面 2mm 处, 也就是距碰撞面约 1/3 板厚的位置, 并且在碰撞面附近 (0.1~0.2mm) 处形成浅表层裂。

需要说明的是, 我们主要探讨异常层裂的可能位置和规律, 为方便计算, 对模型做了很多假定和简化, 对于拉应力超过层裂强度的位置, 运算中并未使其裂开成为自由面, 而是继续计算, 最后统计超出阈值的拉伸区出现的范围和位置, 得到层裂位置和数量。这对于真正的层裂计算是不够的, 因为即使不计层裂形成的损伤积累过程, 在某处一旦发生层裂, 该处将裂开形成两个新的自由面, 对应力波传播造成重大影响。本文仅起抛砖引玉的作用, 介绍一种新的相变层裂现象, 具体尚需进行大量深入的研究。

5.7 脉冲载荷下半无限相变杆 (板) 的异常反向层裂现象

5.7.1 弹塑性半无限长杆受脉冲加载下的应力波响应

线性硬化弹塑性半无限长杆受到突加矩形应力脉冲载荷的作用, 脉冲幅值 σ^* 大于屈服应力 Y, 脉宽为 t_0。该问题的应力波传播有理论解, 参看图 5.35, 该图 引自《应力波基础》4.4.1 节 (王礼立, 2005)。

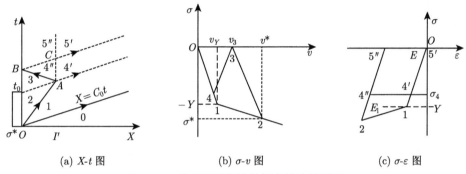

(a) X-t 图 (b) σ-v 图 (c) σ-ε 图

图 5.35 半无限弹塑性长杆中的波传播图

图 5.35(a) 中, $t = 0$ 时加载端产生弹性波 0-1 和塑性波 1-2。由于塑性波速 较慢, 在 A 点被 t_0 时刻脉冲卸载产生的弹性卸载波 2-3 追上卸载, 塑性波消失, 形成驻定应变间断面 4'-4″。A 点左行的弹性加载波在自由端面 B 点反射右行弹 性卸载波, 在 C 点与驻定应变间断面作用, 使 5 区应力和速度降为 0。最终杆内 传播 3 道弹性波阵面: 加载波 0-1, 卸载波 1-4' 和 4'-5', 塑性应变区深度为 OA 在 X 坐标的投影 1'。该算例中, 全部为压应力, 没有产生拉应力区, 因此, 对于 传统弹塑性半无限杆, 不会产生层裂。

5.7.2 半无限相变杆 (板) 中的异常反向层裂

5.5 节和 5.6 节探讨了有限厚度相变杆 (板) 碰撞产生的异常层裂现象, 甚至 对于传统弹塑性材料不可能产生层裂的等厚对称碰撞也发生了层裂, 其物理机制 在于材料的可逆相变。图 5.35 算例表明, 矩形脉冲冲击下传统弹塑性半无限长杆 不会发生层裂, 我们来考察一个半无限长相变杆, 能否发生层裂呢?

注意到 5.2.2 节图 5.12 曾给出一个有限长相变杆的算例, 右端固定, 当加载 脉宽 t_0 小于第一特征时间 t_1 时, 在靠近加载端面附近, 产生了拉应力区, 这一 拉应力区是在右侧固定端反射信号尚未影响到加载端波系的情况下产生的, 也就 是说, 是由加载端的波系自身作用产生的, 不受另一端反射信号的影响, 不论是固定端还是自由端。一般而言，右端如果是自由端，试样内部容易产生层裂；如果是刚壁，则不易产生层裂；如果是固定端，可能在根部拉断。

既然加载端波系在感兴趣的时间范围内不受右端面的影响，那么我们可以以此为例讨论一个半无限长杆 (或空间)，从而彻底排除右端面的影响。图 5.12 的解只要移除右边界的影响，就可以作为半无限长杆的解，说明半无限相变长杆受到矩形脉冲作用是可能产生层裂的。我们对图 5.12 例子加以改造：除去右边界条件，成为半无限长杆，各参量改用有量纲量，因为半无限杆没有特征长度，材料和图 5.12 算例相同，加载应力脉冲幅值相同，$\sigma^* = -4\mathrm{GPa}$。设图 5.12 算例中的有限杆长为 10cm，则可以算出其特征时间 $t_1 \approx 30\mu\mathrm{s}$，脉宽 $t_0 \approx 20\mu\mathrm{s}$。图 5.12 已经给出了该算例加载端的作用波系，只要把未影响到加载端波系的右固定端的反射波部分抹去，即成为半无限杆的受同样载荷的波系图和解，示于图 5.36。

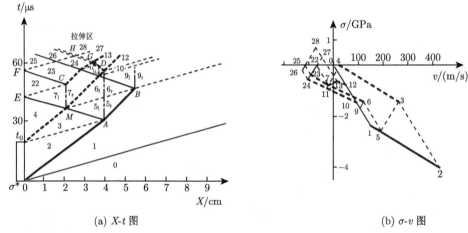

(a) X-t 图　　　　　　　　　　　　　　(b) σ-v 图

图 5.36　半无限可逆相变杆受矩形脉冲 ($\sigma^* = -4\mathrm{GPa}$，$t_0 \approx 20\mu\mathrm{s}$) 作用产生反向层裂

图 5.36(a) 是加载端的作用波系图，卸载弹性波 2-3 在 A 点追上加载相变波 1-2 并使其减弱，形成驻定相变间断面 5_l-5_r，反射加载弹性波 3-5_l。后者与卸载相变波 3-4 在 M 点相遇产生相变间断面 7_l-7_r。加载端在脉冲结束时间 t_0 之后，成为自由面，因此加载弹性波 4-7_l 在端面上的 E 点反射成为卸载弹性波 7_l-22，该波在 C 点与相变间断面 7_l-7_r 作用，产生右行卸载相变波 7_r-23 和左行弹性加载波 22-23，后者在 F 点反射右行弹性卸载波 23-25。在 D 点，右行卸载相变波和驻定相变间断面作用，使卸载相变波进一步衰减，同时产生左行和右行弹性卸载波。最终，从 C 点和 F 点发出的右行弹性卸载波分别在 G 点和 H 点与 D 点出发的左行弹性卸载波相遇，产生拉伸区 27 和 28。从图 5.36(b) 看，27 区：$\sigma_{27} = -0.3\mathrm{GPa}$，$v_{27} = -30\mathrm{m/s}$，距端面 3.38cm；28 区：$\sigma_{28} = -0.72\mathrm{GPa}$，$v_{28} = -73\mathrm{m/s}$，距端面 2.56cm。27 区拉应力较小，可能产生损伤，28 区应力较高，可能发生断裂 (层裂)，由于粒子速

度为负, 厚 2.56cm 的层裂痂片将以 73m/s 的速度反向向左飞出。这一层裂与传统层裂有几点异常:①传统半无限长杆不发生层裂, 但相变半无限长杆中发生了;②传统层裂通常发生在靶背面 (自由面) 附近, 相变半无限长杆层裂发生在加载面附近;③层裂痂片飞行方向相反, 相变半无限长杆的层裂痂片逆加载方向飞行。之所以不同, 在于物理机制的不同, 我们把它称为相变引起的 "反向异常层裂"。

相变半无限长杆受矩形脉冲作用, 其波系结构是基本相同的, 但是加载幅值和脉宽会影响相变区的范围和层裂位置。定性来看, 当幅值 σ^* 不变, 随着脉宽 t_0 增长, 卸载弹性波 2-3 追上加载相变波 1-2 的时间增加, A 点右移, 相变区扩大, 相应的层裂位置将右移。若保持 t_0 恒定, 提高 σ^*, 则相变波速提高, 卸载弹性波 2-3 追赶相变波 1-2 的时间增加, A 点右移, 层裂位置可能也右移。余类推。

以上仅是作为提出一种新的相变层裂现象的理论预测, 具体尚待深入系统的研究, 特别重要的是实验验证。

5.8 有限杆中不可逆相变波传播理论的应用

5.8.1 相变 Taylor 杆实验

最近, 郭扬波等 (2005) 应用 Taylor 杆撞击实验研究了 NiTi 合金的动态相变行为, 称为相变 Taylor 杆实验 (PTTT)。Taylor 杆实验方法是 Taylor(1946,1948) 在研究材料动塑性时提出的, 此技术通过两根完全相同的杆以一定速度对撞或以一根杆撞击固壁, 由杆变形前后的尺寸来计算材料的动态屈服强度 (Hawkyard et al., 1968; Hutchings, 1978; Gust, 1982), 并可考核材料的动态本构模型 (Wilkins et al., 1973; Zerilli et al., 1987; Meyers, 1994)。

实验样品为 2 根直径 8mm、长 60mm 的 NiTi 合金杆, 室温时处于形状记忆 (SME) 状态。实验在中国科学技术大学 ϕ57mm 一级轻气炮上进行, 采用杆杆对撞的方式, 具体装置如图 5.37 所示。撞击杆固定在弹托上, 靶杆支在靶室支架上开有 V 型槽的两个有机玻璃片上, 整个支架可作三维精细调整, 保证两杆的对称共轴碰撞。靶杆沿轴向粘贴应变片, 记录杆上不同位置处的轴向动态应变信号。速度探针用来测量碰撞速度, 触发探针用作触发示波器。

5.8.2 实验结果与分析

郭扬波等使用轻气炮装置进行了速度范围 47~175 m/s 的对称碰撞实验, 实验参数和结果如表 5.6 所示, 其中实验 #03047(175m/s) 未测到应变片信号。图 5.38 给出了四种碰撞速度下回收杆的外形轮廓 (为直观显示杆的变形, 图中把杆径放大了 120 倍)。当碰撞速度较低时 (47m/s,85m/s), 回收杆中形成三个特

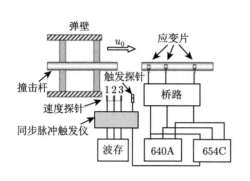

(a) 实验系统示意图

(b) 装置照片

图 5.37　相变 Taylor 杆实验装置图

表 5.6　实验参数和结果

编号	杆长/mm	碰撞速度/(m/s)	弹性波波速 C/(m/s)	相变波速度 D/(m/s)	相变临界应变/%
#03052	59.72	47	2740	1040	0.32
#03050	59.82	85	2780	1210	0.40
#03051	59.86	122	2700	1490	—
#03047	59.70	175	—	—	—

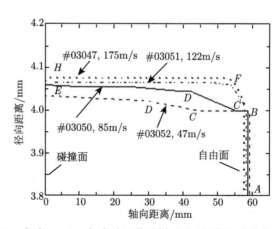

图 5.38　相变 Taylor 杆实验回收试样尺寸 (径向尺寸放大 120 倍)

征变形区：从碰撞面开始依次为基本均匀的主变形区 ED、梯度变形区 DC 和弹性未变形区 CB，碰撞速度较高时 (122m/s,175m/s)，只形成两个特征变形区：均匀主变形区 HF 和梯度变形区 FB。相变 Taylor 杆结果与传统的弹塑性 Taylor 杆的变形状态明显不同，后者通常呈蘑菇头状 (Wilkins et al., 1973)，见图 5.39。

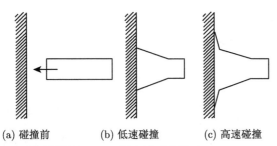

(a) 碰撞前   (b) 低速碰撞   (c) 高速碰撞

图 5.39   弹塑性材料 Taylor 杆实验示意图 (Wilkins et al., 1973)

应用前面关于不可逆相变有限介质中相变波的分析可以得到相变 Taylor 杆中的作用波系，从而解释实验结果。由于是对称碰撞，两根杆内波的传播完全相同，仅对一根杆进行分析即可。47m/s 和 122m/s 碰撞速度下杆中的波系传播如图 5.40、图 5.41 所示，其中图 (a) 为波系在时空域内的传播，图 (b) 给出了 (a) 中各区在应力–粒子速度域内所对应的状态。图中细实线表示加载弹性波，细虚线表示卸载弹性波，加载相变波用粗实线表示，点划线表示应变间断面。由图 5.40 可见，当冲击速度较小时，右行相变波经两次卸载后，在 C 点处消失。C 点右边的材料处于原来的 1 相状态。这样，在杆中将形成以均匀主变形区 DE(2 相含量较高的混合相区)、梯度变形区 CD(2 相含量较低的混合相区) 和弹性区 BC(纯 1 相区)。当碰撞速度很高时 (图 5.41)，由于相变波的强度高，多次卸载尚不足以使相变波消失，右行相变波几乎可以传播到杆的自由端，从外观看，形成均匀变形的主变形区 HF(2 相) 和梯度变形区 FB(混合相区)。

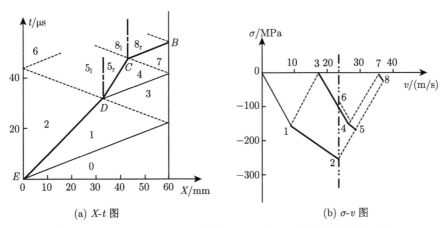

(a) X-t 图   (b) σ-v 图

图 5.40   冲击速度 47m/s 下相变 Taylor 杆中的相变波传播波系图

相变波的传播可以将冲击能量传入杆的纵深，使更多的材料产生大应变，提高了杆的吸能性能，特别是由于材料的 SME 特性，加温后产生逆相变能使杆恢复原状而反复使用。因此，可以预测相变材料和结构在抗冲吸能方面将有重要的应用 (张科等, 2011; Zhang et al., 2011; 张科, 2015)。

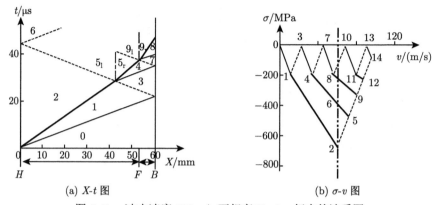

(a) X-t 图　　　　　　　　　　　　(b) σ-v 图

图 5.41　冲击速度 122m/s 下相变 Taylor 杆中的波系图

第 6 章 温度对相变波传播的影响

一般条件下相变受温度和应力的双重控制，温度是相变过程中一个不可忽略的重要因素。相变波是宏观意义上的移动相界面，它的传播规律包含有相变材料的热、力学信息，相变波的传播是一个典型的热、力耦合过程，这对于理解相变材料的动态响应是十分重要的。冲击载荷下，伴随相变过程所产生的热量，包括相变功、相变潜热等，改变了相变波波阵面后方区域的温度，这可能会引起波后区域相变阈值和相变方式的改变，从而对相变波的传播产生影响。相变波不仅是力学意义上间断面和物理意义上的物质间断面，而且是一个移动的温度界面。因此，包括计及温度效应的加、卸载相变波在内的应力波系的传播和相互作用，以及和空间温度场的作用，在时空域内不断演变发展，将形成更为精彩复杂的波系图谱。

目前对相变波的研究，主要是在纯力学背景下进行的。戴翔宇等 (Dai et al., 2004; Tang et al., 2006; 戴翔宇, 2003; 唐志平, 2008) 对相变波传播过程中存在的各类间断面进行了分类，并初步探讨了温度对相变波传播的影响，以及相变波和温度界面的相互作用问题。Bekker 等 (2001) 计算分析了冲击加载下相变波的结构，并给出了相变波传播过程中温度的分布。实验方面，主要有 Escobar 等 (1995, 2000)，Niemczura 等 (2006)，其目的在于测量相变波的速度，以验证或确定相变动力学关系。总之，在考虑温度效应的相变波传播研究方面，尚处于初步阶段。

这一章以典型相变材料 NiTi 形状记忆合金为对象，研究它在冲击加载下的热、力学行为以及考虑温度作用下相变波的传播规律，系统分析温度对相变波传播规律的影响。除特别说明外，本章一般采用以压为正，因为主要实验都是冲击压缩实验。

6.1 实验装置和瞬态测温原理

冲击测温的难点在于它的瞬时性，要求测温系统的响应时间要跟得上冲击载荷的时程。目前，实时测温主要采用热电偶测温和红外测温两种方法。热电偶结构简单、使用方便，但响应时间相对较长。红外测温是一种光学测温方法，具有几个显著特点：非接触性，响应时间快，可达亚微秒量级，精度可达 0.1℃，能满足冲击过程对瞬态温度的测量要求。

6.1.1　红外测温基本原理和装置

红外测温的基本原理是斯特藩–玻耳兹曼定理 (哈德逊, 1975)

$$P\left(T\right) = \varepsilon\sigma T^4 \tag{6.1}$$

式中, $P(T)$ 为温度为 T 的物体在单位时间单位面积上辐射出的总辐射能, 称为总辐射度; σ 是斯特藩–玻耳兹曼常数; T 为物体绝对温度; ε 表示物体灰度。由上式可得

$$T = \left(\frac{P\left(T\right)}{\varepsilon\sigma}\right)^{\frac{1}{4}} \tag{6.2}$$

上式是物体的热辐射测温的数学表述。

　　图 6.1 是冲击实验装置示意图, 由常规的 ϕ14.5mm 的 SHPB 冲击压缩装置和虚线框中的红外瞬态测温系统组成 (刘永贵等, 2014a)。红外测温系统由光学聚焦镜、红外探测器、前置放大器, 斩波器及示波器等组成。试件表面的红外辐射通过凹面镜聚焦到红外探测器的光敏元件上, 转化为电流信号, 然后经过前置放大器将电流信号放大, 记录到示波器上。探测器采用美国 JUDSON 公司生产的 1 单元 HgCdTe 红外探测器 (图 6.2), 传感器尺寸 1mm×1mm, 响应时间 0.5μs, 波长范围 2~14μm(对应黑体温度 300~1200K), 温度分辨率 0.1K, 为减小红外探测器噪声需置于 77K 液氮环境下工作。前置放大器也由该公司提供, 带宽 10Hz~1MHz。

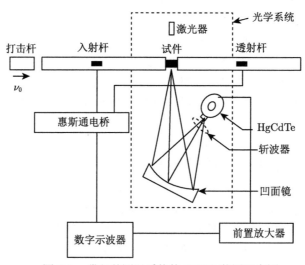

图 6.1　带红外测温系统的 SHPB 装置示意图

图 6.2　HgCdTe 红外探测器

6.1.2　温度标定和检验

　　红外测温的关键和难点是标定，测温精度取决于标定精度。原则上标定有理论和实验两种方法，但要在理论上建立二者的关系，需要知道待测材料的一些物理参数，其中材料辐射率是难以精确测量的，因此理论方法在实用中具有根本性的困难，实际多采用实验标定法。

　　静态标定实验如图 6.1 中的虚线框所示，采用镀金聚焦凹面镜反射系统，焦距 200mm，有效通光口径 50mm。试样表面距凹面镜中心 600mm(物距)，红外探测器距凹面镜中心距离为 300mm(像距)。由于物距等于 2 倍像距，根据几何光学，在传感器上将产生缩小约 2 倍的实像，从而使信号增强 4 倍。对于 1mm×1mm 的传感器，对应的待测试样表面面积为 2mm×2mm。标定后的实验装置直接用于冲击红外瞬态温度测量，以确保实验和标定条件的一致性。

　　由于前置放大器的隔直流作用，静标时需要在探测器前方置一斩波器，以产生交流热辐射信号。图 6.1 中的激光器用于对试件在光路中的位置进行精确定位。标定前，先把直径 8mm、长 6mm 的铝合金圆柱试样钻一孔将热电偶埋于孔内。标定时通过酒精灯对试样直接加热至 300℃，撤去酒精灯，使试样自然降温，在降温至 120℃ 以下试件已处于热平衡状态后，分别记录热电偶读出值和对应的红外探测器输出值，得到 120℃ 至室温阶段电压-温度标定曲线 (图 6.3，环境温度 24℃)，多次标定重复性良好。得到的二次拟合曲线为

$$T_{\text{Al}} = 24.04 + 3.39 \times 10^{-1}V - 2.01 \times 10^{-4}V^2 \tag{6.3}$$

其中，T 为摄氏温度，V 为电压，单位 mV。

　　为验证上述红外测温方法的有效性，以弹塑性铝合金材料为例，测量该材料试样在冲击压缩过程中的温度变化。试样直径 8mm，长 6mm，密度 2600 kg/m³，定压比热为 0.88J/g。子弹长 200mm，弹速 16m/s。图 6.4(a) 是由红外信号经过标定公式 (6.3) 转换得到的温升记录波形，试样温度经过了约 81μs 的升温过程，

从 24℃ 升高至 65.4℃，然后基本保持不变，最大温升 41.4℃。图 6.4(b) 给出了实验得到的材料的应力–应变关系和对应的红外测温得到的温度变化曲线，可见试样温度的升高与应力–应变的增加是同步的，有很好的时间分辨率。卸载过程近似为弹性，温度基本保持不变。

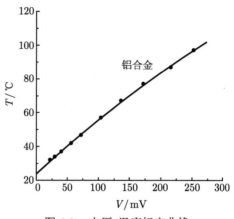

图 6.3　电压–温度标定曲线

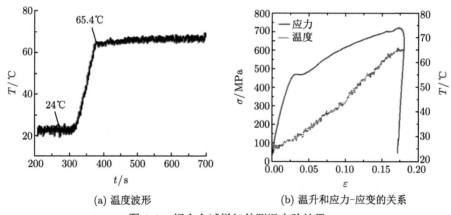

(a) 温度波形　　　　　　　　　　(b) 温升和应力-应变的关系

图 6.4　铝合金试样红外测温实验结果

在冲击过程的绝热状态下，试样的温升主要由塑性耗散功的转化造成的，可以从理论上求出试样的温升如下：

$$T_{\mathrm{Al}} - T_0 = \frac{\eta W}{\rho C_p} \tag{6.4}$$

式中，W 为塑性功，η 为功热转化系数，ρ 为材料密度，C_p 是材料定压比热。当 η 取 0.9 时，算出试样最高温升 38.9℃，略低于测量值的 41.4℃，误差约为 6%，可能同计算采用的参数和动态实验精度有关。总体来看，红外测量结果同计算结果基本是吻合的，说明采用红外测温方法测量材料在冲击下瞬态温度变化是可行和可信的。

6.2 冲击下 NiTi 合金温度变化规律的实验研究

6.2.1 试样和标定

实验用的 NiTi 合金成分为 Ti-50.65at%Ni，密度为 6450kg/m³。试样加工为直径 8mm、长度 6mm 的圆柱试样。对试件进行热处理使其在室温时处于不同的状态：形状记忆状态 (SME) 或伪弹性状态 (PE)。相应的热力学参数如表 6.1 所示，表中 M_s，M_f 为马氏体相变的起始温度和完成温度，A_s，A_f 为奥氏体相变的起始温度和完成温度，L 是相变潜热。按照 6.1 节铝合金试样的静标方法，对 NiTi 试样进行原位标定，结果如图 6.5 所示，拟合公式为

$$T_{\text{NiTi}} = 24.4 + 8.54 \times 10^{-2}V - 1.38 \times 10^{-5}V^2 \tag{6.5}$$

表 6.1　NiTi 合金基本热力学参数

	SME	PE
$\rho/(\text{kg/m}^3)$	6450	6450
$L/(\text{J/g})$	12.9	8.77
$C_p/(\text{J/(g·°C)})$	0.5	0.45
$M_s/°C$	10.4	-27.4
$M_f/°C$	7.2	-48.5
$A_s/°C$	46.2	-26.6
$A_f/°C$	49.8	-9.2

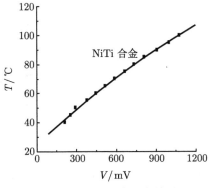

图 6.5　NiTi 合金标定结果

6.2.2　实验结果和分析

利用图 6.1 带有红外测温系统的 SHPB 压缩装置对 NiTi 合金试样进行冲击压缩实验，并实时测量试样温度的变化，子弹长 200mm，室温 24°C。共进行了 6 次实验，SME 和 PE 试样各 3 次。图 6.6 给出了两组试样的典型实验记录波形，为了使温度信号不与应变波形混淆，把它的信号端反接，因此图中的温度信号为负。图中的应变波形根据一维应力波理论可得到对应的动态应力–应变曲线，根据红外探测器温度信号和温度–电压标定公式 (6.5) 可得到相应的温度响应。

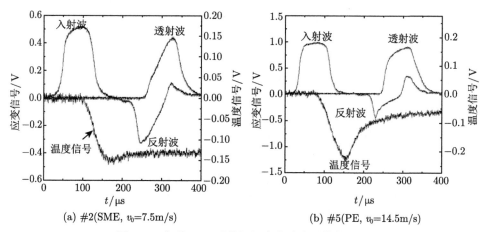

(a) #2(SME, v_0=7.5m/s)　　　　(b) #5(PE, v_0=14.5m/s)

图 6.6　典型 NiTi 形状记忆合金冲击压缩信号图

温度测量结果列于表 6.2 中，表中的加载温度指加载过程中试样的最高温度，卸载温度指卸载后的试样温度。

表 6.2　温度测量结果

材料	编号	弹速 /(m/s)	测量温度/°C			
			加载温度	温升	卸载温度	温降
SME	#1	4.6	30.4	6.4	30.4	0
	#2	7.5	37.5	13.5	35.5	2.0
	#3	12.7	48.0	24.0	41.0	7.0
PE	#4	10.2	33.3	9.3	25.6	7.7
	#5	14.5	43.3	19.3	30.2	13.1
	#6	17.8	51.2	27.2	32.5	18.7

初始处于 SME 的试样的实验结果如图 6.7 所示，图 6.7(a) 温度记录波形显示，加载最大温升随冲击速度的增加而增加，卸载时的温度变化规律也与冲击速度相关。当冲击速度较低时 (#1)，温升较小，卸载时保持最高温度不变。随着撞击速度的提高 (#2，#3)，卸载时温度先降低，然后保持不变。这一现象说明，当

温升较高时, 材料已不能保持原有的形状记忆状态, 发生了部分逆相变。以 #3
试样为例, 加载时由于耗散功和相变潜热的释放, 最高温度达到 48℃, 超过了奥
氏体逆相变起始相变温度 A_s=46.2℃(表 6.1), 导致卸载时发生了部分马氏体到奥
氏体的逆相变, 需要吸收热量, 从而使得卸载过程温度降低。这一物理变化从单
纯的力学曲线 (图 6.7(b)) 不易觉察, 因此, 实时温度测量能更好地揭示材料的热
力学特性和物理机制。

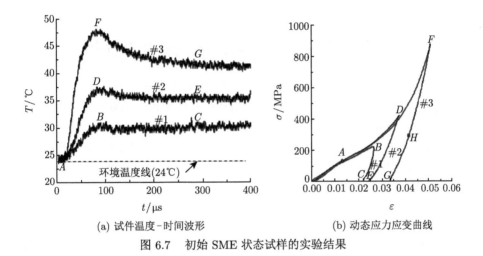

(a) 试件温度-时间波形　　　　　　　　(b) 动态应力应变曲线

图 6.7　初始 SME 状态试样的实验结果

　　图 6.8 给出初始 PE 试样的实验结果, 与 SME 试样不同, 卸载时都有一
个瞬态降温过程, 然后温度基本保持不变 (图 6.8(a)), 它对应于卸载时发生的逆

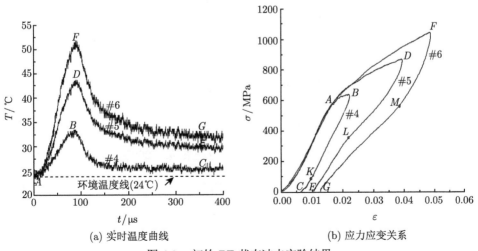

(a) 实时温度曲线　　　　　　　　　(b) 应力应变关系

图 6.8　初始 PE 状态冲击实验结果

相变。值得注意的是，瞬态卸载时试样仍存在残余应变和温度。残余应变说明逆相变的完成需要时间，残余温度是由加载时的耗散功和部分相变潜热造成的。对实验后回收试样观测发现，绝大部分残余应变已恢复，约 0.8% 的残余变形在室温下经过 8~12h 后基本完全恢复。其热力学行为特征主要表现为以下三点：① 相变起始阈值应力基本保持不变，如图 6.8(b) 中 A 点所示；② 混合相模量表现出应变率硬化效应；③ 卸载时逆相变起始应力随着撞击速度的增大而提高，如图 6.8(b) 中 K、L 和 M 点。

6.3　相变波和温度界面的基本相互作用

由 6.2 节内容可知，冲击相变过程中材料存在温度的变化，而相变通常受应力和温度的双重控制，因此，相变波的传播和相互作用也必然受到温度的影响。相变波不仅是一个移动的物质间断面，还是一个移动的温度间断面。温度界面的存在反过来又对相变波的传播和相互作用产生影响。本节定性讨论相变波和温度界面的基本作用规律。

6.3.1　控制方程

考虑具有固定温度界面的一维应力半无限长杆，L 处有一温度间断，如图 6.9 所示，左面为 T_1，右部为 T_2。为便于分析，特作如下假设：①不考虑相变过程中的温度变化；②不考虑由于温度界面的存在而引起杆内热传导及同环境的热交换作用。因此，初始的温度界面不随时空演变，是固定的。

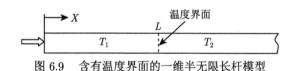

图 6.9　含有温度界面的一维半无限长杆模型

细长杆可视为一维应力问题，连续性和运动方程为

$$u_X = \varepsilon_t, \quad \rho_0 u_t = \sigma_X \tag{6.6}$$

强间断波阵面 $s = s(t)$ 处，有冲击突跃条件 (王礼立，2005)

$$[\sigma] = \rho_0 \dot{s}[u] \tag{6.7}$$

$$[u] = \dot{s}[\varepsilon] \tag{6.8}$$

$$[\sigma u - q] = \rho_0 \dot{s} \left[e + \frac{1}{2} u^2 \right] \tag{6.9}$$

$$\rho_0 \dot{s}[\eta] + \left[\frac{q}{T}\right] \geqslant 0 \tag{6.10}$$

(6.6)~(6.10) 式中以压为正，ε、σ、u 分别为应变、应力和质点速度，q、e、η 分别表示热流、单位体积内能和熵，$\dot{s}$ 为波速。由 (6.7)、(6.8) 式，有

$$\rho_0 \dot{s}^2 = \frac{[\sigma]}{[\varepsilon]} \tag{6.11}$$

当波传播到固定温度界面，将发生反射和透射，以满足应力和质点速度的连续性，即

$$[\sigma] = 0, \quad [u] = 0 \tag{6.12}$$

材料相变行为同温度有关，对于同一种材料，不同温度下可能表现出不同的宏观力学性能。随着温度的升高材料相变本构响应将产生三点变化：①相应的相变阈值应力随之增大，记为

$$\sigma_*(T) = \sigma_*(T_0) f(T - T_0) \tag{6.13}$$

其中，$*$=Ms, Mf, As, Af，σ_* 分别表示一定温度 T 下，奥氏体到马氏体相变起始和结束应力以及逆相变起始和完成应力，$\sigma_*(T_0)$ 为参考温度 T_0 下相应的相变阈值应力，$f(T - T_0)$ 反映了温度变化对相变阈值的影响，具体形式由材料特性决定。②相变方式可能随之变化。若 $T_{Ms} < T < T_{As}$，材料表现为形状记忆效应 (SME)，当 $T > T_{Af}$ 时，材料则呈现伪弹性行为 (PE)。③可能引起卸载路径的变化。当材料初始处于形状记忆状态时，由于马氏体相变放热和冲击耗散功产热，使材料温度升高，当材料温度大于 T_{As} 时，材料将表现为伪弹性，发生部分甚至全部逆相变卸载，改变了原有的不可逆行为，如 6.2 节实验中所示。除本章最后一节 (6.5 节) 外，其余均不考虑相变过程中产生的温度变化。

6.3.2 波系与温度界面的基本作用

在图 6.9 所示的半无限长杆中，初始处于奥氏体相，$t = 0$ 时左端面施加突跃脉冲载荷，其幅值为 σ^*，于 $t = t_0$ 时突卸至零。由于 SME 和 PE 行为的主要区别在于卸载方式上，两种状态下的卸载波结构是不同的，将分别予以讨论。温度界面造成两侧材料的相变阈值应力不同，应力波在温度界面处将可能产生反射和透射，以保证在温度界面上应力和位移的连续性。下面给出几种典型的相互作用的波系结构 X-t 图，图中粗实线表示相变波，细实线代表弹性波，温度界面以虚线表示，温度界面两侧 T_L 代表低温区，T_H 为高温区，驻定物质间断面以点划线表示。

6.3.2.1　弹性加载波和温度界面的相互作用

弹性加载波和温度界面相互作用同温度界面两侧温度状态有关 (图 6.10)：

(1) 低温区进入高温区。这时弹性波的幅值 σ^* 必然小于或等于 $\sigma_{\mathrm{Ms}}(T_{\mathrm{L}})$，更小于高温侧的 $\sigma_{\mathrm{Ms}}(T_{\mathrm{H}})$，因此弹性加载波直接透射进入高温区，无反射波产生，如图 6.10(a) 所示。

(2) 高温区进入低温区。有两种情况：一是 $\sigma^* \leqslant \sigma_{\mathrm{Ms}}(T_{\mathrm{L}})$，这种情况等同于 (1)，弹性波直接通过温度界面，波系见图 6.10(a)；二是当 $\sigma_{\mathrm{Ms}}(T_{\mathrm{H}}) > \sigma^* > \sigma_{\mathrm{Ms}}(T_{\mathrm{L}})$ 时，将会引起低温侧发生相变，波系见图 6.10(b)，弹性波 0-1 和温度界面作用，在温度界面处，向低温区透射一弹性加载波 0-2 和一相变波 2-3′，同时向高温区反射一弹性卸载波 1-3，温度界面两侧形成驻定的物质间断面 3-3′，如图 6.10(b2) 所示，其中 3 区处于奥氏体相 (1 相) 弹性态，3′ 区处于混合相态。

两种情况说明温度界面对弹性加载波的影响的物理机制在于温度不同，相应的相变阈值亦不同，温度界面即为相变阈值间断面。

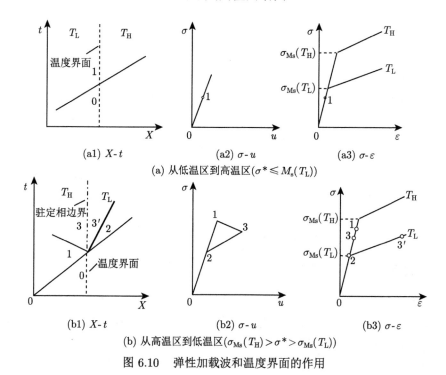

(a1) X-t　　　　　　(a2) σ-u　　　　　　(a3) σ-ε

(a) 从低温区到高温区 ($\sigma^* \leqslant M_{\mathrm{s}}(T_{\mathrm{L}})$)

(b1) X-t　　　　　　(b2) σ-u　　　　　　(b3) σ-ε

(b) 从高温区到低温区 ($\sigma_{\mathrm{Ms}}(T_{\mathrm{H}}) > \sigma^* > \sigma_{\mathrm{Ms}}(T_{\mathrm{L}})$)

图 6.10　弹性加载波和温度界面的作用

6.3.2.2　弹性卸载波和温度界面的作用

对 SME 状态的材料，若不考虑加载相变过程温度对其卸载方式的影响，或者假设试样预先逐步加载到两侧均为第二相，并保持温度界面不变，然后在左端面突加卸载, 则卸载为弹性卸载, 只有弹性卸载波, 温度界面对该状态下的弹性波无影响。

对于 PE 状态材料, 由于存在逆相变, 将会呈现卸载双波结构, 又由于逆相变阈值应力的温度相关性, 温度界面将会对卸载弹性波产生作用, 结果如图 6.11 所示, 图中 B, E, R, W 分别表示相变和逆相变的起始和完成点, 下标 H 和 L 分别代表高温和低温。为简化分析, 假设在经过加载作用后温度界面两侧材料均处于 2 相弹性, 温度界面两侧无应变间断。这时将产生以下两种状态:

(1) **高温区进入低温区** (图 6.11(a))。由于卸载波后 1 区应力高于低温区的逆相变起始应力, 将不会在低温区产生卸载相变波, 因此弹性卸载波将直接透射进入低温区, 无反射波产生, 这同图 6.10(a) 中规律相似。

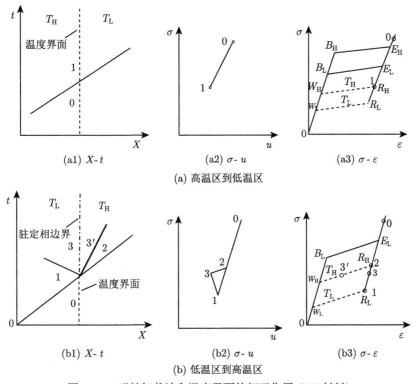

(a1) X-t (a2) σ-u (a3) σ-ε

(a) 高温区到低温区

(b1) X-t (b2) σ-u (b3) σ-ε

(b) 低温区到高温区

图 6.11 弹性卸载波和温度界面的相互作用 (PE 材料)

(2) **低温区进入高温区** (图 6.11(b))。由于 1 区应力低于高温区的逆相变起始应力, 弹性卸载波 0-1 和温度界面作用, 向高温区透射卸载弹性波 0-2 和逆相变波 2-3′, 同时向低温区反射弹性加载波 1-3, 以达到温度界面处应力和粒子速度的平衡, 从而在温度界面处形成驻定相边界 3-3′, 如图 6.11(b3) 所示, 其中 3 区处于马氏体相 (2 相) 弹性态, 而 3′ 处于混合相态。

6.3.2.3　加载相变波和温度界面的作用

1) 低温区至高温区

不论是 PE 材料还是 SME 材料，它们的加载特性是类似的。根据入射加载相变波的强度均可分为图 6.12 所示的四种情况，图中 B_H，E_H 和 B_L，E_L 分别为高温区和低温区的相变起始点和完成点。

(1) $\sigma_{Ms}(T_L) < \sigma^* < \sigma_{Ms}(T_H)$，如图 6.12(a) 所示。相变波 1-2 与温度界面作用，向低温区反射相变波 2-3，同时向高温区透射一弹性加载波 1-3′，温度界面处形成驻定相边界 3-3′，低温区处于混合相，高温区仍处于纯奥氏体相。

(2) $\sigma_{Ms}(T_H) < \sigma^* < \sigma_{Mf}(T_L)$，如图 6.12(b) 所示。相变波 1-2 到达温度界面处时，向低温区反射相变冲击波 2-3，同时向高温区透射弹性加载波 1-4 和相变波 4-3′，使得低温区材料经历 $1 \rightarrow 2 \rightarrow 3$ 进入纯马氏体相，而高温区经过 $1 \rightarrow 4 \rightarrow 3'$ 的加载过程处于混合相。

(3) $\sigma_{Mf}(T_L) < \sigma^* < \sigma_{Mf}(T_H)$，如图 6.12(c) 所示。相变冲击波 1-2 与温度界面相遇，向低温区反射弹性加载波 2-3，同时向高温区透射弹性加载波 1-4 和相变波 4-3′，与图 6.12(b) 相比，此时温度间断面两侧的应变间断 3-3′ 变小。

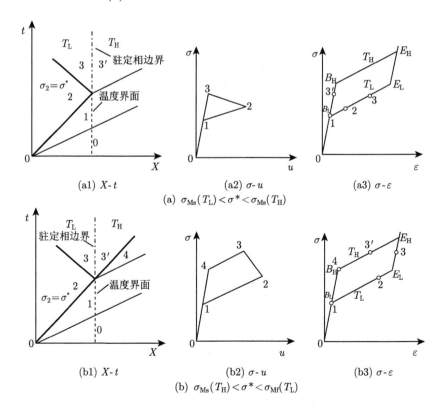

(a1) X-t 　　　　　　　(a2) σ-u 　　　　　　　(a3) σ-ε

(a) $\sigma_{Ms}(T_L) < \sigma^* < \sigma_{Ms}(T_H)$

(b1) X-t 　　　　　　　(b2) σ-u 　　　　　　　(b3) σ-ε

(b) $\sigma_{Ms}(T_H) < \sigma^* < \sigma_{Mf}(T_L)$

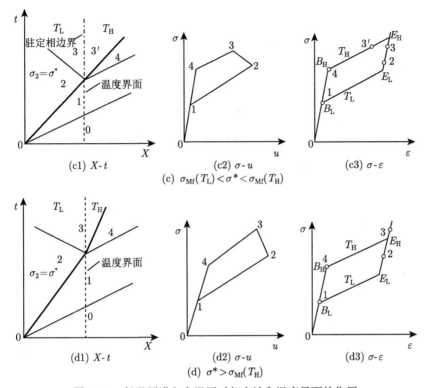

(c1) X-t

(c2) σ-u

(c3) σ-ε

(c) $\sigma_{Mf}(T_L) < \sigma^* < \sigma_{Mf}(T_H)$

(d1) X-t

(d2) σ-u

(d3) σ-ε

(d) $\sigma^* > \sigma_{Mf}(T_H)$

图 6.12　低温区进入高温区时相变波和温度界面的作用

(4) $\sigma^* > \sigma_{Mf}(T_H)$, 如图 6.12(d) 所示。相变冲击波 1-2 与温度界面作用, 向低温区反射弹性加载波 2-3, 向高温区透射弹性加载波 1-4 和相变冲击波 4-3。与图 6.12(c) 相比, 此时透射波 4-3 已由相变波变为相变冲击波。值得注意的是, 此时 3 区温度界面两侧材料均处于纯马氏体相, 并且不存在应变间断。

2) 高温区至低温区

相变波由高温区进入低温区时的作用比较复杂。由于高温区相变波前方传播的弹性波的幅值 $\sigma_{Ms}(T_H)$ 高于低温区的相变起始阈值 $\sigma_{Ms}(T_L)$, 意味着该前驱弹性波到达温度界面后, 将产生如图 6.13(a) 的作用波系, 其反射的弹性卸载波在相变波和温度界面之间不断作用, 使相变波被削弱, 如图 6.13(a) 中的 ABC 区域所示。至 C 点时若其强度满足 $\sigma^*(C) < \sigma_{Ms}(T_H)$, 即相变波在未到达温度界面之前已被削弱为弹性波, 则不存在入射相变波和温度界面相互作用问题。反之, 若 $\sigma^*(C) > \sigma_{Ms}(T_H)$, 则表明入射相变波可到达温度界面, 这时, 相变波波前状态恰好处于高温区 1 相的临界应力点 $\sigma_{Ms}(T_H)$, 而低温区则处于混合相状态。我们将以此作为初始条件来分析相变波和温度界面的以下三种作用 (图 6.14)。

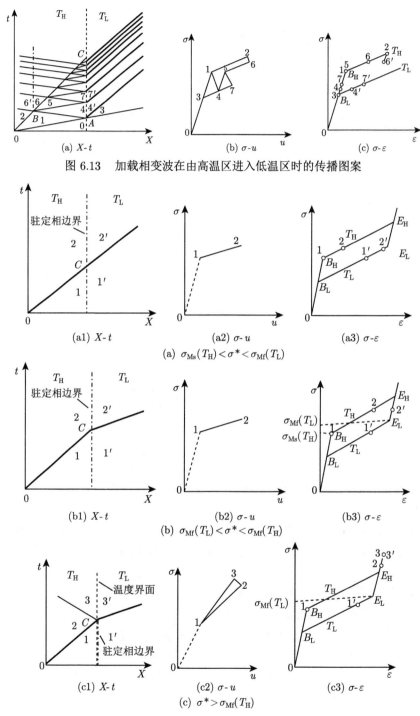

图 6.13　加载相变波在由高温区进入低温区时的传播图案

图 6.14　高温区至低温区时加载相变波和温度界面的作用

(1) $\sigma_{Ms}(T_H) < \sigma^* < \sigma_{Mf}(T_L)$。这时相变波直接透过温度界面，无反射作用，驻定相边界的间断值不变，如图 6.14(a) 所示。

(2) $\sigma_{Mf}(T_L) < \sigma^* < \sigma_{Mf}(T_H)$。温度界面对入射相变波仍无反射作用，但温度界面两侧的物质间断变小，低温相从 1′ 到 2′，形成相变冲击波，其波速高于高温相变波的速度，因此在图 6.14(b1) 所示的 X-t 图中表现为斜率的变小。

(3) $\sigma^* > \sigma_{Mf}(T_H)$。温度界面和入射相变冲击波 1-2 相互作用，向高温区反射 2 相弹性加载波 2-3，同时向低温区透射相变冲击波 1′-3′，在 σ-ε 图上 (图 6.14(c3))3 和 3′ 重合，即温度界面两侧材料均处于 2 相弹性态，初始的驻定相边界消失，见图 6.14(c)。

6.3.2.4 温度界面对卸载相变波的作用

对于 SME 和 PE 相变模型，温度界面与加载弹性波和相变波的基本作用，其规律是相似的，但温度界面对两种模型下的卸载波的作用是不同的，因为 SME 材料不存在逆相变，不会产生卸载相变波，因此我们只讨论 PE 情况。假设卸载前，温度界面两侧材料均处于马氏体弹性相 (2 相)，并且其两侧无初始物质间断，$t = t_0$ 时刻加载应力突卸至零，图 6.15 给出了在上述条件下卸载相变冲击波和温度界面的相互作用过程。

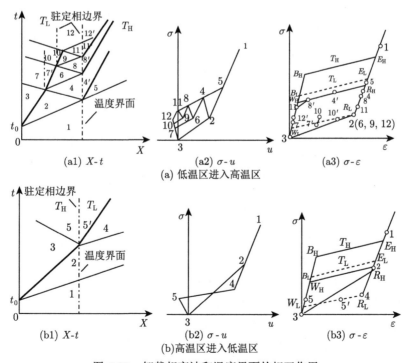

图 6.15 卸载相变波和温度界面的相互作用

(1) 低温区进入高温区。图 6.15(a) 中，低温区传入一道右行弹性卸载波 1-2 和卸载相变冲击波 2-3，应力从 1 区卸载到 0。其中弹性卸载波 1-2 先与温度界面作用，向低温区反射弹性加载波 2-4，同时向高温区透射弹性卸载波 1′-5 和逆相变波 5-4′，并在温度界面处形成驻定相边界 4-4′，这同图 6.11(b) 中的规律一致。在低温区，来自温度界面的反射弹性加载波和右行逆相变冲击波 2-3 不断相互作用，一方面削弱了逆相变波的强度，使得其性质从卸载冲击波变为相变波，最终以弹性卸载波的形式到达温度界面处；另一方面在反射弹性卸载波和逆相变冲击波作用处，不断形成驻定相边界，如 7-7′ 和 10-10′。图 6.15(a2) 可以看到，7、10 和 12 区产生了反向的粒子速度。

(2) 高温区进入低温区。图 6.15(b) 中，当卸载冲击波 2-3 由高温区进入低温区时，由于高温区逆相变应力阈值高于低温区，因此温度界面对于前面的右行卸载弹性波 1-2 无影响，同图 6.10(a) 所示一致。逆相变冲击波 2-3 在温度界面处向高温区反射弹性加载波 3-5，同时向低温区透射卸载弹性波 2-4 和逆相变波 4-5′，在温度界面处形成驻定相边界。同样，5 区产生了负粒子速度。

6.3.3　波系与温度界面作用的实验测试

6.3.3.1　实验装置

为验证上述理论分析的结果，我们采用带有瞬态红外测温系统的 SHPB 冲击压缩装置 (图 6.1)，对具有固定温度界面的 NiTi 合金长杆试件 (图 6.16) 进行了撞击实验。实验时，样品 NiTi 杆置于入射杆和透射杆之间，应力波形由 NiTi 试件上的三个应变计 G1、G2 和 G3 记录。红外测温系统测量相变波传播过程中 NiTi 杆表面某一点处的瞬态温度变化。

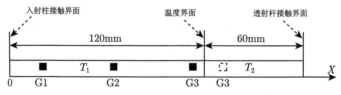

图 6.16　具有固定温度界面的 NiTi 试件示意图

子弹材料为 A3 钢，长度为 300mm。子弹撞击入射杆，产生约 t_0=120μs 的矩形应力脉冲。试件为直径 8mm 的 Ti-50.65at％Ni 合金棒材，加工成 60mm 和 120mm 长的两个杆件。经热处理使其室温下 (14℃) 处于形状记忆状态 (SME)，常压下的四个相变转变温度分别为 $M_s = -9.4℃$，$M_f = -16.8℃$，$A_s=35.2℃$，$A_f=49.6℃$。采用形状记忆状态 (SME) 杆作为试样是因为我们主要研究加载过程中相变波温度界面作用规律，PE 杆和 SME 杆的加载行为是相同的，但 SME 杆卸载无逆相变，波形比较干净，另外，SME 杆的相变阈值一般低于 PE 杆，这样

实验中可采用较低的弹速。为获得设定的初始温度界面，实验前，长杆 (120mm)
保持室温不变，将短杆 (60mm) 分别置于冰水混合物 (0℃) 和 37℃ 的水中约 30
分钟，以获得两种不同的材料初始温度。撞击前，将短杆快速取出并与长杆无缝
隙接触，从而产生温度界面，短杆撞击前的实际温度通过其上粘贴的热电偶直接
读出。具体温度和实验参数见表 6.3。

表 6.3 实验参数

编号	弹速/(m/s)	温度界面			红外测温位置/mm	应变计位置/mm		
		T_1/℃	T_2/℃	位置/mm		G1	G2	G3
#1	22	14.5	30.8	120	117	20	83	117
#2	28	14.5	1.5	120	83	20	83	141

6.3.3.2 实验结果

共进行了两次实验，实验 #1 G3 应变计贴在 117mm，位于温度界面的左侧，
实验 #2 G3 贴在 141mm 处，位于温度界面的右侧。子弹撞击速度分别为 22m/s
和 28m/s，主要实验结果如表 6.4 所示。根据应力波到达各应变计的时间可得到
波速。实验中相变波是由入射弹性波在透射钢杆反射产生的。由于受撞击端卸载
影响，实验 #1 只有 G3 应变计位置进入了相变 (图 6.18)，因此无法确定相变波
波速。实验 #2 可以通过 G2 和 G3 信号计算得到相变波速约为 920m/s(图 6.20)。

表 6.4 主要实验结果

编号	弹性波速 C/(m/s)	相变波速度 D/(m/s)	最大测量温升/℃	最大应变/%
#1	2580	—	3.2	−1.4
#2	2640	920	6.1	−1.72

需说明的是，在实验结果中，应变波形以拉为正，下面图 6.17、图 6.19、图
6.21，以及表 6.4 中测到的应变为负值，表示是压缩应变。

1) 实验 #1，温度界面从低温 (14.5℃) 到高温 (30.8℃)

实验 #1 弹速 22m/s，图 6.17 和图 6.18 分别给出了应变计记录波形和相应
的波传播分析。图 6.17 中 G1 记录到完整的加、卸载脉冲信号，卸载后应变基本
恢复，说明撞击端面处只产生弹性波 (图 6.18 中 0-1 所示)。对比 G1、G2 和 G3
波形可知，该弹性波在 NiTi 杆中传播时无衰减效应。温度界面 (低温至高温) 对
弹性波 0-1 无干扰作用，如图 6.18 中 A 点所示，这同 6.3.2.1 节图 6.10(a) 所
预测的一致。当图 6.17 中 G3 信号的弹性波 oa 右行至 NiTi 杆和透射钢杆的接
触面处的 B 点时，由于钢杆波阻抗大，将往高温 NiTi 杆内反射左行的加载弹
性波 1-2 和相变波 2-3(图 6.18)。当左行加载弹性波 1-2 到达温度界面 C 点时，
将由高温区进入低温区，这种情况和图 6.13(a) 是一致的，只不过左右位置相反。

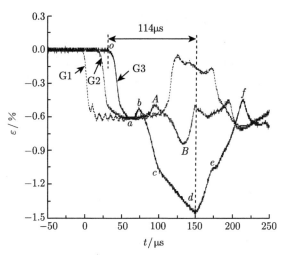

图 6.17 实验 #1 应变计记录波形 ($v_0=22$m/s)

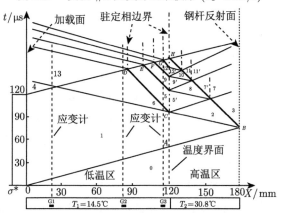

图 6.18 实验 #1 杆中波传播 X-t 图

参考图 6.13(a) 可知，将反射右行弹性卸载波 (图 6.18 中 2-5′)，透射左行弹性加载波 (1-6) 和相变波 (6-5)，右行弹性卸载波不断在左行加载相变波和温度界面之间来回反射和透射作用，使相变波减弱，并不断产生驻定相边界。弹性波 1-6 在图 6.17 中的 G2 应变计信号上为 AB 段，在 G3 信号中为 bc 段的一部分，因为 G3 信号中的 bc 段包含了弹性波 1-6 和相变波 6-5，只是由于 G3 应变计位置靠近温度界面，使得波 1-6 和 6-5 较难从时间上区分开来。G3 信号中的 cd 段代表了一系列的相变加载波，如图 6.18 中 CHD 区域所示，反映了弹性波和温度界面及反射相变波 2-3 的连续不断的加、卸载作用过程。图 6.17 中 G3 信号中在 d 点处开始卸载，o 和 d 两点之间的时间间隔约为 114μs，同 G1 记录的加载历时是一致的，说明卸载来自子弹撞击端的卸载。此外，在低温 NiTi 长杆中，还存在弹性加载波、相变波和弹性卸载波的迎面相互作用问题，表现为图 6.17, 图 6.18 中的复

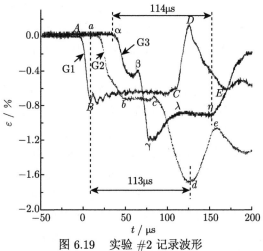

图 6.19　实验 #2 记录波形

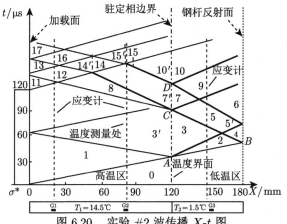

图 6.20　实验 #2 波传播 $X\text{-}t$ 图

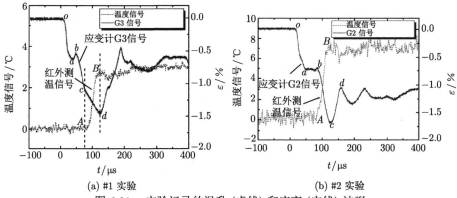

(a) #1 实验　　　　　　　　　　　　(b) #2 实验

图 6.21　实验记录的温升 (虚线) 和应变 (实线) 波形

杂波系和一系列的应变间断面, 不再一一分析。总之, 由图 6.17 的三个应变计信号可基本验证 6.3.2 节理论分析的两个基本规律: ①弹性波由低温区进入高温区, 温度界面对弹性波无干扰作用; ②弹性波由高温区进入低温区, 将在低温区形成弹性波和相变波的双波结构。

2) 实验 #2, 温度界面从高温 (14.5℃) 到低温 (1.5℃)

图 6.19 和图 6.20 分别给出了实验 #2 的记录波形和相应的 X-t 图。注意, 应变计 G3 位于温度界面的右侧。图 6.19 表明在 28m/s 子弹撞击速度下仍只产生了右行加载弹性波 (图 6.19 中的 AB, 图 6.20 中波 0-1), 应变值约 0.73%。当其由高温区传向低温区时, 在图 6.20 中的 A 点和温度界面作用, 往低温杆中透射右行弹性波 0-2 和相变波 2-3, 同时反射左行弹性卸载波 1-3', 从而在 A 点形成驻定物质和应变间断面 (3 区混合相, 3' 区 1 相弹性)。0-2 和 2-3 相应于 G3 实验信号中 α-β 段 (应变强度 0.45%) 和 β-γ 段 (图 6.19)。由 G3 实验信号可知, 低温 NiTi 材料杆的相变临界应变约为 0.45%, 小于高温杆的值 (大于 0.73%), 说明温度的降低使得相变临界应力和应变变小。当右行波 0-2 和 2-3 在透射钢杆界面反射成左行波到达温度界面的 C 点, 又将产生一系列的作用, 在此不再赘述, 感兴趣的读者可自行分析。总之, 由实验 #2 结果可验证图 6.10(b) 中理论结果: 弹性波由高温区进入低温区时, 反射弹性卸载波, 透射弹性波和相变波, 并在温度界面形成应变和物质间断面 (驻定相边界)。

3) 瞬态红外测温结果

图 6.21(a) 和 (b) 分别给出了实验 #1 G3 位置和实验 #2 G2 位置处的红外温度记录波形。图 6.21(a) 中, 对比温度和应变波形可知, 温度波形中的持续升高段 AB 相应于相变波波形中的 cd 段, 在 d 点卸载波到来之前, 温度达到最高, 升高了约 3.2℃。卸载波作用过程中, 温度保持最高值基本不变, 说明卸载为弹性卸载, 无逆相变发生, 材料为形状记忆状态。图 6.21(b) 中, 温度变化规律类似, 由于相变应变较大, c 点最高温升约为 6.5℃。

材料表面一点处的温度不仅可通过红外测温系统直接测量得到, 而且还可由该点处的相变应变和潜热通过下式计算得到

$$\rho_o C_p \dot{T} = \eta \sigma \dot{\varepsilon}^{\mathrm{Pt}} + L \dot{\xi} \tag{6.14}$$

式中 T 为绝对温度, σ, $\varepsilon^{\mathrm{Pt}}$ 分别为应力和相变应变, ρ, C_p, L 分别代表材料密度、定压比热和相变潜热, 其值见表 6.1, η 为相变耗散功热转化系数 (一般取 0.9), ξ 为新相体积百分含量。

根据上式计算得到的图 6.21(a) 中 d 点和图 6.21(b) 中 c 点的温升分别为 2.9℃ 和 6.2℃, 同测量温度基本一致。通过测量相变波传播过程材料表面温度的变化, 一方面说明相变波本身就是一个移动温度界面, 另一方面, 温度的变化从

侧面反映了加卸载波的性质，温度的升高说明加载波为相变波，卸载过程中温度基本无变化，表明卸载波为弹性波。

6.4　相变波在温度梯度杆中的传播

相变是温度相关的，相变波的传播和相互作用是一个热力耦合过程。由 6.3 节分析可知，弹性波和相变波在固定温度界面处将可能发生反射和透射，以保证温度界面处应力和位移的连续性，从而改变了应力波的结构，在温度界面处可能形成物质和应变间断面。事实上，自然界和工业制造领域多存在具有一定分布的温度场，如地壳内部的温升，工业机械设备中的非均匀温度场。当动载荷在具有一定温度梯度的介质中传播时，由于连续温度界面的持续作用，将产生复杂的波传播图案，并形成一些新的现象和规律。

本节将在 6.3 节关于相变波和固定温度界面相互作用的基本规律的基础上，研究相变波在温度梯度相变材料中的传播问题，为简化分析突出主要特征，本节分析中忽略相变自身引起的温度变化，仅考虑温度对相变阈值的影响。

6.4.1　相变模型和基本方程

考虑两类热弹性马氏体相变模型：形状记忆 (SME) 本构模型 (图 6.22(a)) 和伪弹性 (PE) 本构模型 (图 6.22(b))，前者是不可逆相变，后者是可逆相变。图中 T_{As} 和 T_{Af} 分别为零应力下奥氏体相变的起始温度和完成温度。

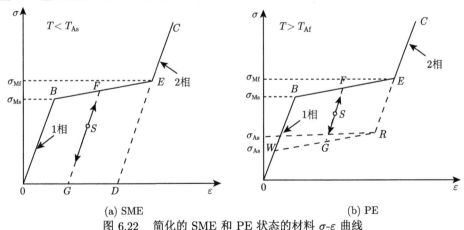

(a) SME　　　　　　　(b) PE

图 6.22　简化的 SME 和 PE 状态的材料 σ-ε 曲线

相变模型的数学形式参见 3.6.2 节一维简化热弹性相变模型。为简化分析我们忽略 1 相和 2 相弹性模量的差异，即令 3.6.2 节中 $E_1 = E_2 = E$，加载混合相区和逆相变混合相区斜率 $k_1 = k_2 = E_m$。假设相变阈值和温升呈线性关系：

$$\sigma^*(T) = \sigma^*(T_0) + \alpha(T - T_0), \quad \alpha = \mathrm{d}\sigma^*/\mathrm{d}T \tag{6.15}$$

其中，$* = \mathrm{Ms}, \mathrm{Mf}, \mathrm{As}, \mathrm{Af}, \alpha$ 是相变阈值温升系数。

6.4.2　具有单一固定温度界面杆中相变波传播的解析解

对于具有一个固定温度界面的 PE 半无限长杆，设温度界面距左端加载面 $X = l$ 处 (图 6.9)，杆中温度分布满足 $T_{\mathrm{Af}} < T_1 < T_2$。杆初始处于奥氏体相 (1 相)，应力、应变均为零。$t = 0$ 时刻，在杆左端施加应力脉冲载荷，应力幅值为 σ^* 大于相变起始应力 $\sigma_{\mathrm{Ms}}(T_1)$，脉宽为 τ。初始和边界条件可描述为

$$\sigma(X,0) = 0, \quad \varepsilon(X,0) = 0, \quad u(X,0) = 0, \quad 0 < X < \infty$$

$$T(X,0) = \begin{cases} T_1, & 0 < X \leqslant l \\ T_2, & \infty > X > l \end{cases}$$

$$\sigma(0,t) = \begin{cases} \sigma^*, & 0 < t < \tau \\ 0, & t > \tau \end{cases} \tag{6.16}$$

上述两式构成所谓的黎曼初、边值问题。

对于处于 PE 状态的杆，波系作用如图 6.23 所示。0 时刻，从加载端传入右行的加载弹性波 0-1 和相变波 1-2，1 区和 2 区应力分别等于 $\sigma_{\mathrm{Ms}}(T_1)$ 和 σ^*，1 区处于 1 相 (奥氏体相)。当 $\sigma^* < \sigma_{\mathrm{Mf}}(T_1$ 相变完成应力) 时，如图 6.22(b) 所示的 F 点，则 2 区处于混合相，当 $\sigma^* > \sigma_{\mathrm{Mf}}(T_1)$ 时，则 2 区处于 2 相 (马氏体相)，相变波 1-2 成为相变冲击波。τ 时刻卸载，传入右行弹性卸载波 2-3 和逆相变波 3-4。当 $\sigma^* < \sigma_{\mathrm{Mf}}(T_1)$ 时，3 区应力从图 6.22(b) 中的 F 点卸载到 G 点，处于混合相，4 区应力通过逆相变冲击波 3-4 从图 6.22(b) 中的 G 点卸载到 O 点，回复到 1 相，应力为 0。若 $\sigma^* > \sigma_{\mathrm{Af}}(T_1)$，则 3 区应力卸载到图 6.22(b) 中的 R 点，仍处于 2 相，4 区通过逆相变冲击波 3-4 回复到 1 相。不论何种情况，4 区应力均为 0，3 区的 2 相含量 ξ 均和 2 区相同。

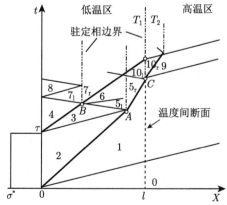

图 6.23　相变波在含一个温度界面的 PE 杆中的传播 ($T_{\mathrm{Af}} < T_1 < T_2$)

如果弹性卸载波 2-3 在到达温度界面前追赶上相变波 1-2(图 6.23 中的 A 点)，发生作用，将形成驻定相边界 5_l-5_r。这时，间断面左右侧 5_l 和 5_r 区域内的应力和相的状态存在多种可能性，取决于弹性卸载波 2-3 和相变波 1-2 的相对强度，需要通过实际试算来确定。从 A 点左行的弹性加载波 3-5_l 和右行卸载相变冲击波 3-4 在 B 点相遇并发生相互作用，形成驻定相边界 7_l-7_r。经 A 点作用后部分削弱的相变波 1-5_r 到达温度界面上的 C 点，有可能产生驻定相边界 10_l-10_r，与温度界面的具体作用结果可参见 6.3.2 节的分析, 根据应力波理论逐区求解，可依次求出各子区域的状态量：应力，应变，2 相含量等。以此类推，可以解析求得问题的解。当然，过程比较烦琐，这里不做详述。

对于 SME 状态的杆，同样可以得到解析解。由于不存在逆相变，波系和求解过程相对简单些。

上述讨论也适用于存在一个递减温度间断面的场合。对于含有 2 个或者 2 个以上递增或递减的固定温度界面的情况，原则上也可以按照上述方法求得解析解，不过十分繁复，特别是在任意两个温度界面之间均存在往复传播的复杂波系的相互作用，大大增加了解析求解的难度。因此，对于 2 个以上温度界面的情况，一般建议采用数值求解。当然对于连续梯度分布的温度场，目前只能采用数值求解方法。

6.4.3 温度梯度材料中相变波传播的数值方法

在温度连续分布的相变材料中，相变波的传播问题无法求得解析解。原因主要在于两个方面：首先空间中的连续温度变化使得每一位置都会对相变波产生干扰，加上相变材料自身显著的非线性特征，使得相变波的时空传播非常复杂。两方面因素的耦合造成解析求解异常困难，该问题的求解目前只能寻求数值方法。

在 4.4.2 节连续卸载条件下相边界传播的数值方法中，我们介绍了王文强等 (2000) 针对相变材料中连续卸载条件下的相变波传播问题提出的一种基于特征线方法的数值方法，但由于波在温度界面处的反射和透射作用，该方法用于求解相变波在温度梯度材料中传播问题可能过于烦琐。Bekker 等 (Bekker, 1997; Bekker et al., 2001, 2002) 在 Lax-Friedrichs 差分格式中引入黏性项作用计算分析了冲击条件下相变波的传播问题，但没有涉及卸载逆相变冲击波问题。

任何一个波传播的实际问题都是在一定的初始条件和边界条件之下求解一个双曲型的偏微分方程组。特征线方法提供了一种以特征线微分方程和特征关系微分方程为基础的求解波传播问题的方法。针对相变波在含温度界面的杆中的一维应力波传播问题，我们将采用修正的 Godunov 方法，通过将 Lax-Friedrichs 差分格式和 Lax-Wendroff 差分格式相结合的思路来构造差分函数。具体推导如下：

考虑一个截面相等，且质量分布均匀的圆杆，X 为沿杆轴向的拉格朗日坐标，

t 表示时间，轴向的控制方程为

$$\frac{\partial w}{\partial t} = \frac{\partial f}{\partial X} \tag{6.17}$$

其中 $w = \begin{pmatrix} \rho_0 u \\ \varepsilon \end{pmatrix}$, $f = \begin{pmatrix} \sigma \\ u \end{pmatrix}$。

假设杆沿着 X 轴被分为有限个长度为 ΔX 的单元，$w_j^n = w(n\Delta t, j\Delta X)$ 表示在 t^n 时刻 j 单元中心的值。计算过程分为两步：第一步是通过已知 t^n 时刻的值计算 $t^{n+1/2}$ 时在格点 $j + 1/2$ 处的值 (图 6.24)

$$w_{j+\frac{1}{2}}^{n+\frac{1}{2}} = \frac{1}{2}(w_j^n + w_{j+1}^n) + \frac{\lambda}{2}(f_{j+1}^n - f_j^n) \tag{6.18}$$

这一步采用的是 Lax-Friedrichs 差分格式，其中，$\lambda = \dfrac{\Delta t}{\Delta X}$；第二步是计算 t^{n+1} 时单元中心的值

$$w_j^{n+1} = w_j^n + \lambda \left(f_{j+\frac{1}{2}}^{n+\frac{1}{2}} - f_{j-\frac{1}{2}}^{n+\frac{1}{2}} \right) \tag{6.19}$$

这一步是 Lax-Wendroff 差分格，从而体现了 Lax-Friedrichs 和 Lax-Wendroff 两种差分方式的结合。

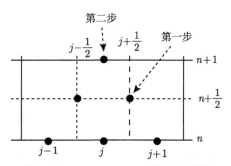

图 6.24　Lax-Wendroff 格式示意图

一般而言，当求出某格点处的 w，即 u 和 ε，就可以由本构关系求出该格点的应力 σ，然而，将上述计算过程应用到求解相变波传播及其和温度界面相互作用问题时，可能出现严重的问题。上述第一步算出 $w_{j+\frac{1}{2}}^{n+\frac{1}{2}}$ 后，并不能由该处已知的 $\varepsilon_{j+\frac{1}{2}}^{n+\frac{1}{2}}$ 求得 $\sigma_{j+\frac{1}{2}}^{n+\frac{1}{2}}$，从图 6.24 看，该点 $(j + 1/2, \ n + 1/2)$ 位于单元 j 和 $j+1$ 的边界上，而相邻单元的相变阈值应力可能是不同的，原因有两个方面：一是加卸载历史可能不同，二是在于界面两侧单元温度不同。这可能使得一个单元在发生相变加载的同时而与它相邻单元正在进行弹性或相变卸载。在第二步的更新计算中我们需要使用应力分量 $\sigma_{j+\frac{1}{2}}^{n+\frac{1}{2}}$，当该应力未知时，计算不能进行下去。

为了克服这一困难，需考虑相变波传播及其和温度界面的相互作用过程。由于相变阈值应力的温度相关性，原本相同的两侧材料事实上就转化成了相变阈值应力不同的两种材料。我们通过把温度间断面转化为相变阈值的间断面，波和温度间断面的作用就可作为纯力学问题加以处理，即在温度接触面两侧应力和粒子速度相等，应变不必连续，也称为黎曼问题。事实上，当相变波在由一个单元传播至相邻单元时，都可视为黎曼问题。具体计算过程参看图 6.25，首先通过相容关系计算接触面上的应力和速度分量，而不是应变分量，从而避开了由 ε 求解 σ 的难题。根据沿特征线的相容关系 (王礼立, 2005) 有

$$\mathrm{d}u = \pm \frac{\mathrm{d}\sigma}{\rho_0 c} \tag{6.20}$$

温度界面左侧单元 1 中从 1 区到 4 区沿右向特征线进行积分

$$u_4 = u_1 + \int_{\sigma_1}^{\sigma_4} \frac{\mathrm{d}\sigma}{\rho_0 c} \tag{6.21}$$

同样，从 2 区到 5 区沿左向特征线积分

$$u_5 = u_2 - \int_{\sigma_2}^{\sigma_5} \frac{\mathrm{d}\sigma}{\rho_0 c} \tag{6.22}$$

在单元温度界面上，满足应力和质点速度的连续性：

$$\sigma_5 = \sigma_4, \quad u_5 = u_4 \tag{6.23}$$

于是，有

$$\int_{\sigma_1}^{\sigma} \frac{\mathrm{d}\sigma}{\rho_0 c} + \int_{\sigma_2}^{\sigma} \frac{\mathrm{d}\sigma}{\rho_0 c} = u_2 - u_1 \tag{6.24}$$

其中 $\sigma = \sigma_5 = \sigma_4$。上式通过迭代法可计算 σ，积分中的 c 通过从状态 1 到 4 的加载过程获得，具体过程如下：

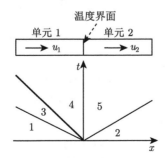

图 6.25 温度界面处内撞击产生的黎曼问题

(1) 令图 6.25 中两个单元 1 和 2 的波速 $c = c_0$，若波前状态已知，可获得其作用后界面上的弹性解

$$\sigma = \frac{1}{2}(\sigma_1 + \sigma_2) + \frac{\rho_0 c_0}{2}(u_2 - u_1) \tag{6.25}$$

(2) 判断，若 σ 均小于两个单元的相变阈值应力，则上述弹性解 σ 即为方程 (6.24) 的解，否则通过牛顿迭代法求解 (6.24) 式 (图 6.25)

$$\frac{(\sigma - \hat{\sigma}_1)}{\rho_0 \hat{c}_3} + \frac{(\sigma - \hat{\sigma}_2)}{\rho_0 \hat{c}_4} + \int_{\sigma_1}^{\hat{\sigma}_1} \frac{\mathrm{d}\sigma}{\rho_0 c} + \int_{\sigma_2}^{\hat{\sigma}_2} \frac{\mathrm{d}\sigma}{\rho_0 c} = u_2 - u_1 \tag{6.26}$$

式中 $\hat{\sigma}_1$, $\hat{\sigma}_2$, $\hat{c}_3$, $\hat{c}_4$ 分别是图 6.25 中的 1 区、2 区的相变阈值和 3 区、4 区的波速。求出两个相邻单元界面上的 σ 后，就可以通过 σ 求解界面上的粒子速度 u，这样就确定了交界面上的应力和质点速度，从而解决了上文第一步 Lax-Friedrichs 差分中不能由 $\varepsilon_{j+\frac{1}{2}}^{n+\frac{1}{2}}$ 求得 $\sigma_{j+\frac{1}{2}}^{n+\frac{1}{2}}$ 的问题。

上述求解单元界面上物理量过程的前提是波速 c 是方程 (6.17) 的特征根，当冲击载荷强度超过相变完成应力时，将形成相变冲击波，冲击波速同其强度有关，而不是方程 (6.17) 的特征根，这样在第二步牛顿迭代计算中将不再适用。为此，我们采用 Lax-Friedrichs 格式和 Lax-Wendroff 格式相混合的差分格式来解决该问题。具体如下，首先判断 j 单元在 n 时刻的应力–应变状态，若其在相变区域附近，则计算 Lax-Friedrichs 通量

$$f_{j+\frac{1}{2}}^{n+\frac{1}{2}} = \frac{1}{2}(f_j^n + f_{j+1}^n) + \frac{1}{2\lambda}(w_{j+1}^n - w_j^n) \tag{6.27}$$

否则，计算 Lax-Wendroff 通量

$$w_{j+\frac{1}{2}}^{n+\frac{1}{2}} = \frac{1}{2}(w_j^n + w_{j+1}^n) + \frac{\lambda}{2}(f_{j+1}^n - f_j^n) \tag{6.28}$$

$\sigma_{j+\frac{1}{2}}^{n+\frac{1}{2}}$ 由材料相变本构关系确定。第二步用相同的差分格式更新函数，有

$$w_j^{n+1} = w_j^n + \lambda \left(f_{j+\frac{1}{2}}^{n+\frac{1}{2}} - f_{j-\frac{1}{2}}^{n+\frac{1}{2}} \right) \tag{6.29}$$

采用上述混合差分格式计算伪弹性杆中的相变波传播 (无温度间断)，结果如图 6.26 所示。材料参数取为 $\sigma_{\mathrm{Ms}} = 400\mathrm{MPa}$，$\sigma_{\mathrm{Mf}} = 600\mathrm{MPa}$，$\sigma_{\mathrm{As}} = 300\mathrm{MPa}$，$\sigma_{\mathrm{Af}} = 100\mathrm{MPa}$，冲击载荷强度 $\sigma^* = 640\mathrm{MPa}$。从图 6.26 可以看到，数值计算分别较好地模拟了冲击加载下 PE 状态杆中的加载和卸载双波结构。需指出的是在相变冲击波后平台有许多微小震荡，这是差分数值方法导致的结果。

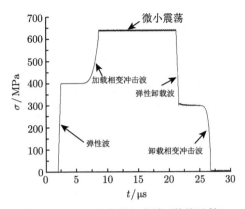

图 6.26　PE 杆中的相变波 (数值计算)

图 6.27 ($T_1 > T_2$) 和图 6.28 ($T_1 < T_2$) 分别给出了弹性波和相变波同固定温度界面相互作用的数值计算结果。高温区和低温区相变起始阈值应力分别为 400MPa 和 350MPa。图 6.27 中，0-1 是入射弹性加载波，0-1-3 是左侧高温区 (T_1) 的计算波形，0-1 和 1-3 分别为弹性加载波和反射弹性卸载波。0-2-3′ 是右侧低温区 (T_2) 的波形结构，0-2 和 2-3′ 分别代表弹性加载波和相变波。这与 6.3 节关于弹性波由高温区进入低温区和温度界面相互作用理论分析结果是一致的。图 6.28 给出了当弹性波和相变波由低温区进入高温区时和温度界面作用的计算结果，可以看到，这种情况下温度界面对加载弹性波 0-1 无任何干扰作用，相变波 1-2 和温度界面作用往低温区反射相变加载波 2-3，同时向高温区透射弹性波 1-4 和相变波 4-5，这同 6.3 节图 6.12(b) 中的理论结果是一致的。以上结果表明采用本节所述的数值方法可以较好地模拟弹性波、相变波和温度界面的相互作用问题。

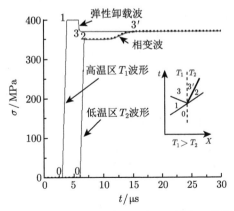

图 6.27　弹性波和温度界面作用 (高温到低温) 的计算结果

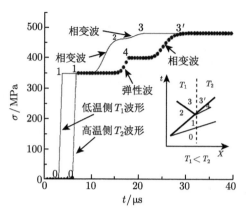

图 6.28　相变波和温度界面作用 (低温到高温) 的计算结果

6.4.4　温度梯度递增分布时的 SME 杆中相变波的传播

考虑一半无限长杆,初始时杆处于自由应力状态,杆中具有线性分布的温度场 $T = T(X)$

$$T(X) = T(0) + \beta X \tag{6.30}$$

其中 $T(0)$ 为 $X = 0$ 处的温度, β 是温度梯度,量纲 K/m。

这一节讨论形状记忆状态 (SME) 杆中相变波传播的演变特性。为保证杆处于形状记忆状态,对于初始态为奥氏体相的 (1 相) 杆,任一点的温度需满足: $T_{\text{Ms}} < T(X) < T_{\text{As}}$,其中 T_{Ms} 和 T_{As} 分别是杆材料在 0 应力时的马氏体转变和奥氏体转变的起始温度。当温度处于这一区间时,加卸载过程呈现完全的形状记忆行为。当温度高于 T_{As},甚至 T_{Af},后者是奥氏体转变完成温度,材料卸载时会部分甚至全部逆相变为奥氏体相,即呈现伪弹性行为 (PE)。当然如果要研究伪弹性杆中相变波传播,可以令温度大于 T_{Af}。如果温度小于 T_{Ms},那么该处材料初始态就部分或全部处于马氏体相,杆材就不是同一相构成了。

下面讨论中默认 $T_{\text{Ms}} < T(X) < T_{\text{As}}$ 温度条件,不再专门提及。其实,对于下文突加载荷不考虑卸载的加载方式,对于温度高于 T_{As} 也是适用的,因为 SME 和 PE 的加载力学行为是类似的。

6.4.4.1　准静态加载下的相变分布规律

该问题在准静态加载下可以求得解析解。考虑 (6.30) 式所示的递增温度梯度杆,$\beta > 0$。由于相变阈值应力的温度相关性,使得温度梯度材料杆变为力学意义上的相变阈值梯度杆。假设相变临界应力 σ_{Ms} 和 σ_{Mf} 与温度间为线性关系,斜率相同为 α,那么可以得到相变阈值应力随 X 的变化梯度为

$$\frac{\mathrm{d}\sigma_{\text{Ms}}}{\mathrm{d}X} = \frac{\mathrm{d}\sigma_{\text{Mf}}}{\mathrm{d}X} = \alpha\beta = \theta \tag{6.31}$$

式中 $\theta = \alpha\beta$。

对杆施加准静态压缩至应力 $\sigma^* > \sigma_{Mf}(X_0)$，那么杆从低温端开始将形成相变区。杆中存在两个特征位置 $X_{\xi=0}$ 和 $X_{\xi=1}$，前者 2 相含量 $\xi=0$，它分隔相变区和未相变区，$X > X_{\xi=0}$ 区域无相变发生，$X_{\xi=0}$ 可通过当地相变起始应力 $\sigma_{Ms}(X_{\xi=0}) = \sigma^*$ 算出。相变区又可以分为 2 个区，用 $X_{\xi=1}$ 来界定，$(0, X_{\xi=1})$ 是完全相变区域，2 相含量 $\xi=1$。$(X_{\xi=1}, X_{\xi=0})$ 是混合相区域，ξ 从 1 逐步降为 0，构成递减梯度材料，$X_{\xi=1}$ 可通过当地相变完成应力 $\sigma_{Mf}(X_{\xi=1}) = \sigma^*$ 算出。纯 2 相区宽度和混合相变区域宽度分别为

$$X_{\xi=1}^{s} = (\sigma^* - \sigma_{Mf}(0))/\theta, \quad X_{\xi=0}^{s} = (\sigma^* - \sigma_{Ms}(0))/\theta \quad (6.32)$$

上标 s 代表准静态结果。

6.4.4.2 冲击加载下相变波传播的理论分析

对于温度呈 (6.30) 式所示的连续上升的半无限长杆，左端突加载荷产生的应力波在右行过程中将连续与不断升高的温度界面相互作用，产生极其复杂的演变波场。这一过程难以得到解析解，一般用数值方法来求解。即使采用数值求解，也需将杆离散为有限多个足够小的单元，单元内假设温度分布均匀，相邻单元的接触面构成有限多个温度界面。因此数值方法实际上是计算波与一系列温度界面的相互作用过程，不过数值计算难以直观给出解析规律。因此在这一小节，我们将采用如下思路解决这一问题：①通过相变波与若干温度间断面的作用图谱，定性分析其演变特征和规律；②在量纲分析基础上导出符合基本传播规律的解析表达式；③再由数值方法确定其参数。我们试图通过这样的步骤得到相变波在梯度温度杆中传播规律的解析式。

1) 相变波与若干温度间断面的作用规律分析

(1) 两个温度界面的杆。

先考虑两个温度界面的情况 (图 6.29)，温度分布满足 $T_{Ms} < T_1=300K< T_2 = 325K < T_3=350K< T_{As}$。相应的相变起始和完成应力分别为 $\sigma_{Ms,Mf}(T_1)=100$, 250MPa，$\sigma_{Ms,Mf}(T_2)=200$, 350MPa，$\sigma_{Ms,Mf}(T_3)=300$, 450MPa。$t = 0$ 时刻在杆左端施加突加载荷，加载应力幅值 $\sigma^*=300$MPa，高于温度 T_1 处材料的相变完成应力 $\sigma_{Mf}(T_1)=250$MPa。那么在 $t = 0$ 和 $X = 0$ 位置将产生强度 (幅值) 分别为 $\sigma_{Ms}(T_1)=100$MPa 的右行弹性加载波 0-1，以及幅值为 $\sigma^* - \sigma_{Ms}(T_1)=200$MPa 的相变冲击波 1-2，并依次与温度界面作用。图 6.29 中细实线代表弹性波，粗实线代表相变波。初始的弹性前驱波在升高的温度间断的杆中传播时，根据 6.3 节可知，温度界面对弹性波 0-1 无干扰作用，弹性波将保持强度不变向右传播。相变冲击波 1-2 在 B 点和温度界面 (T_1, T_2) 作用，由于高温侧相变起始阈值应力高

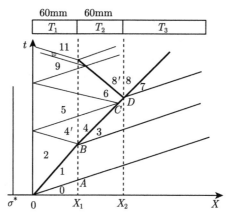

图 6.29   突加载荷下双温度界面 SME 杆中相变波传播示意图 ($T_1 < T_2 < T_3$)

于低温侧, 根据 6.3.2.3 节的讨论, 右行相变波在温度界面将透射一个右行弹性波
1-3 和一个减弱的右行相变波 3-4, 反射一个左行弹性加载波 2-4′。在 C 点, 来自
加载端面反射的弹性卸载波 4′-5 追上相变波 3-4, 反射弹性加载波 5-6, 同时相变
波 3-4 的强度被削弱, 变为 3-6。相变波 3-6 和温度界面 (T_2, T_3) 作用, 反射相
变冲击波 6-8′, 透射弹性波 3-7 和相变波 7-8。弹性加载波 5-6 和相变冲击波 6-8′
沿着 X 轴反向传播并和温度界面 (T_1, T_2) 再次作用, 形成由高温区向低温区传
播的问题。周而复始, 使得相变波传播和相互作用波系变得非常复杂, 不过采用
应力波理论, 问题是可以逐区解析求解的。

这里, 我们的目的是试图梳理出其中的定性规律。仔细分析图 6.29 中波作用
的过程, 可以看出以下几点：①由于 σ^* 大于 T_1 温度区的相变完成应力 $\sigma_{\mathrm{Mf}}(T_1)$,
因此 T_1 温度区属于纯 2 相区。② T_2 温度区相变完成应力 $\sigma_{\mathrm{Mf}}(T_2)$ 大于 σ^*, 但
是 B 点作用后的 4 区压力是大于 σ^* 的, 若 4 区压力仍小于 $\sigma_{\mathrm{Mf}}(T_2)$, 那么波 3-4
将退变为相变波, 4 区进入混合相。如果温度 T_2 不是很高, 4 区的应力有可能高
于 $\sigma_{\mathrm{Mf}}(T_2)$, 这样一来, 波 3-4 仍然是相变冲击波, 4 区将进入纯 2 相区。这意味
着冲击加载下, 完全相变区的范围可以超过准静态时的范围。③对于 T_3 温度区,
由于其相变起始应力等于加载应力 σ^*, 从准静态观点看, 该区不会产生相变, 仍
处于 1 相。然而, 在冲击加载下, 在温度界面 D 处的波的作用使得 8 区的应力可
能高于 T_3 温度区的相变起始应力而产生相变, 从而使相变区域大于准静态加载,
直到左端面反射的右行卸载波把相变波卸载到稳定等于加载应力时, 相变波才会
消失。结论是冲击加载下的相变区范围将大于准静态加载下的范围, 包括纯 2 相
区和混合相区。

(2) 温度连续递增分布的杆。

我们接着分析温度连续递增分布的情况, 如图 6.30 所示。为应用上述两个

温度界面的定性分析结果，我们把给出的连续温度分布简化成足够多的温度界面。这样，杆左端面突加相同载荷时，由于幅值 σ^* 高于 $X=0$ 位置处材料的相变完成应力 $\sigma_{\mathrm{Mf}}(X_0)$，端面首先产生右行弹性加载波和相变冲击波，该右行弹性加载波可以无障碍通过各温度界面，而相变冲击波在传播过程中将连续和温度界面发生作用，不断产生反射的弹性加载波和透射的弹性加载波，以及不断减弱的相变冲击波/相变波。从整体看，这与上面两个温度界面状况类似，在相变波和温度界面的作用区，应力是增大的，甚至大于 σ^*。

根据相变波的衰减过程，我们总可以在 X 轴上找到两个特征位置 $X_{\xi=1}^{\mathrm{D}}$ 和 $X_{\xi=0}^{\mathrm{D}}$，分别对应纯 2 相 ($\xi=1$) 和混合相 ($1>\xi>0$) 的传播深度，上标 D 表示动态冲击。这两个特征点把传播过程分为三个阶段：①相变冲击波阶段 ($0<X<X_{\xi=1}^{\mathrm{D}}$)，在 $X_{\xi=1}^{\mathrm{D}}$ 处 $\sigma^*=\sigma_{\mathrm{Mf}}(X_{\xi=1}^{\mathrm{D}})$。在该阶段，冲击波强度逐渐减小，波速减小，波传播路径表现为上凹的曲线，如图 6.30 中 OA 段所示。②相变波阶段 ($X_{\xi=1}^{\mathrm{D}}<X<X_{\xi=0}^{\mathrm{D}}$)，在 $X_{\xi=0}^{\mathrm{D}}$ 处 $\sigma^*=\sigma_{\mathrm{Ms}}(X_{\xi=0}^{\mathrm{D}})$。从 A 点 ($X=X_{\xi=1}^{\mathrm{D}}$) 开始，相变波强度低于当地的相变完成应力，相变冲击波衰减为相变波，波速恒定，其路径线为直线，如图 6.30 中 AB 段所示。③相变波在 $X\geqslant X_{\xi=0}^{\mathrm{D}}$ 处消失，只有弹性波继续往前传播。依据材料状态可将杆分为三个区：纯 2 相区 ($0<X<X_{\xi=1}^{\mathrm{D}}$)、混合相区 ($X_{\xi=1}^{\mathrm{D}}<X<X_{\xi=0}^{\mathrm{D}}$) 和纯 1 相区 $X>X_{\xi=0}^{\mathrm{D}}$。左行反射加载波性质与其传播前方的材料状态有关，若其前方处于 2 相，则反射波为 2 相弹性加载波，如图 6.30 中 OA 左上方区域。若前方处于混合相，则反射波为相变加载波，如图中 AB 左上方区域。值得注意的是，在 $X_{\xi=1}^{\mathrm{D}}$ 右侧附近，将可能局部形成反射相变冲击波，因为左行反射加载波后应力高于波前应力，在 X 略大于 $X_{\xi=1}^{\mathrm{D}}$ 附近，可能超过当地的 $\sigma_{\mathrm{Mf}}(X)$，从而形成短暂的反射相变冲击波。

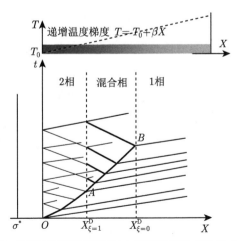

图 6.30　突加载荷下正温度梯度杆中相变波传播示意图 ($\mathrm{d}T/\mathrm{d}X>0$)

从相变冲击波传播的整个过程来看，其自身由相变冲击波变为相变波，然后变为弹性波，从而将杆划分为三个区域：在 $0 \sim X_{\xi=1}^{\mathrm{D}}$ 段，材料成分为纯 2 相，$\xi=1$；在 $X_{\xi=1}^{\mathrm{D}} \sim X_{\xi=0}^{\mathrm{D}}$ 范围内，材料处于混合相状态，$0 < \xi < 1$；当 $X > X_{\xi=0}^{\mathrm{D}}$ 时，材料处于纯 1 相，$\xi=0$，只有弹性波存在，从而使得具有温度梯度的材料杆变为一种梯度材料杆。

2) 量纲分析导出符合基本传播规律的解析表达式

图 6.30 中，$X_{\xi=1}^{\mathrm{D}}$，$X_{\xi=0}^{\mathrm{D}}$ 分别反映了相变冲击波和相变波的传播深度，也是材料不同物质状态的分界点 (纯 2 相和混合相，混合相和纯 1 相)。其理论求解相对复杂，我们试图通过量纲理论定性的确定这两个位置的基本函数关系，然后通过数值方法确定其表达式。按照 $X_{\xi=1}^{\mathrm{D}}$，$X_{\xi=0}^{\mathrm{D}}$ 形成的物理过程，我们知道，它们的位置与弹性波速 C_{e}、相变波速 C_{Pt}、载荷幅值应力 σ^*、温度梯度 $\mathrm{d}T/\mathrm{d}X$ 有关，而 2 个相变阈值梯度 (统一用 $\mathrm{d}\sigma_M/\mathrm{d}X$ 形式来表示) 是与温度和温度梯度相关的。因此可以写出如下函数关系

$$X_{\xi=1,\xi=0}^{\mathrm{D}} = f(C_{\mathrm{e}}, C_{\mathrm{Pt}}, \sigma^*, \mathrm{d}\sigma_M/\mathrm{d}X) \tag{6.33}$$

式中将 $X_{\xi=1}^{\mathrm{D}}$，$X_{\xi=0}^{\mathrm{D}}$ 合写为 $X_{\xi=1,\xi=0}^{\mathrm{D}}$，各物理量的量纲分别为 m，m/s，m/s，N/m^2，N/m^3。选单位长度 $L=1\mathrm{m}$ 为特征量进行无量纲化，有

$$\frac{X_{\xi=1,\xi=0}^{\mathrm{D}}}{L} = f\left(\frac{C_{\mathrm{Pt}}}{C_{\mathrm{e}}}, \frac{\sigma^*}{\mathrm{d}\sigma_M/\mathrm{d}X}\frac{1}{L}\right) \tag{6.34}$$

进一步假定

$$X_{\xi=1,\xi=0}^{\mathrm{D}} = \frac{C_{\mathrm{Pt}}}{C_{\mathrm{e}}} f\left(\frac{\sigma^*}{\mathrm{d}\sigma_M/\mathrm{d}X}\right) \tag{6.35}$$

$C_{\mathrm{Pt}}/C_{\mathrm{e}}$ 为无量纲量，反映了材料自身的物理性质。$\dfrac{\sigma^*}{\mathrm{d}\sigma_M/\mathrm{d}X}$ 量纲为 m，同待求量 $X_{\xi=1,\xi=0}^{\mathrm{D}}$ 一致，它们之间应该是线性关系，因此上式可写为

$$X_{\xi=1,\xi=0}^{\mathrm{D}} = \kappa_{\xi=1,\xi=0}^{\mathrm{D}} \frac{C_{\mathrm{Pt}}}{C_{\mathrm{e}}} \frac{\sigma^*}{\mathrm{d}\sigma_M/\mathrm{d}X} + \chi_{\xi=1,\xi=0}^{\mathrm{D}} \tag{6.36}$$

其中参量 $\kappa_{\xi=1,\xi=0}^{\mathrm{D}}$ 为无量纲因子，$\chi_{\xi=1,\xi=0}^{\mathrm{D}}$ 为常数项，待求。通过简单量纲分析可以看到，相变冲击波和相变波的传播深度与加载应力强度 σ^* 成正比，与相变阈值应力梯度成反比。

事实上，只有当加载应力大于 $X = 0$ 位置处材料的相变完成应力 $\sigma_{\mathrm{Mf}}|_{X=0}$ 时，才存在相变冲击波，因此，纯 2 相区有

$$X_{\xi=1}^{\mathrm{D}} = \kappa_{\xi=1}^{\mathrm{D}} \frac{C_{\mathrm{Pt}}}{C_{\mathrm{e}}} \frac{\sigma^* - \sigma_{\mathrm{Mf}}|_{X=0}}{\mathrm{d}\sigma_M/\mathrm{d}X} + \chi_{\xi=1}^{\mathrm{D}} \tag{6.37a}$$

同样,只有当加载应力超过 $X = 0$ 位置处材料的相变起始应力 $\sigma_{\mathrm{Ms}}|_{X=0}$ 时,才存在相变区域,即

$$X^{\mathrm{D}}_{\xi=0} = \kappa^{\mathrm{D}}_{\xi=0} \frac{C_{\mathrm{Pt}}}{C_{\mathrm{e}}} \frac{\sigma^* - \sigma_{\mathrm{Ms}}|_{X=0}}{\mathrm{d}\sigma_M/\mathrm{d}X} + \chi^{\mathrm{D}}_{\xi=0} \tag{6.37b}$$

3) 数值方法确定参数

我们通过数值计算寻求 $X^{\mathrm{D}}_{\xi=1}$,$X^{\mathrm{D}}_{\xi=0}$ 的变化规律,并修正或验证上述量纲分析的结果。计算相关材料参数取自表 6.5。$X = 0$ 位置处材料的相变起始和完成应力分别为 100MPa 和 250MPa。计算时,当新相体积百分含量 $\xi=1$(纯 2 相) 的空间区域不再随时间而变化时,取此时的宽度为相变冲击波传播深度 $X^{\mathrm{D}}_{\xi=1}$。同理定义新相体积百分含量 $\xi > 0$ 的起跳点不再移动位置时即为相变波的传播深度 $X^{\mathrm{D}}_{\xi=0}$。$X^{\mathrm{D}}_{\xi=1}$,$X^{\mathrm{D}}_{\xi=0}$ 均为相对于杆加载端面的距离。图 6.31 和图 6.32 分别给出了相变冲击波深度 $X^{\mathrm{D}}_{\xi=1}$ 及相变波深度 $X^{\mathrm{D}}_{\xi=0}$ 与加载应力幅值 σ^* 和相变阈值应力梯度 $\mathrm{d}\sigma_M/\mathrm{d}x$ 大小的变化关系。由图 6.31(a) 和图 6.32(a) 可知,纯 2 相区域的

表 6.5 计算参数

ρ	$6450\mathrm{kg/m}^3$
E	$58.05\mathrm{GPa}$
K	$3.63\mathrm{GPa}$
β	$1500\mathrm{K/m}$
α	$4\mathrm{MPa/K}$
T_0	$300\mathrm{K}$
$\sigma_{\mathrm{Ms}}(T_0)$	$100\mathrm{MPa}$
$\sigma_{\mathrm{Mf}}(T_0)$	$250\mathrm{MPa}$

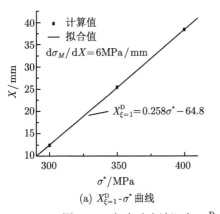

(a) $X^{\mathrm{D}}_{\xi=1}$-σ^* 曲线

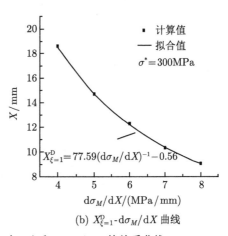

(b) $X^{\mathrm{D}}_{\xi=1}$-$\mathrm{d}\sigma_M/\mathrm{d}X$ 曲线

图 6.31 相变冲击波深度 $X^{\mathrm{D}}_{\xi=1}$ 与 σ^* 和 $\mathrm{d}\sigma_M/\mathrm{d}X$ 的关系曲线

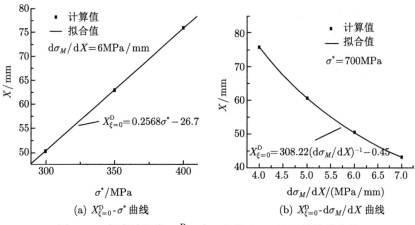

图 6.32　相变波深度 $X_{\xi=0}^{\mathrm{D}}$ 与 σ^* 和 $\mathrm{d}\sigma_M/\mathrm{d}X$ 的关系曲线

宽度 (相变冲击波传播深度) $X_{\xi=1}^{\mathrm{D}}$ 和混合相区域 (相变波传播深度) $X_{\xi=0}^{\mathrm{D}}$ 同加载应力幅值 σ^* 的关系均是线性增加的, 这与量纲分析结果是一致的。由图 6.31(b) 和图 6.32(b) 可知, 随着相变阈值梯度的增大, $X_{\xi=1}^{\mathrm{D}}$ 和 $X_{\xi=0}^{\mathrm{D}}$ 呈降低趋势, 拟合结果表明, $X_{\xi=1}^{\mathrm{D}}$, $X_{\xi=0}^{\mathrm{D}}$ 与 $\mathrm{d}\sigma_M/\mathrm{d}X$ 之间满足反比关系, 这与量纲分析结果也是一致的。

表 6.6 给出了通过计算拟合而得到的 (6.37a)、(6.37b) 式中各参数的值, 可见通过图 6.31(a) 和 (b) 拟合的 $\kappa_{\xi=1}^{\mathrm{D}}$ 值基本是一致的, 通过图 6.32(a) 和 (b) 拟合的 $\kappa_{\xi=0}^{\mathrm{D}}$ 值亦是基本相同的。另外, 由于 $\chi_{\xi=1,\xi=0}^{\mathrm{D}}$ 值相对 $X_{\xi=1,\xi=0}^{\mathrm{D}}$ 值较小, 可忽略不计。因此得到

$$X_{\xi=1}^{\mathrm{D}} = 6.19\frac{C_{\mathrm{Pt}}}{C_{\mathrm{e}}}\frac{\sigma^* - 250}{\mathrm{d}\sigma_M/\mathrm{d}X} \tag{6.38a}$$

$$X_{\xi=0}^{\mathrm{D}} = 6.16\frac{C_{\mathrm{Pt}}}{C_{\mathrm{e}}}\frac{\sigma^* - 100}{\mathrm{d}\sigma_M/\mathrm{d}X} \tag{6.38b}$$

将 C_{Pt} 和 C_{e} 的值代入上式有

$$X_{\xi=1}^{\mathrm{D}} = 1.55\frac{\sigma^* - 250}{\mathrm{d}\sigma_M/\mathrm{d}X} \tag{6.39a}$$

表 6.6　(6.37) 式参数拟合值

	拟合曲线	κ	χ/mm
$X_{\xi=1}^{\mathrm{D}}$	图 6.31(a)	6.19	-0.3
	图 6.31(b)	6.19	-0.56
$X_{\xi=0}^{\mathrm{D}}$	图 6.32(a)	6.16	-1.08
	图 6.32(b)	6.16	-1.02

$$X^{\mathrm{D}}_{\xi=0} = 1.54\frac{\sigma^* - 100}{\mathrm{d}\sigma_M/\mathrm{d}X} \tag{6.39b}$$

由上述两式可以看到，$X^{\mathrm{D}}_{\xi=1}$，$X^{\mathrm{D}}_{\xi=0}$ 的变化规律是基本相同的。假设上式适用于任意相变阈值应力 (尚需进一步扩大数值模拟的范围)，忽略系数的微小差别，上式可写为

$$X^{\mathrm{D}}_{\xi=1} = 1.55\frac{\sigma^* - \sigma_{\mathrm{Mf}}(X_0)}{\mathrm{d}\sigma_{\mathrm{Mf}}/\mathrm{d}X} \tag{6.40a}$$

$$X^{\mathrm{D}}_{\xi=0} = 1.55\frac{\sigma^* - \sigma_{\mathrm{Ms}}(X_0)}{\mathrm{d}\sigma_{\mathrm{Ms}}/\mathrm{d}X} \tag{6.40b}$$

写成一个式子，有

$$X^{\mathrm{D}}_{\xi=1,\xi=0} = 1.55\frac{\sigma^* - \sigma_{\mathrm{Mf,s}}(X_0)}{\mathrm{d}\sigma_{\mathrm{Mf,s}}/\mathrm{d}X} \tag{6.41}$$

对于相变阈值应力和温度，温度与距离均呈线性关系的情况，根据 (6.31) 式，上式可写为

$$X^{\mathrm{D}}_{\xi=1,\xi=0} = 1.55\frac{\sigma^* - \sigma_{\mathrm{Mf,s}}(X_0)}{\theta} \tag{6.42}$$

其中 θ 的定义见 (6.31) 式。

将上式和准静态公式 (6.32) 相比较，表明冲击加载时的 $X^{\mathrm{D}}_{\xi=1}$，$X^{\mathrm{D}}_{\xi=0}$ 比相同条件下的准静态加载时的 $X^{\mathrm{S}}_{\xi=1}$，$X^{\mathrm{S}}_{\xi=0}$ 要大，约为 1.55 倍。其原因在前面理论分析部分已做了说明。将动载和准静态条件下的 $X_{\xi=1}$ 和 $X_{\xi=0}$ 统一写为

$$X_{\xi=1,\xi=0} = \lambda\frac{\sigma^* - \sigma_{\mathrm{Mf,s}(X_0)}}{\mathrm{d}\sigma_{\mathrm{Mf,s}}/\mathrm{d}X} \tag{6.43}$$

其中 λ 称为增强因子，动态加载时取 1.55，静态时为 1。

6.4.4.3 动、静态计算结果对比

针对图 6.30 所示的相变波在温度连续线性递增杆中的传播规律进行了数值计算，采用 6.4.3 节中的混合差分算法。相关计算参数如表 6.5 所示，加载应力幅值为 σ^*=300MPa。图 6.33(a) 给出了杆的不同位置处的应力-时间波形，图中可以看到，随着距离的增大，加载应力峰值逐渐升高，并且高于冲击加载应力 σ^*=300MPa。应力波形具有三个阶段：弹性前驱波、连续弹性加载波和相变波。$X = 6$mm 波形中的相变波是相变冲击波，波后处于纯 2 相，$X = 15$mm 和 30mm 处，波后处于混合相。以上与上文的理论分析是一致的。

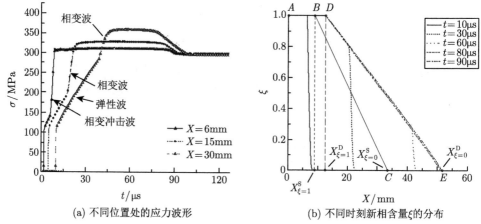

(a) 不同位置处的应力波形　　　　　(b) 不同时刻新相含量 ξ 的分布

图 6.33　冲击加载计算结果

图 6.33(b) 给出了动载下不同时刻马氏体相含量 $\xi(X)$ 的分布, 在 $t \geqslant 90\mu\text{s}$ 时分布基本稳定, 形成了三个区间: AD 段 $(0 \sim X_{\xi=1}^{\text{D}})$ 是纯 2 相区 $(\xi=1)$, DE 段 $(X_{\xi=1}^{\text{D}} \sim X_{\xi=0}^{\text{D}})$ 是混合区 $(0 < \xi < 1)$, E 点以外 $(X > X_{\xi=0}^{\text{D}})$ 是原 1 相区 $(\xi=0)$, 这与图 6.30 中的定性规律一致。计算得到的纯 2 相深度 $X_{\xi=1}^{\text{D}}=12.63\text{mm}$, 混合相深度 $X_{\xi=0}^{\text{D}}=52.11\text{mm}$。

图 6.33(b) 中还给出了准静态相同载荷下的 2 相含量分布曲线 ABC, 它对应的纯 2 相分布深度 $X_{\xi=1}^{\text{S}}=8.33\text{mm}$, 混合相深度 $X_{\xi=0}^{\text{S}}=33.33\text{mm}$。可见动态加载下的相变范围大于准静态加载, $X_{\xi=1}^{\text{D}}/X_{\xi=1}^{\text{S}}=1.52$, $X_{\xi=0}^{\text{D}}/X_{\xi=0}^{\text{S}}=1.56$, 和 (6.43) 式中的增强因子 $\lambda=1.55$ 很接近。

6.4.5　SME 杆温度递减分布时入射弹性波的传播和演化

6.4.5.1　理论分析

当杆中温度连续下降时, 入射弹性波在传播过程中和连续温度界面相互作用过程十分复杂, 我们同样借助于定性理论分析和定量计算相结合的方法进行研究。

考虑一半无限长温度呈梯度分布的 SME 杆, 如图 6.34 所示, 温度在杆中的分布为

$$T = \begin{cases} T(0) - \beta X, & X \leqslant X_{\text{s}} \\ T_{\text{s}}, & X > X_{\text{s}} \end{cases} \tag{6.44}$$

其中 β 代表温度梯度 $-\text{d}T/\text{d}X$, 其表达式为

$$\beta = -\frac{\text{d}T}{\text{d}X} = (T_0 - T_{\text{s}})/X_{\text{s}} \tag{6.45}$$

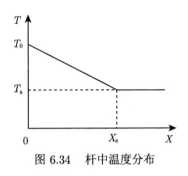

图 6.34　杆中温度分布

T_0 为 $X = 0$ 处的温度。上式表明温度在半无限长杆的 $(0，X_s)$ 段内呈连续线性递减分布，在其余部分呈均匀分布。

为保证杆处于形状记忆状态，杆中任一点的温度需满足：$T_{\mathrm{Ms}}(X) < T(X) < T_{\mathrm{As}}(X)$。考虑相变阈值应力和温度的相关性，假设二者呈正比关系，比例系数为 α，则有

$$\sigma_{\mathrm{M(s,f)}} = \begin{cases} \sigma_{\mathrm{M(s,f)}}|_{X=0} - \alpha\beta X, & X \leqslant X_s \\ \sigma_{\mathrm{M(s,f)}}|_{X_s}, & X > X_s \end{cases} \tag{6.46}$$

为便于分析，将杆离散为有限个单元，单元长度为 $\Delta X = X_s/n$，单元内温度分布均匀，因此在杆中前 $n+1$ 个单元将形成 n 个温度界面，从而形成波在含 n 个温度界面的杆中传播问题。

初始时材料处于纯 1 相状态，在 $t = 0$ 时刻突加载荷应力幅值 $\sigma^* \leqslant \sigma_{\mathrm{Ms}}(X = 0)$，杆端只产生一弹性加载波往杆内传播。当 $\sigma^* = \sigma_{\mathrm{Ms}}(X = 0)$ 时，第 1 个单元不发生相变，从第 2 个单元开始，随着温度的降低，相变阈值愈来愈低于 σ^*，将产生相变，形成相变波。当 $\sigma^* < \sigma_{\mathrm{Ms}}(X = 0)$ 时，弹性加载波要传播到一定深度，当该处相变起始阈值等于 σ^* 时才开始形成相变区。图 6.35 给出了该弹性波在温度连续线性降低的 SME 杆中传播的示意图，图中各线型的物理含义与图 6.29 一致。图中可见当弹性加载波 oa 在此温度梯度相变杆中传播时，将持续的同温度界面作用，产生一系列透射相变波并反射弹性卸载波，在各温度界面处形成应变间断面。因此该弹性加载波在小于 X_s 时本身就是一道移动的物质间断面，其前方区域材料处于纯 1 相，而后方材料处于混合相或纯 2 相。透射相变波在其传播过程中，一方面同前方反射的右行弹性卸载波迎面相互作用，使自身强度降低，另一方面与温度界面相互作用，产生新的反射相变加载波和透射相变波，而新的左行反射相变波和其前方的右行相变波相互作用，互相增强，就有可能形成相变冲击波。新的透射相变波又将会持续的与弹性卸载波及温度界面作用，从而在 $X\text{-}t$ 物理平面内形成复杂的波传播和相互作用图案。

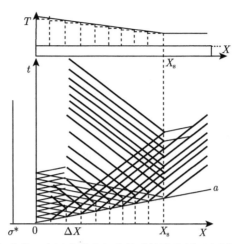

图 6.35　突加载荷下负温度梯度杆中的弹性波传播示意图 $(\mathrm{d}T/\mathrm{d}X < 0)$

6.4.5.2　数值分析

这一小节采用 6.4.3 节中的数值差分方法对该问题进行计算分析。计算参数：$X = 0$ 位置，$T_0 = 400\mathrm{K}$，相变起始和完成应力分别为 $\sigma_{\mathrm{Ms}} = 500\mathrm{MPa}$ 和 $\sigma_{\mathrm{Mf}} = 650\mathrm{MPa}$，加载应力幅值 $\sigma^* = 500\mathrm{MPa}$。在 $X_{\mathrm{s}} = 120\mathrm{mm}$，$T_{\mathrm{s}} = 280\mathrm{K}$，其他参数见表 6.5。

由于突加载荷幅值 σ^* 等于 $X = 0$ 位置处材料的相变起始应力 σ_{Ms}，因此一开始就在加载端产生右行的弹性波和相变波。图 6.36 给出了不同位置处计算得到的应力时间波形，图中虚线 LM 左下方为弹性前驱波区，如 ab，可见弹性前驱波在传播过程中强度逐渐降低，这是因为相变起始阈值应力沿着 X 轴方向是降低的。在 LM 和 NK 之间的区域代表连续加载的相变波，如 bc。随着传播距离的增大，相变波的上升时间越来越长。连续加载相变波后，应力在 NK 和 QP 之间的平台区内基本保持不变，如 cd。其原因在于弹性卸载波和相变波以及相变波之间的多次相互作用使得应力趋于平衡。不过随着距离的增大，平台区时间宽度逐渐减小，当 $X = 75\mathrm{mm}$ 时，应力平台段消失。随着应力平台段的结束形成了相变冲击波，如 de。相变冲击波的形成过程如图 6.35 中的分析所示。相变冲击波过后由于恒定应力加载边界条件效应而产生的弹性卸载波，如 fg，使得整个杆最终都处于加载应力 $\sigma^* = 500\mathrm{MPa}$ 状态。

图 6.37 给出了一典型的 $X = 30\mathrm{mm}$ 处的应力波形 $abcdefg$ 和 2 相含量 ξ 随时间的变化曲线 $ABDEF$。图中 ab 为弹性前驱波，bc 代表连续增强的相变波，cd 为应力平台，de 是相变冲击波，e 点应力约为 589MPa，超过该点处的相变完成应力。ef 之间的振荡不代表真实的物理波，而是由于差分计算所带来的结果。fg 为弹性卸载波，来自加载端面，g 点应力为 500MPa，与加载应力 σ^* 相同。由

图可知，在相变波 bc 作用时间内，新相含量 ξ 逐渐增大，材料处于混合相态，当相变冲击波 de 到时，ξ 突然增大至 1，材料进入纯 2 相。对比 ξ 和应力的变化关系，可以看到，ξ 的变化同应力波的加载过程中的波结构是对应的。

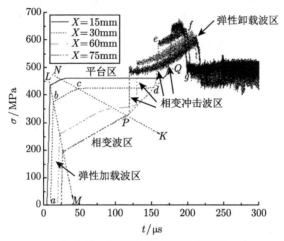

图 6.36　不同位置处的应力波形

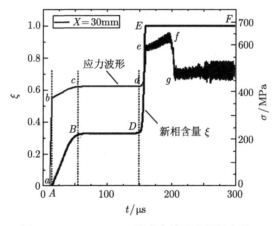

图 6.37　$X = 30\mathrm{mm}$ 处应力波形和新相含量 ξ

不同时刻新相质量百分含量 $\xi(X, t)$ 随 X 的分布如图 6.38 所示。当 $t = 40\mu\mathrm{s}$ 时，$\xi(X)$ 呈三角形分布，在 $X = 30\mathrm{mm}$ 的 a 点最大。表 6.5 给出的应力-应变曲线中的混合相斜率 $k = 3.63\mathrm{GPa}$，相应的相变波速 $C_{\mathrm{Pt}} = 750\mathrm{m/s}$，因此 $X = 30\mathrm{mm}$ 恰为第一道相变波在 $t = 40\mu\mathrm{s}$ 内传播的距离，这表明在一定时间范围内，沿着第一道相变波传播位置新相含量最大。当 $t = 60\mu\mathrm{s}$ 时，最大值点仍为第一道相变波传播的距离点，不过这时在波形右侧又出现一个极值点 d，原因在于前面传播的弹性前驱波与递减的温度界面作用，不断反射相变加载波 (图 6.35)，从而改变了相变含量的分布。当 $t = 100\mu s$ 时，反射加载相变波的作用完全改变了 $\xi(X)$ 极值点的位置，ξ 极值点位于 $X = 120\text{mm}(f$ 点)，大于第一道右行相变波传播的距离 75mm。当 $t = 150\mu s$ 时，ξ 的分布与 $t = 100\mu s$ 时相比，由于反射的加载相变波和右行相变波以及梯度温度界面的复杂作用，使得 2 相含量 ξ 同时向杆的两侧迅速发展并达到了完全相变 (ξ=1)。当 $t = 200\mu s$ 时，杆在相变冲击波到达区域已完全处于纯 2 相了。

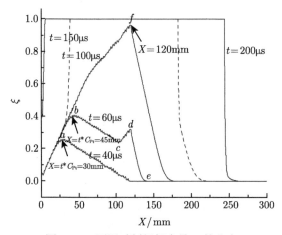

图 6.38　不同时刻新相含量 ξ 的分布

6.4.5.3　与准静态结果的比较

对上述具有负温度梯度的 SME 相变杆，施加 $\sigma^* = 500\text{MPa}$ 的准静态压力，其他参数与冲击加载完全相同，准静态加载下杆中相变分布状态可以容易算出。根据 $X = 0$ 和 $X_{\rm S} = 120\text{mm}$ 处的温度分别为 400K 和 280K 可以得到温度梯度为 β=1K/mm，再由表 6.5 查到相变阈值和温度的相关系数 α=4MPa/K，通过 (6.46) 式求出在 $X = 37.5\text{mm}$ 处的相变完成阈值 $\sigma_{\rm Mf}(37.5\text{mm})=$ 加载应力幅值 σ^*=500MPa，也就是说，$X > 37.5\text{mm}$ 的材料处于纯 2 相，0~37.5mm 范围内新相质量百分含量 ξ 呈线性递增分布。准静态与动态结果的对比如图 6.39 所示，动态压缩时，经过一定时间的波的作用后，除了 $X = 0$ 附近极小区域外，其余部分完全处于纯 2 相。对比可知，相同材料性质和加载应力条件下，动态冲击时的纯 2 相区域要大于准静态条件下的结果。从能量角度看，动态冲击对杆的输入能量要高于相同加载应力幅值下准静态的值。从波的角度讲，相变波由高温区进入低温区时和温度界面相互作用，将往高温区反射相变加载波，从而增大了高温区新相百分含量，扩展了 2 相区域的宽度。

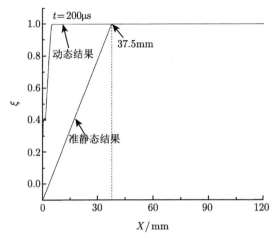

图 6.39 准静态与动态加载下新相含量 ξ 分布对比

上面从理论上分析了相变波和弹性波在温度梯度 SME 杆中传播和相互作用的规律，并采用数值差分算法进行了演算。相对于 SME 杆，PE 杆由于存在逆相变，波的传播和相互作用要复杂得多。不过这一节仅考虑阶跃冲击加载和半无限长杆，不考虑加载端的卸载作用和有限杆端的反射作用，因此，不管对 PE 杆还是 SME 杆，其规律基本是一致的。当考虑有限加载脉宽和有限长度杆时，温度梯度 PE 杆和 SME 杆中波的相互作用规律将会截然不同。关于温度梯度 PE 杆中波的传播和相互作用，以及有限杆的问题，感兴趣的读者可以继续深入研究。

6.5 热力耦合作用下相变波的传播

6.3 节和 6.4 节系统地分析了相变波系和固定温度界面的相互作用，以及相变波在温度梯度杆中的传播，但并没有考虑相变自身带来的温度变化。考虑到相变阈值应力的温度相关性后，温度界面就转化为力学上的相变阈值应力的间断面。从这个角度来讲，前两节关于相变波和温度界面的相互作用问题仍然是在等温纯力学框架下完成的 (不同位置，温度不同，但保持不变)。然而 6.2 节和 6.3 节中的实验结果表明，相变过程中存在温度的变化，相变波自身是一个移动的温度界面，它的传播和作用实质上是一个热力耦合的过程。

在应力作用下，大量实验观察到形状记忆合金中相边界的产生和运动现象。Shaw 等 (1997) 首先注意到在水和空气中 NiTi 合金薄片中的相边界的传播方式是不同的，在水中 (相当于等温过程) 的相边界速度小于空气中的值。后来 He 等 (2009) 在准静态条件下观察到 NiTi 薄壁管中相边界的运动，指出成核机制与相边界前方区域的热传导作用有关。Escobar 等 (1995)，Niemczura 等 (2006)，Liu

等 (1999), Lagoudas 等 (2003) 均对动载下相变波的传播进行过实验研究, 但未深入考虑温度的影响, 原因在于考虑温度作用时, 相变波传播图系变得十分复杂, 加上实验误差, 难以解释清楚波形结构一定是温度作用引起的。因此, 关于相变波的传播问题的研究, 尤其是考虑温度效应, 大多集中在理论和计算方面。Berezovski等 (2004, 2005, 2008) 从含有相变潜热项的 Helmholtz 自由能出发, 建立了相变临界准则和动力学关系, 采用"单元流量"数值离散方法对冲击加载下相变波的传播进行了计算分析, 并对比了等温和绝热条件下的波结构, 认为绝热条件下相变阈值应力高于等温条件下的值。Bekker 等 (1997, 2001, 2002) 基于 Lagoudas热力耦合相变本构模型 (1999), 采用 Lax-Friedrichs 差分算法研究了一维初边值黎曼问题, 但没有考虑卸载相变过程。

这一节中, 我们先从能量角度建立热力耦合的动态相变本构模型, 在此基础上, 分析相变过程中的温度变化对相变波传播的影响, 建立起相变驱动力和相变波传播速度的关系, 并对实验结果进行预测。

6.5.1 相变过程中的热效应

本构关系对波的传播具有决定性的作用, 冲击加载下相变波的传播和演化是一个热力耦合的问题, 为描述这一现象, 需要建立一套计及热力耦合效应的动态相变本构。对比一般的弹塑性材料, 我们认为相变材料温度效应主要体现在以下几个方面 (唐志平, 2008):

(1) 单纯的温度变化就可以引起相变;

(2) 相变阈值应力同温度相关;

(3) 卸载路径受温度影响, 可能形成卸载相变冲击波;

(4) 相变温度变化是由相变潜热和相变滞回过程中的变形耗散功共同作用引起的。

我们从能量角度出发, 建立一套宏观唯象动态相变本构, 重点研究冲击下温度对相变的影响。取单位质量的马氏体和奥氏体混合相系统作为研究对象, 引入单位质量 Gibbs 自由能函数 $G = G(\boldsymbol{\sigma}, T, \xi)$, ξ 代表马氏体相质量百分含量。当 $\xi=0$ 时, 材料处于纯奥氏体相 (1 相), $G = G_A(\boldsymbol{\sigma}, T)$; 当 $\xi=1$ 时, 材料处于纯马氏体相 (2 相), $G = G_M(\boldsymbol{\sigma}, T)$; 当 $0 < \xi < 1$ 时, 材料处于混合相, 将 $G = G(\boldsymbol{\sigma}, T, \xi)$ 对时间 t 求导, 得

$$\dot{G} = \frac{\partial G}{\partial \sigma} : \dot{\boldsymbol{\sigma}} + \frac{\partial G}{\partial T}\dot{T} + \frac{\partial G}{\partial \xi}\dot{\xi} \tag{6.47}$$

相变过程不仅是一个潜热释放/吸收过程, 而且还是一个能量耗散过程, 这是由于相变应力-应变曲线存在滞回引起的。由热力学第二定律可得

$$-(\dot{G} + \eta\dot{T}) - \boldsymbol{\varepsilon} : \dot{\boldsymbol{\sigma}} \geqslant 0 \tag{6.48}$$

式中 η 是熵。将 (6.47) 式代入上式，有

$$-\left(\frac{\partial G}{\partial \sigma} + \varepsilon\right) : \dot{\sigma} - \left(\frac{\partial G}{\partial T} + \eta\right)\dot{T} - \frac{\partial G}{\partial \xi} : \dot{\xi} \geqslant 0 \qquad (6.49)$$

由第 2 章 (2.70) 式

$$\varepsilon = -\frac{\partial G}{\partial \sigma}, \quad \eta = -\frac{\partial G}{\partial T} \qquad (6.50)$$

得

$$-\frac{\partial G}{\partial \xi}\dot{\xi} \geqslant 0 \qquad (6.51)$$

定义相变驱动力 f 为

$$f = -\frac{\partial G}{\partial \xi} \qquad (6.52)$$

则

$$f\dot{\xi} \geqslant 0 \qquad (6.53)$$

定义相变耗散能为

$$D = -\frac{\partial G}{\partial \xi}\dot{\xi} = f\dot{\xi} \qquad (6.54)$$

假设存在相变势函数 $\phi(\sigma, T, \xi)$，满足

$$\phi(f) = 0 \qquad (6.55)$$

根据最大耗散原理，有

$$D(f_{\mathrm{a}}, \dot{\xi}) = \max_{f_{\mathrm{a}} \in f_{\mathrm{all}}} D(f_{\mathrm{a}}, \dot{\xi}) \qquad (6.56)$$

即在所有的相变驱动力中，真实的相变驱动力 f_{a} 使得相变耗散能最大，其中

$$f_{\mathrm{a}} = \left(-\frac{\partial G}{\partial \xi}\right)\bigg|_{\mathrm{admissible}} \qquad (6.57)$$

$$f_{\mathrm{all}} = \{\,f_{\mathrm{a}}\,|\,\phi(f_{\mathrm{a}}) \leqslant 0\,\} \qquad (6.58)$$

对于由 (6.54)~(6.58) 式组成的方程组，采用拉格朗日方法求极值，建立拉格朗日函数

$$L(f, \lambda; \xi) = -f\dot{\xi} + \lambda\phi(f) \qquad (6.59)$$

上式对 f 求偏导有

$$\frac{\partial L(f, \lambda; \dot{\xi})}{\partial f} = -\dot{\xi} + \lambda\frac{\partial \phi(f)}{\partial f} = 0 \qquad (6.60)$$

即

$$\dot{\xi} = \lambda \frac{\partial \phi(f)}{\partial f} \tag{6.61}$$

上式即为内变量 ξ(马氏体相质量百分含量) 的演化方程。这同 Drucker 公设中求解塑性应变的方程在形式上是一致的。Lubliner 等 (1996) 直接将 Drucker 公设应用到相变材料,也得到类似 (6.61) 式的内变量演化方程。由上式可知,要确定 ξ 的具体数学形式,有三个待定物理量或函数关系:系数 λ、相变驱动力 f 和相变势函数 ϕ。

对于单位质量的奥氏体和马氏体混合相系统,若计及两相之间的相互作用项 $F(\xi)$,系统的 Gibbs 自由能可写为

$$G(\boldsymbol{\sigma}, T, \xi) = (1 - \xi)G_{\mathrm{A}}(\boldsymbol{\sigma}, T) + \xi G_{\mathrm{M}}(\boldsymbol{\sigma}, T) + F(\xi) \tag{6.62}$$

单位质量 Gibbs 自由能为

$$G(\boldsymbol{\sigma}, T, \xi) = -\frac{1}{2}\sigma : S : \sigma - \boldsymbol{\sigma} : [\alpha(T - T_0) + \varepsilon^{\mathrm{Pt}}] - \frac{1}{2}\frac{C}{T}(T - T_0)^2$$
$$- \eta_0(T - T_0) + U_0 + F(\xi) \tag{6.63}$$

式中 $\varepsilon^{\mathrm{Pt}}$ 为相变应变,其值等于应变 ε 减去马氏体相变起始点的应变 $\varepsilon_{\mathrm{Ms}}$。其他参数定义如下:

$$\begin{aligned}
S &= (1 - \xi)S_{\mathrm{A}} + \xi S_{\mathrm{M}} \\
\alpha &= (1 - \xi)\alpha_{\mathrm{A}} + \xi \alpha_{\mathrm{M}} \\
C &= (1 - \xi)C_{\mathrm{A}} + \xi C_{\mathrm{M}} \\
\eta_0 &= (1 - \xi)\eta_{\mathrm{A}} + \xi \eta_{\mathrm{M}} \\
U_0 &= (1 - \xi)G_{\mathrm{A0}} + \xi G_{\mathrm{M0}}
\end{aligned} \tag{6.64}$$

(6.64) 式描述了不考虑相间作用 $F(\xi)$ 时混合相的材料性能,由两相材料参数简单线性叠加而成。S, α, C, η_0, U_0 分别代表混合相的柔度、热膨胀系数、比热、熵及初始状态 (σ_0, T_0) 时的 Gibbs 自由能,下标 A 和 M 分别指奥氏体和马氏体相。相变应变 $\varepsilon^{\mathrm{Pt}}$ 和马氏体相体积百分含量 ξ 的关系为

$$\dot{\varepsilon}^{\mathrm{Pt}} = \mathrm{II} \mathrm{sgn}(\dot{\xi})\dot{\xi} \tag{6.65}$$

其中 II 为总的相变应变,等于相变完成点的应变 $\varepsilon_{\mathrm{Mf}}$ 减去相变起始点的应变 $\varepsilon_{\mathrm{Ms}}$,sgn 定义为

$$\mathrm{sgn}(\dot{\xi}) = \begin{cases} 1, & \dot{\xi} > 0 \\ -1, & \dot{\xi} < 0 \end{cases} \tag{6.66}$$

因此, 在 Gibbs 自由能的函数表达式中, 相变应变 $\varepsilon^{\mathrm{Pt}}$ 并不是一个独立的变量。根据

$$\varepsilon = -\frac{\partial G}{\partial \sigma}, \quad \eta = -\frac{\partial G}{\partial T}, \quad f = -\frac{\partial G}{\partial \xi} \tag{6.67}$$

有

$$\varepsilon = S : \sigma + \alpha(T - T_0) + \varepsilon^{\mathrm{Pt}} \tag{6.68}$$

$$\eta = \boldsymbol{\sigma} : \alpha + C\ln(T/T_0) - \eta_0 \tag{6.69}$$

$$f = \sigma : \Pi + \frac{1}{2}\Delta S\sigma^2 + \Delta\alpha(T - T_0) - \rho\Delta C[T - T_0 - T\ln(T/T_0)]$$
$$+ \rho\Delta\eta_0(T - T_0) - \rho\Delta U_0 + \frac{\partial F}{\partial \xi} \tag{6.70}$$

忽略两相热膨胀系数、热容以及参考态 Gibbs 自由能的差别, 有

$$f = \boldsymbol{\sigma} : \Pi + \frac{1}{2}\boldsymbol{\sigma} : \Delta S : \boldsymbol{\sigma} + \Delta\eta_0(T - T_0) + \frac{\partial F}{\partial \xi} \tag{6.71}$$

通常, 马氏体相和奥氏体相的弹性模量是不同的, 为便于分析起见, 假设二者弹性模量相同, 则 (6.71) 式可进一步简化为

$$f = \boldsymbol{\sigma} : \Pi + \Delta\eta_0(T - T_0) + \frac{\partial F}{\partial \xi} \tag{6.72}$$

郭扬波 (2004) 直接从两相自由能的差出发 (参见 (3.31) 式), 并将应力和应变分解, 也得到了如下的相变驱动力的表达式

$$f = p\varepsilon_v^{\mathrm{Pt}} + s_{ij}\gamma_{ij}^{\mathrm{Pt}} + \Delta\eta_0(T - T_0) \tag{6.73}$$

对比 (6.72) 式和 (6.73) 式可看到, 主要差别在于后者没有考虑相间相互作用。当相变驱动力 f 足以克服两相间的能障 Y 时, 相变才会发生, 临界值取等号, 即

$$F = Y \tag{6.74}$$

我们可以定义 (6.61) 式中所谓的相变势函数 ϕ 为

$$\phi = \begin{cases} f - Y, & \dot{\xi} > 0 \\ -f - Y, & \dot{\xi} < 0 \end{cases} \tag{6.75}$$

Lagoudas 等 (1996) 只考虑了相变起始和完成点处的能障, 并且假定完全由四个相变点的转化温度决定, 同 ξ 无关。郭扬波 (2004) 则认为相变能障同材料的热、力学状态 (σ, T, ξ) 有关 ((3.32) 式), 我们直接采用郭扬波的结果, 如下式:

$$Y(\xi) = \begin{cases} \Delta\eta_0[T_{\mathrm{Ms}} - T_0 + \xi(T_{\mathrm{Ms}} - T_{\mathrm{Mf}})], & \dot{\xi} > 0 \\ -\Delta\eta_0[T_{\mathrm{As}} - T_0 + (1 - \xi)(T_{\mathrm{Af}} - T_{\mathrm{As}})], & \dot{\xi} < 0 \end{cases} \tag{6.76}$$

将式 (6.72) 式和 (6.76) 式代入 (6.75) 式，有

$$
\phi = \begin{cases}
\sigma : \Pi + \Delta\eta_0(T - T_{\mathrm{Ms}}) - \xi\Delta\eta_0(T_{\mathrm{Ms}} - T_{\mathrm{Mf}}) + \dfrac{\partial F}{\partial \xi}, & \dot{\xi} > 0 \\[3mm]
-\sigma : \Pi - \Delta\eta_0(T - T_{\mathrm{As}}) + (1 - \xi)\Delta\eta_0(T_{\mathrm{Af}} - T_{\mathrm{As}}) - \dfrac{\partial F}{\partial \xi}, & \dot{\xi} < 0
\end{cases}
\tag{6.77}
$$

相变过程中，只要相变在进行，则新的应力、温度和状态点必然在新的后继阈值面上，即仍然有

$$
\dot{\phi} = \frac{\partial \phi}{\partial \sigma} : \dot{\sigma} + \frac{\partial \phi}{\partial T}\dot{T} + \frac{\partial \phi}{\partial \xi}\dot{\xi} = 0
\tag{6.78}
$$

将 (6.61) 式代入上式，有

$$
\lambda = -\frac{\left(\dfrac{\partial \phi}{\partial \sigma} : \dot{\sigma} + \dfrac{\partial \phi}{\partial T}\dot{T}\right)}{\dfrac{\partial \phi}{\partial \xi}}
\tag{6.79}
$$

将 (6.77) 式代入上式，有

$$
\lambda = \begin{cases}
-\dfrac{\dot{\sigma} : \Pi + \Delta\eta_0\dot{T}}{-\Delta\eta_0(T_{\mathrm{Ms}} - T_{\mathrm{Mf}}) + \dfrac{\partial^2 F}{\partial \xi^2}}, & \dot{\xi} > 0 \\[5mm]
\dfrac{\dot{\sigma} : \Pi + \Delta\eta_0\dot{T}}{-\Delta\eta_0(T_{\mathrm{Af}} - T_{\mathrm{As}}) - \dfrac{\partial^2 F}{\partial \xi^2}}, & \dot{\xi} < 0
\end{cases}
\tag{6.80}
$$

将上式代入至 (6.61) 式，得

$$
\dot{\xi} = \begin{cases}
\dfrac{\dot{\sigma} : \Pi + \Delta\eta_0\dot{T}}{\Delta\eta_0(T_{\mathrm{Mf}} - T_{\mathrm{Ms}}) + \dfrac{\partial^2 F}{\partial \xi^2}}, & \dot{\xi} > 0 \\[5mm]
\dfrac{\dot{\sigma} : \Pi + \Delta\eta_0\dot{T}}{-\Delta\eta_0(T_{\mathrm{Af}} - T_{\mathrm{As}}) - \dfrac{\partial^2 F}{\partial \xi^2}}, & \dot{\xi} < 0
\end{cases}
\tag{6.81}
$$

上式即为马氏体相变质量百分含量 ξ 的演化方程，式中仍有一未知函数 F 尚待确定。考虑到 F 所代表的物理含义，当 $\xi=0$, 1 时，其值为零。假设 F 是 ξ 的二次函数，则

$$
F = a\xi(1 - \xi)
\tag{6.82}
$$

其中, a 为材料参数。将上式代入到 (6.81) 式, 有

$$\dot{\xi} = \begin{cases} \dfrac{\dot{\sigma} : \Pi + \Delta\eta_0 \dot{T}}{\Delta\eta_0(T_{\mathrm{Mf}} - T_{\mathrm{Ms}}) + 2a}, & \dot{\xi} > 0 \\[3mm] \dfrac{\dot{\sigma} : \Pi + \Delta\eta_0 \dot{T}}{-\Delta\eta_0(T_{\mathrm{Af}} - T_{\mathrm{As}}) - 2a}, & \dot{\xi} < 0 \end{cases} \tag{6.83}$$

由上式可知, 马氏体相百分含量 ξ 的变化率 (即相变速率) 不仅同材料状态有关, 还受应力和温度变化率的影响。将 (6.71) 式代入上式, 注意到 (6.82) 式 $F = a\xi(1 - \xi)$, 有

$$\dot{\xi} = \begin{cases} \dfrac{\dot{f}}{\Delta\eta_0(T_{\mathrm{Mf}} - T_{\mathrm{Ms}}) + 4a}, & \dot{\xi} > 0 \\[3mm] \dfrac{\dot{f}}{\Delta\eta_0(T_{\mathrm{As}} - T_{\mathrm{Af}})}, & \dot{\xi} < 0 \end{cases} \tag{6.84}$$

上式表明, 内变量 ξ 的变化率同相变驱动力 f 的变化率成正比。Hayes(1975) 假定相变速率和相变驱动力成正比, 和松弛时间 τ 成反比, 提出了一个相变演化方程, 参见 (3.20) 式, 但未考虑 2 相含量 ξ 对相变速率的影响以及驱动力还必须克服两相间的能障 Y。郭扬波 (2004) 考虑了生长域的概念即各相的含量以及相间能障的影响, 给出了修正公式 (参见 (3.81) 式), 不考虑能障时的简化表达式如下:

$$\dot{\xi} = \begin{cases} (1 - \xi)\dfrac{1}{rkT}\dfrac{f}{\tau}, & \dot{\xi} > 0 \\[3mm] \xi\dfrac{1}{rkT}\dfrac{f}{\tau}, & \dot{\xi} < 0 \end{cases} \tag{6.85}$$

式中 τ 为相变松弛时间, $\dfrac{f}{\tau}$ 反映了在相变平衡时间内相变驱动力的变化率。对比 (6.84) 式和 (6.85) 式, 虽然二者在数学形式上不同, 但在内容和物理机制上是等价的。

相变过程中, 由能量守恒定律可以导出单位质量系统的内能变化率为

$$\dot{e} = \sigma : \dot{\varepsilon} + kT_{xx} \tag{6.86}$$

式中右侧第 2 项是热传导贡献, 绝热条件下忽略热传导的影响, 则

$$\dot{e} = \sigma : \dot{\varepsilon} \tag{6.87}$$

由 (2.69) 式转换关系, 得到

$$e = G + T\eta + \sigma : \varepsilon \tag{6.88}$$

将 (6.67) 式和上式代入到 (6.87) 式，有

$$T\dot{\eta} = f\dot{\xi} \tag{6.89}$$

将 (6.69) 式和 (6.72) 式代入上式，忽略两相之间的作用项，得到

$$C\dot{T} + \alpha T\dot{\sigma} = (\sigma : \Pi + \eta_0 T)\dot{\xi} \tag{6.90}$$

式中等式右边 $\sigma{:}\Pi$ 代表相变变形耗散功的作用，$\eta_0 T$ 反映了相变潜热的贡献。上式表明相变潜热和相变变形耗散功的作用不仅可引起温度的变化 $C\dot{T}$，而且由于热膨胀的作用还将产生热应力 $\dot{\sigma}$。不过对于大多数形状记忆材料，热膨胀系数 α 值较小，约为 $1\times10^{-6} \sim 13\times10^{-6}/\mathrm{K}$，当热应力 $\dot{\sigma}$ 不太大时，$\alpha T\dot{\sigma}$ 项可以忽略，因此 (6.90) 式可以简化为

$$\dot{T} = \frac{(\sigma : \Pi + \eta_0 T)}{C}\dot{\xi} \tag{6.91}$$

郭扬波 (2004) 在建立相变本构模型时，也得到了温度的变化关系 ((3.78) 式)，如下式所示

$$\dot{T} = \begin{cases} -\dfrac{T\Delta\eta_0}{C} \cdot \dot{\xi}, & \dot{\xi} > 0 \\[3mm] \dfrac{T\Delta\eta_0}{C} \cdot \dot{\xi}, & \dot{\xi} < 0 \end{cases} \tag{6.92}$$

比较上述两式可知，在郭扬波的工作中，忽略了相变变形耗散功 $\sigma{:}\Pi$ 对温度的贡献。

联立 (6.69) 式、(6.84) 式和 (6.91) 式，得到

$$\begin{cases} \dot{\sigma} = S^{-1} : (\dot{\varepsilon} - \dot{\varepsilon}^{\mathrm{Pt}}) \\[2mm] \dot{\varepsilon}^{\mathrm{Pt}} = \Pi\mathrm{sgn}(\dot{\xi})\dot{\xi} \\[2mm] \dot{\xi} = \begin{cases} \dfrac{\dot{\sigma} : \Pi + \Delta\eta_0\dot{T}}{\Delta\eta_0(T_{\mathrm{Mf}} - T_{\mathrm{Ms}}) + 2a}, & \dot{\xi} > 0 \\[3mm] \dfrac{\dot{\sigma} : \Pi + \Delta\eta_0\dot{T}}{-\Delta\eta_0(T_{\mathrm{Af}} - T_{\mathrm{As}}) - 2a}, & \dot{\xi} < 0 \end{cases} \\[6mm] \dot{T} = \begin{cases} \dfrac{(\sigma : \Pi - \eta_0 T)}{C}\dot{\xi}, & \dot{\xi} > 0 \\[3mm] \dfrac{(-\sigma : \Pi + \eta_0 T)}{C}\dot{\xi}, & \dot{\xi} < 0 \end{cases} \end{cases} \tag{6.93}$$

上式即为考虑热力耦合效应的冲击相变本构方程。该本构将应力变化率、应变率、温度变化率和马氏体相质量含量 ξ 的变化率联系起来，是一个动态本构，适用于冲击过程。式中应力、应变均为张量形式，因此该本构关系适用于三维情况。

(6.93) 式表明，总应变由三部分组成：弹性应变、相变应变及热应变。其中温度对应变变化的影响体现在两个方面：其一是热膨胀或收缩造成的变形 $\alpha \dot{T}$，通常当材料的温度发生变化时体积将随之变化，并在一定的约束条件下产生热应力；其二是两相熵的不同 $\Delta \eta_0$ 也会对相变应变的变化产生影响，该作用与温度变化率 $\Delta \eta_0 \dot{T}$ 有关。总之，温度的变化通过热膨胀系数和熵差影响了相变时的实际应变，从而产生了相变热应力。

一维应力条件下，上述相变本构方程 (6.93) 中含有 12 个待定常数。部分材料参数可根据 6.2 节中有关形状记忆 NiTi 合金动态特性确定，部分参数需要作简化处理，比如假设奥氏体相与马氏体相的模量、比热和热膨胀系数相等，即 $E = E_A = E_M$，$C = C_A = C_M$，$\alpha = \alpha_A = \alpha_M$ 等。具体参数列于表 6.7，其中参数 a 的大小取自 Lagoudas(2007)。

表 6.7 计算材料参数

参数	数值	单位
ρ	6450	kg/m³
E	58	GPa
$\Delta \eta_0$	−0.4	MPa/(m·K)
C	0.5	J/(g·K)
α	$3. \times 10^{-5}$	K⁻¹
Π	5%	—
T_{Ms}	286.2	K
T_{Mf}	288.4	K
T_{As}	319.2	K
T_{Af}	329.3	K
T_0	297	K
a	40	MPa

图 6.40(a) 给出了初始处于 SME 状态的 NiTi 合金材料在等温和绝热条件

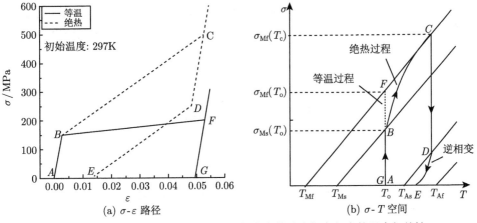

图 6.40 等温和绝热条件下 SME 记忆合金的冲击相变行为的温度相关性

下的计算应力–应变曲线,对比两组曲线可知,绝热条件下的相变行为表现出两个显著特征:①具有显著的加载硬化特征。其原因在于热效应,具体而言,正相变时由于相变潜热和相变变形耗散功的作用使得材料温度升高,这将增大相变能障,因此要达到相同的相变应变,必须增大相变应力,这同一般弹塑性材料由于位错运动而导致的热软化行为是不同的。②卸载时发生部分逆相变,这也同温度相关。我们可以在应力温度空间讨论该问题,如图 6.40(b) 所示。图中,BC 代表加载放热相变过程,在 C 点材料的温度 T 超过奥氏体相变起始温度 T_{As},因此卸载时发生了部分逆相变,如曲线 DE。上述分析解释仍是唯象的,其细观物理机制还需要深入研究。

6.5.2 相变波区域温度场的分布

冲击加载时,由于相变潜热的释放/吸收及相变耗散功的作用,相变波 (移动相边界) 本身成为一个移动热源,该热源的存在将改变相边界附近区域温度的分布,从而改变材料的状态和性能,使得应力波在其中的传播和相互作用规律发生变化。加上杆内热传导以及与环境介质的热对流的影响,杆内温度分布随距离和时间是变化的。因此,运动相边界区域温度场的分布对于研究相变波的传播具有基础性的作用。

Grujucic 等 (1985) 给出了绝热边界条件下单一相变界面处温度分布的理论解。Messner 等 (2003) 以 Shaw 等 (1997) 的实验结果为基础,从理论上分析了环境热对流系数对相变波区域温度分布的影响。Fisher 等 (2001) 采用积分方程的方法给出了相变波区域温度分布的解析解。上述研究虽然给出了相变波区域温度场的分布,但从机制上讲,只考虑了相变潜热的作用,而忽略了相变耗散功对温度的贡献。这一小节,我们讨论相变波阵面热源在传播过程中考虑热传导和热交换效应时杆中的温度分布。

设移动相边界在一维应力杆中沿着 X 轴正向传播,如图 6.41 所示,杆长 L_0,半径 r,$X = s(t)$ 为 t 时刻相边界位置,$\dot{s}$ 为相边界 (相变波) 运动速度。

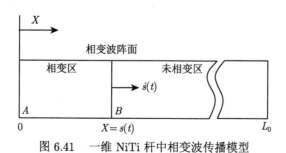

图 6.41 一维 NiTi 杆中相变波传播模型

根据热传导方程有

$$\rho_0 C_p \frac{\partial T}{\partial t} = k \frac{\partial^2 T}{\partial X^2} - \frac{2h}{r}(T - T_0) \tag{6.94}$$

其中 k 为热传导系数，h 为热对流系数，反映了相变杆表面同周围环境介质 (如空气, 水等) 的热交换。将相变波波阵面视为一热源，在其阵面 $X = s(t)$ 处，有

$$[kT_X]_-^+(s(t), t) = -l^* \dot{s}(t) \tag{6.95}$$

其中

$$l^* = \beta(l + \sigma \Pi) \tag{6.96}$$

(6.94)~(6.96) 式中，T、T_0 分别为试样温度和初始温度，ρ_0、C_p、k、l^* 和 h 分别为材料密度、定压比热、热传导系数、单位体积相变潜热及与外界环境的热对流系数，$\dot{s}$ 是相变波速，β 是新相体积百分含量，Π 为完全相变应变。初始和边界条件为

$$T(X, 0) = T_0, \quad v(0, t) = 0 \tag{6.97}$$

式中 v 是粒子速度。以上偏微分方程组包含未知温度场 $T(X, t)$ 和一个未知的界面位置 $s(t)$，在数学上称之为自由边界问题，以区别于数学中一般初、边值问题。

通过拉普拉斯变换，可以得到方程 (6.94) 的解为

$$T(X, t) = \begin{cases} T_{\text{int}} e^{\lambda_1(X - \dot{s}t)} + T_0, & X > \dot{s}t \\ T_{\text{int}} e^{\lambda_2(X - \dot{s}t)} + T_0, & X \leqslant \dot{s}t \end{cases} \tag{6.98}$$

其中 $T_{\text{int}} = T(s, t) - T_0$ 是相边界上相对于初始温度的温度增量。其他有

$$\lambda_{1,2} = -\frac{\rho C_p \dot{s}}{2k} \mp \frac{1}{2} \sqrt{\left(\frac{\rho C_p \dot{s}}{k}\right)^2 + \frac{8h}{rk}} \tag{6.99}$$

$$T_{\text{int}} = \frac{l^*}{\rho C_p \sqrt{1 + 8\frac{h}{r\rho C_p} \cdot \frac{k}{\rho C_p} \frac{1}{\dot{s}^2}}} \tag{6.100}$$

下面推导相边界传播速度 $\dot{s}$ 和杆的宏观应变率 $\dot{\varepsilon}$ 的关系。由图 6.41 所知，当相变波由 A 点传播至 s 处的 B 点，波后为已相变区，相变应变为 Π，那么 AB 部分杆的长度变化为 Πs，对于整个杆长而言，相当于宏观应变 $\varepsilon = \Pi s / L_0$，两边除以所需时间 t，得到

$$\dot{s} = \frac{L_0 \dot{\varepsilon}}{\Pi} \tag{6.101}$$

其中 $\dot{\varepsilon}$ 为杆的宏观应变率，L_0 是杆长，一般可取为单位长度。将上式代入 (6.100) 式，得

$$T_{\text{int}} = \frac{l^*}{\rho C_p \sqrt{1 + 8 \dfrac{h}{r\rho C_p} \cdot \dfrac{k}{\rho C_p} \dfrac{\Pi^2}{\dot{\varepsilon}^2 L_0^2}}} \tag{6.102}$$

对上式作恒等变换，有

$$T_{\text{int}} = T_0 H \tag{6.103}$$

其中

$$H = \frac{l^*}{\rho C_p T_0 \sqrt{1 + 8 \dfrac{h}{r\rho C_p} \cdot \dfrac{k}{\rho C_p L_0^2} \cdot \left(\dfrac{\Pi}{\dot{\varepsilon}}\right)^2}} \tag{6.104}$$

则相变波波阵面位置 $s(t)$ 处的温度为

$$T(s(t)) = (1 + H)T_0 \tag{6.105}$$

式中 H 称之为影响因子，其本身是无量纲的。在 H 的表达式中，有三个无量纲因子：

(1) $\dfrac{l^*}{\rho C_p T_0}$，反映相变潜热对温度的影响，不含时间尺度；

(2) $\dfrac{h}{r\rho C_p} \cdot \dfrac{\Pi}{\dot{\varepsilon}}$，应变率越大，热对流的持续作用时间就越小；

(3) $\dfrac{k}{\rho C_p L_0^2} \cdot \dfrac{\Pi}{\dot{\varepsilon}}$，同理，应变率对热传导的作用亦体现在影响其热传导的作用时间上。

将 (6.101) 式代入 (6.99) 式，并作恒等变换，有

$$\lambda_{1,2} = -\frac{1}{2} \frac{1}{L_0} \frac{\dot{\varepsilon}}{\varepsilon_T} \frac{\rho C_p L_0^2}{k} \mp \frac{1}{2} \frac{1}{L_0} \sqrt{\left(\frac{\dot{\varepsilon}}{\Pi} \frac{\rho C_p L_0^2}{k}\right)^2 + \frac{8hL_0^2}{rk}} \tag{6.106}$$

定义

$$p = \frac{\dot{\varepsilon}}{\Pi} \frac{\rho C_p L_0^2}{k} \pm \sqrt{\left(\frac{\dot{\varepsilon}}{\Pi} \frac{\rho C_p L_0^2}{k}\right)^2 + \frac{8hL_0^2}{rk}} \tag{6.107}$$

则

$$\lambda_{1,2} = -\frac{1}{2} \frac{1}{L_0} p \tag{6.108}$$

p 为无量纲影响因子。

将上式代入 (6.98) 式, 有

$$T(X,t) = \begin{cases} T_0(1 + He^{\lambda_1(X-\dot{s}t)}), & X > s(t) \\ T_0(1 + He^{\lambda_2(X-\dot{s}t)}), & X \leqslant s(t) \end{cases} \tag{6.109}$$

式中各物理量的量纲和数值如表 6.8 所示, 计算时以应变率作为控制变量, 相变波速度由 (6.101) 式得到, 影响因子 H 和 p 分别通过 (6.104) 式和 (6.107) 式计算, 代入 (6.109) 式即可获得温度的分布。

表 6.8 计算参数值

参数	数值	单位
ρ	6450	kg·m^{-3}
C_p	450	J·kg·K^{-1}
k	18.3	W·K^{-1}·m^{-1}
l^*	57×10^6	J·m^{-3}
h(air/water)	6.5/4000	W·K^{-1}·m^{-2}
η	5.7	MPa·K^{-1}
r	0.25×10^{-3}	m
Π	4.8%	—
T_0	300	K

图 6.42 给出了空气环境下应变率对温度分布的影响曲线。图中显示, 在较低应变率 (1×10^{-4}s^{-1}) 的准静态下, 杆中运动相边界两侧区域的温升较小, 近似均匀分布, 因此准静态相变过程可近似看作等温过程。随着加载应变率的增加, 相变波阵面处的温度逐渐升高, 波前温度梯度变陡, 后方温度坡度越来越平缓。应变率 1×10^{-3}s^{-1} 和 1×10^{-2}s^{-1} 时, 相变波阵面处的温度分别为 319K 和 328K。当应变率达到 1×10^2s^{-1} 时, 在相变波波阵面处形成温度间断面, 此时可以不考虑杆内的热传导以及同外界环境热对流的作用, 相变过程近似为绝热过程。上述量纲分析表明在高应变率下, 热对流和热传导的作用时间极短, 其作用可忽略。总之, 当应变率较低时 (低于 1×10^{-4}s^{-1}), 可视为等温过程; 当应变率较高时 (大于 1×10^2s^{-1}), 可视为绝热过程; 中间应变率段 ($1 \times 10^{-3} \sim 1 \times 10^2$s^{-1}) 在相变波阵面附近区域形成连续的温度分布, 热传导和热对流的作用不可忽略。

图 6.43 给出了当应变率为 1×10^{-2}s^{-1} 时热对流系数 h 对温度分布的影响。由图可知, 随着热对流系数的增大, 相变波界面处温度越来越低, 其近后方区域温度降低得越来越快, 从而在相变波界面处形成一个温度尖峰。分别置于空气 ($h = 6.5$) 和水中 ($h = 4000$) 时, 杆内温度分布差异较大, 具体而言, 空气环境中相变波界面处基本形成温度间断面, 最大温升约 28℃, 而水环境中相变波界面处仅形成一个微小的温度尖峰, 尖峰温升约 3℃。Shaw 等 (1997) 测量了 NiTi 合金水中和

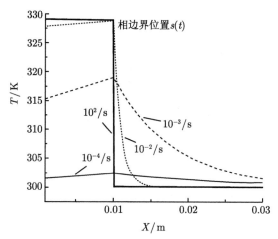

图 6.42　应变率对相变波区域温度分布的影响

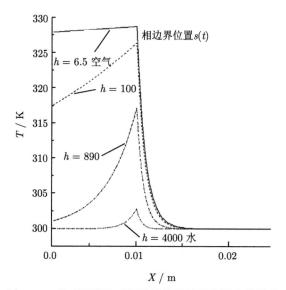

图 6.43　热对流系数对相边界传播过程中温度的影响

空气中温度变化规律，认为在水中时相变波传播为等温过程，这与我们的理论分析基本是一致的。

Bruno 等 (1995) 在研究相变过程中温度的变化时，仅考虑了相变潜热的影响，未计及相变变形耗散功对温度的作用。事实上，在 6.3.3 节关于 NiTi 合金冲击瞬态温度测量结果表明相变变形耗散功和相变潜热几乎相当，不应忽略，尤其对于 PE 试样。图 6.44 给出了 Bruno 等的理论结果和本文理论结果的对比，结果表明是否考虑相变耗散功对相变波阵面区域温度的影响较大。

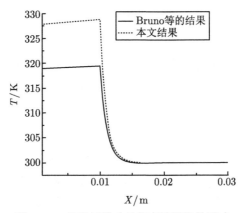

图 6.44　相变耗散功对相变波温升的影响

总之, 在冲击条件下的相变可视为绝热过程, 可以忽略相变波传播过程中杆内热传导和与环境的热对流作用, 相变波即是一个移动的温度间断面, 此外相变变形耗散功对温度的贡献不可忽略。

6.5.3　考虑热效应时相变波的传播

6.5.3.1　控制方程

一维应力条件下, 根据质量、动量和能量守恒条件有如下相变波传播的控制方程组:

$$
\begin{aligned}
&v_X = \varepsilon_t \\
&\sigma_X = \rho_0 v_t \\
&\rho_0 \left(e + \frac{1}{2} v^2 \right)_t = (\sigma v)_X
\end{aligned}
\tag{6.110}
$$

其中下标 X, t 表示对空间和时间的偏导。在冲击波间断面 $X = s(t)$ 处, 有

$$
\begin{aligned}
&[\sigma] + \rho_0 \dot{s}[v] = 0 \\
&[v] + \dot{s}[\varepsilon] = 0 \\
&\rho_0 \dot{s} \left[e + \frac{1}{2} v^2 \right] + [\sigma v] = 0
\end{aligned}
\tag{6.111}
$$

式中 $\dot{s}$ 为相变波的传播速度。若用 f 代表上式中方括弧中的物理量, 方括号表示相变波阵面后方与前方该物理量的间断量, $[f] = \lim\limits_{\delta \to 0}[f(s(t)-\delta, t) - f(s(t)+\delta, t)]$, $s(t)$ 是相变波在 t 时刻的位置。上述两式中, 相变潜热隐含在内能 e 中, 不作为外热源出现。

相变波速 $\dot{s}$ 同其后方应力状态 σ 相关：

$$\dot{s} = \begin{cases} \sqrt{\dfrac{E_M}{\rho_0}}, & \sigma_{Ms} < \sigma^- < \sigma_{Mf} \\[3mm] \sqrt{\dfrac{\sigma^- - \sigma^+}{\rho_0(\varepsilon^- - \varepsilon^+)}}, & \sigma^- > \sigma_{Mf} \end{cases} \tag{6.112}$$

其中 $-$，$+$ 分别代表间断面 $s(t)$ 后方和前方区域，E_M 为混合相的斜率。由图 6.40(a) 可知，考虑热力耦合效应时，E_M 是与温度相关的，不再是等温时的值。单位质量的 Gibbs 自由能 G 和内能 e 存在如下转换关系：

$$e = G + \frac{1}{\rho_0}\sigma\varepsilon + \eta T \tag{6.113}$$

将上式代入到 (6.110) 式中的第 3 式，有 $\rho_0\left(G + \dfrac{1}{\rho_0}\sigma\varepsilon + \eta T + \dfrac{1}{2}v^2\right)_t = (\sigma v)_X$，注意到 (6.67) 式，得到 $\rho_0\left(-f\dot{\xi} + T\eta_t\right) + \rho_0\left(\dfrac{1}{\rho_0}\sigma\varepsilon + \dfrac{1}{2}v^2\right)_t = (\sigma v)_X$，注意到 (6.110) 式中的第 1、2 式，可以整理得

$$\frac{1}{\rho_0}\sigma_t\varepsilon = f\dot{\xi} - T\eta_t \tag{6.114}$$

定义

$$W = f\dot{\xi} - T\eta_t \tag{6.115}$$

W 反映了相变波传播过程中系统的能量耗散速率。对于半无限杆，整个杆上的内耗散为

$$W_{0-\infty} = \int_0^\infty (f\dot{\xi} - T\eta_t)\mathrm{d}X \tag{6.116a}$$

由于耗散主要集中在相变波间断面 $X = s(t)$ 处，即杆的内耗散等于间断面 $s(t)$ 处的耗散：

$$W_s = \lim_{\delta \to 0} \int_{s-\delta}^{s+\delta} (f\dot{\xi} - T\eta_t)\mathrm{d}X \tag{6.116b}$$

上式可以通过卷积公式

$$\lim_{\delta \to} \int_{s-\delta}^{s+\delta} f(x)g'(x)\mathrm{d}x = \langle f \rangle \, [g] \tag{6.117}$$

求解, 式中 f 和 g 代表两个任意函数, 其中角括号 $\langle f \rangle = \lim\limits_{\delta \to 0} \frac{1}{2}[f(s(t)-\delta, t) + f(s(t)+\delta, t)]$, 表示波阵面前后函数 f 的平均值, 方括号 $[g] = \lim\limits_{\delta \to 0}[g(s(t) - \delta, t) - g(s(t) + \delta, t)]$, 表示相变波阵面后方与前方该物理量的间断量。由此得 (6.116b) 式解为

$$W_s = \dot{s} \{ \langle f \rangle [\xi] - \rho_0 \langle T \rangle [\eta] \} \tag{6.118}$$

将 (6.66) 式和 (6.68) 式代入到 (6.118) 式, 得

$$W_s = \dot{s} \left\{ [\sigma] \left\langle \frac{\partial G}{\partial \varepsilon} \right\rangle + [T] \left\langle \frac{\partial G}{\partial T} \right\rangle + [\xi] \left\langle \frac{\partial G}{\partial \xi} \right\rangle - [G] \right\} \tag{6.119}$$

定义

$$W_s = \varphi(t)\dot{s} \geqslant 0 \tag{6.120}$$

其中, φ 为作用在间断面上的相变驱动力, 其表达式为

$$\varphi(t) = [\sigma] \left\langle \frac{\partial G}{\partial \sigma} \right\rangle + [T] \left\langle \frac{\partial G}{\partial T} \right\rangle + [\xi] \left\langle \frac{\partial G}{\partial \xi} \right\rangle - [G] \tag{6.121}$$

将 (6.68) 式代入到上式, 有

$$\varphi(t) = -[\sigma] \langle \varepsilon \rangle - [T] \langle \eta \rangle - [\xi] \langle f \rangle - [G] \tag{6.122}$$

由上式可以看到, 相变驱动力 φ 同间断面前后区域状态 (σ^+, σ^-), (T^+, T^-), (ξ^+, ξ^-) 有关。事实上, 将卷积公式 (6.117) 代入上式有

$$\varphi(t) = -[\sigma] \langle \varepsilon \rangle - \int_+^- \eta \mathrm{d}T - \int_+^- f \mathrm{d}\xi - \int_+^- \mathrm{d}G \tag{6.123}$$

又因为

$$-[\sigma] \langle \varepsilon \rangle = \langle \sigma \rangle [\varepsilon] - [\sigma \varepsilon] \tag{6.124}$$

因此, 有

$$\varphi(t) = \langle \sigma \rangle [\varepsilon] - [\sigma \varepsilon] - \int_+^- \mathrm{d}G - \int_+^- \eta \mathrm{d}T - \int_+^- f \mathrm{d}\xi \tag{6.125}$$

根据全微分公式

$$\mathrm{d}G = -\varepsilon \mathrm{d}\sigma - \eta \mathrm{d}T - f \mathrm{d}\xi \tag{6.126}$$

有

$$\varphi(t) = \langle \sigma \rangle [\varepsilon] - \int_+^- \sigma \mathrm{d}\varepsilon \tag{6.127}$$

上式实际上给出了相变驱动力的几何解释, 如图 6.45 所示, 图 6.45 是由根据热力耦合相变本构计算出的形状记忆状态的应力–应变曲线 (图 6.40(a)) 重新绘出的。图中 B 是相变起始点, BF 为不考虑相变过程中产热对混合相区力学性能的影响, 即等温相变线。BF' 是考虑冲击绝热过程中的热力耦合影响的混合相的冲击压缩线。FC 是等温条件下的 2 相线, $F'C'$ 是绝热条件下的 2 相应力–应变线, 可见两者并不重合, 后者高于前者, 表示达到同样应变, 绝热下的应力高于等温下的应力, 前文已解释这是由于绝热下的热应力造成的。冲击绝热下混合相区 BF' 的斜率高于等温线 BF 的斜率, 说明前者相变波速高于后者。当冲击应力高于 F' 点应力, 如图中 C' 点, 将形成冲击波, 则 (6.127) 式中, $\langle\sigma\rangle[\varepsilon]$ 表示从 B 到 C' 的冲击过程中内能的变化, 它等于 $MBC'D'$ 的面积, 而 $\int_{-}^{+}\sigma\mathrm{d}\varepsilon$ 反映了沿应力–应变曲线 $BF'C'$ 积分得到的内能变化, 相当于面积 $MBF'C'D'$。两者的差为图中 $BF'C'$ 所包围的面积, 转变为冲击波相变过程中额外的温升和熵增。Abeyaratne 等 (2006) 从热力学第二定律出发也得到如 (6.127) 式形式的相变驱动力, 但未考虑温度的影响, 在本质上仍属于等温情况。

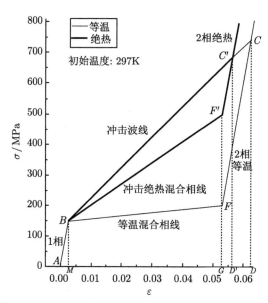

图 6.45　形状记忆状态 (SME) 相变驱动力的几何解释

沿着冲击绝热线 BC', 相变驱动力的值等于图 6.45 中三角形面积 $BF'C'$, 同 BC' 斜率相关, 而 BC' 连接了冲击波阵面前后状态, 决定了相变冲击波的波速, 又因为始态 B(即波前状态 σ^+, ε^+) 是确定的, 因此终态 $C'(\sigma^-, \varepsilon^-)$ 应力越高, 其冲击波速度 $\dot{s}$ 就越大, 同样相变驱动力也越大, 因此, 相变冲击波速度和相变

驱动力之间必然存在内在联系, 即

$$\dot{s} = \Psi(\varphi(t)) \tag{6.128a}$$

或者有

$$\varphi(t) = \Psi^-(\dot{s}) \tag{6.128b}$$

(6.128) 式即为所谓的动态关系。

联立 (6.112) 式和 (6.127) 式有

$$
\begin{cases}
\rho_0 \dot{s}^2 = \dfrac{\sigma^- - \sigma^+}{\varepsilon^- - \varepsilon^+} = \dfrac{[\sigma]}{[\varepsilon]} \\[3mm]
\varphi(t) = \langle \sigma \rangle \, [\varepsilon] - \displaystyle\int_+^- \sigma \mathrm{d}\varepsilon
\end{cases}
\tag{6.129}
$$

由图 6.45 中的几何关系可得等温条件下同样大小的冲击波速度的路径是 BC, 对应的相变驱动力为 $\triangle BFC$ 的面积

$$\varphi(t) = S_{\triangle BFC} \tag{6.130}$$

明显高于绝热条件下的驱动力。假设 2 相弹性模量都等于 E_2, 等温和绝热下混合相区斜率分别为 E_{BF} 和 $E_{BF'}$, 则由图 6.45 的几何关系可以得到等温和绝热条件下相变冲击波的速度范围为

$$\frac{E_{BF}}{\rho_0} < \dot{s}^2 < \frac{E_2}{\rho_0} \quad (\text{等温}) \tag{6.131a}$$

$$\frac{E_{BF'}}{\rho_0} < \dot{s}^2 < \frac{E_2}{\rho_0} \quad (\text{绝热}) \tag{6.131b}$$

图 6.45 还表明, 无论加载到相同应力还是相同应变, 绝热下的波速均高于等温下的波速。

6.5.3.2　算例

考虑一个半无限长相变材料杆, 初始时杆内温度为 T_0, 材料处于形状记忆 SME 状态, $t = 0$ 时刻, 杆左端施加冲击应力载荷 σ^*=600MPa, t_0=20μs 时刻突然卸载到零。以杆左端为拉氏坐标原点。其初始和边界条件为

$$\sigma(X,0) = 0, \quad v(X,0) = 0, \quad T(X,0) = T_0, \quad \xi(X,0) = 0, \quad 0 \leqslant X \leqslant \infty \tag{6.132a}$$

$$\sigma(0,t) = \begin{cases} \sigma^*, & t \leqslant t_0 \\ 0, & t > t_0 \end{cases} \tag{6.132b}$$

计算时所采用本构关系如图 6.40(a) 所示,相关材料参数见表 6.7。图 6.46(a) 和图 6.46(b) 分别给出了在 $t = 25\mu s$ 时刻应力和新相质量百分含量的分布。对比图 6.46(a) 中等温和绝热条件下的应力分布可见它们的加载波结构是一致的,但相变冲击波的速度是不同的,绝热条件下约 1200m/s,大于等温条件下的 1000m/s,此外,绝热条件下形成了卸载逆相变冲击波。图 6.46(b) 给出绝热条件下卸载时新相质量百分含量 ξ 由 1 降低至 0.4,等温条件下不会产生逆相变,卸载时新相含量保持为 1 不变。

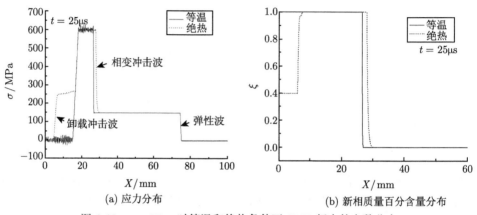

(a) 应力分布　　　　　　　　　　(b) 新相质量百分含量分布

图 6.46　$t = 25\mu s$ 时等温和绝热条件下 SME 杆中的参数分布

图 6.47(a) 给出了绝热条件下杆中的温度分布,加载相变冲击波后方温度达到 54℃,已经大于奥氏体相变起始温度 T_{As}(表 6.7),因此在卸载时将发生部分

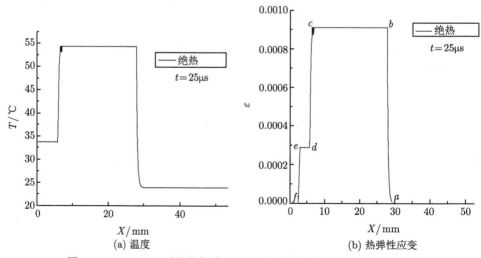

(a) 温度　　　　　　　　　　　(b) 热弹性应变

图 6.47　$t = 25\mu s$ 时绝热条件下 SME 杆中的温度和热弹性应变分布

逆相变卸载，并形成卸载逆相变冲击波，材料已部分失去 SME 特性。图 6.47(b) 给出了在绝热条件下由于温升引起的热应变的分布，由于只考虑热膨胀体积效应，这种热应变属于弹性应变。图中给出的最大热应变约为 0.091%，相应的热应力约为 53MPa。值得注意的是，在卸载时热弹性应变呈现出双波结构 cd 和 ef，它们均为热弹性卸载波，但形成机制不同。cd 是由于逆相变吸热引起的，卸载冲击波过后温度突然降低。虽然卸载逆相变冲击波后方区域的温度降低了，但仍高于材料的初始温度 (见图 6.47(a))，不过，由于杆材料左端面为自由面，对热弹性应变无约束，因此，杆左端面处将形成一个热弹性卸载波，即 ef。

第 7 章 一维薄壁管中拉 (压) 扭复合应力下的耦合相变波理论

7.1 引 言

众所周知, 相变会强烈地影响材料的力学行为。对于很多相变材料来说, 在开始相变后, 材料会发生软化 (混合相区), 当相变完全完成后, 材料的强度又会恢复, 这种现象通常被称为第 2 相强化效应, 下文简称为 2 相强化效应。相变材料的这种非线性本构行为使得相变波的传播显得更为复杂。冲击下 "应力诱发" 的相变现象最早由 Bancroft 等 (1956) 所发现, 之后动态冲击下的相变以及相变波的传播特性受到了广泛的关注 (唐志平, 2008; Duvall et al., 1977)。不过, 大部分的工作主要集中在一维应力或一维应变条件下, 对于复合应力下相变行为的研究, 目前主要集中在准静态条件下。Sittner 等 (1995) 对相变材料多晶 Cu-Al-Zn-Mn 形状记忆合金薄壁管进行过准静态复合拉扭实验, 研究了复合应力下不同的应力加载路径以及不同应变加载路径下材料的响应以及对相变的影响。越来越多的相变本构研究 (参见第 3 章), 也开始考虑复合应力的影响, 不过依然以准静态研究为主。动态复合应力下的相变以及相变波的研究目前还很少。

近来, 宋卿争等 (宋卿争, 2014; Song et al., 2014a, 2014b; 宋卿争等, 2015) 对复合应力下相变波的传播规律进行了理论推导, 在仅考虑加载至混合相的条件下, 得到了复合应力下相变波的传播规律的解。

然而, 上述研究中都没有考虑 2 相强化效应对相变波的影响。一维应力和一维应变下的实验显示, 具有 2 相强化效应的相变材料在加载至一定幅值时会产生相变冲击波, 但是对于复合应力条件下, 各分量的传播规律如何? 耦合应力的相变冲击波是否存在? 目前还没有相关的研究报道。最近, 王波等 (王波, 2017; Wang et al., 2014, 2016) 通过理论分析指出, 由于 2 相强化效应, 相变材料在拉扭复合应力下将会产生耦合的相变冲击波, 即纵向分量和剪切分量耦合在一道冲击波中, 以同一波速传播, 并给出了薄壁管拉扭联合加载条件下求解耦合相变冲击波的波前波后关系的完整方程组, 使耦合相变冲击波的研究向前推进了关键的一步。

7.2 基 本 方 程

7.2.1 守恒方程

让我们考虑如图 7.1 所示的半无限相变材料薄壁管，端面受到突加拉力 F 和扭矩 M 共同作用下的波传播问题。建立柱坐标，由于管壁很薄，可以忽略径向惯性效应的影响，从而可以把问题简化为沿图中 X 轴方向传播的一维复合应力波问题。该类问题的动量守恒及质量连续方程为

$$\sigma_X = \rho_0 u_t \tag{7.1a}$$

$$\tau_X = \rho_0 v_t \tag{7.1b}$$

$$u_X = \varepsilon_t \tag{7.1c}$$

$$v_X = \gamma_t \tag{7.1d}$$

其中 ρ_0 为密度，σ 和 τ 为纵向应力和剪切应力，u 和 v 为纵向粒子速度和环向粒子速度，ε 和 γ 为纵向应变和剪切应变，下标 X 和 t 分别指对 X 和 t 的偏导数。

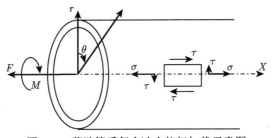

图 7.1　薄壁管受复合冲击拉扭加载示意图

7.2.2 混合相区的增量型本构方程

选取 NiTi 形状记忆合金来进行研究。NiTi 合金的"应力诱发"相变过程为由体心立方的奥氏体相转变为单斜的马氏体相的过程，宏观上主要体现为剪切变形，并伴有一定量的体积改变。在不同的温度下，NiTi 形状记忆合金可以体现出伪弹性效应 (PE) 或形状记忆效应 (SME)。如果我们只考虑加载过程，对于初始处于奥氏体相 (1 相) 的 NiTi 合金而言，在一维应力条件下的应力–应变曲线可以简化为如图 7.2 所示的三段线性形式，图中的 A 和 B 分别为马氏体相变的起始点和完成点，AB 之间的区域为混合相区 (mixed phase)，对应马氏体相的含量在 $0\sim1$ 之间。

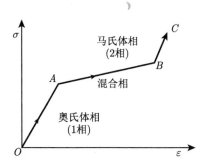

图 7.2　一维应力条件下相变过程的动态应力–应变曲线

对于 AB 之间的混合相区, 由于相变过程中有一定的体积变化, NiTi 合金的相变行为同时受到静水压力以及偏应力的影响, 具有拉压不对称性。郭扬波等 (2004) 对 NiTi 合金的相变临界行为进行了较系统的研究, 提出了同时考虑应力球量和偏量对相变行为影响的临界准则, 如下式所示

$$p\varepsilon_V^{\mathrm{Pt}} + \sigma_{\mathrm{eff}}\gamma_{\mathrm{eff}}^{\mathrm{Pt}} = \Phi(\xi, T) \tag{7.2}$$

其中上标 Pt 代表相变, p 为静水压力, $\varepsilon_V^{\mathrm{Pt}}$ 为相变过程中的体积应变部分, $\sigma_{\mathrm{eff}} = \sqrt{3 s_{ij} s_{ij}/2}$ 为 Mises 等效应力, s_{ij} 为相变过程中的偏应力张量, $\gamma_{\mathrm{eff}}^{\mathrm{Pt}} = \sqrt{2\gamma_{ij}^{\mathrm{Pt}}\gamma_{ij}^{\mathrm{Pt}}/3}$ 为相变等效偏应变, $\gamma_{ij}^{\mathrm{Pt}}$ 为相变过程中的偏应变张量, $\Phi(\xi, T)$ 为马氏体相 (2 相) 含量 ξ 和温度 T 的函数, 详见 (3.35) 式。冲击相变过程中, 由于相变潜热的释放 (吸收), 以及相变耗散功产热, 将会伴随着绝热温升, 从而影响相变材料在混合相的斜率, 成为一个热力耦合问题, 详见第 6 章的讨论。然而由于冲击加载可视为绝热过程, 实验得到的图 7.2 所示的动态应力–应变曲线已经隐含了温度的影响, 可以独立进行力学分析, 不需要显式地讨论温度的影响了, 也就是说把一个热力耦合问题转化为一个等效的纯力学问题。此外, 只要相变速率足够高, 可以不考虑应变率效应。因此在下面推导中不考虑温度以及应变率的影响。

薄壁管在复合拉扭加载下, 静水压 $p = -\sigma/3$ (通常静水压以压为正), 等效应力 $\sigma_{\mathrm{eff}} = \sqrt{\sigma^2 + 3\tau^2}$。引入反映拉压不对称性的参数 $\alpha = \varepsilon_v^{\mathrm{Pt}}/(3\gamma_{\mathrm{eff}}^{\mathrm{Pt}})$ 以及和相变耗散功 W 相关的参数 $k = \Phi/(\gamma_{\mathrm{eff}}^{\mathrm{Pt}}\sqrt{3(1-\alpha^2)})$, (7.2) 式可简化为

$$f(\sigma, \tau) = \left(\frac{\sigma + \beta k}{\theta}\right)^2 + \tau^2 = k^2 \tag{7.3}$$

其中 $\theta = \sqrt{3/(1-\alpha^2)}$, $\beta = \alpha\sqrt{3/(1-\alpha^2)}$, 当 $\alpha=0$ 时, $\theta = \sqrt{3}$ (即 Mises 屈服准则), $\beta = 0$, 上式退化为拉压对称条件下的标准椭圆形式。参数 α 和 k 可以通过简单拉压实验加以确定。图 7.3 给出 $\alpha > 0$ (相变时体积膨胀) 时相变临界面在

σ-τ 平面上的示意图,可见,在拉 (压) 扭复合加载条件下,相变临界面为一系列中心向左偏离原点的椭圆,其长轴长 $2\theta k$,短轴长 $2k$,中心位置为 $-\beta k$,图中虚线 MN 是椭圆短轴顶点的连线。同样,当 $\alpha < 0$(相变时体积收缩) 时,则为一系列中心向左偏离原点的椭圆。

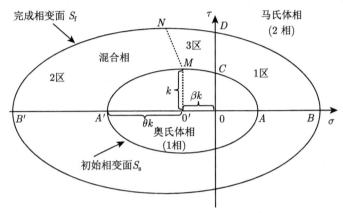

图 7.3 σ-τ 平面上的相变临界面示意图

图 7.3 可见,存在初始相变面 S_{s} 和完成相变面 S_{f},在 S_{s} 之内材料处于 1 相,S_{f} 之外处于 2 相,两者之间是混合相。在 1 相或 2 相纯相区,可以直接应用胡克弹性定律。为了简化分析,假设 1 相 (纯奥氏体相) 和 2 相 (纯马氏体相) 具有相同的材料参数,从而两相均有

$$\begin{cases} \mathrm{d}\varepsilon = \dfrac{\mathrm{d}\sigma}{E} \\[2mm] \mathrm{d}\gamma = \dfrac{\mathrm{d}\tau}{\mu} \end{cases} \tag{7.4}$$

其中 E 为纯相区的杨氏模量,μ 为纯相区的剪切模量。对于混合相的相变演化行为,不同文献有多种不同的数学描述。这里,我们采用塑性力学类似方法,推导一种相对简化的描述混合相力学行为的增量型本构模型,以方便波系的分析。当材料处于混合相时,有

$$\begin{cases} \dot{\varepsilon} = \dot{\varepsilon}^{\mathrm{e}} + \dot{\varepsilon}^{\mathrm{Pt}} \\[2mm] \dot{\gamma} = \dot{\gamma}^{\mathrm{e}} + \dot{\gamma}^{\mathrm{Pt}} \end{cases} \tag{7.5}$$

上标 e 代表弹性应变,上标 Pt 代表相变应变。由于相变应变为非弹性应变,对于稳定的材料,由 Drucker 公设可知

$$\begin{cases} \dot{\varepsilon}^{\mathrm{Pt}} = \dot{\lambda} \dfrac{\partial f}{\partial \sigma} \\[3mm] \dot{\gamma}^{\mathrm{Pt}} = \dot{\lambda} \dfrac{\partial f}{\partial \tau} \end{cases} \tag{7.6}$$

其中 λ 是正值标量函数，表征相变应变的程度。混合相的相变功率 $\mathrm{d}W/\mathrm{d}t$ 可以写作

$$\dot{W}^{\mathrm{Pt}} = \dot{\sigma}\varepsilon^{\mathrm{Pt}} + \tau\dot{\gamma}^{\mathrm{Pt}} \tag{7.7}$$

同时考虑 (7.3) 式、(7.6) 式和 (7.7) 式，并计及 $\dot{W}^{\mathrm{Pt}} = \mathrm{d}W^{\mathrm{Pt}}/\mathrm{d}k \cdot \dot{k}$，可得相变程度 $\mathrm{d}\lambda/\mathrm{d}t$ 和相变功 $\mathrm{d}W^{\mathrm{Pt}}/\mathrm{d}t$ 的关系为

$$\dot{\lambda} = \frac{\left(\mathrm{d}W^{\mathrm{Pt}}/\mathrm{d}k\right)\dot{k}}{2\left[\dfrac{\sigma\left(\sigma+\beta k\right)}{\theta^2} + \tau^2\right]} \tag{7.8}$$

对于线性强化的各向同性材料而言，参数 k 和相变功 W^{Pt} 应该具有一一对应的关系，即 $\mathrm{d}k$ 和 $\mathrm{d}W^{\mathrm{Pt}}$ 之间的关系是确定的，与加载方式无关，从而可以通过纯剪或一维拉压测试得到 $\mathrm{d}k$ 和 $\mathrm{d}W^{\mathrm{Pt}}$ 之间的关系。假设一维拉压加载条件下混合相应力–应变曲线的斜率为 g，则应有

$$\frac{\mathrm{d}\sigma}{g} = \frac{\mathrm{d}\sigma}{E} + \frac{\mathrm{d}W^{\mathrm{Pt}}}{\sigma} \tag{7.9}$$

单轴拉压实验时，令 (7.3) 式中的 $\tau = 0$，定义拉伸的时候有 $\theta_v = \theta - \beta$，压缩的时候有 $\theta_v = -(\theta + \beta)$，我们可以得到单轴拉压时

$$\sigma = \theta_v k, \quad \mathrm{d}\sigma = \theta_v \mathrm{d}k \tag{7.10}$$

代入 (7.9) 式可得 $\mathrm{d}W^{\mathrm{Pt}}$ 和 $\mathrm{d}k$ 之间的关系为

$$\frac{\mathrm{d}W^{\mathrm{Pt}}}{\mathrm{d}k} = \theta_v^2 k \left(\frac{1}{g} - \frac{1}{E}\right) \tag{7.11}$$

将 (7.11) 式代入 (7.8) 式，得到 $\dot{\lambda}$ 和 $\dot{k}$ 的关系为

$$\dot{\lambda} = \frac{S\theta^2}{2}k\dot{k} \tag{7.12a}$$

由 (7.3) 式和 (7.10) 式，得

$$\dot{\lambda} = \frac{S\theta^2}{2}\left(\frac{\beta_v}{\theta^2}\sigma_v\dot{\sigma} + \tau\dot{\tau}\right) \tag{7.12b}$$

(7.12) 式中

$$\sigma_v = \sigma + \beta k, \qquad \beta_v = 1 + \frac{\beta}{\theta_v} \tag{7.13a}$$

$$S = \frac{\theta_v^2 \left(\dfrac{1}{g} - \dfrac{1}{E} \right)}{(k^2\theta^2 - \sigma_v k\beta)} \tag{7.13b}$$

虽然以上推导用到了一维拉压下 $\mathrm{d}k$ 和 $\mathrm{d}W$ 的关系式，上文提及参数 k 和相变功 W^{Pt} 应该具有一一对应的关系，即 $\mathrm{d}k$ 和 $\mathrm{d}W^{\mathrm{Pt}}$ 之间的关系是确定的，与加载方式无关，因此该关系式也适用于非一维拉压加载，如薄壁管的拉 (压) 扭复合状态。

联立 (7.5) 式、(7.6) 式、(7.12a) 式、(7.12b) 式，可以得到如下的混合相的本构关系

$$\begin{cases} \dot{\varepsilon} = \left(\dfrac{1}{E} + \dfrac{S\beta_v^2}{\theta^2}\sigma_v^2 \right)\dot{\sigma} + S\beta_v\sigma_v\tau\dot{\tau} \\[3mm] \dot{\gamma} = S\beta_v\sigma_v\tau\dot{\sigma} + \left(\dfrac{1}{\mu} + S\tau^2\theta^2 \right)\dot{\tau} \end{cases} \tag{7.14}$$

将 (7.14) 式和 (7.4) 式结合起来，就得到了一个简化的相变材料在拉 (压) 扭复合应力条件下的增量型本构。

7.3　复合应力加载下混合相区的耦合相变波理论

学术界关于复合冲击加载下弹塑性波的传播规律已有系统深入的研究，建立了耦合塑性波理论并求得拉 (压) 剪 (扭) 耦合的塑性快波和塑性慢波解 (Clifton, 1966; Ting, 1969, 1972, 1973; 丁启财, 1985)。为了应用复合塑性波的理论成果，我们先分析复合应力冲击下从奥氏体相 (1 相) 加载到混合相区的情况。从图 7.2 所示的加载应力–应变曲线看，线段 OAB 与线性硬化的弹塑性加载曲线在数学形式上是完全一致的，结合图 7.3 一起观察，不同之处有两点：①相变具有明显的拉压不对称现象，其本构模型 (7.14) 不同于传统弹塑性模型；②相变完成后进入马氏体相 (2 相) 弹性区 (2 相强化效应，图 7.2 中 BC 段)。以上不同是由于相变的物理机制造成的，如果我们仅研究复合应力加载至混合相区 (AB 段) 的耦合相变波问题，完全可以从数学上借鉴耦合塑性波的理论成果，本小节的主要工作是推导出拉压不对称条件下的耦合波方程和解。有意思的是，本小节的结果完全适用于某些拉压不对称的弹塑性材料，从而将传统复合弹塑性波理论拓展到拉压不对称塑性领域。至于第 2 点，当复合冲击应力 (σ, τ) 落到图 7.3 中的 2 相区时，将会发生什么新现象？这一点传统的复合弹塑性波理论尚未涉及，我们将在 7.6 节进行讨论。

把混合相区本构方程 (7.14) 代入质量守恒方程 (7.1c) 和 (7.1d)，结合动量守恒方程 (7.1a) 和 (7.1b)，可以得到求解混合相的波传播问题的控制方程组，写为

矩阵形式有

$$AW_t + BW_X = 0 \tag{7.15a}$$

其中

$$A = \begin{bmatrix} \rho_0 & 0 & 0 & 0 \\ 0 & \rho_0 & 0 & 0 \\ 0 & 0 & \dfrac{1}{E} + S\beta_v^2\dfrac{\sigma_v^2}{\theta^2} & S\beta_v\sigma_v\tau \\ 0 & 0 & S\beta_v\sigma_v\tau & \dfrac{1}{\mu} + S\theta^2\tau^2 \end{bmatrix} = \begin{bmatrix} \rho_0 I & 0 \\ 0 & H \end{bmatrix} \tag{7.15b}$$

$$B = \begin{bmatrix} 0 & 0 & -1 & 0 \\ 0 & 0 & 0 & -1 \\ -1 & 0 & 0 & 0 \\ 0 & -1 & 0 & 0 \end{bmatrix} = \begin{bmatrix} 0 & -I \\ -I & 0 \end{bmatrix} \tag{7.15c}$$

$$W = \begin{bmatrix} u \\ v \\ \sigma \\ \tau \end{bmatrix} \tag{7.15d}$$

(7.15) 式中

$$H = \begin{bmatrix} H_{11} & H_{12} \\ H_{21} & H_{22} \end{bmatrix} = \begin{bmatrix} \dfrac{1}{E} + \dfrac{S\beta_v^2}{\theta^2}\sigma_v^2 & S\beta_v\sigma_v\tau \\ S\beta_v\sigma_v\tau & \dfrac{1}{\mu} + S\theta^2\tau^2 \end{bmatrix}$$

$$I = \begin{bmatrix} 1 & 0 \\ 0 & 1 \end{bmatrix}, \quad 0 = \begin{bmatrix} 0 & 0 \\ 0 & 0 \end{bmatrix} \tag{7.16}$$

其中 H 是柔度张量。(7.15a) 式是一阶拟线性偏微分波动方程组，可按照特征线理论求解 (Ting, 1973)。由特征线理论可知，混合相的波速 c 可以通过如下特征方程求解

$$\|cA - B\| = 0 \tag{7.17a}$$

式中 $\|\cdot\|$ 表示行列式求值。采用矩阵分块的方法，(7.17a) 式可进一步化简为

$$\|\rho_0 c^2 H - I\| = 0 \tag{7.17b}$$

即 $1/\rho_0 c^2$ 恰是柔度张量 $\boldsymbol{H}$ 的特征值。将 (7.17b) 式展开，可以简化为

$$\rho_0 c^2 S\theta^2 \left\{ \left[\left(\frac{c}{c_2} \right)^2 - 1 \right] \left(\frac{\beta_v \sigma_v}{\theta^2} \right)^2 + \left[\left(\frac{c}{c_0} \right)^2 - 1 \right] \tau^2 \right\}$$

$$+ \left[\left(\frac{c}{c_0} \right)^2 - 1 \right] \left[\left(\frac{c}{c_2} \right)^2 - 1 \right] = 0 \tag{7.18}$$

式中 $c_0 = \sqrt{E/\rho_0}$ 和 $c_2 = \sqrt{\mu/\rho_0}$ 分别为弹性纵波波速以及弹性横波波速。当材料处于纯奥氏体相区 (1 相) 或者纯马氏体相区 (2 相) 时，$S = 0$，可以很容易解得上式的两个根为 $c = c_0$ 或者 $c = c_2$，即退化为弹性纵波以及弹性横波。

对于混合相区，$S \neq 0$，由 (7.18) 式可以求出两个根 (特征波速)c_f 和 c_s 为

$$c_{s,f} = \sqrt{\frac{1}{\rho_0 \eta}} = \left\{ \frac{2}{\rho_0 \left[(H_{11} + H_{22}) \pm \sqrt{(H_{11} - H_{22})^2 + 4H_{12}^2} \right]} \right\}^{1/2} \tag{7.19}$$

其中 H_{11}，H_{22}，H_{12} 见 (7.16) 式。可以证明

$$0 < c_s \leqslant c_2 \leqslant c_f \leqslant c_0 \tag{7.20}$$

我们将波速为 c_f 的波称为拉扭 (压扭) 耦合相变快波 (coupled fast wave with phase transition, CFWPT)，波速为 c_s 的波称为拉扭 (压扭) 耦合相变慢波 (coupled slow wave with phase transition, CSWPT)。

进一步地，由特征线理论，对于满足

$$(c\boldsymbol{A} - \boldsymbol{B})\boldsymbol{r} = \boldsymbol{0} \tag{7.21}$$

的右特征矢量 $\boldsymbol{r}$，有

$$\frac{\mathrm{d}W_1}{r_1} = \frac{\mathrm{d}W_2}{r_2} = \frac{\mathrm{d}W_3}{r_3} = \frac{\mathrm{d}W_4}{r_4} \tag{7.22}$$

代入 $\boldsymbol{A}$ 和 $\boldsymbol{B}$ 的具体表达式后可以算出 $\boldsymbol{r}$ 为

$$\boldsymbol{r} = \begin{bmatrix} -\phi/\rho_0 c \\ -1/\rho_0 c \\ \phi \\ 1 \end{bmatrix} \tag{7.23}$$

其中

$$\phi = \frac{-H_{12}}{H_{11} - \dfrac{1}{\rho_0 c^2}} = \frac{-S\beta_v \sigma_v \tau}{\dfrac{1}{E} + \dfrac{S\beta_v^2}{\theta^2}\sigma_v^2 - \dfrac{1}{\rho_0 c^2}} \tag{7.24}$$

从而有

$$\frac{\mathrm{d}u}{-\phi/\rho_0 c} = \frac{\mathrm{d}v}{-1/\rho_0 c} = \frac{\mathrm{d}\sigma}{\phi} = \frac{\mathrm{d}\tau}{1} \tag{7.25}$$

所以在 $\sigma\text{-}\tau$ 空间中的应力路径可以由下面的微分方程确定

$$\frac{\mathrm{d}\sigma}{\mathrm{d}\tau} = \frac{-S\beta_v \sigma_v \tau}{\dfrac{1}{E} + \dfrac{S\beta_v^2}{\theta^2}\sigma_v^2 - \dfrac{1}{\rho_0 c^2}} \tag{7.26}$$

积分上式, 可以得到 $\sigma\text{-}\tau$ 空间中的混合相区的应力路径线, 当 $c = c_\mathrm{f}$ 时, 给出的是快波路径线; 当 $c = c_\mathrm{s}$ 时, 给出的是慢波路径线。可以证明, 在同一应力点 (σ, τ), 快波和慢波的路径线相互垂直, 证明如下: 由 (7.22) 和 (7.25) 式知, $(\mathrm{d}\sigma, \mathrm{d}\tau)$ 对应的特征矢量 $(\boldsymbol{r}_3, \boldsymbol{r}_4) = (\phi, 1)$, 其中 ϕ 见 (7.24) 式。由 (7.19) 式可得

$$\frac{1}{\rho_0 c_{\mathrm{s,f}}^2} = \frac{(H_{11} + H_{22}) \pm \sqrt{(H_{11} - H_{22})^2 + 4H_{12}^2}}{2}$$

上式代入 (7.24) 式, 有

$$\phi_\mathrm{s} = \frac{-2H_{12}}{(H_{11} - H_{22}) - \sqrt{(H_{11} - H_{22})^2 + 4H_{12}^2}} \tag{7.27}$$

$$\phi_\mathrm{f} = \frac{-2H_{12}}{(H_{11} - H_{22}) + \sqrt{(H_{11} - H_{22})^2 + 4H_{12}^2}} \tag{7.28}$$

这样, 慢、快波所对应的特征矢量分别为 $\boldsymbol{r}_\mathrm{s} = (\phi_\mathrm{s}, 1)$, $\boldsymbol{r}_\mathrm{f} = (\phi_\mathrm{f}, 1)$。由 (7.27) 式、(7.28) 式可求得

$$\boldsymbol{r}_\mathrm{s} \cdot \boldsymbol{r}_\mathrm{f} = (\phi_\mathrm{s}, 1) \cdot (\phi_\mathrm{f}, 1) = \phi_\mathrm{s}\phi_\mathrm{f} + 1 = 0 \tag{7.29}$$

即慢、快波所对应的特征矢量的点积等于 0, 两个矢量相互垂直。

　　由 (7.18) 式和 (7.26) 式, 对于简单波解而言, $\sigma\text{-}\tau$ 空间中的混合相区的应力路径微分还可以写为

$$\frac{\mathrm{d}\sigma}{\mathrm{d}\tau} = \frac{1 - \left(\dfrac{c}{c_2}\right)^2}{1 - \left(\dfrac{c}{c_0}\right)^2} \frac{\sigma_v}{\tau\theta^2} \tag{7.30}$$

同样，当 $c = c_f$ 时，给出的是快波路径线；当 $c = c_s$ 时，给出的是慢波路径线。根据 (7.25) 式，还可以得到其他空间中的路径线，如

$$\frac{\mathrm{d}u}{-\phi/\rho c} = \frac{\mathrm{d}v}{-1/\rho c}$$

可得

$$\frac{\mathrm{d}u}{\mathrm{d}v} = \phi = \frac{-S\beta_v\sigma_v\tau}{\dfrac{1}{E} + \dfrac{S\beta_v^2}{\theta^2}\sigma_v^2 - \dfrac{1}{\rho c^2}} \tag{7.31}$$

上式是在速度空间 $u\text{-}v$ 中混合相区的耦合快慢波路径线斜率，与 (7.26) 式相同。

7.4 混合相区耦合快波和慢波应力路径的分区特性

图 7.4 为混合相区耦合相变波的应力路径示意图，图 7.4(a) 中仅给出上半部，因为关于 σ 轴是对称的。图中，带箭头的长虚线表示耦合相变快波 c_f 的应力路径，带箭头的短实线表示耦合相变慢波的应力路径，箭头表示波速递减的方向。由 (7.29) 式知相变耦合快波和慢波的应力路径是相互垂直的。值得注意的是，耦合快波的路径和相变临界面并不重合，其斜率略大于相变临界面。

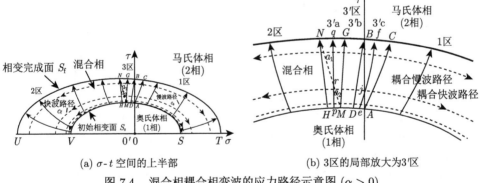

(a) $\sigma\text{-}t$ 空间的上半部   (b) 3区的局部放大为3′区

图 7.4   混合相耦合相变波的应力路径示意图 ($\alpha > 0$)

我们来讨论耦合快、慢波应力路径的分区特性。

先分析相变耦合快波的分区。我们知道，对于传统塑性耦合快波而言，它对于 τ 轴是对称的，因此可以以 τ 轴为界，分为两个区，右边的拉伸部分为 1 区，左边的压缩部分为 2 区。快波路径从 τ 轴 (即临界屈服面椭圆短轴的顶点) 向左右发出，分别向左下方和右下方发展，至 σ 轴终止。快波波速 c_f 从位于 τ 轴起始点的 c_0，不断递减至 σ 轴上终点的 c_2，如 (7.20) 式所示。1 区和 2 区传播的分别

是拉扭和压扭耦合快波。对于相变耦合快波来说，由于具有拉压非对称性，不同的相变临界面的短半轴顶点不在 τ 轴上，而是位于左半空间的斜线 MN 上，如图 7.4(a) 所示，其分区特性不同于传统的弹塑性材料。注意，图 7.4(a) 中的不对称性是由于相变体积膨胀 ($\alpha > 0$) 引起的，如果 $\alpha < 0$ 则 MN 线将位于 τ 轴的右边，$\alpha < 0$ 时和 $\alpha > 0$ 时分区是类似的，只不过左右相反而已，我们只讨论 $\alpha > 0$ 的情况 (图 7.4)。对位于 MN 线上的顶点如 a_1，a_2 而言 (见放大的图 7.4(b))，其对应的相变临界面相对于 a_1，a_2 点分别是左右对称的，因此理论上将从位于 MN 线上的顶点的水平方向发出左右两条快波路径线。如果像弹塑性材料那样从 τ 轴发出快波路径线，那么向左的耦合快波路径将会进入该点对应的临界相变面以内，成为卸载弹性波，与耦合波理论相悖。由于在椭圆临界面的顶点处于水平方向，沿该方向只有应力 σ 变化，无剪应力 τ 变化，根据 (7.30) 式，该点的耦合相变快波的起始波速应为弹性纵波波速 c_0，与耦合波理论一致。这样一来，顶点连线 MN 和 τ 轴把混合相区的快波路径分割为三个区，其中 τ 轴右面和 MN 左边的区域仍然分别称为 1 区和 2 区，因为在 σ-τ 空间中分别为右行的拉扭耦合快波路径和左行的压扭耦合快波路径，与弹塑性材料的 1 区和 2 区相同。我们把 MN 和 τ 轴之间的部分定义为 3 区，虽然 3 区和 1 区都是右行的耦合快波路径，但以 τ 轴为界，3 区内 (MN 和 τ 轴 AB 之间) 是压剪耦合快波，τ 轴右面的 1 区是拉剪耦合快波区。如果从位于 3 区的某点沿快波路径加载至 1 区的某点，不仅波速不断减慢，而且波形会从压剪状态经过 τ 轴后演变为拉剪状态。这是由材料的拉压不对称特性造成的，可以设想，对于拉压不对称的弹塑性材料，也会有类似的特性响应。

相变耦合慢波的分区更为复杂。对于传统对称的弹塑性耦合慢波，呈现 τ 轴左右对称的两个区：2 区和 1 区，慢波路径均从初始屈服面出发，波速 c_s 逐步递减，2 区为压剪耦合，路径线凹向右，1 区是拉剪耦合，路径线凹向左。对于不对称相变耦合慢波，则存在一个 $3'$ 区，见图 7.4(b)。这个 $3'$ 区和快波路径的 3 区不同，它由通过相变完成面上 N 点的慢波路径 HN，以及通过 τ 轴上的 A 点的慢波路径 AC 合围而成。这样一来，HN 以左的 2 区和拉压对称条件下的 2 区相同，AC 以右的 1 区和拉压对称条件下的 1 区相同，不再赘述，但是 $3'$ 区情况比较复杂，需要进一步分区。$3'$ 区内通过 M 点的慢波线 MG 和通过 τ 轴上 B 点的慢波线 DB，把 $3'$ 区分成三个子区：$3'$a(HN, MG)，$3'$b(MG, DB)，$3'$c(DB, AC)。其中 $3'$a 区内的慢波线将穿过 MN 线，如 prq 线，r 点是它与 MN 线的交点。由于慢波线和快波线相互垂直，因此 $3'$a 区域内 MN 线以下的慢波线部分 (如慢波线 prq 的 pr 段) 将与图 7.4(a) 中的 2 区的左行快波路径垂直，理论上应呈现右凹的形状，而 MN 线以上部分 (如 prq 的 rq 段)，则和图 7.4(a) 中的 3 区的向右的快波路径垂直，呈现出左凹的形状，即在交点 r 处改变其弯曲的方向，

r 点的斜率则为垂直方向。3'b 区，均为压剪耦合慢波，方向凹向左。3'c 区，方向凹向左，但是由于慢波线穿越 τ 轴，如慢波线 ejf，j 是与 τ 轴的交点，耦合关系将从 ej 段的压剪耦合转变为 jf 段的拉剪耦合。

在图 7.4 所示的 $\sigma\text{-}\tau$ 平面上，如果已知复合加载的初态点和终态点，通常可以通过终态点倒推的方法定出相应的加载路径，从而可以确定对应的波系结构，总的原则是沿加载路径遵循波速递减原则：弹性纵波、横波 (1 相弹性区)、耦合相变快波、慢波 (混合相区)。根据 7.3 节的理论分析，从 1 相 (奥氏体相) 加载到混合相，其波传播结果类似于弹塑性材料 (丁启财，1985)。不过由于上述耦合相变波路径的分区特性 (图 7.4) 将会影响相变耦合波的传播行为，使之不同于传统的塑性耦合波，下文将具体讨论。

7.5 薄壁管中耦合相变波的典型加载路径和波形

7.5.1 典型路径 1：突加扭转剪应力至混合相区

初始静止的 NiTi 薄壁圆管，端部 $X = 0$ 处受突加恒值纯扭转载荷 $\tau_j > \tau_{\text{Pt}}$，即加载至图 7.4(b) 中的 3'c 区的 τ 轴上的 j 点。也就是说初始应力状态为 0 (0, 0)，最终应力状态在 τ 轴上的 j 点，如图 7.5 所示。由于 j 点处于混合相区，不能沿 τ 轴直接从 0 点加载到 j 点，实际加载路径必须按照 "倒推" 的方法来确定，即从终态点 j 开始倒推。混合相区内要满足两个条件：①必须沿耦合快波或慢波路径，②必须沿波速递减方向。由于 j 位于混合相区，只有沿通过 j 点的耦合相变慢波路径 ej 才能到达，e 点位于初始相变临界面上。从 e 点倒推将进入 1 相弹性区，可以定出弹性扭转波 de 和弹性纵波 $0d$。最后从终点 j 点反推回初始 0 点得到应力加载路径依次为 $0 \xrightarrow{c_0} d \xrightarrow{c_2} e \xrightarrow{c_s} j$，由此得到传播波系依次为弹性压缩纵波 $0d$，波速 c_0、弹性扭转波 de，波速 c_2 和压扭耦合相变慢波 ej，波速 c_s。

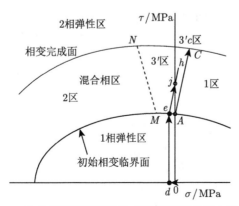

图 7.5　NiTi 薄壁圆管受突加扭转载荷时的应力路径图

相应的加载应力路径图示于图 7.5, X-t 平面内的波系图及薄壁圆管截面上一定距离 X 处的复合应力波波形示意图见图 7.6(a) 和 (b)。突加纯扭载荷的薄壁管截面上的 3 个波 (c_0, c_2, c_s) 是同时产生的,在 X 处,首先出现的是轴向压应力的加载波,然后出现扭转波,它们是独立传播的。当耦合相变慢波经过时,其中压应力幅值逐渐减小至零,扭转应力继续加载达到最终的纯扭转应力状态 j。采用相变本构模型的数值计算结果与上述理论推测是一致的 (宋卿争, 2014)。

可见,相变材料突加纯剪至混合相区时,会出现轴向弹性压缩波和压剪相变耦合波的新现象,传统的弹塑性材料只会产生弹性横波和塑性横波,不会出现轴向应力的变化和耦合。

有意思的是,图 7.5 中 ej 慢波延长线上的 h 点,已进入拉扭区,如果突加一个拉扭复合加载至终态 h 点,那么耦合相变慢波 eh 在 ej 段是压扭耦合,压应力逐渐减小,在 jh 段转化为拉扭耦合,拉应力逐步增加到终态 h 值。在 $3'c$ 区发出的耦合慢波路径只要与 τ 轴相交,就可能会出现此类异常情况。

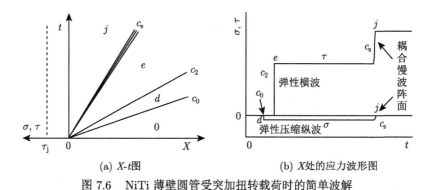

(a) X-t图　　　　　　　　(b) X处的应力波形图

图 7.6　NiTi 薄壁圆管受突加扭转载荷时的简单波解

7.5.2　典型路径 2:预扭至混合相区再突加压扭载荷

NiTi 薄壁圆管先预扭至相变初始相变临界面外 τ 轴上某应力状态 e,在 $t=0$ 时刻端部受突加压扭复合载荷至终态应力混合相区的 h 点,我们可以反推其应力加载路径如图 7.7 所示:

$$e \xrightarrow{c_0} f \xrightarrow{c_f} g \xrightarrow{c_s} h$$

可以发现,由于 e 点不存在向左的耦合快波路径线,突加压缩载荷只能沿水平方向进入过 e 点的后继相变临界面的内部,内部呈弹性响应,因此加载路径沿弹性纵波路径 ef, e 和 f 关于该后继临界面的顶点 Ω 对称。至 f 点再次进入混合相区,然后分别沿耦合快波 c_f 和耦合慢波 c_s 路径到达终态 h。传统的弹塑性材料由于屈服面的顶点在 τ 轴则不会出现第 1 段 c_0 路径。X-t 平面内的波系图及 X 处薄壁圆管截面上的复合应力波形分别如图 7.8(a) 和 (b) 所示。

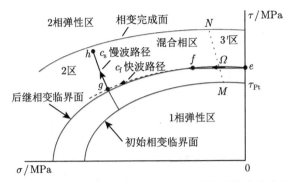

图 7.7 预扭 NiTi 薄壁圆管受突加压扭载荷时的应力路径图

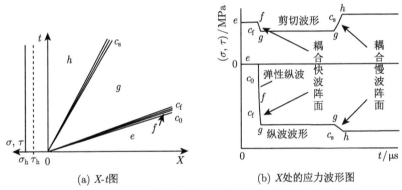

(a) X-t图   (b) X处的应力波形图

图 7.8 预扭 NiTi 薄壁圆管受突加压扭载荷时的简单波解

7.5.3 典型路径 3：预扭至混合相区再突加拉扭载荷

如图 7.9 所示，先预扭 NiTi 薄壁圆管至混合区内某点 a，然后在 $t = 0$ 时刻受突加拉扭复合载荷至混合相区中的终态点 c。由于基本不受 $3'$ 区的影响，其应力路径和弹塑性材料类似，先经耦合快波路径到达 b 点，然后沿耦合慢波路径到达终态点 c，即 $a \xrightarrow{c_f} b \xrightarrow{c_s} c$。

与弹塑性行为不同的是，一旦终态点加载到了 2 相区 (纯马氏体相)，图 7.9 中 e 点，则可能产生耦合相变冲击波，其波前波后满足相应的广义雨贡钮关系，有关耦合相变冲击波的探讨将在 7.6 节进行，具体会出现什么样的波系结构，取决于端面上的作用力 F 以及扭矩 M 的加载历史。

对薄壁管同时施加轴向冲击以及动态扭转在实验技术上较难同时实现，而预先进行准静态扭转并保持扭转角度，然后进行轴向冲击的方法则较容易实现，并且在理论上同样能产生相变耦合波。所以我们在实验上采用保持扭转角度，进行轴向冲击的方法来对相变耦合波进行研究。考虑到 NiTi 相变材料具有拉压不对称性, 拉伸方向的相变临界点比压缩方向低, 并且拉伸时薄壁管不会屈曲, 便于实验研究复合应力下的相变波传播规律, 有关内容请参见第 8 章。

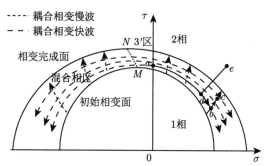

图 7.9　预扭 NiTi 薄壁圆管受突加拉扭载荷时的应力路径图

7.6　耦合相变冲击波理论

7.1 节引言指出, 复合应力冲击加载下, 是否会形成耦合应力的相变冲击波 (coupled shock wave with phase transition, CSKWPT), 目前除了王波等 (王波, 2017; Wang et al., 2014, 2016) 的工作外, 国际上还没有相关研究的报道。这一节主要介绍王波等的研究结果。

7.6.1　耦合相变冲击波假设

从奥氏体相 (1 相), 例如图 7.10 中的原点 O, 突加一个纵向和横向复合的阶跃载荷至马氏体相 (2 相) 的某一点 $L(\sigma_L, \tau_L)$, L 点是终态点。那么, 由之前的讨论可知, 相应的波系结构应该为奥氏体相区的弹性纵波 OM, 奥氏体相区的弹性横波 MN 到达相变初始临界面, 然后经混合相的耦合相变慢波 NP 到达相变完成界面, 进入马氏体相后, 经马氏体相的弹性纵波 PQ, 马氏体相的弹性

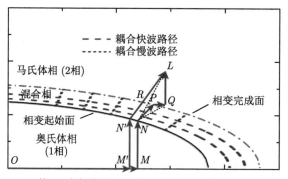

图 7.10　从 O 点加载到马氏体相 (2 相)L 的应力路径示意图

横波 QL, 抵达终态 L 点, 整个路径如图 7.10 中的折线 $OMNPQL$ 所构成。注意, 其中关键点 N 的位置是假设的, 因为只有确定了 N 的位置, 才能沿慢波路径确定相变完成面上的 P 点。有了 N 点和 P 点, 就可以分别决定奥氏体相和马氏体相中的纵波和横波幅值, 即整个路径 $OMNPQL$。如果 N 点的位置变化, 则整个路径也将随之改变。

下面将会看到, N 点的位置是由加载幅值和材料的相变特性 (相变本构方程) 共同决定的, 是唯一的, 不过在方程未解出之前, 我们并不知道 N 点的位置。这里为了讨论直观起见, 先假设一个如图 7.10 中的 N 点。由 (7.20) 式可知, 马氏体相区的弹性纵波以及弹性横波的波速都要大于混合相区的耦合相变慢波的波速, 也就是说马氏体相区的弹性纵波和弹性横波会追赶前方的耦合相变慢波, 一旦追上, 将会跟后者发生相互作用。众所周知, 由于一维几何约束条件, 对于性质相同的波 (纵波或横波) 而言, 后方较快的波, 不可能穿越前方较慢的波单独传播, 必然会发生相互作用, 使波形变陡, 甚至形成冲击波, 这就是非线性材料中冲击波形成的物理机制。我们来分析上述马氏体相区的弹性纵波和弹性横波追赶耦合相变慢波的问题。耦合慢波 NP 中的纵向分量 σ 和横向分量 τ 是耦合在一起以波速 c_s 传播的, 2 相弹性纵波 PQ 将率先追上并发生作用。由于耦合慢波中含有纵向应力分量, 因此弹性纵波将不能穿越耦合慢波独立传播, 必然要和耦合慢波中的纵向分量作用, 增强其纵向分量, 形成纵向分量冲击波。由于相变区本构特性的约束, 其横波分量不能单独传播, 必须和纵向分量耦合传播, 从而可能形成图 7.10 中虚线所示的耦合相变冲击波 NQ, 该耦合冲击波的波速将高于耦合相变慢波 NP 的波速。如果 2 相弹性横波 QL 的波速仍高于上述弹性纵波作用后的耦合冲击波 NQ, 那么它将和 NQ 中的横向分量作用而增强其横向分量, 最终形成从相变起始面 N 点至位于马氏体相区的加载终点 L 的耦合相变冲击波 NL。

需要说明的是, 图 7.10 中 N 点是假设的, 实际相变起始面上的位置 N' 点应当由材料特性和加载幅值联合确定, 下文进行讨论。

7.6.2 广义雨贡钮方程

耦合冲击波方面的研究目前还比较少, Bland(1964) 曾经研究过超弹性材料中的一维压剪耦合冲击波。丁启财和李永池 (Ting et al., 1983; Li et al., 1982) 分别从拉氏和欧氏的角度, 研究了三维非线性弹性固体中的耦合冲击波的输运方程, 并提出了广义雨贡钮线 (Hugoniot) 的概念。

对于一维拉扭耦合相变冲击波而言, 令波阵面前后某一物理量 ψ 在波前时记为 ψ^+, 在波后时记为 ψ^-, 波阵面上的间断量记为 $[\psi] = \psi^- - \psi^+$, 可以得到动量和质量的冲击间断方程分别为

$$[\sigma] = \rho_0 D_c^2 [\varepsilon] \tag{7.32a}$$

$$[\tau] = \rho_0 D_c^2 [\gamma] \tag{7.32b}$$

$$[u] = D_c [\varepsilon] \tag{7.33a}$$

$$[v] = D_c [\gamma] \tag{7.33b}$$

其中 D_c 为耦合 (coupled) 相变冲击波的波速。

假设耦合相变冲击波的实际波前状态位于图 7.10 中初始相变面上的 N' 点，那么耦合相变冲击波的应力路径为直线 $N'L$。由于 $N'L$ 在 R 点跨越混合相区进入马氏体相区 (2 相)，$R(\sigma_R, \tau_R)$ 点位于相变完成面上，如图 7.10 所示，R 点前后两区材料性质不同。通过对混合相区本构 (7.14) 式积分，可以得到耦合相变冲击波 $N'L$ 的应变间断为

$$\varepsilon^- - \varepsilon^+ = \frac{\sigma^- - \sigma^+}{E} + \int_{\sigma^+}^{\sigma_R} S \frac{\beta_v^2 \sigma_v^2}{\theta^2} d\sigma + \int_{\tau^+}^{\tau_R} S \beta_v \sigma_v \tau d\tau \tag{7.34}$$

$$\gamma^- - \gamma^+ = \frac{\tau^- - \tau^+}{\mu} + \int_{\tau^+}^{\tau_R} S \tau^2 \theta^2 d\tau + \int_{\sigma^+}^{\sigma_R} S \beta_v \sigma_v \tau d\sigma \tag{7.35}$$

由于 (7.34)、(7.35) 式中增添了两个变量 σ_R, τ_R，需补充两个方程：

$$\frac{\sigma^- - \sigma^+}{\tau^- - \tau^+} = \frac{\sigma^- - \sigma_R}{\tau^- - \tau_R} \tag{7.36}$$

$$\left(\frac{\sigma_R + \beta k_2}{\theta} \right)^2 + \tau_R^2 = k_2^2 \tag{7.37}$$

其中上标 $-$ 和 $+$ 分别表示耦合冲击波后 L 点和波前 N' 点的参数，k_2 为参数 k(椭圆短半径) 在相变完成面上的值。(7.36) 式表示 $N'R$ 和 $N'L$ 共线，(7.37) 式表明 R 点位于相变完成面上。如果耦合相变冲击波的前、后状态已知，可由上述两式解出 R 点的位置 (σ_R, τ_R)。

联立方程组 (7.32)~(7.35)，共有六个独立方程，倘若耦合相变冲击波波前状态已知 (应力 σ^+, τ^+, 应变 ε^+, γ^+, 粒子速度 u^+, v^+)，那么未知量为波后状态参数 (σ^-, τ^-, ε^-, γ^-, u^-, v^-)，加上耦合冲击波波速 D_c 共七个。只要知道或实验上测得这七个未知参数中的任意一个，原则上可以求解出耦合相变波波后的其他六个未知参量，从而确定波后状态以及冲击波的波速。但由于相变材料的特殊性，(7.34) 和 (7.35) 式中含有待定量 σ_R, τ_R，它们可由两个补充方程 (7.36) 和 (7.37) 解决。这样一来，(7.32)~(7.37) 共八个方程组成方程组，未知数包括 σ_R, τ_R 在内是九个。我们关心的是六个波后状态参数 (σ^-, τ^-, ε^-, γ^-, u^-, v^-)，加上耦合冲击波波速 D_c。这七个未知参数中，实验上较容易测量的有耦合冲击波波

速 D_c, 波后纵向应力 σ^- 或纵向粒子速度 u^-。方程组 (7.32)~(7.37) 实际上确定了 σ-τ 平面上耦合相变冲击波的广义雨贡钮线 (generalized Hugoniot line)。之所以称其为广义雨贡钮线, 是因为传统的雨贡钮线不计温度时一个状态点一般为三个参量, 压力 P, 比容 V(或体积应变 ε_V), 粒子速度 u, 在不同状态平面上构成所谓的 P-V 雨贡钮线, P-u 雨贡钮线等 (经福谦, 1999; 唐志平, 2008)。而在耦合相变冲击波条件下, 一个状态点具有六个参量, 除了上面三个纵向分量外, 还包含三个剪切分量 τ, γ, v。

为了方便在 σ-τ 空间中进行讨论, 我们取波后的剪应力 τ 为自变量, 将广义雨贡钮线方程记为

$$\sigma = F\left(\tau; \sigma^*, \tau^*\right) \tag{7.38}$$

式中 (σ^*, τ^*) 为一确定的波前状态点, 或称为耦合相变冲击波的始点, (σ, τ) 为需要求解的波后状态。对于不同的 τ, 可以求得对应的 σ, 将不同的波后状态点连接起来就构成了 (σ, τ) 平面上的一条以 (σ^*, τ^*) 为始点的广义雨贡钮线。确定了耦合相变冲击波的广义雨贡钮线后, 对于不同的初始状态和不同的最终状态, 将会有各种不同的波系结构, 下面作进一步的分析讨论。

7.6.3 不同加载条件下的耦合相变冲击波

7.6.3.1 按 2 相终态点分区

求解耦合相变冲击波的问题可以分为两类: 一类是已知冲击波的波前状态, 求解波后状态, 已在上面讨论过; 另一类是已知冲击波的波后状态, 求解波前状态。实际上, 联立方程组 (7.32)~(7.37), 当波后应力 σ^-, τ^-, 应变 ε^-, γ^-, 粒子速度 u^-, v^- 已知的条件下, 类似地, 如果知道了波前应力 σ^+, τ^+, 应变 ε^+, γ^+, 粒子速度 u^+, v^+ 以及耦合冲击波波速 D_c 中的任一值, 同样可以完全求解出耦合相变波的波前状态以及波速结果, 我们将这种问题记为

$$\sigma = G\left(\tau; \sigma^{**}, \tau^{**}\right) \tag{7.39}$$

其中 (σ^{**}, τ^{**}) 为一确定的波后状态点, (σ, τ) 是需要求解的波前状态点。(7.39) 式实际上是 (7.38) 式的反问题, 两者本质上是等效的。

对于不同的初始状态和不同的波后状态, 所产生的耦合相变波的波系结构是不同的, 在进行分析之前, 首先要对耦合相变冲击波可能的波前状态和波后状态进行分类。对于不同的初始状态, 其对应的耦合相变冲击波的波前状态大致可以分为两类: ①波前在初始相变临界面上, ②波前在混合相区。不同的初始状态到波后状态之间的波系结构可以通过耦合相变波的特征波解得到。

对于不同的波后状态, 情况相对复杂一些。为直观起见, 我们只考虑图 7.4(a) 混合相区中的 1 区 (拉扭复合加载区), 即由初始相变面 AS, 相变完成面 CT, τ

轴上 A 点出发的慢波路径 AC, 以及 σ 轴上 ST 段合围的 $ACTS$ 区域, 该区域排除了慢波路径 AC 左面的区域, 即图 7.4(b) 中的 $3'c$ 区域, 仅涉及拉扭应力加载, 从初始相变面发出的慢波路径不跨越 τ 轴, 仅是拉扭耦合。因此, 我们讨论的耦合相变冲击波的终态点范围是与相变完成面 CT 相接的 2 相区, 即图 7.11 中的 JCT 以右的 2 相区域。

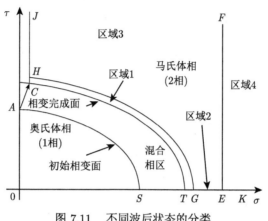

图 7.11　不同波后状态的分类

对于拉扭复合加载, 不考虑马氏体相发生塑性的条件下, 上述马氏体相区可以分为如图 7.11 所示的四个子区域。区域 1: 弧线 CT(相变完成面) 和弧线 HG 合围的区域, 该区域这样来确定, 即耦合冲击波波前状态在初始相变面上, 并且形成的耦合冲击波的波速与波前状态点出发的相变耦合慢波中的某一速度相同的一系列波后状态点的集合。也就是说, 该区域耦合相变冲击波的波速较低, 介于混合相区耦合慢波的波头和波尾波速之间。区域 2: 大于相变完成面上 T 点的 σ 轴, 属于单纯拉伸加载。区域 3: 图 7.11 中 $JHGEF$ 合围的区域 (排除了 τ 轴), 其中 σ 轴上的 E 点这样来定, 当单纯纵向应力突加到 E 点时, 将会产生弹性纵波 $0S$ 和纵向冲击波 SE, 后者波速在 E 点刚好等于 2 相弹性横波波速 c_2。当加载幅值小于 E 点时, 冲击波速小于 c_2, 大于 E 点时, 冲击波速高于 c_2。区域 3 是正常产生耦合相变冲击波的主要区域。区域 4: 垂直线 EF 以右部分。

通常来说, 知道的是初始状态和最终状态, 可以通过波后的状态点, 以及 (7.39) 式反推出来波前状态点所需要满足的关系, 结合由初始状态以及耦合特征波解确定波前状态所满足的关系, 就可以求解耦合相变冲击波的波前状态点以及波速。

7.6.3.2　不同波后区域的求解过程

1) 区域 1: 相变完成面 CT 到弧线 HG 之间的区域

该区域的范围较小, 且区域 1 中各点所对应的耦合相变冲击波的波速都正好等于混合相区中某一点处的耦合慢波波速, 耦合相变冲击波的波前波后满足如下

关系:

$$\begin{cases} (\sigma^-, \tau^-) = F'\left(D_c; \sigma^+, \tau^+\right) \\ D_c = c_s(\sigma^+, \tau^+) \end{cases} \tag{7.40}$$

其中 $F'(D_c;\sigma^+,\tau^+)$ 就是 (7.38) 式,但以耦合冲击波波速 D_c 作为参量的形式。

2) 区域 2: σ 轴上大于马氏体拉伸相变完成点 T 的集合

区域 2 对应于一维纯拉伸加载至纯马氏体相的情况,退化为非复合应力问题,可以简单地得到相变冲击波 (非耦合) 的结果。

3) 区域 3: JH, HG, GE 和 EF 合围的区域

当耦合相变冲击波的波后位于该区域时,将形成耦合相变冲击波,需要结合由初始状态以及耦合特征波解决定的波前状态所满足的关系,才能求解耦合相变冲击波的波前状态以及波速。例如,当初始状态和波后终态如图 7.12 中的点 O 和点 C 所示时,耦合冲击波的波前状态,也就是图 7.12 中的点 B 通常是未知的,然而,点 B 位于初始相变面上,通过联立广义雨贡钮方程和初始相变面方程,可以确定冲击波的波前状态

$$\begin{cases} \sigma_B = G\left(\tau_B; \sigma_C, \tau_C\right) \\ \left(\dfrac{\sigma_B + \beta k_1}{\theta}\right)^2 + \tau_B^2 = k_1^2 \end{cases} \tag{7.41}$$

其中 k_1 为初始相变面的 k 值。一旦波前状态点 B 确定了,那么整个过程的应力路径就完全确定了,依次为弹性纵波 OA,弹性横波 AB,以及耦合相变冲击波 BC,如图 7.12 所示。

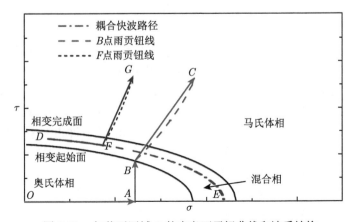

图 7.12 加载至区域 3 的广义雨贡钮曲线和波系结构

对于如图 7.12 中所示的从混合相区某一点 D 加载至马氏体相某一点 G 的问题，首先会产生一道耦合快波 DF 到某一点 F，然后从 F 经耦合相变冲击波 FG 到达最终状态点 G。已知过 D 点的耦合快波的应力路径方程为

$$\sigma = h(\tau; \sigma_D, \tau_D) \tag{7.42}$$

那么冲击波的波前状态点 F 可以通过联立广义雨贡钮方程和耦合快波的应力路径方程得到

$$\begin{cases} \sigma_F = G\left(\tau_F; \sigma_G, \tau_G\right) \\ \sigma_F = h(\tau_F; \sigma_D, \tau_D) \end{cases} \tag{7.43}$$

波系结构应该是耦合快波 DF，相变冲击波 FG，如图 7.12 所示。

4) 区域 4：垂线 EF 以右的区域

当终态点位于区域 4 时，由于一维拉伸相变冲击波的波速大于纯剪切波的波速，所以该区域将不会产生耦合相变冲击波，若初始态位于 O 点，则波系结构依次为弹性纵波，一维拉伸相变冲击波以及弹性横波。

7.6.3.3　分区结果讨论

(1) 以上仅对纯拉扭加载区 (图 7.4 中的 1 区) 进行了分区讨论，尚未涉及图 7.4 中的 2 区和 3′ 区。其中 2 区是纯压扭加载区，应该类似于 1 区，由于拉压不对称，2 区中的纵向应力绝对值大于 1 区。3′ 区应力加载快慢波路径变化较复杂，其中又分为 a、b、c 三个子区，有待进一步探讨。

(2) 1 区所分的 4 个区域中，区域 2 仅产生弹性纵波和单纯纵向应力相变冲击波，区域 4 构成弹性纵波，纵向应力相变冲击波和 2 相弹性横波，均不构成耦合相变冲击波，只有区域 1 和 3 能够形成耦合相变冲击波。

(3) 区域 1 中，虽然处于 2 相的弹性加载波能够追赶前方的耦合相变慢波，形成耦合相变冲击波，但由于 2 相区内的弹性加载幅值很低，产生的耦合相变冲击波的波速较低，介于被追赶的耦合慢波的波头和波尾波速之间，也就是说，耦合慢波只有部分演变成耦合相变冲击波。随 2 相区内的弹性加载幅值增加，从尾部开始，耦合慢波转变为耦合相变冲击波部分增加，耦合冲击波幅值和波速增加。当加载终态点位于图 7.11 中的区域 1 边界 HG 上时，对应的耦合慢波全部转为耦合相变冲击波，波速等于原耦合慢波的波头波速。

(4) 区域 3 是主要耦合相变冲击波区，由于在该区域内加载幅值大，形成的耦合相变冲击波的幅值和波速将高于区域 1。7.7 节主要讨论区域 3 中的耦合相变冲击波的演变增长过程。

7.7 耦合相变冲击波的数值模拟

由于拉扭复合冲击加载的实验较难实现，我们将采用数值模拟或称为 "数字实验" 的方式来模拟相变材料从初始自由状态受拉扭阶梯载荷达到纯马氏体相区的过程，以验证拉扭耦合相变冲击波理论的合理性。

数值方法采用 Lax(1954) 格式对守恒方程进行有限差分，配合本构方程，就可以模拟出一维拉扭冲击加载下的相变波的传播和演化结果，由于没有引入任何关于耦合相变波存在性的假设，直接从相变本构模型和守恒方程出发，数值模拟与 7.6 节中的理论推导是完全独立的，相当于进行独立的数字实验验证。

7.7.1 数值模拟理论

对于方程

$$\frac{\partial \boldsymbol{u}}{\partial t} + \frac{\partial \boldsymbol{F}}{\partial X} = 0 \tag{7.44}$$

其 Lax 格式为

$$\frac{\boldsymbol{u}_j^{n+1} - \frac{1}{2}\left(\boldsymbol{u}_{j+1}^n + \boldsymbol{u}_{j-1}^n\right)}{\Delta t} + \frac{\boldsymbol{F}_{j+1}^n - \boldsymbol{F}_{j-1}^n}{2\Delta X} = 0 \tag{7.45}$$

Lax 格式对应的微分方程实际上是

$$\frac{\partial \boldsymbol{u}}{\partial t} + \frac{\partial \boldsymbol{F}}{\partial X} = \frac{\Delta X^2}{2\Delta t}\frac{\partial^2 \boldsymbol{u}}{\partial X^2} \tag{7.46}$$

其中 $\dfrac{\Delta X^2}{2\Delta t}\dfrac{\partial^2 \boldsymbol{u}}{\partial X^2}$ 为 Lax 格式的耗散项，选取合适的空间步长 ΔX 和时间步长 Δt，使得 $\dfrac{\Delta X^2}{2\Delta t}$ 为一小量，耗散项的影响可以忽略。

守恒方程 (7.1a)~(7.1d) 的 Lax 格式为

$$\begin{cases} u_j^{n+1} = \dfrac{1}{2}\left(u_{j+1}^n + u_{j-1}^n\right) + \dfrac{\Delta t}{2\rho_0 \Delta X}\left(\sigma_{j+1}^n - \sigma_{j-1}^n\right) \\[2mm] \varepsilon_j^{n+1} = \dfrac{1}{2}\left(\varepsilon_{j+1}^n + \varepsilon_{j-1}^n\right) + \dfrac{\Delta t}{2\Delta X}\left(u_{j+1}^n - u_{j-1}^n\right) \\[2mm] v_j^{n+1} = \dfrac{1}{2}\left(v_{j+1}^n + v_{j-1}^n\right) + \dfrac{\Delta t}{2\rho_0 \Delta X}\left(\tau_{j+1}^n - \tau_{j-1}^n\right) \\[2mm] \gamma_j^{n+1} = \dfrac{1}{2}\left(\gamma_{j+1}^n + \gamma_{j-1}^n\right) + \dfrac{\Delta t}{2\Delta X}\left(v_{j+1}^n - v_{j-1}^n\right) \end{cases} \tag{7.47}$$

把混合相的本构方程 (7.14) 重写为应力的增量形式

$$
\begin{cases}
\mathrm{d}\sigma = \dfrac{\left(\dfrac{1}{\mu} + S\tau^2\theta^2\right)\mathrm{d}\varepsilon - S\beta_v\sigma_v\tau\mathrm{d}\gamma}{\left(\dfrac{1}{E} + S\dfrac{\beta_v^2\sigma_v^2}{\theta^2}\right)\left(\dfrac{1}{\mu} + S\tau^2\theta^2\right) - S^2\beta_v^2\sigma_v^2\tau^2} \\[6mm]
\mathrm{d}\tau = \dfrac{-S\beta_v\sigma_v\tau\mathrm{d}\varepsilon + \left(\dfrac{1}{E} + S\dfrac{\beta_v^2\sigma_v^2}{\theta^2}\right)\mathrm{d}\gamma}{\left(\dfrac{1}{E} + S\dfrac{\beta_v^2\sigma_v^2}{\theta^2}\right)\left(\dfrac{1}{\mu} + S\tau^2\theta^2\right) - S^2\beta_v^2\sigma_v^2\tau^2}
\end{cases}
\tag{7.48}
$$

相应的离散形式为

$$
\begin{cases}
\sigma_j^{n+1} = \sigma_j^n + \dfrac{\left(\dfrac{1}{\mu} + S_j^n\tau_j^{n2}\theta^2\right)\left(\varepsilon_j^{n+1} - \varepsilon_j^n\right) - S_j^n\beta_v\sigma_{vj}^n\tau_j^n\left(\gamma_j^{n+1} - \gamma_j^n\right)}{\left(\dfrac{1}{E} + S_j^n\beta_v^2\dfrac{\sigma_{vj}}{\theta^2}\right)\left(\dfrac{1}{\mu} + S_j^n\tau_j^{n2}\theta^2\right) - S_j^{n2}\beta_v^2\sigma_{vj}^n\tau_j^{n2}} \\[8mm]
\tau_j^{n+1} = \tau_j^n + \dfrac{-S_j^n\beta_v\sigma_{vj}^n\tau_j^n\left(\varepsilon_j^{n+1} - \varepsilon_j^n\right) + \left(\dfrac{1}{E} + S_j^n\dfrac{\beta_v^2\sigma_{vj}^{n2}}{\theta^2}\right)\left(\gamma_j^{n+1} - \gamma_j^n\right)}{\left(\dfrac{1}{E} + S_j^n\dfrac{\beta_v^2\sigma_{vj}^n}{\theta^2}\right)\left(\dfrac{1}{\mu} + S_j^n\tau_j^{n2}\theta^2\right) - S_j^{n2}\beta_v^2\sigma_{vj}^{n2}\tau_j^{n2}}
\end{cases}
\tag{7.49}
$$

其中 S_j^n 和 σ_{vj}^n 可以通过 (7.13b) 式和 (7.13a) 式由 σ_j^n 和 τ_j^n 计算得到。这样, 在知道了 n 时间步的应力 σ_j^n, τ_j^n, 应变 ε_j^n, γ_j^n, 粒子速度 u_j^n, v_j^n 后, 通过守恒方程的离散形式 (7.47) 和本构方程的离散形式 (7.49), 我们可以很容易地计算得到 $n+1$ 时间步的应力 σ_j^{n+1}, τ_j^{n+1}, 应变 ε_j^{n+1}, γ_j^{n+1}, 以及粒子速度 u_j^{n+1}, v_j^{n+1}。

7.7.2　材料参数和初始条件

1) 材料参数

计算中所用相变材料 NiTi 合金的参数为密度 $\rho_0 = 6450\mathrm{kg/m^3}$, 泊松比 $\nu = 0.3$, 纯奥氏体相 (1 相) 和纯马氏体相 (2 相) 的杨氏模量为 $E = 63.7\mathrm{GPa}$, 混合相的应力-应变曲线斜率 $E_\mathrm{m} = 5\mathrm{GPa}$, 拉压不对称参数 $\alpha = 0.159$, 初始相变面的 $k_1 = 250.8\mathrm{MPa}$, 相变完成面的 $k_2 = 314.8\mathrm{MPa}$。模拟共 10001 个网格, 网格大小 $\Delta X = 1 \times 10^{-6}\mathrm{m}$, 时间步长 $\Delta t = 1 \times 10^{-10}\mathrm{s}$, 这样既满足迎风格式 CFL 数 $\dfrac{C\Delta t}{\Delta X}$ 始终小于 1, 又满足耗散项系数 $\dfrac{\Delta X^2}{2\Delta t}$ 足够小。

2) 初始条件

为了检验是否会产生相变耦合冲击波, 我们模拟了一个从自由状态到纯马氏体相区的追赶过程。加载过程被分成了两个阶段: 第一阶段从自由状态加载到相变完成面并保持一定时间，第二阶段为梯形加载到纯马氏体相区。由于我们关心的是第二个加载过程中的追赶问题，并且第一个加载阶段的波系结果可以直接由混合相区的特征波解得到，与耦合相变冲击波的理论无关。因此我们可以采用第一个加载阶段的理论解，即弹性纵波 C_0、弹性横波 C_2 和相变耦合慢波 C_s，作为第二个加载阶段的初始条件，并记此时刻为计算开始时间 $t = 0\mu s$。初始时刻应力分布 $\sigma(X)$，$\tau(X)$ 如图 7.13 所示。图 7.15(a) 中字母 $O(0,0)$，$A(200,0)$，$B(200,200)$，$C(223.9,260.1)$ 对应图 7.13 中各初始状态点，单位 MPa。

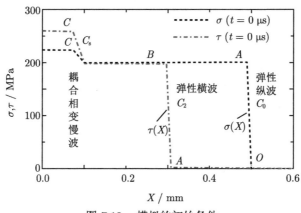

图 7.13　模拟的初始条件

7.7.3　终态位于区域 3 的模拟结果

7.7.3.1　算例 1：2 相中的弹性纵波追赶耦合相变慢波

在算例 1 中，我们模拟一道马氏体相区的弹性纵波追赶混合相区的耦合相变慢波的问题，初始条件 $(\sigma, \tau)|_{t=0}$ 如图 7.13 所示，边界应力加载条件如图 7.14 所示，即纵向拉伸应力 σ 在 0.01μs 内从 223.9MPa 加载到 350MPa，横向剪切应力 τ 保持 260.1MPa 不变，终态点 D 位于图 7.11 中的 3 区域：

$$
(\sigma,\tau)|_{X=0} = \begin{cases} (223.9, 260.1)\,\mathrm{MPa} & 0 \leqslant t < 0.1\mu s \\ (1.261 \times 10^{10}t - 1037.1, 260.1)\,\mathrm{MPa} & 0.1\mu s \leqslant t < 0.11\mu s \\ (350, 260.1)\,\mathrm{MPa} & t \geqslant 0.11\mu s \end{cases}
$$

$$(7.50)$$

图 7.15(b) 为 0.11μs 时的复合应力波形模拟结果，此时梯形加载的边界条件刚刚到达纵向拉伸应力最大值 350MPa 的 D 点，弹性纵波还没有追上耦合相变慢波，相应的应力路径如图 7.15(a) 中的 $OABCD$ 所示，$O \xrightarrow{C_0} A \xrightarrow{C_2} B \xrightarrow{C_s} C \xrightarrow{C_0} D$，其中 $C \to D$ 段是处于 2 相中的弹性纵波。

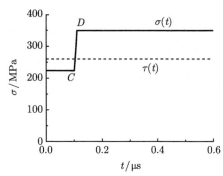

图 7.14 算例 1 的应力边界条件

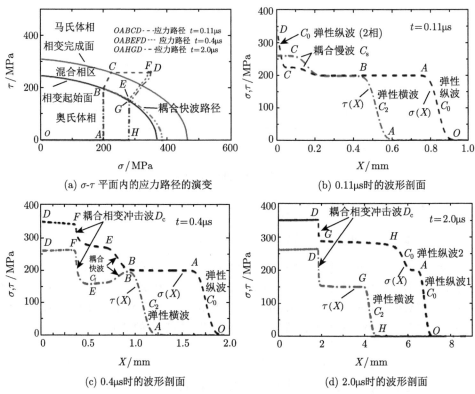

(a) σ-τ 平面内的应力路径的演变

(b) 0.11μs时的波形剖面

(c) 0.4μs时的波形剖面

(d) 2.0μs时的波形剖面

图 7.15 弹性纵波追赶耦合慢波 (算例 1) 过程中的应力路径和波形演变

图 7.15(c) 为 0.4μs 时的波形模拟结果, 相应的应力路径如图 7.15(a) 中 *OABEFD* 所示。我们可以看到此时已经产生了耦合相变冲击波 *EF*, 其应力路径对应图 7.15(a) 中的 *EF* 段。此时得到的耦合冲击波还没有完全稳定下来, 波后状态点 *F* 和加载的最终状态点 *D* 之间还有一点差距。有趣的是, 追赶过程中在耦合相变冲击波的前方产生了一道耦合相变快波, 如图 7.15(a) 和 (c) 中的 *BE*

段所示, 使得耦合相变冲击波的波前状态从初始相变面上的 B 点沿耦合快波路径移动到 E 点, 显示了耦合相变冲击波波前状态具有自动调节的过程。我们知道, 当终态点 D 位于马氏体相区区域 3 时, 其耦合相变冲击波的波前状态是由广义雨贡钮曲线确定的, 对于 7.15(a) 中的 CD 段来说, 相对应的冲击波波前状态应位于 B 点的右侧, 由于 B 出发往右侧的应力路径只有耦合快波路径, 所以在追赶过程中产生了一束相变耦合快波 C_f。具体路径为 $O \xrightarrow{C_0} A \xrightarrow{C_2} B \xrightarrow{C_f} E \xrightarrow{D_c} F \xrightarrow{C_0} D$, 其中 D_c 表示耦合相变冲击波的波速。

根据 (7.20) 式, 耦合快波 BE 的波速比弹性横波的波速快, 所以耦合快波会追上弹性横波。在这一追赶过程中, 耦合快波会发生解耦, 其剪切分量部分叠加在弹性横波上, 造成弹性横波发生一定量的卸载 (图 7.15(c) 中 $\tau(X)$ 波形中的 BE 段), 其纵向分量部分在完成追赶后转变为一道独立的弹性纵波 (图 7.15(c) 中 $\sigma(X)$ 波形中的 BE 段)。

图 7.15(d) 为 2.0μs 时的波形曲线, 其中 AH 为从耦合快波中解耦后得到的弹性纵波, GD 为耦合相变冲击波。相对应的应力路径如图 7.15(a) 中 $OAHGD$ 所示, 最终完整的波系结构依次为弹性纵波 OA 和 AH, 弹性横波 HG 以及耦合冲击波 GD, 具体路径为 $O \xrightarrow{C_0} A \xrightarrow{C_0} H \xrightarrow{C_2} G \xrightarrow{D_c} D$

从算例 1 中我们可以知道, 在弹性纵波追赶耦合慢波的过程中, 将会产生耦合相变冲击波。此外, 在追赶过程中, 波系结构能发生变化并自发的调节耦合相变冲击波的波前状态, 一道耦合快波 BE 会自发的产生并在随后的追赶过程中发生解耦。波系结构从最初的弹性纵波–弹性横波–耦合慢波–弹性纵波, 演化为弹性纵波–弹性横波–耦合快波–耦合冲击波, 并最终发展为两道弹性纵波–弹性横波–耦合相变冲击波的结构, 耦合冲击波波前状态在初始相变面上从 B 点调整到右侧的 E 点, 最终到达 G 点。这一系列现象主要是由相变过程中材料本构的非线性行为所激发的, 演变过程十分有趣, 仿佛相变材料具有智慧似的。

7.7.3.2 算例 2: 2 相中的弹性横波追赶耦合相变慢波

算例 2 中, 我们模拟一道马氏体相区 (2 相) 的弹性横波追赶耦合慢波的问题, 初始条件 $(\sigma, \tau)|_{t=0}$ 和算例 1 相同。加载边界条件保持轴向应力 $\sigma=223.9$MPa 不变, 令剪切应力 τ 在 0.01μs 内从 260.1MPa 上升至 400MPa, 如下式和图 7.16 所示, 终态点 D 位于图 7.11 中的 3 区域。

$$(\sigma, \tau)|_{X=0} = \begin{cases} (223.9, 260.1)\,\text{MPa} & 0 \leqslant t < 0.1\text{μs} \\ (223.9, 1.399 \times 10^{10}t - 1138.9)\,\text{MPa} & 0.1\text{μs} \leqslant t < 0.11\text{μs} \\ (223.9, 400)\,\text{MPa} & t \geqslant 0.11\text{μs} \end{cases} \quad (7.51)$$

图 7.17(b) 为 0.11μs 时的波形模拟结果, 此时 2 相中剪切载荷刚刚到达最大值 400MPa 的 D 点, 弹性剪切波还没有追上耦合相变慢波, 相应的应力路径和波

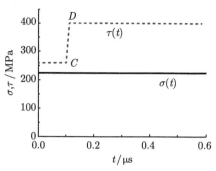

图 7.16　算例 2 的应力边界条件

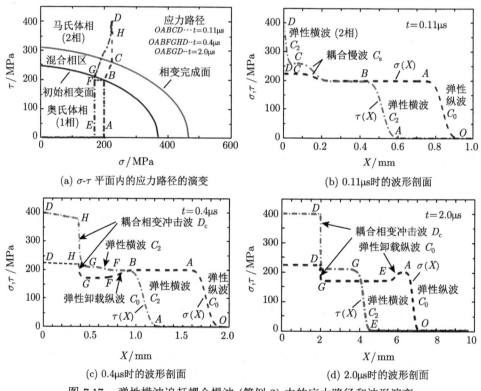

(a) σ-τ 平面内的应力路径的演变

(b) 0.11μs时的波形剖面

(c) 0.4μs时的波形剖面

(d) 2.0μs时的波形剖面

图 7.17　弹性横波追赶耦合慢波 (算例 2) 中的应力路径和波形演变

形曲线分别如图 7.17(a) 和 (b) 中的 $OABCD$ 所示: $O \xrightarrow{C_0} A \xrightarrow{C_2} B \xrightarrow{C_s} C \xrightarrow{C_2} D$, 其中 CD 段是 2 相中的剪切加载部分。与算例 1 类似, 在 2 相区弹性横波对耦合慢波的追赶过程中, 同样会产生耦合相变冲击波, 也会有波前状态自动调整的过程。图 7.17(c) 给出 0.4μs 时的波形曲线, 可以看到此时已经产生了耦合相变冲击波, 相应的应力路径和波形曲线分别如图 7.17(a) 和 (c) 中的 $OABFGHD$ 所示：$O \xrightarrow{C_0} A \xrightarrow{C_2} B \xrightarrow{C_0} F \xrightarrow{C_2} G \xrightarrow{D_c} H \xrightarrow{C_2} D$，其中 BF 段是 1 相弹性卸载纵波，FG 是弹性加载横波。图中显示在追赶过程中，耦合相变冲击波的前方产生了 1 相区的弹性卸载纵波 BF 和弹性加载横波 FG 以调整冲击波的波前状态。与算例 1 类似，耦合冲击波的波前状态点由广义雨贡钮线确定，对于算例 2 中的 CD 段，其相应的波前状态点位于点 B 的左侧，由于左侧为纯奥氏体相区 (1 相区)，所以产生了弹性卸载纵波和弹性加载横波。产生的卸载弹性纵波和加载弹性横波并不耦合，它们会各自独立的进行传播。2.0μs 时的波形曲线如图 7.17(d) 所示，耦合相变冲击波的波前状态点已调整到初始相变面上的 G 点，严格来说应该在初始相变面上 G 点附近，变化不大。波后状态从 H 点调到终态点 D。对应的应力路径如图 7.17(a) 的 $OAEGD$ 所示：$O \xrightarrow{C_0} A \xrightarrow{C_0} E \xrightarrow{C_2} G \xrightarrow{D_c} D$，其中 AE 段是卸载纵波。

由算例 2 我们可以知道，在弹性横波对耦合慢波进行追赶的过程中，同样会产生耦合相变冲击波，冲击波波前状态的调整由纵向弹性卸载波和横向弹性加载波实现，其波系演化过程与算例 1 略有不同。

7.7.3.3 算例 3：2 相中的弹性纵波和横波同时追赶耦合慢波

通过算例 1 和算例 2，我们证明了弹性纵波和弹性横波各自对耦合慢波进行追赶的过程中都会产生耦合相变冲击波，并且观察到了对应的波前应力状态的调整过程。在算例 3 中，我们将考虑 2 相中的弹性纵波和弹性横波同时对耦合慢波进行追赶的问题，计算的初始条件 $(\sigma, \tau)|_{t=0}$ 和算例 1 相同，应力边界条件为

$$(\sigma, \tau)|_{X=0}$$
$$= \begin{cases} (223.9, 260.1)\,\text{MPa} & 0 \leqslant t < 0.1\mu\text{s} \\ (1.261 \times 10^{10} t - 1037.1, 1.399 \times 10^{10} t - 1138.9)\,\text{MPa} & 0.1\mu\text{s} \leqslant t < 0.11\mu\text{s} \\ (350, 400)\,\text{MPa} & t \geqslant 0.11\mu\text{s} \end{cases}$$
$$(7.52)$$

如图 7.18 所示，即在 0.01μs 内，(σ, τ) 分别从 (223.9,260.1) 增加到 (350,400)，单位 MPa，终态点 D 位于图 7.11 中的 3 区域。追赶开始前的应力路径 $OABCD$ 如图 7.19(a) 所示，CD 段为第 2 相中的弹性加载段。虽然边界条件 (7.52) 中的纵向应力和剪切应力为比例加载，但是由于纵波和横波的波速不同，在追赶过程中纵向分量和横向分量并不是完全成比例的，所以在图 7.19 中的 CD 段并不呈一条直线，而是一条向上凹的曲线。相对应的 0.11μs 时的波形曲线如图 7.19(b) 中所示。

图 7.19(c) 和 (d) 分别为 0.4μs 和 2.0μs 时的波形曲线，相对应的应力路径如图 7.19(a) 中的 $OABED$ 和 $OAFGD$ 所示。结合图 7.19(a)~(d)，可以列出三个时刻的应力路径和相应波系：$O \xrightarrow{C_0} A \xrightarrow{C_2} B \xrightarrow{C_s} C \xrightarrow{C_0, C_2} D(t = 0.11\mu\text{s})$，$O \xrightarrow{C_0} A \xrightarrow{C_2} B \xrightarrow{C_f} E \xrightarrow{D_c} D(t = 0.4\mu\text{s})$，$O \xrightarrow{C_0} A \xrightarrow{C_0} F \xrightarrow{C_2} G \xrightarrow{D_c} D(t=2.0\mu\text{s})$

计算结果和算例 1, 算例 2 相似, 追赶过程中同样产生了耦合相变冲击波, 波前状态点由 B 点最终调整到了 G 点。

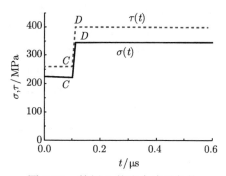

图 7.18   算例 3 的应力边界条件

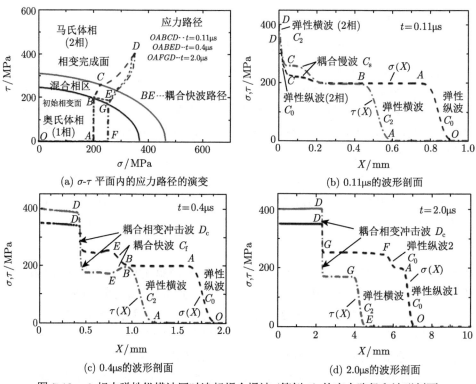

图 7.19   2 相中弹性纵横波同时追赶耦合慢波 (算例 3) 的应力路径和波形剖面

7.7.4   模拟解和理论解的比较

由 7.6 节中的耦合相变冲击波的理论可知, 已知耦合相变冲击波的波后状态, 加上波前状态位于初始相变面上的条件, 我们可以由式 (7.41) 计算出耦合相变冲击波的波前状态以及波速的理论值。为了对模拟结果和理论结果进行定量的对比，我们采用数值模拟中的材料参数，计算了以算例 3 中耦合相变冲击波波后状态点 (350,400)MPa 为波后状态，并且波前状态满足位于初始相变面上这一条件时所对应的耦合相变冲击波的理论波前状态点以及理论波速，结果如表 7.1 所示，其中，上标 "+" 和 "–" 分别代表耦合相变冲击波的波前状态和波后状态，D_c 为耦合相变冲击波的波速。可以看到，模拟结果和理论值吻合得很好，表明我们关于拉扭耦合相变冲击波的理论是成立的。

表 7.1 算例 3 中耦合相变冲击波的模拟解和理论解的比较

	σ^+/MPa	τ^+/MPa	σ^-/MPa	τ^-/MPa	D_c/(m/s)
理论	251.6	168.6	350	400	1124
模拟	253.1	167.0	350	400	1161
$\left\|\dfrac{模拟 - 理论}{理论}\right\|$	0.60%	0.95%	0	0	3.29%

上述三个算例表明，对于 NiTi 合金薄壁管而言，在拉扭冲击加载下，确实应该会产生耦合相变冲击波。此外，数值模拟中还得到了追赶过程中波系结构的演化以及波前状态自发调整的过程，表明耦合相变冲击波在形成的过程中，可能会产生波速大于当时耦合相变冲击波的信号，例如弹性纵波以及相变耦合快波，从而完成波前状态的调整过程。

尽管模拟中得到了耦合相变冲击波，但是耦合冲击波的路径线并不像理论那样是一条完美的直线，这可能由两方面的原因造成的：①模拟所用的 Lax 格式具有网格黏性，可能会造成波阵面的耗散和弥散；②模拟中边界条件为梯形加载，与理论中的突加载荷也不完全一样。尽管存在一些细微的差别，模拟结果依然显示了波系结构的主要变化特征，因此我们认为上述模拟结果是可以接受的。

当然，检验理论是否正确的根本在于实验验证。第 8 章我们将进行 NiTi 记忆合金薄壁管的预扭–冲击拉 (压) 复合加载实验研究，会观察到混合相区耦合相变快波和慢波的传播，但受试样材料和结构性能以及实验装置的限制，还没能顺利进入第 2 相，因而没有从实验上直接观测到耦合相变冲击波的传播。希望年轻学者们能后来居上，完成这一使命。

第 8 章 耦合相变波的薄壁管实验

8.1 引 言

复合加载下应力波或相变波的研究目前主要有两种实验方法：轻气炮平板压剪实验和基于 Hopkinson 压杆的薄壁管复合冲击实验。Escobar 等 (1993, 1995, 2000) 采用压剪轻气炮装置对 CuAlNi 单晶和 NiTi 形状记忆合金进行过平板压剪实验，实验采用样品自由面纵、横向粒子速度激光干涉法测量到了波形中的相变波信号，证实了材料在复合加载下发生了相变，但是没有记录到样品中相变波传播过程的直接信息。Clifton 等 (Lipkin et al., 1968,1970; Hsu et al., 1974) 在分离式 Hopkinson 压杆 (SHPB) 的基础上建立了薄壁长管的压扭复合加载装置，对一维弹塑性复合应力波进行过研究，尚未涉及复合相变波的传播。最近，宋卿争等 (宋卿争等, 2011; 宋卿争, 2014) 采用上述 Clifton 方法，在分离式 Hopkinson 压杆基础上建立了薄壁圆管的预扭突加轴向冲击的压扭复合加载装置，对 NiTi 合金的薄壁圆管耦合相变波行为做了初步探索。由于 NiTi 合金的相变行为具有明显的拉压不对称性，压缩时的耦合相变波信号不易识别。在宋卿争等工作的基础上，王波等 (王波等, 2016，2017; 王波, 2017) 建立了薄壁管的预扭冲击拉伸实验装置，得到了可以和理论分析相印证的清晰的耦合相变波波形。下面分别介绍两种实验方法和实验结果。

8.2 薄壁管压扭复合加载实验方法和原理

基于 Hopkinson 装置的薄壁圆管中复合应力波的实验研究可分为两种思路：第一种是先对薄壁圆管施加预扭，然后突加纵向冲击载荷；第二种是先预加轴向载荷再突加扭转冲击。Lipkin 等 (1970) 采用第一种方法实现了压扭复合加载实验。Fukuoka 等 (1975, 1977) 采用第二种方法，对预先施加拉伸至塑性屈服的薄壁铝管，再突加扭转或轴向冲击载荷，研究不同应力路径下弹塑性复合应力波的传播规律。

我们采用可行性较好的第一种方案，即对预扭状态下的薄壁圆管施加纵向冲击加载，以研究复合加载下 NiTi 形状记忆合金薄壁圆管 (试样) 中的相变波的传播规律。通过自行设计的预扭装置，对分离式 Hopkinson 压杆进行了改进，建立了压扭 Hopkinson 杆 (compression and pre-torque Hopkinson bar, CTHB) 装置，实现了对薄壁圆管试样的预扭–冲击压缩复合加载。装置示意图如图 8.1 所示，预扭装置和试样的实物图如图 8.2 所示。注意，该装置已不是传统的分离式压杆装置，而是用于研究一维复合应力波传播特性的装置，试样是薄壁长管，压杆用于对试样的加载和载荷的测量。

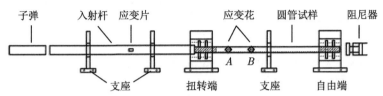

图 8.1   薄壁管压扭复合加载 Hopkinson 杆 (CTHB) 实验装置示意图

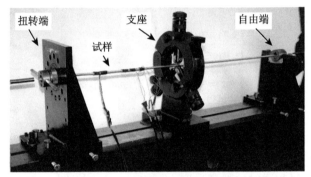

图 8.2   预扭装置和试样实物图

改进后的预扭–压缩 Hopkinson 杆主要由以下几部分组成: 子弹 (撞击杆)、入射杆、预扭装置及阻尼器。预扭装置可分为三部分: 扭转端、薄壁圆管试样和自由端。扭转端和自由端对试样起到支撑的作用，且分别有滑槽，既能约束圆管试样的转动又可使其沿纵向自由运动。薄壁圆管试样两端各粘接一短圆柱体并键入两枚销钉，分别与扭转端和自由端的滑槽连接。实验时，通过扭转端对试样一端施加预设的扭矩 (转角)，由于自由端可约束试样的转动，这样试样整体处于设定的预扭状态。实验时子弹撞击入射杆，对试样施加纵向冲击载荷，实现压扭复合加载。通过入射杆杆上粘贴的纵向应变片测量纵向的入射信号和反射信号，同时在圆管试样表面不同位置粘贴应变花，测量试样中的纵向信号和剪切信号，从而对复合波的传播规律进行研究。

压扭 Hopkinson 杆实验装置要考虑入射杆与试件连接端面处的截面变化和不同介质对应力波信号的影响，如图 8.3 所示。

由撞击面总作用力和粒子速度相等条件，通过一维应力波传播理论 (王礼立，2005)，可得

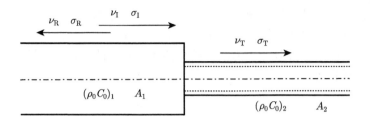

图 8.3   入射杆和圆管试样撞击端面处截面 A 和波阻抗 $\rho_0 C_0$ 变化示意图

$$\begin{cases} \sigma_{\mathrm{R}} = p\left(\sigma_{\mathrm{I}}\right) \\ v_{\mathrm{R}} = -p\left(v_{\mathrm{I}}\right) \end{cases} \tag{8.1}$$

$$\begin{cases} \sigma_{\mathrm{T}} = q\left(\sigma_{\mathrm{I}}\right) A_1/A_2 \\ v_{\mathrm{T}} = nq\left(v_{\mathrm{I}}\right) \end{cases} \tag{8.2}$$

$$\begin{cases} n = (\rho_0 C_0)_1\, A_1/(\rho_0 C_0)_2\, A_2 \\ p = (1-n)/(1+n) \\ q = 2/(1+n) \end{cases} \tag{8.3}$$

式中 σ_{I}, σ_{R}, σ_{T} 分别为撞击端面处入射、反射和透射的纵向应力信号；v_{I}, v_{R}, v_{T} 分别为入射、反射和透射的粒子速度；$(\rho_0 C_0)_1$, A_1 分别为入射杆的波阻抗和截面积；$(\rho_0 C_0)_2$, A_2 分别为试样的波阻抗和截面积, n 是广义波阻抗 $(\rho_0 C_0 A)$ 之比。

为验证压扭复合加载装置的可行性, 我们首先进行了纯纵向的压缩冲击实验, 实验装置如图 8.1 所示。选取弹塑性材料黄铜薄壁圆管作为试样, 外径 8.0mm, 壁厚 0.5mm, 长 1m。入射杆为钢杆, 长 1m, 直径 20mm, 钢子弹 (直径同入射杆) 以 $v_0 = 4.45\mathrm{m/s}$ 的速度撞击入射杆。在入射杆和薄壁圆管试件上不同位置 A、B 处粘贴的应变计测得的纵向应变信号示于图 8.4, 可见入射信号经过碰撞端面处的截面积和波阻抗的突变, 透射至圆管试样中的纵波信号良好。子弹撞击速度 v_0 和入射波纵向应力 σ_{I} 之间的关系为

$$\sigma_{\mathrm{I}} = (\rho_0 C_0)_1\, v_{\mathrm{I}} = (\rho_0 C_0)_1\, v_0/2 \tag{8.4}$$

根据测得的撞击速度 v_0, 按照 (8.4) 式可计算出入射纵向应力 $\sigma_{\mathrm{I}} = 90.2\mathrm{MPa}$, 结合表 8.1 中的材料参数, 可求得对应的入射纵向应变 $\varepsilon_{\mathrm{I}} \approx 0.043\%$; 同时根据 $(8.1)\sim(8.3)$ 式和表 8.1 中的参数可计算的圆管中的透射纵向应变 $\varepsilon_{\mathrm{T}} \approx 0.121\%$, 可见二者均和实验信号测得的应变信号吻合较好。结果表明, 该预扭装置对纵向冲击加载波形几乎没有影响。

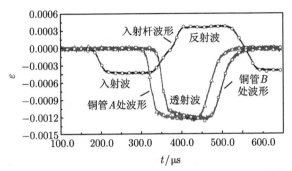

图 8.4 冲击压缩下入射杆和圆管试件 A、B 处的纵向应变信号

表 8.1 几种常见金属材料和 NiTi 合金的纵波波速和波阻抗等参数

	钢	铝	铜	NiTi
$\rho_0/(10^3 \text{kg/m}^3)$	7.8	2.7	8.9	6.45
E/GPa	210	70	120	52
$C_0/(\text{m/s})$	5190	5090	3670	2840
$\rho_0 C_0/(\text{MPa} \cdot \text{s} \cdot \text{m}^{-1})$	40.5	13.7	32.7	18.3
σ_p/MPa(屈服应力)	约 520	约 170	约 480	约 483
$(\rho_0 C_0)_{\text{钢}}/(\rho_0 C_0)_i$①	1	2.96	1.24	2.21

① i 代表钢、铝、铜或 NiTi 材料的阻抗波。

实验前通过静标, 建立起应变仪测得的应变信号和薄壁圆管试样中真实剪应变的关系, 以确定预扭冲击加载的具体的应力路径。预扭角度 ϕ_0(弧度制) 和试样中的剪应变 γ_0 可根据下式计算:

$$\gamma_0 = (D_{\text{out}} + D_{\text{in}}) \phi_0/4l \tag{8.5}$$

式中 l 为圆管试样的长度, D_{out} 和 D_{in} 分别为圆管试样外径和内径。

若预扭后试样整体仍处于弹性状态, 则根据广义 Hooke 定律, 可知预扭后薄壁管试样中的剪应力 τ_0 为

$$\tau_0 = \mu \gamma_0 = \frac{E}{2(1+\nu)} \gamma_0 \tag{8.6}$$

式中 μ 和 E 分别为试样的剪切模量和杨氏模量, ν 为试样的泊松比。

8.3 率相关弹塑性薄壁管中的复合应力波

8.3.1 钢管中的典型实验信号

为了进一步验证该装置研究复合应力波传播的可行性, 我们先对弹塑性材料进行实验。选用波阻抗和入射杆较匹配的 304 不锈钢薄壁圆管试样, 在试样表面

$X_1 = 80\text{mm}$，$X_2 = 180\text{mm}$ 处分别粘贴应变花 A，B。实验中采用的直角应变花有三个敏感栅，相对于 X 轴的夹角分别为 $-45°$，$0°$ 和 $45°$，其中 $0°$ 方向的敏感栅可测量试样表面的纵向应变，而 $\pm45°$ 方向的两个敏感栅可测量试样表面的剪应变。由材料力学知，圆管受扭转时，最大正应力在与圆管轴向呈 $45°$ 的方位上，且其数值和圆管横截面上的最大剪应力相等，实验上测量出 $\varepsilon_{45°}$、$\varepsilon_{-45°}$ 就可以求得试样中的剪应力。

实验中入射杆长度 2m，子弹长度 0.6m，直径均为 12mm，通过调整预扭角度 ϕ_0 和子弹的撞击速度 v_0 进行了多次实验，测得不同应力路径下薄壁钢管试样中的复合波信号，典型信号如图 8.5 所示，实验中子弹撞击速度 $v_0=10\text{m/s}$，预扭剪应变 $\gamma_0=0.27\%$。图中 $\gamma_A(t)$ 和 $\varepsilon_A(t)$ 是应变花 A 处记录的剪切和压缩应变信号，$\gamma_B(t)$ 和 $\varepsilon_B(t)$ 是应变花 B 处记录的剪切和压缩应变信号。从信号波形可以看出，两个不同位置处测到的波形的变化趋势是一致的，图中的 $A2$ 点和 $A2'$，$B2$ 和 $B2'$ 点是波形的拐点，分别把花 A 和花 B 的波形分成 2 个区间，其中 $A1$-$A2$(剪应变) 和 $A1'$-$A2'$(压应变) 构成了花 A 处的压剪耦合塑性快波，以相同波速 c_f 传播，$A2$-$A3$(剪应变) 和 $A2'$-$A3'$(压应变) 构成了花 A 处的压剪耦合塑性慢波，以相同波速 c_s 传播。当传到花 B 处，对于 $B1$-$B2$ 和 $B1'$-$B2'$ 构成耦合快波，$B2$-$B3$ 和 $B2'$-$B3'$ 组成耦合慢波。从波形可以看出，一个应变计同时测到剪切和压缩信号，并且以相同波速传播，这就是压剪 (扭) 塑性耦合波，先到达的是耦合快波，后面的是耦合慢波。不过，拐点处纵向和剪切信号几乎同步出现变化，剪切信号呈现先减小后增大的趋势，而纵向信号中快波和慢波的斜率不同，但都

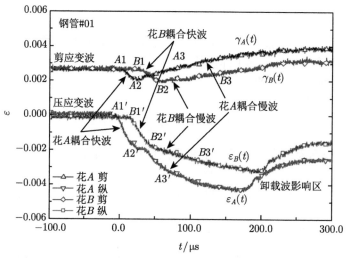

图 8.5　预扭–压缩冲击下钢管 #01 的实验记录信号 ($\gamma_0 = 0.27\%$，$v_0 = 10\text{m/s}$)

是连续变化的一簇波，二者之间有明显拐点但几乎没有明显的平台段。对比两个应变花的信号可看到，塑性快波段和塑性慢波段都在不断拉宽，信号强度不断减弱，这与文献 (Hsu et al., 1974) 中钛管的复合波信号相似，属于率敏感材料中的复合波信号。本实验采用的 304 不锈钢正是一种典型的弹黏塑性材料，测量到的复合波信号呈现出率敏感材料的特性。下面我们采用三种不同的动态材料模型做进一步的定量分析。

8.3.2 材料的几种动态弹塑性本构模型

1) 率无关模型

假设材料进入塑性时，满足如下屈服准则

$$f(\sigma, \tau) = \frac{\sigma^2}{\theta^2} + \tau^2 = k^2 \tag{8.7}$$

式中 $\theta^2 = 3$ 对应 Mises 屈服准则，$\theta^2 = 4$ 对应 Tresca 屈服准则。若材料进入塑性后是线性硬化的，弹性段部分斜率为 E_0，塑性段部分斜率为 E_p，塑性临界应力为 σ_Y。

根据 Clifton(1966) 和 Ting(1973) 的弹塑性复合应力波理论，可得到薄壁圆管中的弹塑性复合波的解。7.3 节给出的加载至混合相区的耦合相变波解在数学形式上与 (Clifton, 1966) 和 (Ting, 1973) 的弹塑性复合波的解是一致的，也可以参考。

2) 弹黏塑性模型

李永池等 (2003) 和袁福平 (2002) 建立了弹黏塑性薄壁管受压扭复合加载时的增量型本构关系，形式如下

$$\begin{cases} \dot{\sigma} = E\left(\dot{\varepsilon} - \frac{\sigma}{\bar{\sigma}} f(\bar{\sigma})\right) \\ \dot{\tau} = \mu\left(\dot{\gamma} - \frac{3}{2}\frac{\tau}{\bar{\sigma}} f(\bar{\sigma})\right) \end{cases} \tag{8.8}$$

其中 $\bar{\sigma} = \sqrt{\sigma^2 + \theta^2 \tau^2}$ 为等效应力；函数 f 可由单向拉伸实验曲线 $\dot{\varepsilon}_p = f(\sigma)$ 确定，E 和 μ 分别是杨氏模量和剪切模量。对于多数金属材料，可写成 Bodner 幂函数形式

$$\dot{\varepsilon}_p = \dot{\varepsilon}_0 \left(\frac{\bar{\sigma}}{\sqrt{\sigma_0^2 + E_s W^p}}\right)^n \tag{8.9}$$

式中 n 为黏塑性参数，σ_0 和 $\dot{\varepsilon}_0$ 分别为准静态条件下的屈服应力和应变率，此处考虑了塑性功硬化效应，即上式中 $E_s = 2E_0 E_p/(E_0 - E_p)$，$dW^p = \sigma\dot{\varepsilon}_p dt + \tau\dot{\gamma}_p dt$。

本构关系式 (8.8) 以及基本守恒方程, 构成了弹黏塑性薄壁圆管中的复合应力波的控制方程, 可按照文献 (李永池等, 2003; 袁福平, 2002) 给出的数值方法, 对黏塑性薄壁管中的复合应力波进行分析。

3) 弹–塑–黏塑性模型

Tanimoto(2007) 建立了弹–塑–黏塑性 (elastic-plastic-viscoplastic) 材料的增量型本构关系, 对处于 (σ, τ) 应力状态下的弹–塑–黏塑性薄壁圆管, 具体形式如下:

$$\begin{cases} \dot{\varepsilon} = (1/E + \psi)\,\dot{\sigma} + \phi\sigma \\ \dot{\gamma} = (1/\mu + 3\psi)\,\dot{\tau} + 3\phi\tau \end{cases} \tag{8.10}$$

式中 ψ 和 ϕ 分别表示亚应力塑性函数 (瞬时塑性响应函数) 和超应力黏塑性函数, 且有

$$\psi = \frac{2}{3\zeta}P^{k_1} \tag{8.11}$$

$$\phi = \frac{2}{3\eta}Q^{k_2} \tag{8.12}$$

式中 ζ 和 η 分别为瞬时塑性系数和黏塑性系数, k_1 和 k_2 分别为瞬时塑性常数和黏塑性常数, P 和 Q 分别为无量纲的亚应力和超应力, 且有

$$P = \frac{2\mu\sqrt{(1+\nu)^2\,\varepsilon^2/3 + \gamma^2/4}}{\sqrt{\sigma^2/3 + \tau^2}} - 1 \tag{8.13}$$

$$Q = \left(\sqrt{3}\left|\frac{\tau_S}{\sigma_S}\right|\right)^{\overline{J_3}} \frac{\sqrt{\sigma^2/3 + \tau^2}}{|\tau_S|} - 1 \tag{8.14}$$

其中 $\overline{J_3} = \dfrac{3\sqrt{3}}{2}\dfrac{(2\sigma^3/27 + \sigma\tau^2/3)}{(\sigma^2/3 + \tau^2)^{2/3}}$, τ_S 和 σ_S 分别为准静态条件下的剪切和拉伸屈服应力。

根据该本构关系, 同样可得到薄壁圆管中的复合应力波的控制方程和解, 其中复合波速为

$$c_{\mathrm{f}} = \frac{1}{\sqrt{\rho\,(1/E + \psi)}} \tag{8.15}$$

$$c_{\mathrm{s}} = \frac{1}{\sqrt{\rho\,(1/\mu + 3\psi)}} \tag{8.16}$$

特征线相容关系

$$d\varepsilon = (1/E + \psi)\,d\sigma + \phi\sigma dt, \qquad dx/dt = \pm c_f \tag{8.17}$$

$$d\gamma = (1/\mu + 3\psi)\,d\sigma + 3\phi\tau dt, \qquad dx/dt = \pm c_s \tag{8.18}$$

8.3.3 模型预测和实验波形的对比

表 8.2 给出了各模型所需的材料参数，其中率无关模型的参数可在另外两个模型中通用。实验中所用钢管外径为 8mm，内径为 6.6mm，长度为 1000mm，实验条件为：预扭载荷 $\gamma_0 = 0.27\%$，子弹的冲击速度 $v_0 = 10\mathrm{m/s}$(即钢管 #01)。根据表 8.2 的参数和加载条件，分别采用三个模型对实验结果进行了定量计算。

表 8.2　各模型所选取的参数

(1) 率无关模型	ρ_0	E_0	E_p	ν	σ_Y
	$7800\mathrm{kg/m^3}$	210GPa	21GPa	0.3	278MPa
(2) 黏塑性模型	$\dot{\varepsilon}_0$	σ_0	n		
	$20\mathrm{s^{-1}}$	278MPa	3		
(3) 弹–塑–黏塑性模型	ζ	η	k_1	k_2	
	11.8GPa	0.118MPa	0.85	5.0	

各模型预测和实验的比较如图 8.6 所示，率无关模型 (模型 1，图中虚线) 的特征是耦合塑性快波和慢波之间存在平台区，不能很好地预测 304 钢管试样的实验信号，这是因为实验所用管材是典型的率敏感材料。率相关模型预测的结果总体上可以反映出实验中的复合应力波的传播规律，其中模型 3(弹–塑–黏塑性模型，图中实线) 相比于模型 2(弹黏塑性模型，图中点划线) 和实验结果的吻合程度更好些。

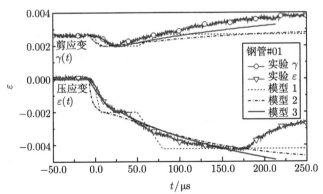

图 8.6　模型预测信号和钢管实验应变信号 (应变计 A) 的对比

上述结果表明图 8.1 所示实验装置得到的压扭复合波信号是可靠的，应该可以用于复合应力冲击加载下的相变波传播的研究。

8.4   NiTi 合金薄壁管中的复合应力相变波

8.4.1   预扭–纵向冲击实验的设计和信号预测

8.4.1.1   材料参数

NiTi 合金薄壁圆管试样购自美国 NDC 公司 (Nitinol Devices and Components Co.)，成分为 Ni wt%56.1-Ti，室温下处于奥氏体相，具有伪弹性 (PE) 特性。NiTi 管尺寸为，外径 $d = 8.0$mm、壁厚 $t = 0.38$mm。室温下其他材料参数 (厂家提供) 列于表 8.3。

表 8.3   NiTi 管材料参数

σ_{Ms}/MPa	σ_{Mf}/MPa	σ_{As}/MPa	σ_{Af}/MPa	E_A/GPa	$\rho/(kg/m^3)$
483	621	380	152	51.9	6450
ε_{Ms}	ε_{Mf}	ε_{As}	ε_{Af}	ε_{Pt}	ν
0.93%	6.00%	5.11%	0.27%	0.03	0.3

注：E_A 是奥氏体相模量，ρ 是密度，ν 是泊松比，σ_{Ms} 是马氏体相变起始应力，σ_{Mf} 是马氏体相变完成应力，σ_{As} 是逆相变 (奥氏体相变) 起始应力，σ_{Af} 是逆相变完成应力，ε_{Ms}、ε_{Mf}、ε_{As} 和 ε_{Af} 分别为马氏体相变起始应变和完成应变、逆相变起始应变和完成应变，ε_{Pt} 为相变应变。

8.4.1.2   复合应力加载路径的设计分析

假定对 NiTi 管预先施加的静扭转载荷 τ_0，且满足 $\tau_0 > \tau_{Ms}$(τ_{Ms} 为纯扭转时试样的相变起始应力)，而后分别施加四个不同的纵向冲击载荷 σ_0，相应的相变复合应力波的在 σ-τ 平面上的应力路径如图 8.7 所示。图中的点虚线表示相变起始临界面，细实线表示加载到 τ_0 时的后继相变临界面，该后继相变临界面内部为弹性响应区，外部为相变区。带箭头的虚线为相变快波路径，带箭头的实线为相变慢波路径，箭头方向为波速减小的方向。根据表 8.3 的参数，并假设奥氏体和马氏体两相的弹性常数相同，可计算出弹性区的纵波波速 $c_0 = \sqrt{E_A/\rho} = 2836.6$m/s 和横波波速 $c_2 = \sqrt{\mu_A/\rho} = \sqrt{E_A/2(1+\nu)\rho} = 1759.2$m/s。

预扭后的 NiTi 薄壁圆管的应力状态处于某个后继相变临界面 Σ 和 τ 轴的交点 $E(\sigma = 0, \tau_0 = 296.3$MPa)，假设 $t = 0$ 时刻圆管端部受到不同幅值的突加轴向压缩或拉伸载荷至四个不同的终态点：$H(\sigma = -462.4$MPa, $\tau_0)$，$Q(\sigma = 462.4$MPa, $\tau_0)$，$K(\sigma = -776.7$MPa, $\tau_0)$ 和 $S(\sigma = 776.7$MPa, $\tau_0)$，终态点的剪应力均为 $\tau_0 = 296.3$MPa，如图 8.7 所示。由第 7 章知道，混合相中的复合应力加载路径只能沿耦合快波和慢波应力路径进行。我们以此为据来分析从同一初态点 E 至不同终态点的应力路径。当突加轴向加载为拉伸应力 (图中 Q, S 点) 时，将进入相

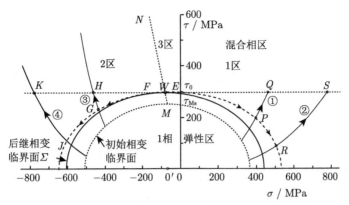

图 8.7　NiTi 合金管复合加载实验的应力路径设计图

变程度更高的混合相区，根据第 7 章的理论分析，必须通过一道经过 E 点的耦合快波路径 EP 或 ER，到达 P 点或 R 点，然后经由通过终态点的慢波路径 PQ 或 RS 到达终态点 Q 或 S。当突加轴向加载为压应力 (图中 H, K 点) 时，由于拉压的不对称性，该后继相变临界面 Σ 的短半轴的顶点 W 位于一系列短半轴顶点的连线 MN 上, 该处的剪应力分量大于 E 点的值。因此当从 E 点沿 σ 轴反向加载时，将沿水平线进入后继相变面 Σ 之内，对于相变而言相当于卸载过程，处于弹性状态，并保持 E 点的相含量不变，直到再次在 F 点与后继相变临界面 Σ 相交，F 点和 E 点关于 W 点对称。从 F 点继续沿 σ 轴负向加载时，将进入相变程度更高的混合相变区，依次沿耦合快、慢波路径到达终态点 H 或 K。由此可见不同的终态点所经历的应力路径是不同的，这是设计实验时需要加以注意的。根据以上分析可得到对应的复合应力加载路径，路径转折点的应力状态，以及相应的波和波速如下：

路径①(EPQ)

$$E(0, 296.3) \xrightarrow{C_{\mathrm{f}}} P(396.4, 195.7) \xrightarrow{C_{\mathrm{s}}} Q(462.4, 296.3)$$

$$C_{\mathrm{f}} = 2818.7 - 2230.2, \quad C_{\mathrm{s}} = 518.5 - 492.7 \quad (\mathrm{m/s})$$

路径②(ERS)

$$E(0, 296.3) \xrightarrow{C_{\mathrm{f}}} R(507.6, 88.8) \xrightarrow{C_{\mathrm{s}}} S(776.7, 296.3)$$

$$C_{\mathrm{f}} = 2818.7 - 1865.9, \quad C_{\mathrm{s}} = 617.5 - 546.8 \quad (\mathrm{m/s})$$

路径③($EFGH$)

$$E(0, 296.3) \xrightarrow{C_0} F(-166.6, 296.3) \xrightarrow{C_{\mathrm{f}}} G(-435.1, 230.8) \xrightarrow{C_{\mathrm{s}}} H(-462.4, 296.3)$$

$$C_0 = 2836.6, \ C_f = 2818.2 - 2491.6, \ C_s = 568.3 - 538.2 \quad (\text{m/s})$$

路径④($EFJK$)

$$E(0, 296.3) \xrightarrow{C_0} F(-166.6, 296.3) \xrightarrow{C_f} J(-604.7, 109.7) \xrightarrow{C_s} K(-776.7, 296.3)$$

$$C_0 = 2836.6, \ C_f = 2818.2 - 1969.2, \ C_s = 772.7 - 630.8 \quad (\text{m/s})$$

此外，还可以计算出各条加载路径下 NiTi 薄壁管在 $X = 100\text{mm}$ 处的应力和应变波形。图 8.8 显示路径①和③的波形信号，图中 $\Delta\gamma$ 是剪切应变的变化量。尽管两条路径初始应力状态点相同 (E 点)，最终状态点 (Q 点和点 H) 的剪应力相同，轴向应力的绝对值相同 ($\sigma = 462.4\text{MPa}$)，但由于材料具有拉压不对称性，两条路径的应力–时间波形并不重合，应变–时间曲线也有明显差异，且二者的终态应变不同。路径②和④也有类似现象 (图 8.9)，不再赘述。

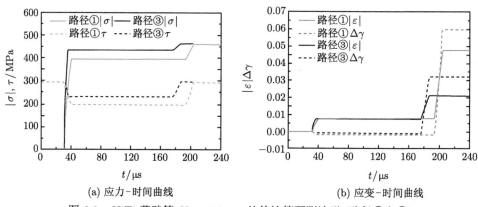

(a) 应力-时间曲线　　　　　　　　(b) 应变-时间曲线

图 8.8　NiTi 薄壁管 $X = 100\text{mm}$ 处的计算预测波形 (路径①和③)

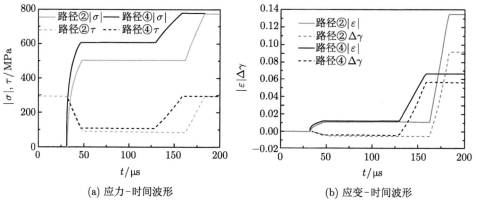

(a) 应力-时间波形　　　　　　　　(b) 应变-时间波形

图 8.9　NiTi 合金管 $X = 100\text{mm}$ 处的计算预测波形 (路径②和④)

根据图 8.8(b) 和图 8.9(b) 中的四条复合加载路径的应变–时间曲线, 可以给出应变空间中各路径的对比 (图 8.10)。图 8.10 中可以明显看到, 应变空间中路径①和路径③存在显著差异, 终态应变也不同, 路径②和④也雷同, 这是由于相变的拉压不对称特性造成的。

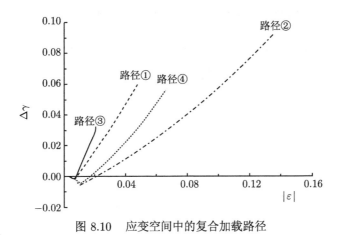

图 8.10 应变空间中的复合加载路径

8.4.1.3 复合加载路径中 2 相成分的变化

在奥氏体到马氏体相变中, 一般称奥氏体相为 1 相, 马氏体相为 2 相。为讨论 2 相成分在复合加载路径中的变化规律, 我们假设相变完成面的临界等效应力 $k = 500$MPa, 如图 8.11 所示, 该图比图 8.7 多了相变完成面 (图中粗实线)。

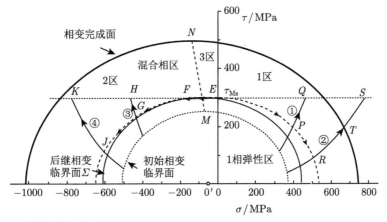

图 8.11 2 相变临界面对 NiTi 合金管复合加载应力路径的影响

若认为 2 相含量 ξ 和临界等效应力 k 有如下关系:

$$\xi = \begin{cases} 0\%, & k \leqslant 300\text{MPa} \\ \dfrac{k-300\text{MPa}}{200\text{MPa}}, & 300\text{MPa} < k < 500\text{MPa} \\ 100\%, & k \geqslant 500\text{MPa} \end{cases} \tag{8.19}$$

则可根据此式计算出复合加载路径中 2 相成分的变化 (图 8.12)，可见几条复合加载路径下，相变慢波引起的 2 相成分的变化幅值明显高于相变快波。这一点从图 8.11 中快、慢波路径线容易看出，快波路径大致和相变临界面平行，相成分的变化不大，慢波路径贯穿相变区，相成分的变化剧烈。

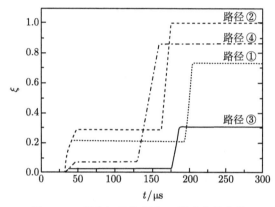

图 8.12   复合加载路径中 2 相成分的变化

由于拉压不对称，图 8.11 中路径②最终应力状态点 S 已经位于相变完成面外，进入了 2 相区，其实在 T 点 (669.0, 194.8) 就已到达 2 相临界面，因此慢波 TS 段其实是不存在的。进入 2 相后，应通过位于 2 相弹性纵波和横波路径到达终态 S 点。由于 2 相的弹性纵波和横波波速均高于前方的慢波波速，将可能发生追赶而形成耦合相变冲击波，参考 7.7 节。实际的应力路径已不是原路径②给出的相变快波 + 相变慢波的波结构，应当是耦合相变快波 + 耦合相变冲击波的波系结构了。

8.4.2   NiTi 管压扭复合冲击加载实验和初步结果

依据上述分析，我们采用改进的压扭 Hopkinson 杆装置，进行了 NiTi 合金薄壁管的预扭–冲击压缩复合加载实验。弹长 500mm，NiTi 薄壁管样品总长 710mm，在距离撞击端 100mm 和 200mm 的位置，沿管的纵向粘贴应变花 A、B，通过调整预扭角度和子弹的冲击速度，得到不同加载路径下的实验信号。

从表 8.3 的材料参数可知，该 NiTi 合金材料单轴拉伸时的相变临界应力为 483MPa，由于材料存在拉压不对称性，假定其拉压不对称系数 $\alpha = 0.12$，则其单轴压缩时的相变临界应力约为 -614MPa，纯扭转时的相变临界剪应力约为 275MPa。按照 (8.2) 式和 (8.6) 式的计算，需预扭 NiTi 管至 $135°$ 以上或子弹的纵向冲击速度达到 30m/s 以上时，才能进入相变区。据此设计复合载荷为：预扭 $120°$，纵向冲击速度 15m/s。但在实验过程中，由于 NiTi 合金薄壁管两端销钉孔附近应力集中，当预扭角度过大时造成试样的断裂破坏 (图 8.13)，实验没有加载到预期的复合应力状态点。

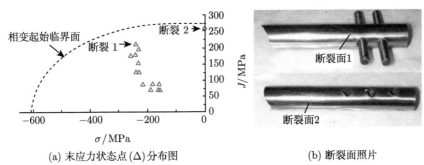

(a) 末应力状态点(△)分布图   (b) 断裂面照片

图 8.13 直接打孔连接方式致使 NiTi 薄壁管连接处断裂

为避免直接在 NiTi 管上打孔，我们对 NiTi 管和预扭装置之间的接头做了改进 (图 8.14)。改进后的接头为有台阶的圆柱体，材料为 #45 钢，靠近撞击面一侧长 18mm，直径 8mm(和 NiTi 管外径相同)，打孔后和销钉相连接。另一端为粘接面，长 30mm，直径 7.26mm(和 NiTi 管内径相同)，使用环氧固体胶和 NiTi 管的内表面相粘接。在样品自由端的一侧也做了同样的处理。在样品表面距离撞击端 50mm、100mm 和 150mm 的位置分别粘贴三个直角应变花，测量管中耦合相变波的传播。

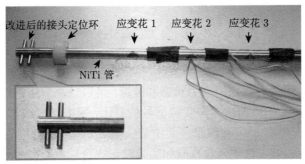

图 8.14 改进连接方式后的 NiTi 管和接头实物图

采用改进后的接头方案，实现了 NiTi 管的预扭压缩复合加载，预扭角度为

115°, 弹速 13.3m/s, 结合表 8.3 中的材料参数, 可以得到预扭剪应力为 279.5MPa, 高于相变起始临界应力, 轴向冲击加载应力为 −235.4MPa。图 8.15 为得到的典型实验波形。由于应变花 1 离撞击端较近, 信号受接头干扰较大, 图中仅给出应变花 2 和 3 的纵向和剪切信号, 其中剪切波信号很小, 纵波信号较明显, 但耦合波部分都受到一定的振荡干扰, 不太理想。下面借助与理论解的对照来讨论实验结果。

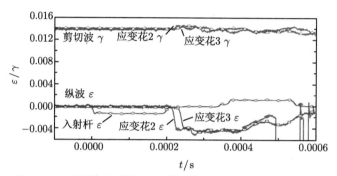

图 8.15   改进接头后的 NiTi 管压扭复合加载典型实验信号

根据实验加载条件, 结合表 8.3 中的材料参数, 按照第 7 章的复合应力相变波的理论分析, 可得到相应的复合加载应力路径图, 如图 8.16 所示。实验中, NiTi 合金薄壁管初始处于预扭状态, 应力状态为图 8.16 相变初始临界面外的 A 点, 相应的相变临界面外扩为经过 A 点的后继相变临界面。由于材料存在拉压不对称性, 从 A 点至 B 点的应力路径平行于 σ 轴, 且在过 A 点的后继相变临界面内的弹性区内, 波速为弹性纵波波速 c_0。B 点至 C 点为相变快波路径, 波速沿箭头方向不断减小。C 点至 D 点为相变慢波路径, D 点的剪切应力和 A 点相同, 为加载的最终应力状态。其应力路径为

$$A(0, 279.5) \xrightarrow{c_0} B(-150.6, 279.5) \xrightarrow{c_f} C(-231.4, 258.3) \xrightarrow{c_s} D(-235.4, 279.5)$$

$$c_0 = 2836.6, \quad c_f = 2821.6 - 2759.9, \quad c_s = 478.9 - 474.7 \quad (\text{m/s})$$

按照此应力路径各拐点的应力状态和波速, 可以预测管中的纵向信号的变化。图 8.17 是理论预测的纵向信号与实验信号的对比, 图中粗虚线和细虚线表示理论预测的应变花 2 和 3 的纵波波形, 其中箭头 c_0, c_f 和 c_s 分别表示 1 相弹性波、耦合快波和耦合慢波, 总体来看预测和实验波形吻合较好。在弹性波 c_0 和耦合快波 c_f 区, 二者几乎是重合的, 在耦合快波 c_f 和慢波 c_s 之间按照理论预测应为应变平台区 (NiTi 合金可视为率不敏感材料), 由于夹持方式和薄壁管存在径向惯性效应, 该区域实验信号出现了一定的波动。经过 c_s 波区后, 应变达到最终的应变

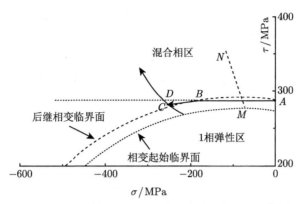

图 8.16 NiTi 管压扭复合加载实验的应力路径示意图

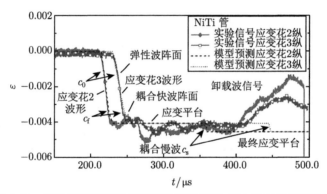

图 8.17 理论模型预测结果和实验所得 NiTi 管中纵向信号的对比

平台区。由于加载脉宽的影响 (弹长 500mm，加载脉冲长约 200μs)，卸载波的到来使得应变花 2 只记录到 c_s 阵面和部分最终应变平台，应变花 3 则连耦合慢波波阵面 c_s 都没有记录到。

总的看来，虽然在目前的实验条件下，压扭复合加载下 NiTi 管最终应力状态已经达到相变区，但由于伪弹性 NiTi 合金的相变临界应力 $\sigma_{Ms} = 483$MPa 远高于钢的屈服应力 (约 200MPa)，所获得的实验信号中相变快波和慢波的区分不如钢管实验信号那样明显。从应力路径图 8.16 看，由于相变拉压的不对称性，增大预扭的同时，相变临界面随之向外扩展，导致相变临界椭圆的中心向 $-\sigma$ 轴一侧的偏移更加严重，相应的复合应力路径中 B 点的纵向应力幅值增加，也就是说达到相变临界面所需的撞击速度更大，这对于目前装置和薄壁管样品而言有很大的困难。

以上实验结果和分析表明，压扭复合加载难以得到理想的相变耦合波形。在目前的实验条件下，若要获得较理想的复合应力相变波信号，我们分析有几种可行的解决方案：① 使用现有的伪弹性 NiTi 薄壁管，实验装置改造为预扭–冲击拉伸复合加载方式，利用材料的拉压不对称性，采用轴向冲击拉伸加载，可以有效降低冲击载荷的幅值；② 若继续使用现有的压扭复合加载装置，可选择相变临界应力较低的相变薄壁管作为试样，也可以将伪弹性 NiTi 薄壁管经热处理成为形状记忆状态，后者室温下的相变临界应力可低至 100MPa 左右，如果不研究卸载行为，伪弹性和形状记忆特性在数学描述上是一致的；③ 更理想的是拉扭复合加载装置和形状记忆状态的试样相结合。下文我们将采用方案①作进一步实验研究。

8.5　拉扭复合加载技术

考虑到 NiTi 合金相变具有拉压不对称性，拉伸比压缩更容易进入相变，并且拉伸加载相比压缩，可以避免薄壁管屈曲失稳的发生，因此我们在预扭–冲击压缩实验的基础上，选择了对伪弹性 NiTi 合金薄壁管进行预扭冲击拉伸加载的方法，即 8.4 节的第①种方案。

8.5.1　实验原理

预扭冲击拉伸加载路径如图 8.11 中的路径①和②所示，首先预扭至混合相区 τ 轴上的 E 点，然后施加拉伸冲击载荷，路径①沿快波路径 EP 和慢波路径 PQ 到达位于混合相区的终态点 Q，路径②经快波 ER 和耦合相变冲击波 RS 到达 2 相区的终态 S 点。路径①和②的理论预测应力波形分别见图 8.18(a) 和 (b)。该方案原则上可以研究耦合相变波甚至耦合相变冲击波的传播现象。

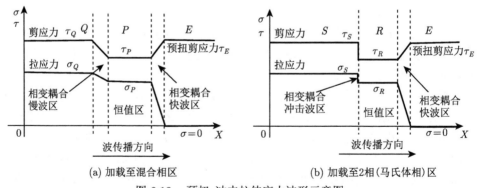

图 8.18　预扭–冲击拉伸应力波形示意图

8.5.2　实验装置

实验装置示意图如图 8.19 所示。对薄壁管的预扭转加载部分同上文的预扭冲击压缩加载大致相同，只不过薄壁管的左端是处于开口状态的，在管的外圆面粘

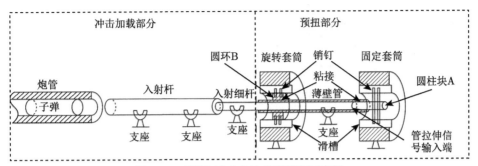

图 8.19　预扭–冲击拉伸实验装置示意图

接一个钢制圆环, 销钉安装在钢环上, 实现对薄壁管的预扭加载和保持, 右端保持不变。对薄壁管的冲击拉伸加载部分则是通过对 Hopkinson 压杆进行改进来实现的。粘接后的薄壁管左端开口, 右端闭口, 我们将略小于薄壁管内径的入射细杆从薄壁管的开口端插入, 右端与薄壁管闭口端粘接的圆柱块贴合, 入射细杆的左端则与较粗的入射杆贴合。实验时, 高压气体推动子弹运动, 子弹撞击入射杆后会产生一道轴向传播的压缩方波, 压缩方波到达入射杆和入射细杆之间的界面后, 向入射细杆透射一道相同脉宽的压缩方波, 由于细杆的波阻抗比入射杆小, 入射细杆中的压缩方波的幅值将会比入射杆中的高, 见 (8.1)~(8.3) 式。当透射的压缩方波通过细杆传递到薄壁管闭口端的圆柱块后, 将会促使圆柱块向右运动, 并通过粘接层带动薄壁管向右运动, 把细杆中的右行压缩脉冲转换为薄壁管中的向左传播的拉伸脉冲, 从而实现对薄壁管的冲击拉伸加载。由于细杆和薄壁管连接处的结构较为复杂, 压缩载荷转变为拉伸载荷的具体过程相当繁复, 下文我们会通过纯冲击拉伸实验来证明通过撞击粘接的圆柱块的方式确实能够产生较好的拉伸方波。

实验中信号的测量主要通过在薄壁管上不同位置粘贴应变花来实现。与压缩加载不同的是, 拉伸加载脉冲是从右向左传播。

8.6　304 不锈钢管的预扭冲击拉伸实验

同样首先采用率相关的 304 不锈钢薄壁管进行预备实验, 以检验装置的可行性。不锈钢薄壁管外径 8mm, 内径 7mm, 子弹长 500mm, 入射杆长 1500mm, 入射细杆长 900mm。

8.6.1　纯冲击拉伸实验

为了检验装置的有效性, 尤其是在薄壁管内产生拉伸脉冲的能力, 首先进行纯冲击拉伸实验。不锈钢薄壁管样品长 700mm, 在薄壁管以及入射杆上沿轴向贴两组电阻应变片, 弹速约 6m/s, 典型记录信号如图 8.20 所示。图中可见, 经过入射细杆以及右端闭口端圆柱块的传递，可以在薄壁管中产生一道应变幅值比入射杆中的压缩方波大很多的拉伸方波，虽然上升沿较入射脉冲长一些，仍能很好地满足冲击拉伸加载的需求。

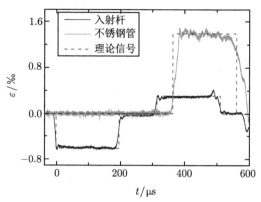

图 8.20　304 不锈钢管的纯冲击拉伸实验波形

　　由于从入射杆到薄壁管右侧的拉伸端，经过了一系列的波阻抗变化 (截面和材料)，通过弹性波在变阻抗杆中的反射和透射的应力波理论可求得最终薄壁管上的粒子速度应该是入射杆中粒子速度的 2.318 倍，实际测得结果为 2.36 倍。由此可见实验和理论值无论是脉宽还是幅值都基本一致，说明这套装置可以在薄壁管内产生比较理想的拉伸脉冲加载。

8.6.2　预扭冲击拉伸实验

　　实验中钢管长度为 1000mm，预扭角度约 30°，预扭剪应变的绝对值约 0.39%，弹速约 16m/s。距钢管样品右侧拉伸信号的输入端 150mm 和 250mm 两个位置分别粘贴直角应变片，记为 #1，#2。

　　典型记录信号如图 8.21 所示，可以看到入射方波的波形较好，脉宽约 194μs，平台应变约为 0.158%，钢管试件上的 #1，#2 处的波形基本一致，并且与率相关材料 α-Ti 中的压扭耦合塑性波的结构类似 (Hsu et al., 1974)。将 #2 处信号放大显示 (图 8.22)，图中上面是纵波波形，下面是剪切波形。图中 A 点是拉伸波到达时刻，纵向应变为零，剪切应变保持预扭应变值，约 −0.39%，已处于塑性状态。AB 段对应弹性纵波，这是由于材料为率相关材料，屈服限随应变率的增加而增加，动态加载下仍然会先产生一道弹性纵波。AB 段剪切应变保持不变，随纵向应变增大到约 0.29%。BC 段为率相关条件下的耦合塑性快波部分，其中纵向应变继续增加到约 0.34%，剪切应变从 −0.39% 变化到 −0.34%。CD 段为耦合塑性慢波部分，其中纵向应变继续增加到约 0.49%，剪切应变变化到 −0.43%。与率无关材料不同的是，耦合快波 BC 与耦合慢波 CD 之间没有恒值区，说明两者的波速是连续变化的。E 点是卸载波到达应变片位置，DE 段为慢波波后的平台区。

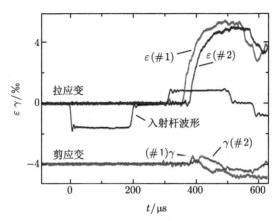

图 8.21　不锈钢管预扭拉伸实验波形

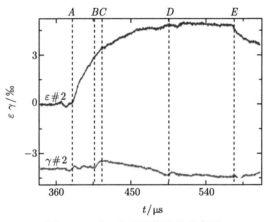

图 8.22　#2 应变计信号的放大图

上述波形特点与文献 (Hsu et al., 1974) 对率相关材料 α-Ti 的预扭压缩实验结果基本一致，说明采用上述实验装置可以有效地得到薄壁管的动态复合应力波形，同时也说明了率相关塑性耦合波在拉伸与压缩方向的行为是类似的。

8.7　NiTi 薄壁管中拉扭耦合相变波的实验研究

8.7.1　NiTi 合金薄壁管的纯冲击拉伸实验

为了观察 NiTi 薄壁管产生的拉伸载荷的特性，先开展了纯冲击拉伸实验。典型结果如图 8.23 所示。

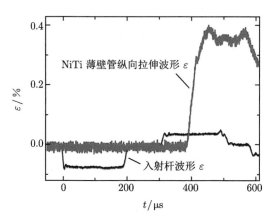

图 8.23   NiTi 管纯冲击拉伸典型波形

可以看到，入射杆中的压缩方波最终转换成了 NiTi 管中的一道拉伸方波。与入射杆中的信号相比，NiTi 管中的拉伸信号的脉宽略有缩短，信号上升沿显著变长，升时从入射杆压缩信号的 10μs 变长到 65μs 左右。此外，上升沿还分成了斜率不同的两段，第一段约 25μs，升至最终幅值的 75％左右。图 8.23 纯冲击拉伸实验中的弹速不高 (7.5m/s)，薄壁管中的拉伸应变较低 (0.4％)，图中记录应该是纯弹性纵波。改变弹速，信号幅值跟着改变，但脉冲形状基本不变。我们判断这一特点可能是入射杆中的压缩信号在薄壁管闭口端转换为拉伸信号的复杂过程中造成的，属于装置的固有特性。

8.7.2   NiTi 薄壁管的预扭−冲击拉伸实验

旋转薄壁管开口端的套筒，使预扭剪应变达到 1.2％左右，已进入混合相区。固定套筒的旋转角度，保持预扭载荷，随后进行冲击拉伸加载。弹速约 20m/s，应变花距离拉伸信号输入端 100mm，薄壁管中得到的典型实验信号如图 8.24 所示。

由图 8.24 可见，在拉伸载荷到达的 A 点前，薄壁管保持预扭状态 (剪切应变约为 1.2％)，纵向应变为 0。AB 段纵向应变增加到 0.88％，同时剪切应变减小到 0.96％，这一区域的应变变化特征与理论预测的相变耦合快波区的变化特征一致，表明 AB 段为相变耦合快波区。此外，A 处纵向信号和剪切信号是同时起跳的，表明 A 点处的动态相变临界点和静态预扭下的相变临界点一致，说明不存在率相关的强化效应，即在复合应力条件下 NiTi 材料相变临界点是率无关的。BC 段纵向应变缓慢上升至 0.90％，剪切应变转为上升至 1.09％，构成所谓的相变耦合慢波区。C 点处拉伸载荷信号开始卸载。理论上，相变快波和慢波之间应该包含一个恒值应变区，参见图 8.18(a)。但在图 8.24 的实验波形中，快波和慢波头尾

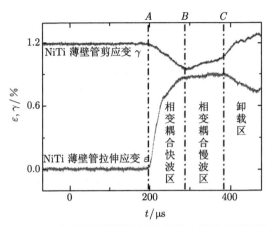

图 8.24   NiTi 合金薄壁管预扭冲击拉伸实验的典型记录信号

在 B 点相接，这也许和贴片位置以及传入薄壁管的拉伸脉冲的波形有关。此外，C 点处的卸载也会掩盖部分慢波信息。

8.8   NiTi 合金薄壁管预扭冲击拉伸的数值模拟

为了更好解读实验记录的波系结构，需要和理论预测解相互对照。然而理论解一般考虑的是理想的瞬时突加载荷，与实际实验并不相同，不能反映实际实验加载波形的影响。我们将采用装置实际产生的拉伸脉冲波形 (图 8.23) 作为边界条件，对薄壁管的预扭冲击拉伸过程进行数值模拟。模拟方法参见 7.7.1 节，所用材料参数为：ρ_0 =6450kg/m^3，杨氏模量 $E = 63.7$GPa，剪切模量 μ=24.5GPa，混合相斜率 $g = 10$GPa，相变初始临界面 k_0=292MPa，相变拉压不对称系数 α=0.159。

模拟结果和实验结果的对比如图 8.25 所示，可以看到，模拟结果和实验结果基本吻合。AB 段的拉扭耦合快波无论是实验还是模拟结果，结构都比较清晰。至于 BC 段，从模拟信号中可以区分出两部分，分别为 BD 的恒值区以及 DC 的耦合慢波区，这与理想的瞬时突加载荷的预测结果 (图 8.20(a)) 是一致的。实验波形由于变化较小，且实验信号可能存在一定的波动和误差，仅从实验波形很难区分出两个部分。结合数值模拟，对于预扭–冲击拉伸实验得到 NiTi 材料中的耦合相变快、慢波存在及其波结构就比较清楚了。

根据实验波形以及模拟结果，可以求得卸载前 NiTi 合金薄壁管中的拉扭耦合相变波在应变空间中的路径图 8.26，图中 AB 段对应的是拉扭耦合相变快波，DC 段对应的是拉扭耦合相变慢波，其基本结构与图 8.11 应力空间中的路径①的结构基本一致，说明实验过程中确实存在耦合相变慢波部分。

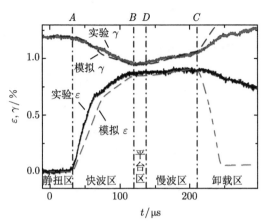

图 8.25　模拟和实验耦合相变波形的对比

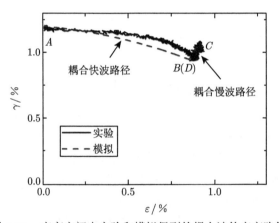

图 8.26　应变空间中实验和模拟得到的耦合波的应变路径

8.9　小　　结

在相变波的研究中，考虑复合应力作用的研究相对较少，复合应力下相变波传播规律的实验研究则几乎没有。

在相变波理论基础上，提出了研究耦合相变波实验的应力路径设计方法，实验方法和测试方法。通过对传统 Hopkinson 压杆改造，建成了针对薄壁管试样的预扭–冲击压缩实验装置，但是，由于 NiTi 合金的明显的拉压不对称特性，压缩加载下材料较难进入相变，虽然初步获得了耦合相变波的波形，但不理想。分析表明，冲击拉伸有利于 NiTi 合金发生相变，为此我们改建了一套薄壁管预扭–冲击拉伸的实验装置，开展了率相关材料 304 不锈钢管以及相变材料 NiTi 合金的预扭–冲击拉伸实验研究。在 304 不锈钢薄壁管的实验中观察到了拉扭耦合塑性快波以及慢波的波系结构，呈现出塑性材料的率相关特性以及拉压对称性。在 NiTi 合金薄壁管的实验中，成功观察到了预扭–冲击拉伸复合应力加载下的清晰的耦合相变快波和慢波及其波结构，实验结果与理论预测基本一致。此外，实验结果还表明 NiTi 合金的相变临界准则具有率无关的特点。

从理论上来说，进一步提高拉伸加载的幅值，相变耦合慢波部分的波形应该越来越明显，当加载幅值足够大到进入 2 相区域时，甚至应该能观察到耦合相变冲击波的存在，如图 8.11 中的路径②。由于受装置和试件所限，加载幅值还不能太高，目前仅加载到混合相区，能观察到拉扭耦合的相变快、慢波，但是还不能进入 2 相完成区观察耦合相变冲击波。耦合相变冲击波是我们研究的主要目标之一，虽然我们已从理论上做出了预测，并得到数值模拟的证明，但迫切需要实验的观察和验证。途径之一是采用低相变临界应力的材料或形状记忆状态 (SME) 的 NiTi 薄壁管。希望有兴趣的读者能继续进行并完成这一有意义的工作。

第 9 章　一维应变压剪复合加载下的相变波理论

在复合应力波的研究方面, 常用的加载方式主要有薄壁管的拉 (压) 扭加载以及平板的压剪加载两种形式。前者处于一维应力状态, 侧向正应力为 0, 沿轴向传播两个应力 (轴向应力 σ 和扭转剪切应力 τ) 的复合加载。后者处于一维应变状态, 侧向正应变为 0, 从应力角度看涉及三个应力 (轴向应力 σ_X, 侧向应力 σ_Y 和剪切应力 τ_{XY}, 下文简化为 τ) 的复合加载, 实际上一维应变实验中 σ_X 和 σ_Y 存在某种关联。我们在第 7、8 章已经对拉 (压) 扭复合应力下的相变波传播理论以及初步的实验研究进行了介绍, 这一章探讨一维应变平板压剪复合加载下的相变波的传播规律。由于冲击压剪加载产生的主要是压应力、压应变和剪应力、剪应变的传播, 这一章假定以压为正。

9.1　基　本　方　程

9.1.1　守恒方程

考虑一个由相变材料组成的半无限空间, 表面受到突加垂直于表面的速度 u 和平行于表面的速度 v 的联合加载下的相变波传播问题, 令垂直于表面向内的方向为 X 轴, 沿着速度 v 的方向为 Y 轴, Z 轴垂直于 XY 平面。在周围材料的侧限约束下, 沿着 Y 轴和 Z 轴方向 (即侧向) 上的正应变为 0, 压应力相等。各向同性材料中的应力张量和应变张量可以简化为如下形式:

$$\boldsymbol{\sigma} = \begin{bmatrix} \sigma_1 & \tau & 0 \\ \tau & \sigma_2 & 0 \\ 0 & 0 & \sigma_2 \end{bmatrix} \tag{9.1}$$

$$\boldsymbol{\varepsilon} = \begin{bmatrix} \varepsilon & \gamma/2 & 0 \\ \gamma/2 & 0 & 0 \\ 0 & 0 & 0 \end{bmatrix} \tag{9.2}$$

其中 σ_1 为纵向应力, σ_2 为侧向应力, 即 $\sigma_1 = \sigma_X$, $\sigma_2 = \sigma_Y$, 下文不加区别。τ 为剪切应力, ε 为纵向应变, γ 为剪切应变。压剪条件下的动量守恒和质量连续方程与薄壁管拉扭加载时的 (7.1) 式相同, 为

$$\sigma_X = \rho_0 u_t \tag{9.3}$$

$$\tau_X = \rho_0 v_t \tag{9.4}$$

$$u_X = \varepsilon_t \tag{9.5}$$

$$v_X = \gamma_t \tag{9.6}$$

其中 ρ_0 为密度，下标 X 和 t 分别指对 X 和 t 的偏导数。

9.1.2 本构方程

与薄壁管拉扭加载的讨论类似，我们同样选取多晶 NiTi 合金来进行研究，从郭扬波等 (2004) 提出的同时考虑应力球量和偏量部分对相变行为影响的临界准则 (第 7 章 (7.5) 式) 出发，代入平板压剪加载条件下的静水压力 $p = (\sigma_1 + 2\sigma_2)/3$ 和等效应力 $\sigma_{\text{eff}} = \sqrt{(\sigma_1 - \sigma_2)^2 + 3\tau^2}$，可以得到平板压剪加载条件下的相变临界准则为

$$f = \frac{(1-\alpha^2)\sigma_1^2 + (1-4\alpha^2)\sigma_2^2 - 2\sigma_1\sigma_2(1+2\alpha^2) + 2\alpha\tau_{\text{Pt}}(\sigma_1 + 2\sigma_2)}{3} + \tau^2 = \frac{\tau_{\text{Pt}}^2}{3} \tag{9.7}$$

其中 α 是拉压不对称系数，定义与拉扭加载条件下相同，$\alpha = \varepsilon_v^{\text{Pt}}/(3\gamma_{\text{eff}}^{\text{Pt}})$，$\tau_{\text{Pt}} = \Phi/\gamma_{\text{eff}}^{\text{Pt}}$，其中 $\varepsilon_v^{\text{Pt}}$ 为相变过程中的体积应变部分，$\gamma_{\text{eff}}^{\text{Pt}}$ 为相变过程中的等效偏应变，Φ 是第 2 相含量 ξ 和温度 T 的函数，详见 7.2 节。相变临界面在 σ_1-σ_2-τ 空间中的分布如图 9.1 所示，它是一个圆锥面。可以看到，静水压越大，发生相变需要的等效偏应力就越大。

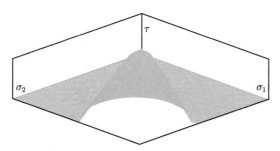

图 9.1 σ_1-σ_2-τ 空间中的相变临界面

同样地，材料处于 1 相弹性时可以直接采用胡克定律进行求解，处于混合相时，类似于拉扭时的推导，有

$$\frac{\partial \varepsilon_{ij}}{\partial t} = \frac{1+\nu}{E}\frac{\partial \sigma_{ij}}{\partial t} - \frac{\nu}{E}\delta_{ij}\frac{\partial \sigma_{kk}}{\partial t} + \frac{\partial f}{\partial \sigma_{ij}}\frac{\partial \lambda}{\partial t} \tag{9.8}$$

其中 E 为 1 相弹性模量，ν 为弹性时的泊松比，λ 为表征相变程度的标量，(9.8)式中等号右侧的前两项表示弹性应变率，第三项表示相变应变率。对于平板压剪

加载这种特殊条件而言，相变应变为

$$\begin{cases} \mathrm{d}\varepsilon_1^{\mathrm{Pt}} = \mathrm{d}\lambda\dfrac{\partial f}{\partial \sigma_1} \\[2mm] \mathrm{d}\varepsilon_2^{\mathrm{Pt}} = \mathrm{d}\lambda\dfrac{\partial f}{\partial \sigma_2} \\[2mm] \mathrm{d}\gamma^{\mathrm{Pt}} = \mathrm{d}\lambda\dfrac{\partial f}{\partial \tau} \end{cases} \tag{9.9}$$

注意到，在定义 f 的 (9.7) 式中已经把 Y 方向和 Z 方向的侧向应力统一为 σ_2，所以 (9.9) 式中的 $\mathrm{d}\varepsilon_2^{\mathrm{Pt}}$ 实际上代表的是 Y 方向和 Z 方向上的相变应变的和。所以相变功的增量 $\mathrm{d}W$ 可以写作

$$\mathrm{d}W = \sigma_1\mathrm{d}\varepsilon_1^{\mathrm{Pt}} + \sigma_2\mathrm{d}\varepsilon_2^{\mathrm{Pt}} + \tau\mathrm{d}\gamma^{\mathrm{Pt}} \tag{9.10}$$

由 (9.9) 和 (9.10) 式，可以得到相变功的增量 $\mathrm{d}W$ 和表征相变程度的变量 $\mathrm{d}\lambda$ 之间的关系

$$\mathrm{d}W = \left(\sigma_1 S_1 + \sigma_2 S_2 + 2\tau^2\right)\mathrm{d}\lambda \tag{9.11}$$

其中

$$S_1 = \frac{\partial f}{\partial \sigma_1} = \frac{2\left(1-\alpha^2\right)\sigma_1 - 2\sigma_2\left(1+2\alpha^2\right) + 2\alpha\tau_{\mathrm{Pt}}}{3} \tag{9.12}$$

$$S_2 = \frac{\partial f}{\partial \sigma_2} = \frac{2\left(1-4\alpha^2\right)\sigma_2 - 2\sigma_1\left(1+2\alpha^2\right) + 4\alpha\tau_{\mathrm{Pt}}}{3} \tag{9.13}$$

相变功 W 和相变临界准则 f 应该具有单一的函数对应关系，可以通过一维应力拉压这种较简单的形式来确定。由第 7 章 (7.3) 式知，一维应力拉 (压) 剪下的相变临界条件为

$$f_2\left(\sigma, \tau\right) = \left(\frac{\sigma + \beta k}{\theta}\right)^2 + \tau^2 = k^2 \tag{9.14}$$

上式中把原 (7.3) 式中的 f 改写为 f_2，β, θ 和 k 的定义可以参考压扭相变波的推导部分。注意到平板压剪条件下的相变临界面的定义 (9.7) 式中的 f 和 (9.14) 式中的 f_2 相差一个系数 $(1-\alpha^2)$，所以有

$$\mathrm{d}f = (1-\alpha^2)\mathrm{d}f_2 \tag{9.15}$$

由第 7 章 (7.9) 和 (7.10) 式，可以得到一维拉压加载条件下的 $\mathrm{d}W$ 和 $\mathrm{d}f_2$ 之间的关系

$$\mathrm{d}W = \frac{\theta_v^2}{2}\left(\frac{1}{g} - \frac{1}{E}\right)\mathrm{d}f_2 \tag{9.16}$$

θ_v 的定义与拉扭加载时相同, 拉伸的时候有 $\theta_v = \theta - \beta$, 压缩的时候有 $\theta_v = -\theta - \beta$, g 为一维应力拉压条件下混合相的斜率。结合 (9.15) 式及 (9.11) 式, 有

$$\mathrm{d}\lambda = \frac{\theta_v^2}{2\left(\sigma_1 S_1 + \sigma_2 S_2 + 2\tau^2\right)} \left(\frac{1}{g} - \frac{1}{E}\right) \mathrm{d}f$$

$$= \frac{\theta_v^2}{4(1-\alpha^2)\left[\dfrac{\tau_{\mathrm{Pt}}^2}{3} - \dfrac{\alpha\tau_{\mathrm{Pt}}\left(\sigma_1 + 2\sigma_2\right)}{3}\right]} \left(\frac{1}{g} - \frac{1}{E}\right) \mathrm{d}f$$

令

$$\mathrm{d}\lambda = \frac{\mathrm{d}f}{S_3} \tag{9.17a}$$

其中 S_3 为

$$S_3 = \frac{4(1-\alpha^2)\left[\dfrac{\tau_{\mathrm{Pt}}^2}{3} - \dfrac{\alpha\tau_{\mathrm{Pt}}\left(\sigma_1 + 2\sigma_2\right)}{3}\right]}{\theta_v^2 \left(\dfrac{1}{g} - \dfrac{1}{E}\right)} \tag{9.17b}$$

(9.17) 式和 (9.8) 式联立, 可以得到压剪加载条件下 NiTi 合金混合相的本构方程为

$$\begin{cases} \dfrac{\partial \varepsilon_{11}}{\partial t} = \left(\dfrac{1}{E} + \dfrac{S_1^2}{S_3}\right)\dfrac{\partial \sigma_1}{\partial t} + \left(\dfrac{S_1 S_2}{S_3} - \dfrac{2\nu}{E}\right)\dfrac{\partial \sigma_2}{\partial t} + \dfrac{2 S_1 \tau}{S_3}\dfrac{\partial \tau}{\partial t} \\[3mm] \dfrac{\partial \gamma}{\partial t} = 2\dfrac{\partial \varepsilon_{12}}{\partial t} = \dfrac{2\tau S_1}{S_3}\dfrac{\partial \sigma_1}{\partial t} + \dfrac{2\tau S_2}{S_3}\dfrac{\partial \sigma_2}{\partial t} + \left(\dfrac{4\tau^2}{S_3} + \dfrac{1}{\mu}\right)\dfrac{\partial \tau}{\partial t} \\[3mm] 0 = \left(\dfrac{\partial \varepsilon_{22}}{\partial t} + \dfrac{\partial \varepsilon_{33}}{\partial t}\right) = \left(\dfrac{S_1 S_2}{S_3} - \dfrac{2\nu}{E}\right)\dfrac{\partial \sigma_1}{\partial t} + \left(\dfrac{S_2^2}{S_3} + \dfrac{2(1-\nu)}{E}\right)\dfrac{\partial \sigma_2}{\partial t} + \dfrac{2 S_2 \tau}{S_3}\dfrac{\partial \tau}{\partial t} \end{cases} \tag{9.18}$$

注意到上式的推导过程中很多地方与弹塑性的推导是相似的, 实际上上式也可以适用于拉压不对称的弹塑性材料。

9.2 混合相的特征波速解的理论推导

通过将混合相本构方程 (9.18) 代入到质量以及动量守恒方程 (9.3)~(9.6), 参考 Ting 等 (1969) 对线性强化塑性材料的推导方式, 就可以得到混合相的波传播方程。此处我们选择将 λ 也作为方程的一个变量, 同时, 本构方程形式采用 (9.8)

式而不是 (9.18) 式, 这样可以在形式上让方程组更简洁, 得到完整的控制方程为

$$
\begin{cases}
\dfrac{\partial \sigma_1}{\partial X} = \rho_0 \dfrac{\partial u}{\partial t} \\[2mm]
\dfrac{\partial \tau}{\partial X} = \rho_0 \dfrac{\partial v}{\partial t} \\[2mm]
\dfrac{\partial u}{\partial X} = \dfrac{\partial \varepsilon_{11}}{\partial t} = \dfrac{1}{E}\dfrac{\partial \sigma_1}{\partial t} - \dfrac{2\nu}{E}\dfrac{\partial \sigma_2}{\partial t} + S_1 \dfrac{\partial \lambda}{\partial t} \\[2mm]
\dfrac{\partial v}{\partial X} = 2\dfrac{\partial \varepsilon_{12}}{\partial t} = \dfrac{1}{\mu}\dfrac{\partial \tau}{\partial t} + 2\tau \dfrac{\partial \lambda}{\partial t} \\[2mm]
0 = -\dfrac{2\nu}{E}\dfrac{\partial \sigma_1}{\partial t} + 2\dfrac{(1-\nu)}{E}\dfrac{\partial \sigma_2}{\partial t} + S_2 \dfrac{\partial \lambda}{\partial t} \\[2mm]
\dfrac{\mathrm{d}f}{\mathrm{d}t} = S_3 \dfrac{\mathrm{d}\lambda}{\mathrm{d}t} = S_1 \dfrac{\partial \sigma_1}{\partial t} - S_2 \dfrac{\partial \sigma_2}{\partial t} + 2\tau \dfrac{\partial \tau}{\partial t}
\end{cases}
\tag{9.19}
$$

同样地, 可以将控制方程写作矩阵形式:

$$
\boldsymbol{A W}_t + \boldsymbol{B W}_X = \boldsymbol{0}
\tag{9.20}
$$

其中

$$
\boldsymbol{A} =
\begin{bmatrix}
\rho_0 & 0 & 0 & 0 & 0 & 0 \\
0 & \rho_0 & 0 & 0 & 0 & 0 \\
0 & 0 & \dfrac{1}{E} & \dfrac{-2\nu}{E} & 0 & S_1 \\
0 & 0 & \dfrac{-2\nu}{E} & \dfrac{2(1-\nu)}{E} & 0 & S_2 \\
0 & 0 & 0 & 0 & \dfrac{1}{\mu} & 2\tau \\
0 & 0 & S_1 & S_2 & 2\tau & -S_3
\end{bmatrix}
\tag{9.21}
$$

$$
\boldsymbol{B} =
\begin{bmatrix}
0 & 0 & -1 & 0 & 0 & 0 \\
0 & 0 & 0 & 0 & -1 & 0 \\
-1 & 0 & 0 & 0 & 0 & 0 \\
0 & 0 & 0 & 0 & 0 & 0 \\
0 & -1 & 0 & 0 & 0 & 0 \\
0 & 0 & 0 & 0 & 0 & 0
\end{bmatrix}
\tag{9.22}
$$

$$\boldsymbol{W} = \begin{bmatrix} u \\ v \\ \sigma_1 \\ \sigma_2 \\ \tau \\ \lambda \end{bmatrix} \tag{9.23}$$

由特征波速理论可知，(9.20) 式的特征波速 C 应当满足下式：

$$\|\boldsymbol{CA} - \boldsymbol{B}\| = \begin{vmatrix} C\rho_o & 0 & 1 & 0 & 0 & 0 \\ 0 & C\rho_o & 0 & 0 & 1 & 0 \\ 1 & 0 & \dfrac{C}{E} & \dfrac{-2Cv}{E} & 0 & CS_1 \\ 0 & 0 & \dfrac{-2Cv}{E} & \dfrac{C2(1-v)}{E} & 0 & CS_2 \\ 0 & 1 & 0 & 0 & \dfrac{C}{\mu} & 2C\tau \\ 0 & 0 & CS_1 & CS_2 & 2C\tau & -CS_3 \end{vmatrix} = 0 \tag{9.24}$$

即行列式值为 0，化简之后有

$$C^2 D\left(C\right) = 0 \tag{9.25}$$

其中

$$\begin{aligned} D(C) &= \left(1 - \frac{C^2}{C_1^2}\right) \frac{8\tau^2 C^2 \left(1 - \nu\right)^2}{C_1^2(1+\nu)(1-2\nu)} + \left(1 - \frac{C^2}{C_2^2}\right) \frac{4\nu C^2 S_1 S_2 \left(1 - \nu\right)}{C_1^2(1+\nu)(1-2\nu)} \\ &\quad - S_2^2 \left(1 - \frac{C^2}{C_2^2}\right) - \frac{2S_3 \left(1 - \nu\right)}{E} \left(1 - \frac{C^2}{C_1^2}\right) \left(1 - \frac{C^2}{C_2^2}\right) \\ &\quad + \left(1 - \frac{C^2}{C_2^2}\right) \frac{2C^2 S_1^2 \left(1 - \nu\right)^2}{C_1^2(1+\nu)(1-2\nu)} + \left(1 - \frac{C^2}{C_2^2}\right) \frac{C^2 S_2^2 \left(1 - \nu\right)}{C_1^2(1+\nu)(1-2\nu)} \end{aligned} \tag{9.26}$$

式中 $C_1 = \sqrt{(1-\nu)E/[\rho_0(1+\nu)(1-2\nu)]}$ 是一维应变加载条件下的 1 相沿 X 轴向的弹性纵波波速，或称为有侧限的纵波波速，它大于一维应力下的弹性纵波波速 $C_1 = \sqrt{E/\rho_0}$，$C_2 = \sqrt{\mu/\rho_0}$ 是弹性剪切波速。

(9.26) 式中函数 $D(C)$ 的值随 C 变化, 但有物理意义的波速 C 值应该处于 $(0,\ C_1)$ 之间, 即 $0 < C \leqslant C_1$。把 $C = 0$, C_1, C_2 代入 (9.26) 式, 可以得到

$$
\begin{cases}
D(0) = -S_2^2 - \dfrac{2S_3\left(1-\nu\right)}{E} < 0 \quad (S_3 > 0) \\[3mm]
D(C_2) = \left(1 - \dfrac{C_2^2}{C_1^2}\right) \dfrac{8\tau^2 C_2^2\left(1-\nu\right)^2}{C_1^2(1+\nu)(1-2\nu)} \geqslant 0 \\[3mm]
D(C_1) = \left(1 - \dfrac{C_1^2}{C_2^2}\right) \dfrac{2\left(\nu S_2 + \left(1-\nu\right)S_1\right)^2}{\left(1+\nu\right)\left(1-2\nu\right)} \leqslant 0
\end{cases}
\tag{9.27}
$$

上式表明, 波速 0, C_1, C_2 不是方程 (9.25) 的解, 因为 (9.25) 式寻求的是混合相区的耦合波解。根据 (9.27) 式, 可见存在 2 个实根 C_s 和 C_f, 分别位于 $(0,\ C_2)$ 和 $(C_2,\ C_1)$ 区间:

$$
0 < C_s \leqslant C_2 \leqslant C_f \leqslant C_1
\tag{9.28}
$$

其中 C_f 为较大的一个根, C_s 为较小的一个根。也就是说一维应变压剪加载条件下和一维应力拉扭加载条件下一样, 在混合相区也存在耦合相变快波以及耦合相变慢波两组波系。

由特征线理论可以知道

$$
\frac{\mathrm{d}u}{l_1} = \frac{\mathrm{d}v}{l_2} = \frac{\mathrm{d}\sigma_1}{l_3} = \frac{\mathrm{d}\sigma_2}{l_4} = \frac{\mathrm{d}\tau}{l_5} = \frac{\mathrm{d}\lambda}{l_6}
\tag{9.29}
$$

其中 $l_i, i = 1, \cdots, 6$ 是满足

$$
(C\boldsymbol{A} - \boldsymbol{B}) \cdot \boldsymbol{l} = 0
\tag{9.30}
$$

的右特征矢量 $\boldsymbol{l}$ 的各分量。通过式 (9.29) 可以确定在速度空间以及应力空间中的耦合相变波的路径。$\boldsymbol{l}$ 的各分量可以通过 (9.30) 式求解, 由于 $\|C\boldsymbol{A} - \boldsymbol{B}\| = 0$, 所以 (9.30) 式实际上只有 5 个独立的方程, 由前 5 个方程可以推出

$$
\boldsymbol{l} = \begin{pmatrix} \Psi \\ 1 \\ -\rho C \Psi \\ \Phi \\ -\rho C \\ \Theta \end{pmatrix}
\tag{9.31}
$$

其中

$$
\Psi = \frac{\left(C^2 - C_2^2\right)\left[\left(1-\nu\right)S_1 + \nu S_2\right]}{\tau\left(1-2\nu\right)\left(C^2 - C_1^2\right)}
\tag{9.32}
$$

$$\Phi = \frac{\left(C^2 - C_2^2\right) C_1^2 \left[S_2 \left(E - \rho_0 C^2\right) - 2S_1 \rho_0 C^2 \nu\right]}{4\tau C C_2^2 \left(1 - \nu\right) \left(C^2 - C_1^2\right)} \tag{9.33}$$

$$\Theta = \frac{1}{2\tau C} \left(\frac{C^2}{C_2^2} - 1\right) \tag{9.34}$$

所以，混合相区的相变波的粒子速度和应力的增量应该满足下式

$$\frac{\mathrm{d}u}{\Psi} = \frac{\mathrm{d}v}{1} = \frac{\mathrm{d}\sigma_1}{-\rho_0 C\Psi} = \frac{\mathrm{d}\sigma_2}{\Phi} = \frac{\mathrm{d}\tau}{-\rho_0 C} = \frac{\mathrm{d}\lambda}{\Theta} \tag{9.35}$$

举例而言，在 σ_1-τ 空间中的应力路径可由 (9.35) 式得到，为

$$\frac{\mathrm{d}\sigma_1}{\mathrm{d}\tau} = \Psi = \frac{\left(C^2 - C_2^2\right) \left[\left(1 - \nu\right) S_1 + \nu S_2\right]}{\tau \left(1 - 2\nu\right) \left(C^2 - C_1^2\right)} \tag{9.36}$$

与薄壁管拉扭加载不同的是，拉扭加载下应力分量仅有 σ 和 τ 两个量，在 σ-τ 平面内进行讨论即可，而一维应变压剪加载下还有侧向应力 σ_2，对相变波的具体讨论需要在 σ_1-σ_2-τ 空间中讨论，σ_1-τ 平面仅仅是一个投影面。具体求解时，通过 (9.25) 式求出混合相区各个应力状态点的波速，再将求得的波速代入 (9.32)、(9.33) 和 (9.34) 式，求出 Ψ, Φ 和 Θ，通过 (9.35) 式就可以知道各个应力状态点处沿耦合相变快波和慢波各自方向的速度增量以及应力增量，从而可以得到整个混合相区的应力路径分布以及粒子速度路径的分布。由于一维应变压剪加载相比薄壁管拉扭加载的应力状态要复杂一些，我们暂时仅考虑加载到混合相区，不考虑加载到纯马氏体相的影响。

理论上来说，上述推导只有在沿着耦合快波和耦合慢波的路径线上的波速不会发生增加的条件下才成立，需要推导沿着路径线方向波速的变化趋势，然而由波速的计算方程式 (9.26) 出发，理论推导波速随应力的变化关系的过程过于复杂，难以得到确定的变化关系，所以此处我们并不进行理论推导，而是针对具体的每个路径算例进行波速的检查，确定波速是否满足递减的条件。有兴趣的读者可以做进一步的理论探索。

9.3 典型的波系结构讨论

9.3.1 相变临界条件

首先考虑压剪加载下具体的相变临界条件。由侧向应变为 0 的条件，可以很容易地得到在发生相变前的 1 相的弹性范围，在 1 相弹性状态下，纵向应力和侧向应力之间的微分关系为

$$\mathrm{d}\sigma_2 = \frac{\nu}{1 - \nu} \mathrm{d}\sigma_1 \tag{9.37}$$

式中 ν 是泊松比，又因为初始为自然状态，积分可以得到

$$\sigma_2 = \frac{\nu}{1-\nu}\sigma_1 \tag{9.38}$$

上式为相变前纵向应力和侧向应力必须满足的关系，在 σ_1-σ_2-τ 空间中，上式确定了一个过 τ 轴的平面。我们知道在 σ_1-σ_2-τ 空间中，初始相变临界面为如图 9.1 所示的一个圆锥面，在平板压剪加载下，由 (9.7) 式所表示的圆锥面和 (9.38) 式所表示的平面的交线即为在一维应变压剪加载下的初始相变临界条件。假如本构中的拉压不对称系数为 0, (9.7) 式所表示的圆锥面将退化为一个圆柱面，我们知道平面和圆柱面的交线总是椭圆，这就是文献 (Ting et al., 1969) 中所描述的弹塑性材料的情况。对于 NiTi 合金这样的拉压不对称材料，数学上将是一个圆锥面和平面相交的问题，其交线则未必一定是椭圆，它与拉压不对称系数 α 和泊松比 ν 之间的相对大小有关。(9.7) 和 (9.38) 式联立的结果为

$$\frac{(1-2\nu)^2 - [(1+\nu)\alpha]^2}{3(1-\nu)^2}\sigma_1^2 + \tau^2 + \frac{2\alpha\tau_{\mathrm{Pt}}(1+\nu)\sigma_1}{3(1-\nu)} = \frac{\tau_{\mathrm{Pt}}^2}{3} \tag{9.39}$$

可以看到，当 σ_1^2 项前面的系数大于 0 时，交线为椭圆，如图 9.2 中线 1 所示 (应力以压为正，下同)，对应参数关系为

$$\alpha < \frac{1-2\nu}{1+\nu} \tag{9.40}$$

这意味着只要加载幅值 σ_1 足够大，一维应变纯压缩时也可以进入相变。

　　当不满足上式时，σ_1^2 项的系数小于或等于 0，小于 0 时交线为双曲线，等于 0 时退化为 2 条直线，如图 9.2 中线 2 所示。这种情况下纯压将无法进入相变。实际上，当泊松比较大或拉压不对称系数较大时，即便能满足 (9.40) 式，那么作为初始相变临界面的椭圆与压应力轴的交点的值会特别大，表明单靠纯压 σ_1 加

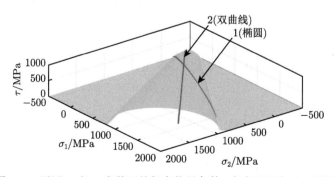

图 9.2　不同 α 和 ν 参数下的相变临界条件 (应力以压为正，下同)

载进入相变需要的压力也就特别大。这一点与一维应变冲击实验中纯压时很难进入相变的观察 (Thakur et al., 1990, 1997; Millett et al., 2004; 郭扬波, 2004) 是相符合的。

9.3.2 相变临界条件为椭圆

假设拉压不对称系数 $\alpha = 0.159$，泊松比 $\nu = 0.3$，满足 (9.40) 式，初始相变临界面为椭圆，1 相弹性模量 $E = 63.7\text{GPa}$，混合相斜率为 $E_{\text{m}} = 5\text{GPa}$，相变初始时 $\tau_{\text{Pt}} = 428.9\text{MPa}$，密度 $\rho_0 = 6450\text{kg/m}^3$，由 9.3.1 节的理论公式，我们可以通过数值计算得到混合相的耦合相变快波和慢波的路径分布。以初始相变临界面出发的耦合相变慢波为例，计算至混合相区某一个 τ_{Pt}，例如 $\tau_{\text{Pt}} = 538.24\text{MPa}$，在 σ_1-σ_2-τ 空间中的相变临界面以及慢波路径的计算结果如图 9.3 所示。图中可见，从临界面交线上出发的耦合慢波沿着略大于临界面的方向发展，这看起来似乎与前面第 7 章图 7.4 中拉 (压) 扭加载下的慢波路径不太一样，在图 7.4 中，耦合快波是沿略大于临界面的方向发展的，慢波路径则垂直于快波路径，即沿几乎垂直于临界面的方向。仔细观察图 9.3，当 τ_{Pt} 从 428.9MPa 增加到 538.24MPa 时，σ_1 变化不大，但 σ_2 增加非常快，在 σ_1-σ_2-τ 空间俯瞰，似乎是贴着初始临界面发展的。如果将得到的路径线投影到 σ_1-τ 平面上，不显示 σ_2 的影响，结果如图 9.4 所示，该图和图 7.4 是一致的。

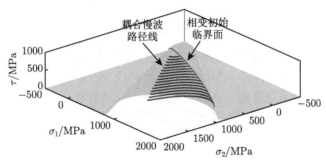

图 9.3 σ_1-σ_2-τ 空间中的相变临界面及慢波路径

之前曾经讨论过，耦合慢波的路径上的波速分布需要进行检查。将上述算例中慢波路径上的波速分布输出，示于图 9.5 中，其中，横坐标为 τ 轴，纵坐标为耦合慢波波速 C_{s} 轴。可以看到，对于每一条耦合慢波路径来说，随着 τ 值的增加，波速都在下降，直到趋近于某一个速度附近，也就是说，对于当前的算例而言，结果应该是正确的。当从自然状态压剪加载到混合相区域时，经历的对应波系结构为弹性纵波 (1 相)、弹性横波 (1 相) 以及相变耦合慢波 (混合相)。

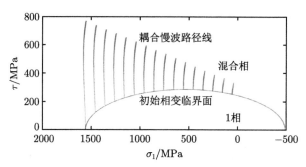

图 9.4　σ_1-τ 空间中的相变慢波路径

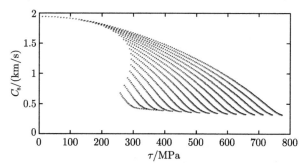

图 9.5　沿慢波路径上的波速 C_s 的分布，随 τ 的增加而降低

如果相变程度进一步增加，保持其他参数不变，将最终加载到很高的 τ_{Pt}，设为 1000MPa，计算得到的慢波路径以及波速分布分别示于图 9.6 和图 9.7。由图 9.6 可以看到，在 σ_1-σ_2-τ 空间中，慢波路径一开始是沿着略大于相变面的圆锥面发展，随后慢慢过渡到一个近似的斜面上。从波速分布上可以看到 (图 9.7)，进入斜面后，波速基本稳定，甚至略有上升，这一点与特征线理论是矛盾的。也就是说，目前的理论仅在一定范围内适用。实际上，有两种制约条件限制 τ_{Pt} 的

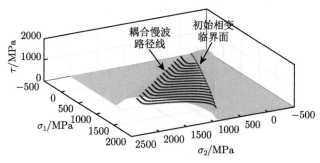

图 9.6　相变程度更高时，σ_1-σ_2-τ 空间中的相变慢波路径

过高增加。①受相变完成应力的约束。在一定的 σ_1-σ_2 条件下，τ_{Pt} 沿耦合慢波路径的最大值受相变完成面的约束，再高就进入 2 相弹性区了。计算中假定相变初始时的 $\tau_{Pt} =428.9\mathrm{MPa}$，最高 $\tau_{Pt} = 1000\mathrm{MPa}$，相差一倍多，应该早就进入 2 相了。②如果仅考虑压剪实验，通常为了保证界面不打滑，飞片和靶板的倾斜角度都较小，其加载剪应力的分量不会太高。受此两点约束，上述理论在一般条件下应该是足够的。

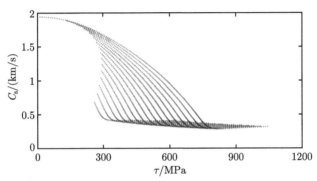

图 9.7　相变程度更高时，慢波路径上的波速分布

9.3.3　相变临界面交线为双曲线

保持拉压不对称系数 $\alpha = 0.159$，弹性模量 $E = 63.7\mathrm{GPa}$，混合相斜率为 $E_{\mathrm{m}} = 5\mathrm{GPa}$，相变初始时 $\tau_{Pt} = 428.9\mathrm{MPa}$，密度 $\rho_0 = 6450\mathrm{kg/m^3}$，最终加载到 $\tau_{Pt} = 1000\mathrm{MPa}$，将泊松比改为 $\nu = 0.457$，从而满足交线为双曲线的条件，其慢波路径在 σ_1-σ_2-τ 空间和 σ_1-τ 空间中的分布分别如图 9.8 和图 9.9 所示，波速分布如图 9.10 所示。图中可以看到，和相变临界条件为椭圆时类似，慢波路径依然是先沿着略大于相变临界面的圆锥面发展，随后慢慢过渡到一个斜面上，但是从

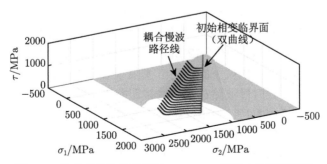

图 9.8　临界条件为双曲线时，σ_1-σ_2-τ 空间中的慢波路径

波速分布中可以看到，斜面区域对应的波速并不满足递减的条件，所以当相变临界面交线为双曲线时，上述理论依然只适用于剪应力较低的区间。

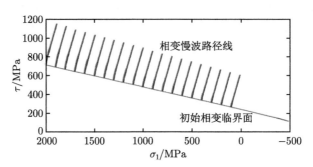

图 9.9　临界条件为双曲线时，σ_1-τ 空间中的慢波路径

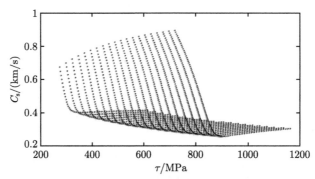

图 9.10　临界条件为双曲线时的慢波波速分布

9.3.4　拉压不对称系数为 0

当拉压不对称系数 $\alpha = 0$ 时，之前的理论其实可以退化为一般的弹塑性压剪耦合波理论。类似地，令弹性模量 $E = 63.7\text{GPa}$，混合相斜率为 $E_{\mathrm{m}} = 5\text{GPa}$，相变初始时的 $\tau_{\mathrm{Pt}} = 428.9\text{MPa}$，密度 $\rho_0 = 6450\text{kg/m}^3$，最终加载到 $\tau_{\mathrm{Pt}} = 1000\text{MPa}$，泊松比为 $\nu = 0.3$。我们可以得到一般的弹塑性压剪耦合波的分布，如图 9.11 所示，在 σ_1-τ 平面上的投影如图 9.12 所示。图中可以看到，对于弹塑性材料，塑性临界面为一个圆柱面，压剪下的侧向应变限制条件所决定的平面与临界面的交线必然为一个椭圆，此时慢波路径也是先按照略大于临界面的圆柱发展，随后过渡到一个平面上，不同的是，弹塑性条件下最终的平面为 $\sigma_1 = \sigma_2$ 的平面，也就是代表了材料处于三维均匀围压状态。同样地，我们也可以输出慢波波速和剪应力之间的关系，如图 9.13 所示。图中可以看到，当材料进入均匀围压状态之后，慢波波速退化为塑性横波的波速，沿路径线波速递减的条件是始终满足的。对于

拉压不对称的相变波来说，由于相变过程同时受静水压力以及等效偏应力的作用，并且两者的作用相反，所以才会出现波速上升这样比较反常的结果。对于拉压对称的相变而言，在混合相区范围内，可以应用弹塑性压剪耦合波理论。

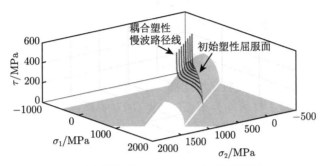

图 9.11 弹塑性材料 σ_1-σ_2-τ 空间中的慢波路径分布

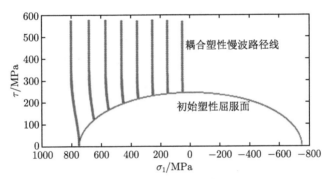

图 9.12 弹塑性材料 σ_1-τ 平面上的慢波路径分布

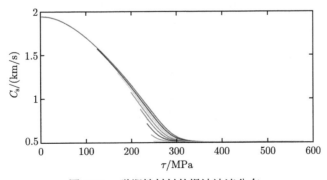

图 9.13 弹塑性材料的慢波波速分布

9.4　Escobar 等的 NiTi 合金压剪复合冲击实验

上面，我们从特征线理论出发，推导了压剪条件下在一定范围内的相变波的传播规律。然而，有关一维应变压剪复合冲击下的相变波的实验研究的文献报导非常少，仅见的有 Clifton 团队的工作 (Escobar et al., 1995, 2000; Yang et al., 2009)，下面介绍他们的研究进展。

Escobar 等 (2000) 采用压剪炮装置对多晶 NiTi 合金进行了两次不同速度的压剪对称平板碰撞实验，实验系统如图 9.14 所示。实验中飞片和靶板相互平行，与炮管轴线成一倾角，材料均为 NiTi 合金 (即对称碰撞)，靶板厚度 4mm，飞片较厚一些。当飞片与靶板相碰时，将在靶板和飞片中产生垂直于碰撞面的纵波 (压缩波) 和平行于碰撞面的横波 (剪切波)。设碰撞前飞片速度为 U，炮管轴线和碰撞面法线的夹角为 β，则碰撞后靶板撞击面上产生的纵向和横向粒子速度 u 和 v 分别为

$$u = U \cos \beta / 2 \tag{9.41}$$

$$v = U \sin \beta / 2 \tag{9.42}$$

靶内纵向和横向粒子速度波形 $u(t)$ 和 $v(t)$ 可以通过 VISAR 速度仪或埋入式粒子速度传感器测量。压剪炮实验装置和测试方法可参见 (唐志平, 2008)，也可参考本书 10.2.1 节 "压剪实验构型及测量原理"。

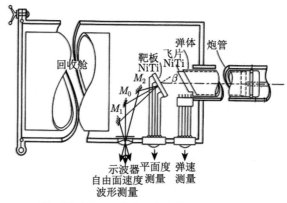

图 9.14　压剪平板冲击 (压剪炮) 实验装置 (Escobar et al., 2000)

Escobar 等进行了两次 NiTi 合金样品的压剪对称碰撞实验，倾角相同 $\beta = 18°$，仅弹速不同。实验 A：测得弹速 $U = 109\text{m/s}$，跟据 (7.41) 和 (7.42) 式得到靶板碰撞面获得的法向速度 $u = 51.85\text{m/s}$，横向速度 $v = 16.85\text{m/s}$。实验 B：测得弹速 $U = 188\text{m/s}$，由此知 $u = 89.4\text{m/s}$，$v = 29.05\text{m/s}$。

两次实验测到的靶自由背表面的粒子速度波形如图 9.15 和图 9.16 所示，图中 u_0 和 v_0 代表了根据碰撞速度 U 和弹性波理论推算的靶的自由背表面粒子速度的幅值。对比可见，实验得到的纵向粒子速度 u_{fs} 与理论预测基本一致，但是横向粒子速度 v_{fs} 却发生了明显的降低。此外，两次实验的倾角是相同的，仅弹速不同，但是得到的横向粒子速度却是基本相同的，均为 9m/s 左右，这是什么因素造成的呢？为了检验实验中是否存在界面的滑移或者材料的失效，作者还对 NiTi 合金进行了三明治构型的压剪实验 ($u = 86.05\text{m/s}$，$v = 27.95\text{m/s}$)，即将极薄的 NiTi 合金样品夹在两块较厚的砧板之间，倾角与压剪对称碰撞实验一样，弹速同实验 B 接近。实验结果表明输出砧板自由面的横向粒子速度幅值 v_{fs} 和理论推算值 v_0 基本一致，否定了界面滑移或者材料失效的猜测。

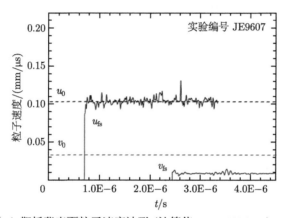

图 9.15　实验 A 靶板背表面粒子速度波形 (计算值 $u_0 = 103.7\text{m/s}$，$v_0 = 33.7\text{m/s}$)

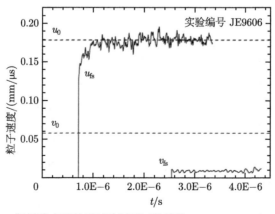

图 9.16　实验 B 靶板背表面粒子速度波形 (计算值 $u_0 = 178.8\text{m/s}$，$v_0 = 58.1\text{m/s}$)

图 9.17 所示的压剪对称碰撞时的 X-t 图给出了另外一种解释。图中可见碰撞面产生的依次是弹性纵波 C_1(实线)、弹性横波 C_2(点划线) 和耦合相变慢波 C_s(虚线)。由于慢波波速相对较慢，而且不是强间断波，可能在实验的有效记录时间 t_m 内 (约 4μs)，仪器并没有测量到相变耦合慢波 C_s，测到的仅是 C_1 和 C_2。由于耦合慢波中的纵向分量较小，剪切分量较大，因此最终测量结果中，弹性纵波幅值和总的纵向幅值比较接近，但是弹性剪切波幅值比起总的剪切幅值要低很多。这样可以定性地解释实验结果。

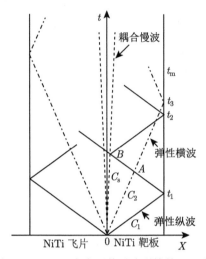

图 9.17   NiTi 合金压剪对称碰撞的 X-t 图

9.5 实验结果的进一步分析

虽然 9.4 节可以定性地解释剪切波幅值减小的现象，但是此解释可能导致一些反常的结论。首先，实验 A 和 B 测得的横向粒子速度是基本相同的，如果该速度对应的是相变耦合波的波前状态，也就是相变的初始临界状态，那么意味着在不同的静水压力以及等效偏应力下，相变临界条件仅与剪应力 τ 有关，并且临界条件基本相同，即 $\tau = \tau_{Pt}$。该条件在 σ_1-σ_2-τ 空间中为一平行于 σ_1-σ_2 平面的平面，这与之前理论推导得到的压剪下 NiTi 合金的相变临界条件是矛盾的，与对相变临界条件的通常认识也是矛盾的。其次，对于相变耦合慢波而言，在压剪条件下用如图 9.17 所示的一道波来表示也是不适当的，之前的理论推导可知，压剪耦合相变波在一定范围内应当是一系列波速递减的连续波。

从图 9.17 所示的波系看，自由背表面在 t_1 点反射的纵向弹性卸载波与剪切弹性加载波在 A 点交汇，我们在之前的分析中都假设两者之间不存在相互作用。

当然这一假设在弹性区纵波和横波独立传播时是成立的，但是如果纵波和横波存在某种耦合的特性，例如发生了相变，则这一假定就不一定满足。又例如，许多材料在压力下能承受较大的剪应力，一旦纵波压力卸载时会对横波的幅值产生影响，如岩土材料，压缩时可以承受较高的剪切载荷，一旦卸载或受拉，其承载剪切载荷的能力迅速下降，甚至我们可以利用这一特性通过实时的追踪试样中剪切波幅值的变化来研究材料的强度变化及其机制 (这一方法被称为剪切波跟踪法 (Tang et al., 2005))。

如果反射波和剪切波存在相互作用，那么一个很显然的问题就是背表面所测量的粒子速度所反映的物理量究竟是什么? 很显然，背表面的横向粒子速度不再能直接反映压缩波后的剪切状态，而是剪切波和反射波作用后能够透过的部分。关于这一点，Espinosa (1992,1996) 在对一种氮化铝粒子增强的氮化铝–铝基材料 (ALN/ALN/AL) 的压剪实验中进行过初步讨论。在通常测量方法的压剪对称碰撞下，Espionsa 同样观察到了背表面横向粒子速度小于弹性预测值，Espionsa 认为这一反常是由于反射波后区域压应力为 0，剪切波到达该区域后幅值受纯剪切塑性流动限的限制而形成的。Espionsa 为此专门发展了一种将光栅置于靶材和蓝宝石窗口之间的测量方式，通过靶材和窗口材料的波阻抗匹配，得到材料内部的粒子速度信息，从而排除反射波的影响，测量到了材料内部更大的剪切应力，由此判断之前的结果中的剪切减小确实是受到了反射波的影响。

下面我们来探讨拉压不对称相变条件下反射波对剪切信号的影响。

9.6 拉压不对称条件下反射波对剪切信号的影响

9.6.1 分类

Yang 等 (2009) 曾对 9.4 节 NiTi 合金压剪冲击实验进行过数值模拟，但并不能很好地解释实验结果。下文我们将分析由于弹性纵波在自由面反射引起的突然卸载对于横波传播的影响。

由于实验测到的是粒子速度波形，我们需要在速度空间中进行讨论，只要把压力空间中的临界条件映射到速度空间即可实现转换。对于已知相变本构参数的材料，在速度空间中的初始相变临界面是确定的，我们可以调节不同的加载终态点 (u,v) 在速度空间中的位置，来分析纵波卸载对加载横波的影响规律。但是由于文献 (Escobar et al., 2000) 报道的实验只有两次 (图 9.15 和图 9.16)，而且材料的拉压不对称性不详，不能得到速度空间中的初始相变临界面，从而也就无法确定两次实验点与临界面的相对关系。因此，要深入探讨这一问题，必须改变思路。我们的新思路是：不妨令实验点固定 (客观存在)，人为的改变材料的拉压不对称性参数 α，从而产生不同的相变临界面，使得现有的固定的实验点相对于不同的临界面, 可以处于这些不同的临界面的不同位置。这样一来, 就可以分析处于不同相对位置下的终态点的反射卸载纵波和加载剪切波的相互作用了。

采用 9.1.2 节所导出的相变宏观本构和相变临界准则, 本构中的具体参数按如下方式确定: 取式 (9.7) 中的 $\tau_{Pt} = 80\mathrm{MPa}$, 它对应纯剪时的相变临界应力为 46MPa, 与文献 (Yang et al., 2009) 中的参数一致。弹性模量和泊松比可以通过实验 A 和 B 中 (图 9.15 和图 9.16) 的弹性纵波波速 C_1 和横波波速 C_2 反推, 图中可得弹性纵波波速约为 5670m/s, 弹性横波波速约为 1590m/s, 加上 $\rho_0 = 6500\mathrm{kg/m}^3$, 求出 1 相的弹性模量 $E = 47.88\mathrm{GPa}$, 泊松比 $\nu = 0.457$ (Escobar et al., 2000)。补充混合相斜率 $g = 500\mathrm{MPa}$, 并设最终加载到混合相区的剪应力 $\tau_{Pt} = 130\mathrm{MPa}$。

在之前对于相变临界条件的讨论中, 我们知道相变临界面由 (9.39) 式决定。当上述参数不变时, 若改变拉压不对称系数 α, 相变特性会有明显的不同。由 (9.40) 式知, 随着 α 的增大, 相变临界条件在应力空间中将从椭圆过渡到双曲线。已知泊松比 $\nu = 0.457$, 可以算出 $\alpha_0 = (1 - 2\nu)/(1 + \nu) = 0.059$, 即当 $\alpha < 0.059$ 时, 临界面为椭圆, $\alpha > 0.059$, 临界面为双曲线。

对于一个特定的加载速度 (u, v) 而言, 不同的拉压不对称系数 α 可能会造成加载波系结构的不同, 它与自由面反射的纵波作用的结果也不尽相同, 从而影响到自由面测量的横波信号。如果以反射纵波作用前的加载波系结构为标准, 那么, 加载速度 (u, v) 和相变临界条件的关系, 即在速度空间中的终态点 (u, v) 和相变临界面的相对位置, 可能存在如图 9.18 所示的四种典型的类型。图中实验点 $A(u = 51.85\mathrm{m/s}, v = 16.85\mathrm{m/s})$ 和实验点 $B(u = 89.4\mathrm{m/s}, v = 29.05\mathrm{m/s})$ 取自 Escobar 等 (2000) 的实验 A 和 B, 以下主要以实验 B 为例进行讨论, 实验 A 为辅, 参见图 9.18。需说明的是, 为了使图形不至过扁, 图中横坐标和纵坐标采用了不同的比例。

类型一, 终态点 (u, v) 位于相变初始临界面以内 (即 1 相弹性区)。对于实验 B 而言, 状态点 (89.4m/s, 29.05m/s) 必须位于相变初始临界面上或以内。可以计算出, $\alpha = 0.0744$ 对应的双曲线型相变初始临界面正好通过 B 点, 那么对于 $\alpha > 0.0744$ 的临界面, B 点则位于临界面以内, 见图 9.18, 图中也给出了实验 A 的位置也在相变临界面以内。在这样的条件下, 初始的加载波系由弹性纵波和横波组成, 没有相变波。

类型二, 终态点 (u, v) 位于初始相变临界条件以外, 相变初始临界面通过线段 BD。从终态点 B 作垂线 BE, E 位于横坐标轴 u 上, BE 与过纵坐标 C 点的水平线相交于 D, C 点是纯剪加载条件下的相变临界点, 对应的横向粒子速度是 v_c。凡是过 C 点并通过线段 BD 的初始相变临界面都符合类型二的要求。对于实验 B 而言, 这些初始临界面的拉压不对称系数 α 介于 (0.0506,0.0744) 之间,

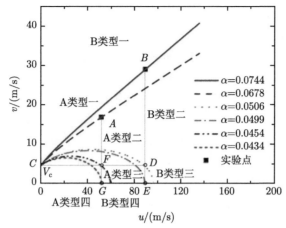

图 9.18 速度空间中不同拉压不对称系数 α 下的初始相变临界面

终态点 B 位于这些初始临界面之外，进入了混合相区。注意，$\alpha = 0.0506$ 已小于 $\alpha_0 = 0.059$，表示相变临界面已经从双曲形转变为椭圆形。类型二的特点是相变初始临界面与线段 BD 的交点所对应的横向粒子速度均大于纯剪下 C 点的相变临界速度 v_c。由于终态点 B 已进入了混合相区，从 O 点突加到 B 点，所产生的加载波系为弹性纵波、弹性横波及相变耦合慢波，弹性横波部分的总幅值 v_h 大于纯剪切相变临界速度 v_c。需要注意的是，虽然传播的次序依次为弹性纵波，弹性横波，耦合相变慢波，但在 u-v 空间，其路径和幅值的确定过程却与此相反，先根据通过 B 点的耦合慢波路径线，倒推至与初始相变临界面的交点 (以上确定了耦合相变慢波的路径和幅值变化)，再从该交点沿垂线到达与 u 轴的交点 (这一步确定了弹性横波的路径和幅值)，最后从 u 轴的交点至原点决定弹性纵波路径和幅值。

类型三, 终态点 (u, v) 位于相变初始临界条件以外，相变初始临界面通过线段 DE(图 9.18)。对于实验 B 而言，这些初始临界面的拉压不对称系数 α 介于 $(0.0499, 0.0506]$ 之间，即初始临界面通过线段 DE 的都符合类型三的要求。类型三的特点是对应的弹性横向粒子速度小于纯剪相变临界速度 v_c，并且弹性纵向粒子速度小于纯压进入相变的临界速度。对于类型三，初始波系为弹性纵波，弹性横波，以及相变耦合慢波。

类型四, 终态点 (u, v) 位于相变初始临界条件以外，纵向粒子速度大于纯压进入相变的临界速度。对于实验 B 而言，对应的初始相变临界面满足 $\alpha < 0.0499$，即初始临界面通过线段 OE 的都符合要求。这时，初始的波系由弹性纵波、相变纵波及相变耦合慢波所组成。

以上可以看到，拉压对称条件 $\alpha = 0$ 的结果属于类型四的一种特例。在与靶板自由背表面反射纵向卸载波进行相互作用时, 上述四种类型产生的波系结构略有不同, 在背表面产生的纵向以及剪切信号也会有所不同。

　　同样, 对于实验 A 也可以得到相应的关系, 图 9.18 中用 A、F、G 点来分隔实验 A 的这四种类型。当初始相变临界面高于或通过 A 点, 即 $\alpha \geqslant 0.0678$, 属于类型一, 初始加载波系由弹性纵波和横波组成, 没有相变波; 当初始临界面通过 AF 线段, 即 α 介于 $(0.0454, 0.0678)$ 之间, 属于类型二; 当初始临界面通过 FG 线段, 即 α 介于 $(0.0434, 0.0454)$ 之间, 属于类型三; 当初始临界面通过 OG 线段, 即 $\alpha < 0.0434$, 属于类型四。类型二、三、四的加载波系均由弹性纵波、横波和相变耦合慢波组成。

　　由于实验 A 和 B 各自和初始相变临界面的关系都可分为上述四种类型, 所以当同时考虑 A 和 B 时, 一共会出现七种不同的相互关系: ① $\alpha > 0.0744$, 此时两次实验均满足类型一; ② $0.0744 \geqslant \alpha > 0.0678$, 此时, 实验 A 满足类型一, 实验 B 满足类型二; ③ $0.0678 \geqslant \alpha > 0.0506$, 两次实验均满足类型二; ④ $0.0506 \geqslant \alpha > 0.0499$, 实验 A 满足类型二, 实验 B 满足类型三; ⑤ $0.0499 \geqslant \alpha > 0.0454$, 两次实验都满足类型三; ⑥ $0.0454 \geqslant \alpha > 0.0434$, 实验 A 满足类型三, 实验 B 满足类型四; ⑦ $0.0434 \geqslant \alpha$, 两次实验都满足类型四。六个临界 α 值对应的初始相变临界面以及与两次实验点的关系如图 9.18 所示。

　　下面, 我们先讨论对于单次实验而言, 四种不同类型下的波系特征, 尤其是考虑反射卸载纵波影响下的剪切信号, 然后再结合两次实验的实验结果, 分析最可能的拉压不对称系数范围以及实验结果中的剪切偏小的物理解释。

9.6.2　类型一

　　当加载速度 (u, v) 位于速度空间中的相变初始临界面 MN 以内, 即满足上述的类型一时 (图 9.19(b) 中的 2 点), 靶材中一开始传播的将是图 9.19(a)(X-t 图) 中所示的弹性纵波 0-1 和弹性横波 1-2, 其在应力空间 (σ_1, τ) 中的路径如图 9.19(b) 中 0-1-2 所示。弹性纵波 0-1 在自由面反射后, 将形成左行的弹性卸载纵波 1-4, 并在靶材内部和右行弹性横波 1-2 在 A 点相遇, 4 区应力为 0, 纵向粒子速度是 1 区的 2 倍 (图 9.19(a))。由于材料相变的拉压不对称性, 并且两次实验的横向速度分量 ($v_B = 29.05\mathrm{m/s}$, $v_A = 16.85\mathrm{m/s}$) 都大于纯剪条件下发生相变所需的横向速度 (9m/s 左右), 因此弹性横波在受到卸载纵波的作用时, 随着静水压力的降低, 反而会发生相变。从应力空间 (σ_1, τ)(图 9.19(b)) 看, 状态点 2 先经过纵向弹性卸载至与相变临界面 MN 的交点 6, 之后进入相变区沿着相变耦合快波路径卸载, 状态点 4 则沿纯剪 τ 轴加载到与 MN 相交的 5 点, 进入相变区, 然后沿耦合慢波路径继续加载, 至状态点 3 与耦合快波路径相交, 达到应力和粒子速度的平衡。在图 9.19(a) 看, A 点处产生右行的弹性横波 4-5 和一系列右行相变慢波 5-3，以及左行的纵向弹性卸载波 2-6 和一系列左行的相变快波 6-3，最终在交汇点产生相变区并向两侧扩展。整个作用过程的纵向应力–粒子速度 σ_1-u 以及剪切应力–横向粒子速度 τ-v 图如图 9.19(c) 和 (d) 所示。需要注意的是，尽管从 σ_1-τ 图上来看，由纯剪相变起始点 5 出发的慢波和点 6 出发的快波总能交汇到一个点 3，但实际上，快波路径和慢波路径都是在 σ_1-σ_2-τ 的三维空间中发展的，点 5 和点 6 出发的相变波不一定保证能交汇到一点，因为图中未显示 σ_2 方向的数据，情况可能更复杂一些，与具体的参数有关，需具体分析计算，这里就不展开讨论了。下面几种类型情况雷同，都有可能在 σ_1-τ 平面上看起来相交，但在 σ_1-σ_2-τ 的三维空间中不一定交汇在一点，不再赘述。

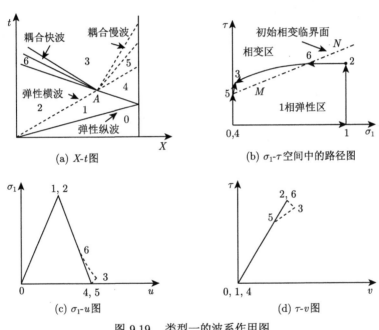

图 9.19　类型一的波系作用图

从以上的波系分析可以知道，在考虑拉压不对称的影响以后，当加载速度位于相变临界条件以内，并且横向速度大于纯剪相变临界速度时，相变并不是在撞击端首先产生的，而是先产生于弹性横波与自由背表面反射的纵向卸载波的交汇处。这样，最先到达试样背表面的剪切加载波为 4-5 的弹性横波以及 5-3 的一系列相变耦合慢波。由于存在波速差，状态 5 会形成一个平台，不考虑测量时间有限的条件下，靶板自由面观察到的整个剪切信号将是一道上升沿很陡的弹性横波以及随后的平台，之后再跟上一段上升平缓的相变耦合慢波 (见图 9.23(a))。如果测量时间有限，可能仅能观察到弹性横波部分。可以看到，这样的剪切信号无论是幅值上，还是剪切信号的上升时间上，与实验结果的吻合都较好，但是却漏掉了最重要的耦合相变慢波部分。

9.6.3　类型二

当加载速度和相变临界面之间的关系满足类型二时，靶材中最初传播的将是一维弹性纵波 0-1、一维弹性横波 1-2 及耦合相变慢波 2-3(图 9.20)，其中弹性横波部分的粒子速度大于纯剪进入相变所需的粒子速度，X-t 波系图如图 9.20(a) 中的 0,1,2,3 四个区域所示，对应的应力路径如图 9.20(b) 中路径线 0-1-2-3 所示。当弹性纵波 0-1 在自由表面反射，形成左行弹性卸载纵波 1-4，并与右行弹性横波 1-2 在 A 点相遇，相互作用过程和类型一类似，在 A 点产生右行的纯剪切弹性波 4-5，右行的相变耦合慢波 5-6。由于 2 点位于初始相变临界面 MN 上，卸载将直接沿耦合快波路径 2-6 进入相变区 (图 9.20(b))，因此图 9.20(a) 中的 A 点产生左行的耦合相变快波 2-6，没有类型一的左行弹性卸载波部分。与类型一不同的还有，若左行耦合相变快波 2-6 继续传播，将会与撞击端出发的右行相变耦合慢波 2-3 相遇，并发生较为复杂的作用 (图 9.20(a) 中的空白四变形)，最终结果是形成左行的相变耦合快波区 3-7 以及右行的相变耦合慢波区 6-7。整个作用过程的 σ_1-u 图以及 τ-v 图如图 9.20(c) 和 (d) 所示。

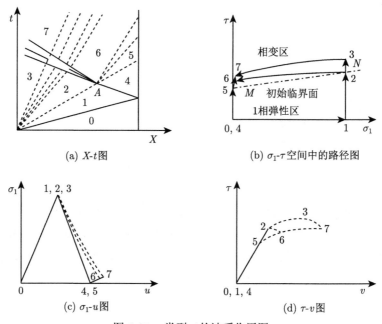

(a) X-t图　　　　　　　　(b) σ_1-τ空间中的路径图

(c) σ_1-u图　　　　　　　　(d) τ-v图

图 9.20　类型二的波系作用图

和类型一不同，类型二相变首先在撞击端产生。当弹性横波与自由背面反射的纵向卸载波在 A 点相遇后，在耦合相变慢波 2-3 的前方会形成新的耦合相变慢波区域 5-6，最终两个区域合并在一起，但中间隔一个平台 6 区。此时，首先到达背表面的剪切波依然为弹性横波 4-5，随后是一系列相变慢波 5-6，之后是一系列的相变慢波 6-7。由于 4-5 和 5-6 之间存在波速差，所以状态 5 会形成一个平台，而 5-6 和 6-7 之间虽然不存在速度差，但是却保留了 1-2 的弹性横波和 2-3 的相变慢波之间由于波速差以及和卸载波作用前的传播距离而产生的一个固定的平台段。这样，不考虑测量时间限制时所观察到的剪切波将是一个上升沿很陡的弹性横波以及紧随其后的平台，然后一段上升沿很平缓的相变慢波，一个固定长度的平台段以及一段上升沿平缓的相变慢波 (图 9.23(b))。如果测量时间有限，那么仅能观察到部分剪切信号，也可能仅能观察到弹性横波部分，这样的话，和类型一类似，剪切信号无论是幅值上，还是在上升时间上，与实验结果的吻合较好，但是失去了相变耦合波部分及细节。

9.6.4 类型三

当加载速度和相变临界条件之间的关系满足类型三时，撞击加载产生的加载波系结构和类型二相同，区别主要是弹性横波部分的粒子速度小于纯剪进入相变所需的粒子速度。$X\text{-}t$ 图如图 9.21(a) 中 0,1,2,3 四个区域所示，应力路径如图 9.21(b) 中路径线 0-1-2-3 所示。弹性纵波 0-1 在自由表面反射后形成 1-4 的左行纵向弹性卸载波，在 A 点与弹性横波 1-2 相遇。由图 9.21(b) 中状态点 2 出发的纵向卸载过程处于 1 相弹性区，不会引起相变，所以右行弹性横波 1-2 和左行纵向卸载波 1-4 不会发生相互作用，而是各自独立地传播，交汇区状态变为图 9.21(b) 中纯剪下的状态点 5。随后，从应力空间图 9.21(b) 看，状态点 5 和 3 要达到共同状态 7，必须分别经过 5-6(纯剪切横波)、6-7(耦合相变慢波) 和 3-7(相变耦合快波)。从图 9.21(a) 的 $X\text{-}t$ 图看，左行卸载波 2-5 继续传播并与右行相变耦合慢波 2-3 在 B 点相遇并作用，形成一系列左行的以纵向分量变化为主的相变快波 3-7，以及右行的弹性剪切波 5-6 和一系列右行的相变慢波 6-7。图 9.21(c) 和 (d) 给出了 $\sigma_1\text{-}u$ 以及 $\tau\text{-}v$ 的整个作用过程。

和类型二相比，类型三主要的区别在于状态 5 和状态 6 的分布不同，首先到达背表面的剪切波为 4-5 的弹性横波，随后是 5 到 6 的弹性横波，两道波之间的时间差由弹性横波 1-2 和相变慢波 2-3 的速度差以及传播距离决定，之后是 6-7 的一系列的相变慢波。在不考虑测量时间有限时所观察到的剪切波将是一个上升沿很陡的弹性横波以及紧随其后的平台，随后是一段上升沿依然很陡的弹性横波以及紧随其后的平台，接着是一段上升沿平缓的相变耦合慢波 (图 9.23(c))。如果测量时间有限，那么仅能观察到部分剪切信号，同样也可能仅能观察到一部分弹性横波部分。

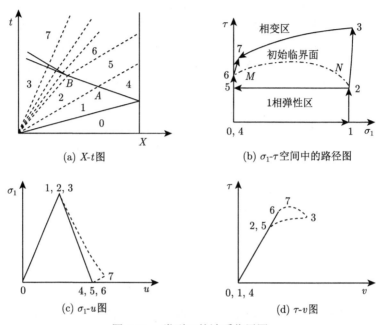

(a) X-t 图

(b) σ_1-τ 空间中的路径图

(c) σ_1-u 图

(d) τ-v 图

图 9.21　类型三的波系作用图

9.6.5　类型四

当加载速度和相变临界条件之间的关系满足类型四时，由于纵向应力超出了初始相变阈值 σ_{Pt}，加载端产生的波系将如图 9.22(a) 所示：一维弹性纵波 0-1，一维相变纵波 1-2，以及相变耦合慢波 2-3(可近似为纯剪切波)。图 9.22(b)，(c) 和 (d) 分别对应于应力空间 σ_1-τ，纵向应力–粒子速度 σ_1- u 以及剪切应力–横向粒子速度 τ-v 图。纵波 0-1 和 1-2 在自由背表面反射之后，会发生作用卸载为零，粒子速度增加。在这个过程中，卸载纵波中的弹性波部分和相变波部分会发生相互作用 (如图 9.22(a) 中的 4,5,7,8 区)，这里不对纵波进行详细的讨论，其最终结果为形成由数道弹性卸载纵波组成的卸载区域 1-9(图 9.22(a))。在和自由面反射的卸载纵波作用前，右行相变耦合慢波 2-3 为波速不断降低的一系列耦合慢波组成，如图 9.22(a)，(b) 和 (d) 所示，与反射波区域相互作用的结果，将是形成缓升的纯剪切弹性波 9-10 以及剪切为主的相变耦合慢波 10-11，之间有平台相隔 (图 9.23(d))。如果测量时间限制，实际上得到的剪切信号可能仅是 9-10 部分以及平台 10。

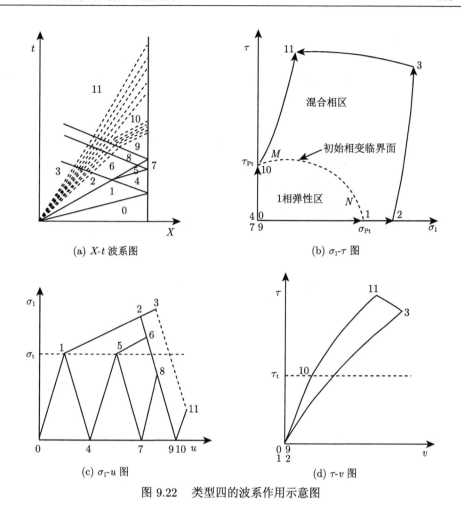

(a) $X\text{-}t$ 波系图

(b) $\sigma_1\text{-}\tau$ 图

(c) $\sigma_1\text{-}u$ 图

(d) $\tau\text{-}v$ 图

图 9.22 类型四的波系作用示意图

9.7 综合两次实验考虑 α 的范围

上述四种类型确定了四种不同的背表面横向粒子速度的历史，汇总结果如图 9.23 所示，其中，v_0 为弹性预测值，v^* 为纯剪进入相变所需的横向粒子速度。需说明的是，上述分析均未考虑自由面反射的卸载波到达碰撞面后再次反射对于自由面波形的影响。由于实验 A 和实验 B 中观察到的横向粒子速度的上升沿都很陡，因此类型四并不能很好地与实验结果吻合，可以排除，这也是 Yang 等 (2009) 的数值模拟和实验不符的主要原因之一。此外实验 A 和实验 B 的纵向速度并不相同，但是观察到的横向粒子速度几乎一致，而类型三横波中的第一个平台的高度 (图 9.20(b) 中的 5 点) 与纵向速度是有关联的，因此类型三也不能很好地反映实验结果，也可以排除。对于类型一和类型二，第一道横波以及后续的平台宽度都是一致的, 第一道横波的幅值取决于纯剪切进入相变的粒子速度, 而平台的宽度则由纯剪切进入相变的耦合慢波的初始波速和弹性横波的波速差决定, 如果测量时间比平台结束的时间短, 则可以较好地与实验结果相吻合。对于平台结束的时间是否大于测量时间, 我们可以进行如下估算: 弹性纵波波速为 5670m/s, 弹性横波波速为 1590m/s, 靶厚度约为 4mm, 因此交汇点在 1.752mm 处, 时间约为 1.1μs, 根据实验记录波形, 总的测量时间约为 4.5μs, 因此由纯剪路径进入相变的耦合慢波路径的初始波速应该小于 661m/s, 这个条件是比较容易满足的。目前实验条件下未知的参数仅有拉压不对称系数 α 以及相变段的斜率 g, 由 9.6.1 节对拉压不对称系数的讨论可知, 两次实验都处于类型一或类型二的对应相互关系为 ①, ②, ③ 三种, 合并起来为 $\alpha > 0.0506$。随着 α 的增加, 慢波的初始速度增加, 随着 g 的增加, 慢波的初始速度也会增加。如果 $\alpha = 0.0506$, $g = 7\mathrm{GPa}$, 那么慢波的初始速度也才 647m/s, 依然满足所需条件, 如果取 $\alpha = 0.159$, $g = 3\mathrm{GPa}$, 那么慢波的初始速度正好 660m/s, 可以看到这两组取值都不算太偏离一般认识, 也就是说只要 α 和 g 的值处于合适的范围内, 那么对实验波形的解读就是类型一或类型二更为合理。

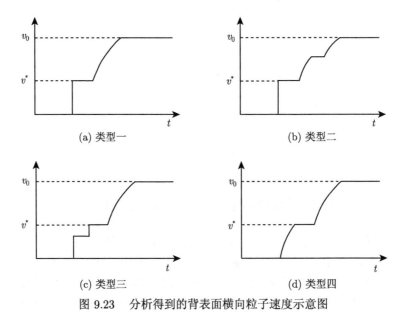

图 9.23   分析得到的背表面横向粒子速度示意图

平板压剪复合冲击实验对于研究相变材料在多应力空间的相变特性和机制, 了解耦合相变波的生成和传播规律有重要的价值, 然而, 迄今为止对于拉压不对称相变材料, 无论实验研究还是理论分析, 还没有取得较好的结果。这一章从理论上推导了拉压不对称相变材料在多应力空间中的相变特性和复合相变波的传播规律, 并对代表性的实验进行了初步分析, 可以作为相变材料平板压剪冲击实验的设计和结果分析的参照。例如, 上述讨论可以看到, 对于压剪对称碰撞而言, 尤其是具有拉压不对称性的材料, 最好是采用内部粒子速度的测量方式 (电磁计或带窗口的速度干涉仪), 并采用较厚的飞片和靶板, 才能得到较完整的相变波传播和相互作用的信息, 从而了解复合冲击加载下的相变特性和耦合波传播作用规律。

第 10 章 压剪复合冲击下材料近界面的剪切失效及机制

10.1 引　　言

在对压剪复合冲击加载下的相变波的实验研究中发现,横向粒子速度信号呈现出低于弹性预测值的现象 (Escobar et al., 2000),第 9 章我们对这一实验现象做过一些分析,然而这一现象目前还没有引起人们的广泛注意。实际上,类似现象并不仅仅在相变材料 NiTi 合金的压剪实验中出现,在聚合物中也有相关报道。

早在 20 世纪 80 年代,Gupta(1980) 利用压剪炮对有机玻璃进行平板压剪冲击实验时,就发现当加载速度超过一定阈值后,传入样品内部的剪切波的幅值相比理论值发生了明显的衰减 (图 10.1)。通过在撞击表面以及样品内部埋设粒子速度计的方式,他们发现撞击表面的横向粒子速度 (图中实线) 与理论值基本一致,说明撞击表面并未发生滑移,而内部的速度波形 (图中虚线) 则发生了显著的衰减,而内部三个不同深度处的粒子速度却是基本一致的。Gupta 猜测衰减的原因可能是在材料撞击表面附近发生了剪切失效。

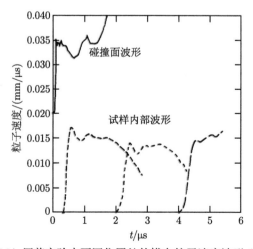

图 10.1　PMMA 压剪实验中不同位置处的横向粒子速度波形 (Gupta,1980)

尽管 Gupta 提出了在试件撞击表面附近发生剪切失效的猜想,但是在很长时间里,并没有进一步的研究报道。近年来,李婷等 (李婷, 2008; Li et al., 2007; 唐志平等, 2005) 对这一现象开展了研究,他们选取半晶态聚合物尼龙 66 和聚丙烯等材料进行了一系列不同碰撞速度和倾角下的平板压剪冲击实验,观察到了与 Gupta 报道类似的剪切波的衰减现象,表明剪切波衰减是聚合物中普遍存在的。之所以选取半晶态聚合物,在于可以运用显微分析方法研究其微观物理机制。回收试样切片的偏振光显微观测发现,在距撞击表面约几微米处,有一层绝热剪切带,正是绝热剪切带的产生,导致剪切波幅值在距离表面很近处发生了衰减,同时也证实了 Gupta 剪切失效的猜想。

可见,压剪实验中的剪切波衰减现象不仅发生在相变材料试件中,在聚合物样品中也有类似的现象。与 NiTi 合金压剪实验不同,上述聚合物试件压剪实验所采用的测量方法为电磁速度计,测量的是靶材内部的粒子速度,实验表明聚合物中的剪切偏小现象首先发生在撞击面附近,与反射卸载波无关,其形成的力学机理也可能不同。

为了进一步研究聚合物试件剪切信号的近界面衰减过程以及绝热剪切失效现象,我们对李婷等的研究结果进行了深入分析 (王波, 2017; Wang et al., 2017),发现由试件内部的粒子速度反推得到的材料的应力–应变历史几乎是线性的,并且应力以及应变的值并不大,等效应变在 5% 以内,相应的材料温升也很小,该状态点几乎不太可能是材料发生绝热剪切的临界状态点。因此,聚合物试件的剪切波衰减现象与试件表面附近产生绝热剪切失效,这两种现象之间可能还存在其他的物理过程。要弄清楚整个物理过程,就必须首先对聚合物试件压剪平板撞击实验中的应力波的传播规律进行分析。试件处于弹性时,压剪复合应力下的波传播可以完全解耦为独立传播的一维弹性纵波以及一维弹性剪切波,当材料进入相变或者塑性以后,受材料本构行为的约束,压剪分量之间会产生耦合,反映在应力波上就形成了压剪耦合波。

下面首先扼要介绍聚合物试件压剪冲击实验和结果,然后分析聚合物试件中压剪复合波的传播规律,并探索剪切波衰减的机理。

10.2 聚合物试件压剪冲击实验以及剪切波衰减现象

10.2.1 压剪实验构型及测量原理

平板压剪实验的基本构型如图 10.2 所示 (Tang et al., 2005),倾角为 α 的飞片以水平速度 u_0 沿 X 方向撞击具有同样倾斜角度的靶,靶中不同厚度处埋设粒子速度传感器。为了方便速度换算,飞片通常采用和靶相同的材料制成,此外,倾角 α 的选取一般需要满足小于摩擦角的条件,使得飞片和靶面之间不考虑相对滑移的影响。这样，当飞片与靶在 $t = 0$ 时刻发生碰撞后，见图 10.4(a)，撞击面上的粒子将以 $u_0/2$ 的速度沿 X 轴水平运动，从而在垂直于撞击面的 X' 方向和沿撞击面的 Y' 方向分别产生幅值为 u_{p0} 和 u_{s0} 的纵向粒子速度 (纵向压缩加载波 P^+) 和横向粒子速度 (横向剪切加载波 S^+)，从而同时对靶和飞片进行压剪复合冲击加载：

$$u_{p0} = 0.5u_0 \cos \alpha \tag{10.1a}$$

$$u_{s0} = 0.5u_0 \sin \alpha \tag{10.1b}$$

设飞片的厚度为 h，飞片中的一维应变弹性纵波的波速为 C_1，容易知道，当飞片中的纵波经过 $2h/C_1$ 的时间由飞片的自由表面反射回撞击面后 (图 10.4(a) 中的 A 点)，撞击面不再受压。对于靶来说，此时将不仅发生压缩的卸载，由于界面上的压力卸为 0，剪切力也将无法维持，从而在 A 点同时发生剪切卸载波 S^-，而不是在飞片中的剪切卸载波 S^- 到达碰撞界面的 B 点，因此输入脉宽 τ_0 为

$$\tau_0 = 2h/C_1 \tag{10.2}$$

因此，对于靶来说，输入的是脉宽为 $2h/C_1$、幅值为 $0.5u_0 \cos \alpha$ 的纵波和 $0.5u_0 \sin \alpha$ 的横波的复合加载。

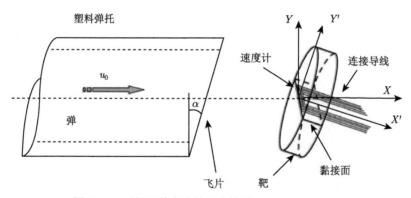

图 10.2　平板压剪实验的基本构型 (Tang et al., 2005)

实验测量方法采用埋入式电磁粒子速度计 (Gupta, 1976, 1980; Li et al., 2007)，而不是样品自由面光测方法。基本原理如图 10.3 所示 (Tang et al., 2005)，空间中施加均匀磁场 $\boldsymbol{B}$，与 X 轴的夹角为 θ。靶由上下两部分粘贴而成 (图 10.2)，切面上沿垂直于 X' 轴和 Y' 轴的方向埋设细导线 (粒子速度传感器)，如图 10.3 中 G1，G2，G3 所示。对于长度为 l 的粒子速度计而言，由电磁感应定律可知，产生的感应电动势为

$$E_{\mathrm{p}} = l(\boldsymbol{u}_{\mathrm{p}} \times \boldsymbol{B}) \qquad (10.3\mathrm{a})$$

$$E_{\mathrm{s}} = l(\boldsymbol{u}_{\mathrm{s}} \times \boldsymbol{B}) \qquad (10.3\mathrm{b})$$

其中 $\boldsymbol{B}$ 为磁场的磁感应强度, E_{p}, E_{s} 分别为纵波和横波切割磁力线所产生的电动势, $\boldsymbol{u}_{\mathrm{p}}$、$\boldsymbol{u}_{\mathrm{s}}$ 也就是实验中关心的纵向粒子速度以及横向粒子速度。由于纵波和横波的波速不同, 到达同一位置的时间也不同, 所以同一位置会在不同时刻产生相应的电压信号, 通过测量总的电动势信号, 可以反算出粒子速度计处的总粒子速度在垂直于磁场方向上的投影量, 进而反算出 u_{p} 和 u_{s} 的值。

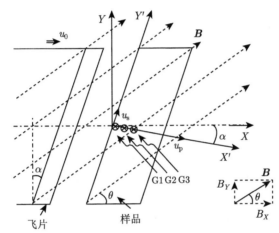

图 10.3　平板压剪实验电磁测试原理图 (Tang et al., 2005)

通常认为平板斜碰撞实验时, 靶中将依次传播 4 道波, 分别是压缩加载纵波 P^{+}, 剪切加载横波 S^{+}, 压缩卸载纵波 P^{-}, 剪切卸载横波 S^{-}。若 4 道波的幅值都不发生衰减, 与撞击面上的速度相同, 那么 P^{+} 的值为 $0.5u_0\cos\alpha$, S^{+} 的值为 $0.5u_0\sin\alpha$, P^{-} 的值为 $-0.5u_0\cos\alpha$, S^{-} 的值为 $-0.5u_0\sin\alpha$。为了保证碰撞界面不打滑, 倾角 α 一般较小, 因此横向速度分量一般远小于纵向分量, 使得横向信号很弱。电磁测速法的优越之处在于可以通过旋转磁场来提高横波信号在示波器中的分辨率, 理想的状况是纵波和横波产生的电动势大小相等, 幅值相反, 使得纵波和横波信号在示波器屏幕上均达到最大的分辨率。实现这一设想的方法则是将磁场方向调整为沿 X 轴方向, 即水平磁场 $(\theta = 0)$, 这样, 对于 $u_{\mathrm{p}0} = 0.5u_0\cos\alpha$ 的纵向粒子速度而言, 其理论电动势为 $-0.5u_0B\cos\alpha\sin\alpha$, 而对于 $u_{\mathrm{s}0} = 0.5u_0\sin\alpha$ 的横向粒子速度而言, 其理论电动势为 $0.5u_0B\sin\alpha\cos\alpha$, 正好大小相等, 方向相反。理想状态下波传播 X-t 图及对应的电动势信号如图 10.4 所示。图中可见, P^{+}, S^{+} 的幅值相等, 大小相反; P^{-}, S^{-} 的幅值相等, 大小相反。

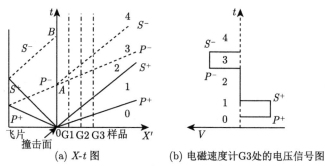

(a) X-t 图　　　　　　　　　(b) 电磁速度计G3处的电压信号图

图 10.4　典型压剪加载 X-t 图及电动势信号 (Tang et al., 2005)

10.2.2　聚合物试件中的剪切波衰减现象

为了验证 Gupta 猜想，李婷等 (Li et al., 2007; 李婷, 2008) 选择了半晶态聚合物尼龙 66 和聚丙烯等进行了平板压剪实验，尼龙 66 的原始实验 3# 波形 ($u_0 = 214.9\mathrm{m/s}$, $\alpha = 10°$) 如图 10.5 所示。实验采用水平磁场，理论上 P^+ 和 S^+ 的电信号的幅值应该相等，然而在图 10.5 中，三个不同位置处速度量计的 S^+ 的电信号幅值明显小于 P^+ 的幅值，表明剪切波确实存在明显的衰减。按照上面的电磁测速原理，可以得到如图 10.6 所示的不同位置处的纵向和横向粒子速度波形，结果与 Gupta 的实验类似，纵向粒子速度几乎不随传播距离衰减 (图 10.6(a))，属于正常材料行为，横向粒子速度与撞击面相比有较大衰减 (图 10.6(b))，图中碰撞面上的横向粒子速度波形是根据 (10.1b) 式计算得到的不打滑时的理论速度波形。聚丙烯压剪实验结果和尼龙 66 类似，表明该现象在聚合物材料中存在一定的普遍性。由于我们关心的是压剪复合加载下的异常剪切行为，因此下文将只讨论剪切结果。

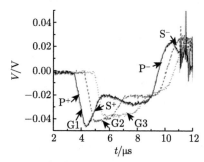

图 10.5　尼龙 66 压剪实验 3# 粒子速度的原始电信号 (李婷, 2008)

两种材料分别进行了多次不同弹速和倾角的实验，结果列于表 10.1 和表 10.2 中，表中 α, u_0, u_{s0}, τ_0, C_s, u_s, η 分别为倾角，弹速，碰撞面横向粒子速度，碰撞面加载剪应力，剪切波速，靶内横向粒子速度和剪切波衰减量，η 定义为

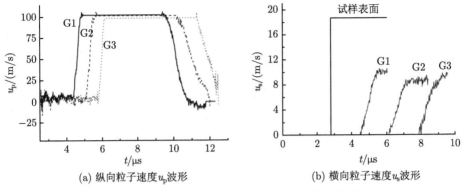

(a) 纵向粒子速度u_p波形   (b) 横向粒子速度u_s波形

图 10.6   尼龙 66 压剪实验 3# 中的粒子速度波形 (李婷, 2008)

表 10.1   尼龙 66 横向分量实验结果

No. #	α /(°)	u_0 /(m/s)	u_{s0} /(m/s)	τ_0 /MPa	C_s /(m/s)	u_s/(m/s) G1	G2	G3	η/%
1	10	87.9	7.6	10.3	1123.6	7.1	7.0	6.9	8
2	10	173.4	15.0	20.4	1212.1	13.8	13.6	13.6	9
3	10	214.9	18.6	25.4	1227.0	10.4	9.6	9.6	48
4	10	221.7	19.2	26.2	1183.4	15.1	15.3	15.1	20
5	10	340.5	29.5	40.4	—	—	—	—	≈ 92
6	20	113.0	19.3	26.3	1196.0	8.2	8.6	8.9	55
7	20	134.3	23.0	31.4	1100.0	—	19.9	19.8	13
8	20	156.3	26.7	36.5	1150.0	—	15.6	15.0	42
9	20	160.0	27.3	37.3	1291.0	—	18.0	17.3	34
10	20	180.0	30.8	42.2	—	—	—	—	≈ 92

表 10.2   聚丙烯横向分量实验结果

No. #	α /(°)	u_0 /(m/s)	u_{s0} /(m/s)	τ_0 /MPa	C_s /(m/s)	u_s /(m/s) G1	G2	G3	η/%
1	10	92.7	7.9	14.5	2000.0	—	—	—	0.0
2	20	251.0	42.7	112	2857.1	—	31.0	26.5	32.7
3	20	125.0	—	—	—	—	—	—	—
4	20	135.0	23.0	55.2	2614.4	23.0	21.3	20.0	7.4
5	20	155.1	26.4	67.3	2777.8	—	22.2	12.6	15.9
6	20	262.4	44.9	119	2898.6	21.9	20.2	19.8	54.0
7	20	190.7	32.6	86.3	2884.6	28.1	27.8	25.6	16.7
8	20	329.0	56.3	152	2941.2	15.0	14.7	14.0	73.9

$$\eta = (u_{s0} - u_s)/u_{s0} \times 100\% \tag{10.4}$$

为了进一步分析剪切波衰减的规律, 我们统一采用碰撞面上的理论加载剪应

力 τ_0 作为依据, 因为它反映了弹速和倾角的综合作用, 绘出了 η 和 τ_0 的关系曲线, 示于图 10.7(a)(尼龙 66) 和 10.7(b)(聚丙烯)。图 10.7(a) 清晰地反映出当理论剪应力达到某一阈值时 (大约 20MPa), 尼龙 66 试件中的剪切波幅值开始出现明显的衰减 (约 10%)。随着碰撞面剪应力的增大, η 迅速上升, 当理论剪切应力达到 50MPa 之后, 剪切波基本不能通过, 在界面附近被完全衰减掉了。因此, 用碰撞面剪应力作为衰减阈值条件比碰撞速度和倾角双因素更为明了, 它揭示出材料传递剪切应力的能力是有限的。

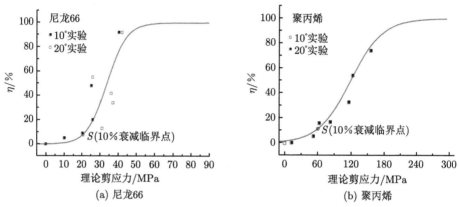

图 10.7　剪切波衰减幅度 η 与撞击面理论剪应力 τ_0 关系的实验曲线

聚丙烯的趋势与尼龙 66 大致相同, 不过发生剪切波衰减的阈值较大, 对应于 10%的衰减, 理论剪应力约为 60MPa, 这是由于其力学强度高于尼龙 66 造成的。

10.3　回收试样的显微观测和剪切失效物理机制的探讨

10.3.1　偏光显微镜原理简介

偏光显微镜是用来鉴定物质细微结构性质的一种光学显微镜 (polarizing microscope)。凡具有双折射性的物质, 在偏光显微镜下都能分辨其微结构, 工作原理简图如图 10.8 所示 (施心路, 2002)。

几乎所有的聚合物晶体都有相当高的双折射性, 所以当用偏振光观察时很容易辨别晶区和非晶区。偏光显微镜与普通光学显微镜相比, 主要不同在于它装有两个偏光镜, 其中之一位于显微镜载物台下方, 称为下偏光镜 (起偏镜), 另一个装在载物台上方, 称为上偏光镜 (检偏镜), 两偏光镜的振动方向互相垂直, 光源从下方向上照射。

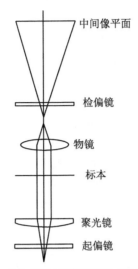

中间像平面

检偏镜

物镜

标本

聚光镜

起偏镜

图 10.8 偏光显微镜原理简图 (施心路, 2002)

在正交偏光镜的载物台上，如不放置任何物体，视域将是完全黑暗的，如放置光学均匀体或放置垂直于光轴的光学非均匀体的晶体切片时，由于不发生双折射，因此视域也是完全黑暗的，这种现象称为全消光现象。如果在正交偏振片之间放入晶体在其他方向的切片，则在光波入射到晶片上时，必然会发生双折射，并发生干涉。旋转晶片 360°，会出现四次消光和四次明亮的交替变化。

一束偏振光通过高分子球晶时，发生双折射分成两束电矢量相互垂直的偏振光，它们的电矢量分别平行和垂直于球晶的半径方向，由于这两个方向上的折射率不同，这两束光通过样品的速度是不等的，必然要产生一定的相位差而发生干涉现象，结果使通过球晶的一部分区域的光可以通过和起偏镜处在正交位置的检偏镜，而非晶态区域则不能，最后分别形成球晶照片上的明暗区域。

10.3.2 尼龙 66 的横向失效细观分析

尼龙材料是典型的半结晶聚合物，用偏光显微镜可以辨别晶区和非晶区，购买的商业尼龙 66 材料受到成形工艺的影响在偏振光显微镜下呈现的晶粒较小。在实验前后分别用偏光显微镜对试样切片进行分析，若细观结构发生变化，则所观察到的球晶结构在分布上或者形态上也会发生变化。用石蜡切片机对撞击后的回收试样作垂直于撞击面切片，切片厚度为 5~10μm。

图 10.9(a) 为实验前的尼龙 66 切片的偏光显微镜照片，照片中明亮部分为晶区。可以看出尼龙 66 具有典型的球晶结构，未撞击的试件表面平整，内部晶粒分布均匀。

图 10.9(b) 为尼龙 66 试件 7# 实验 (飞片速度 u_0=134.3m/s, 倾角 $\alpha = 20°$,

样品碰撞面横向速度 $u_{s0} = 23\text{m/s}$，碰撞面理论剪应力 $\tau_0 = 31.4\text{MPa}$) 的切片照片，发现在距撞击面大约 $8 \sim 10\mu\text{m}$ 处有一条厚约 $6 \sim 8\mu\text{m}$ 的黑色带状区域，表明该区已转变为非晶区，可能是由于应力和温度作用下发生了半晶态至无定形的相变，或者是由于高的温升引起局部熔化卸载时来不及结晶造成的。值得注意的是，该暗区产生在试件内部，说明并不是由于碰撞表面的滑动摩擦引起的。图 10.9(c) 为尼龙 8 #回收试件的显微照片 ($u_0 = 156.3\text{m/s}$, $\alpha = 20°$, $u_{s0} = 26.7\text{m/s}$, $\tau_0 = 36.5\text{MPa}$)，特征与图 10.9(b) 基本一致，但是由于横向粒子速度更高，黑色层更厚，撞击面上的晶体薄层比图 10.9(b) 更不连续。图 10.9(d) 与图 10.9(b) 同样来自于 7 #实验，不同的是，图 10.9(b) 位于试样的对称轴附近的中间区域，图 10.9(d) 则靠近试样外圆的边缘处。图 10.9(d) 显示在距碰撞表面约 $8 \sim 10\mu\text{m}$ 处有一道 $3 \sim 5\mu\text{m}$ 厚的亮层，表明了该处晶粒产生了强烈的塑性变形，形成了绝热剪切带 (层)。带内强烈的塑性应变改变了晶粒的形状和光学特性，从而形成一条很窄的亮带。虽然图 10.9(d) 和图 10.9(b) 属于同一发实验，加载条件相同，但前者由于靠近试样的边缘，受到侧向稀疏波的卸载作用，其剪切波的强度和持续时间均小于位于中心的图 10.9(b)，因而虽然形成了剪切带，但还不足以产生无定形相变。

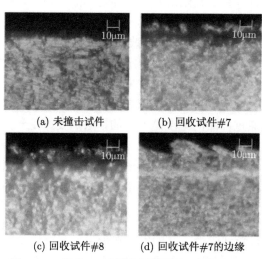

(a) 未撞击试件　　　　　(b) 回收试件#7

(c) 回收试件#8　　　(d) 回收试件#7的边缘

图 10.9　尼龙 66 试样的显微照片 (李婷, 2008)

由于实验中的碰撞倾角远小于摩擦角，剪切波的衰减并非由于表面打滑造成的。细观显微照片表明，剪切波的衰减是由于在试样内部离碰撞面很近的地方形成了一道绝热剪切层，是由材料的本构剪切失稳引起的。随着待传递的冲击剪切分量幅值的增加，在碰撞面附近的材料中逐渐形成非均匀变形区。聚合物材料应变率效应明显，剪切强度低，热导性差，非均匀变形区的剧烈变形和温升容易萌发绝热剪切带的形成。刚形成的剪切带可能是分散的，随着加载强度的增加，剪切带将联通并形成剪切层 (图 10.9(d))。随着加载强度的进一步提高，热黏塑性滑移产生的热量可以使剪切带发生晶态到无定形态的结构相变，甚至固态至液态的固液相变 (熔化)(图 10.9(b)、(c))。综合起来，绝热剪切带可以分为形变带，固-固转变带，固-液转变带。绝热剪切带标志着材料的本构剪切失效，并使剪切波发生衰减，衰减的程度和剪切带的发展阶段相关，当剪切带发生完全熔化时，剪切波几乎无法通过，衰减系数趋向于 100%。

需强调的是，通常的绝热剪切带是细观特征的，由于一维应变平板的斜撞击条件，所产生的绝热剪切带横贯试样的整个断面，形成了一整层，具有了宏观特征，因此，可以称之为 "绝热剪切层"。

10.3.3 聚丙烯的横向失效细观分析

聚丙烯是典型的半结晶性高聚物材料，其分子链结构简单，容易形成较大的球晶，并且结晶度较高，从偏振光的显微观测结果可以清楚看出聚丙烯材料的球晶形貌 (图 10.10)。由于购买的是商业聚丙烯，球晶的大小不一，常见的材料内部球晶直径约为 10μm。

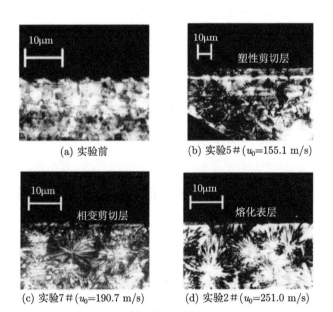

(a) 实验前   (b) 实验5#(u_0=155.1 m/s)

(c) 实验7#(u_0=190.7 m/s)   (d) 实验2#(u_0=251.0 m/s)

图 10.10 聚丙烯试样显微图 (李婷，2008)

图 10.10(a) 是聚丙烯未经撞击时的样品切片照片。图 10.10(b) 为聚丙烯实验5#(弹速 $u_0 = 155.1$m/s，剪切波衰减系数 $\eta = 15.9$%) 回收试样的切片照片，显

示在距离撞击表面大约 5μm 处有一白色薄层，厚度约 2μm，实验中剪切波的轻度衰减应该与这一白色薄层相关。聚合物材料中出现白带表明该处发生了强烈的集中剪切塑性变形，晶粒经碾压碎化，导致较高的折射率，细观上表现为一条白亮的带状区域 (绝热剪切带)。

图 10.10(c) 为聚丙烯实验 7#(u_0=190.7m/s, η=16.7%) 的试件切片照片。在距试件表面大约 3μm 处出现了一层黑色的带状区域，表明界面附近生成了绝热剪切带 (层)，带内剧烈的绝热塑性变形产生高温，使材料发生结晶相至无定型相的固-固相转变。相变带内的材料失去了双折射的特性，从而在偏光显微镜下呈现黑色的绝热剪切带。由于带内仍处于固态，有一定的强度，剪切波的衰减并不太大。

图 10.10(d) 为聚丙烯实验 2#(u_0=251.0m/s, η = 32.7%) 的切片照片，与上面不同的是，在碰撞界面附近并未发现白色或黑色的剪切层。在偏光显微镜下仔细搜索可以肉眼发现试件表面有一薄层厚度约 1~3μm 的不同程度的暗黑色的表层。由于在偏振光下空气会形成黑色背景，所以暗色表层和背景混在一起，不容易分辨，照片中更是不明显。在几次高速实验中，剪切波均发生大幅衰减：聚丙烯 2#(u_0 = 251.0m/s, η = 32.7%), 6#(u_0 = 262.4m/s, η = 55%), 8#(u_0 = 329m/s, η = 73.9%)。我们分析，在高强度的斜撞击下，撞击面附近的绝热剪切带内严重的塑性变形产生的热量可能导致薄层材料熔化，发生部分或全部固-液相转变。由于液相的产生，使剪切波发生大幅度衰减，具体和其黏性系数，温度和应变率有关，其规律和机制需要进一步深入研究。由于表层的高速滑移，以及温度的持续作用，试样的表层结构可能出现部分磨损或剥离，剩余表层可能熔化卸载时来不及结晶而成为无定型，因而在回收样品原绝热剪切带以上的表层成为暗黑色。

综上所述，绝热剪切带 (层) 的产生是材料失效的标志，是剪切波衰减的主要物理机制。

10.4　理想弹塑性近似时的压剪复合波的解析解

10.4.1　简介

尽管 10.3 节对回收试样的显微观测揭示出剪切波在近界面突然衰减的微观物理机制，然而其力学原理依然没有得到很好的解释。要弄清楚整个物理和力学过程，就必须首先对平板斜撞击实验中的复合应力波的传播规律进行分析。

在传统的平板压剪复合冲击实验研究中，通常不考虑压剪塑性耦合波的影响，把问题简化为独立传播的压缩纵波以及剪切横波来考虑，就像 Gupta (1980) 和李婷等 (Li et al., 2007; 李婷, 2008) 所考虑的那样。实际上，只有当材料处于弹性时，压剪复合应力下的波传播才可以完全解耦为独立传播的一维弹性纵波以及一维弹性剪切横波。当材料进入塑性以后，由于本构中的压缩和剪切分量存在耦合的特性，压缩波和剪切波之间会产生耦合，形成压剪塑性耦合波，压缩和剪切分量耦合在一起以相同波速传播，参见第 7 章。因此压剪实验中，尤其当发生反常的剪切波偏小现象的时候，继续采用简化的波系分析方法并不合适。

我们知道，聚合物材料通常具有黏性，造成冲击响应和准静态行为不同。如果我们只考虑压剪复合冲击加载的高应变率下的聚合物的动态应力–应变行为，如屈服强度的提高等，那么动态本构模型中将不显含应变率，数学上可以近似按应变率无关来处理。

有关半无限弹塑性介质表面受压剪联合冲击下的弹塑性复合波的传播问题的理论研究，最早见于 20 世纪 60 年代。Bleich 等 (1966) 研究了理想弹塑性半无限空间中塑性耦合波的传播。1968 年和 1969 年，Ting 等 (Ting et al., 1968, 1969) 更进一步得到了一般硬化弹塑性半无限介质中塑性耦合波的解析解。

最近，王波等 (王波, 2017; Wang et al., 2017) 在 Ting 等工作的基础上，采用最简单通用的动态下的理想弹塑性模型，对半无限介质中压剪复合波的传播问题进行了理论推导，分别得到了应力空间和速度空间中压剪耦合塑性波的传播特性，发现了随复合加载强度的增加应力状态的演变过程，特别地，发现了横向粒子速度衰减的力学机制是由于材料剪切强度的限制，并且导出了和纵向加载速度相关的受到剪切强度限制的横向粒子速度的衰减曲线。

10.4.2 理论推导

质量守恒以及动量守恒方程组与材料无关，以压为正时依然为

$$\sigma_{1X} = \rho_0 u_t \tag{10.5a}$$

$$\tau_X = \rho_0 v_t \tag{10.5b}$$

$$u_X = \varepsilon_t \tag{10.5c}$$

$$v_X = \gamma_t \tag{10.5d}$$

其中 ρ_0 是初始密度，σ_1 是轴向应力，τ 是剪应力 (τ_{XY})，u 是纵向粒子速度，v 是横向粒子速度，ε 是轴向应变 (ε_{XX})，γ 是剪切应变 (γ_{XY})。

工作硬化的弹塑性本构为 (Hill, 1950)

$$\frac{\partial \varepsilon_{ij}}{\partial t} = \frac{1+\nu}{E} \frac{\partial \sigma_{ij}}{\partial t} - \frac{\nu}{E} \delta_{ij} \frac{\partial \sigma_{kk}}{\partial t} + \frac{\partial f}{\partial \sigma_{ij}} \frac{\partial \lambda}{\partial t} \tag{10.6}$$

式中 E 是杨氏弹性模量，ν 是 Poisson 比，参数 λ 为一比例系数，见 (10.13) 式的定义，f 是屈服函数，这里采用如下 Mises 屈服准则

$$f = \frac{(\sigma_1 - \sigma_2)^2}{3} + \tau^2 = k^2 \tag{10.7}$$

其中 $\sigma_2 = \sigma_{YY} = \sigma_{ZZ}$ 是侧向应力, k 为屈服应力, 对于理想塑性, $k = k_0$。由 (10.5c) 式、(10.6) 式和 (10.7) 式, 可得

$$\frac{\partial u}{\partial X} = \frac{1}{E}\frac{\partial \sigma_1}{\partial t} - \frac{2\nu}{E}\frac{\partial \sigma_2}{\partial t} + s\frac{\partial \lambda}{\partial t} \tag{10.8}$$

式中

$$s = \frac{2}{3}\left(\sigma_1 - \sigma_2\right) \tag{10.9}$$

同样, 由 (10.5d) 式可得

$$\frac{\partial v}{\partial X} = \frac{1}{\mu}\frac{\partial \tau}{\partial t} + 2\tau\frac{\partial \lambda}{\partial t} \tag{10.10}$$

式中 μ 是剪切模量。注意到侧向应变 $\varepsilon_{YY} = \varepsilon_{ZZ} = 0$, 因此有

$$\frac{\partial \varepsilon_{YY}}{\partial t} + \frac{\partial \varepsilon_{ZZ}}{\partial t} = 0 \tag{10.11}$$

将 (10.6) 式和 (10.7) 式代入 (10.10) 式可得

$$0 = -\frac{2\nu}{E}\frac{\partial \sigma_1}{\partial t} + \frac{2\left(1-\nu\right)}{E}\frac{\partial \sigma_2}{\partial t} - s\frac{\partial \lambda}{\partial t} \tag{10.12}$$

需要说明的是, 上式推导过程中需要分别对 YY 和 ZZ 方向求导, 然后相加, 因此屈服准则 (10.7) 中的 σ_2 应拆写为 $\sigma_2/2 + \sigma_3/2$, 才能求得上式。

(10.6) 式中的参数 λ 可利用函数 f 表述为 (Hill, 1950; Ting et al., 1968,1969)

$$\frac{\partial \lambda}{\partial t} = \frac{3\omega(k)}{4k^2 E}\frac{\partial f}{\partial \sigma_{kl}}\frac{\partial \sigma_{kl}}{\partial t} \tag{10.13}$$

式中 $\omega(k)$ 是材料塑性硬化特性, 可写成

$$\omega(k) = \frac{E}{E_{\mathrm{p}}(k)} - 1 \tag{10.14}$$

式中 E_{p} 是简单拉伸曲线的斜率, 弹性区 $E_{\mathrm{p}} = E$, 故 $\omega = 0$, 对于理想塑性, $E_{\mathrm{p}} = 0$, 则 $\omega = \infty$, 一般情况 ω 是 k 的函数。(10.13) 式展开得到

$$s\frac{\partial \sigma_1}{\partial t} - s\frac{\partial \sigma_2}{\partial t} + 2\tau\frac{\partial \tau}{\partial t} + \frac{4k^2 E}{3\omega}\frac{\partial \lambda}{\partial t} = 0 \tag{10.15}$$

以上六个方程 (10.5a)、(10.5b)、(10.8)、(10.10)、(10.12) 和 (10.15) 组成了该问题的控制方程组。类似地, 我们将它写为如下的矩阵形式 (Ting et al., 1968, 1969)

$$\boldsymbol{A}\boldsymbol{W}_t + \boldsymbol{B}\boldsymbol{W}_X = \boldsymbol{0} \tag{10.16}$$

其中

$$
\boldsymbol{A} = \begin{bmatrix}
\rho_0 & 0 & 0 & 0 & 0 & 0 \\
0 & \rho_0 & 0 & 0 & 0 & 0 \\
0 & 0 & \dfrac{1}{E} & -\dfrac{2\nu}{E} & 0 & s \\
0 & 0 & -\dfrac{2\nu}{E} & \dfrac{2(1-\nu)}{E} & 0 & -s \\
0 & 0 & 0 & 0 & \dfrac{1}{\mu} & 2\tau \\
0 & 0 & s & -s & 2\tau & \dfrac{4k^2 E}{3\omega}
\end{bmatrix}
\tag{10.17}
$$

$$
\boldsymbol{B} = \begin{bmatrix}
0 & 0 & -1 & 0 & 0 & 0 \\
0 & 0 & 0 & 0 & -1 & 0 \\
-1 & 0 & 0 & 0 & 0 & 0 \\
0 & 0 & 0 & 0 & 0 & 0 \\
0 & -1 & 0 & 0 & 0 & 0 \\
0 & 0 & 0 & 0 & 0 & 0
\end{bmatrix}
\tag{10.18}
$$

$$
\boldsymbol{W} = \begin{bmatrix}
u \\
v \\
\sigma_1 \\
\sigma_2 \\
\tau \\
\lambda
\end{bmatrix}
\tag{10.19}
$$

以上是一般塑性的控制方程, 对于理想塑性, 由 (10.14) 式知 ω 无穷大, 因此 (10.17) 式中的系数矩阵 A 中的 $A_{66} = 0$, 注意到 (10.9) 式, 写出理想弹塑性材料的系数矩阵 A 为

$$
\boldsymbol{A} = \begin{bmatrix}
\rho_0 & 0 & 0 & 0 & 0 & 0 \\
0 & \rho_0 & 0 & 0 & 0 & 0 \\
0 & 0 & \dfrac{1}{E} & -\dfrac{2\nu}{E} & 0 & \dfrac{2}{3}(\sigma_1 - \sigma_2) \\
0 & 0 & -\dfrac{2\nu}{E} & \dfrac{2(1-\nu)}{E} & 0 & -\dfrac{2}{3}(\sigma_1 - \sigma_2) \\
0 & 0 & 0 & 0 & \dfrac{1}{\mu} & 2\tau \\
0 & 0 & \dfrac{2}{3}(\sigma_1 - \sigma_2) & -\dfrac{2}{3}(\sigma_1 - \sigma_2) & 2\tau & 0
\end{bmatrix}
\tag{10.20}
$$

　　(10.18)~(10.20) 式构成了理想弹塑性材料的控制方程租。其特征波速 C 应当满足

$$\|CA - B\| = 0 \tag{10.21}$$

化简后有

$$\left(k_0^2 - \tau^2\right)\left(C^2 - C_2^2\right)\left(3C^2 - \beta C_2^2\right) + 3\tau^2 C^2\left(C^2 - C_1^2\right) = 0 \tag{10.22a}$$

其中，$C_1 = \sqrt{\dfrac{1}{\rho_0}\dfrac{(1-\nu)\,E}{(1-\nu)\,(1-2\nu)}}$ 是一维应变条件下 (有侧限) 的弹性纵波波速，

$C_2 = \sqrt{\dfrac{\mu}{\rho_0}}$ 为弹性横波的波速，β 为

$$\beta = \frac{2\,(1+\nu)}{(1-2\nu)} \tag{10.22b}$$

　　由 (10.22) 式可以看到，在给定材料参数 k_0 以及 β 的条件下，理想塑性材料中的耦合塑性波波速 C 仅与剪应力有关，与压应力无关。若定义无量纲化的剪应力为

$$\underline{\tau} = \tau/k_0 \tag{10.23}$$

波速方程式 (10.22a) 可以简化为

$$k_0^2\left[\left(1 - \underline{\tau}^2\right)\left(C^2 - C_2^2\right)\left(3C^2 - \beta C_2^2\right) + \underline{\tau}^2 C^2\left(3C^2 - \beta C_2^2 - 4C_2^2\right)\right] = 0 \tag{10.24}$$

上式的两个非零根分别为

$$C_{\mathrm{f}} = C_2\sqrt{\frac{\underline{\tau}^2 + \beta + 3 + \sqrt{\Delta}}{6}} \tag{10.25}$$

$$C_{\mathrm{s}} = C_2\sqrt{\frac{\underline{\tau}^2 + \beta + 3 - \sqrt{\Delta}}{6}} \tag{10.26}$$

其中

$$\Delta = \underline{\tau}^4 + 2(7\beta + 3)\underline{\tau}^2 + (\beta - 3)^2 \tag{10.27}$$

式中较大的根 C_{f} 所对应的波称为塑性耦合快波，较小的根 C_{s} 所对应的波称为塑性耦合慢波，耦合塑性波的两个根 C_{f} 和 C_{s} 的范围分别为

$$\begin{aligned}
&0 < C_{\mathrm{s}} \leqslant C_2, \quad \sqrt{\frac{\beta}{3}}C_2 \leqslant C_{\mathrm{f}} \leqslant C_1 \quad (\beta > 3)\\
&0 < C_{\mathrm{s}} \leqslant C_2 \leqslant C_{\mathrm{f}} \leqslant C_1 \qquad\qquad (\beta = 3)\\
&0 < C_{\mathrm{s}} \leqslant \sqrt{\frac{\beta}{3}}C_2, \quad C_2 \leqslant C_{\mathrm{f}} \leqslant C_1 \quad (\beta < 3)
\end{aligned} \tag{10.28}$$

上式表明，当 $\beta \neq 3$ 时，C_f 的最小值和 C_s 的最大值之间是有间断的。由 (10.22b) 式，$\beta < 3$ 等价于泊松比 $\nu < 0.125$。一般而言，材料的泊松比都大于 0.125，所以后面的讨论中我们仅讨论 $\beta > 3$ (对应 $\nu > 0.125$) 的结果。

之所以称为耦合塑性波，是因为该应力波在塑性区需要沿着特定的应力路径线发展，波阵面上将同时包含压缩分量以及剪切分量并以相同波速传播，具体的相容关系可以借助特征矢量进行求解 (Ting et al., 1968,1969)。对于 (10.20) 和 (10.18) 式的对称矩阵 A 和 B，类似有第 9 章中的右特征矢量的 (9.30) 式

$$l = \begin{pmatrix} \Psi \\ 1 \\ -\rho C \Psi \\ \Phi \\ -\rho C \\ \Theta \end{pmatrix} \tag{10.29}$$

可以导出如下特征关系

$$\frac{\mathrm{d}u}{\Psi} = \frac{\mathrm{d}v}{1} = \frac{\mathrm{d}\sigma_1}{-\rho_0 C \Psi} = \frac{\mathrm{d}\sigma_2}{\Phi} = \frac{\mathrm{d}\tau}{-\rho_0 C} = \frac{\mathrm{d}\lambda}{\Theta} \tag{10.30}$$

式中

$$\Psi = \frac{7\underline{\tau} + \beta - 3 \pm \sqrt{\Delta}}{4\underline{\tau}\sqrt{3(1 - \underline{\tau})}} \tag{10.31}$$

$$\Phi = \frac{-\rho_0 C \sqrt{1 - \underline{\tau}^2}}{\sqrt{3}\underline{\tau}} \frac{\left(\underline{\tau}^2 + \beta - 3 \pm \sqrt{\Delta}\right)\left(\underline{\tau}^2 - 5\beta + 3 \pm \sqrt{\Delta}\right)}{\left(\underline{\tau}^2 - \beta - 5 \pm \sqrt{\Delta}\right)\left(\underline{\tau}^2 + \beta + 3 \pm \sqrt{\Delta}\right)} \tag{10.32}$$

$$\Theta = \frac{1}{2k_0\underline{\tau}C}\left(\frac{C^2}{C_2^2} - 1\right) \tag{10.33}$$

我们关心的是应力空间和速度空间中的塑性耦合波的路径，由 (10.30) 式得到

$$\frac{\mathrm{d}\sigma_1}{\mathrm{d}\tau} = \Psi = \frac{7\underline{\tau} + \beta - 3 \pm \sqrt{\Delta}}{4\underline{\tau}\sqrt{3(1 - \underline{\tau})}} \tag{10.34}$$

正号对应耦合快波，记为 Ψ_f，负号对应耦合慢波，记为 Ψ_s。侧向应力 σ_2 与剪应力 τ 之间的关系为

$$\frac{\mathrm{d}\sigma_2}{\mathrm{d}\tau} = \frac{\Phi}{-\rho_0 C} = \frac{\sqrt{1 - \underline{\tau}^2}}{\sqrt{3}\underline{\tau}} \frac{\left(\underline{\tau}^2 + \beta - 3 \pm \sqrt{\Delta}\right)\left(\underline{\tau}^2 - 5\beta + 3 \pm \sqrt{\Delta}\right)}{\left(\underline{\tau}^2 - \beta - 5 \pm \sqrt{\Delta}\right)\left(\underline{\tau}^2 + \beta + 3 \pm \sqrt{\Delta}\right)} \tag{10.35}$$

其中正号对应耦合快波，负号对应耦合慢波。速度空间中的路径线 $\mathrm{d}u/\mathrm{d}v$ 形式同 (10.34) 式：

$$\frac{\mathrm{d}u}{\mathrm{d}v} = \Psi = \frac{7\tau + \beta - 3 \pm \sqrt{\Delta}}{4\tau\sqrt{3(1-\tau)}} \tag{10.36}$$

由 (10.34) 式，给定材料参数 β 后，我们可以得到 σ_1-τ 空间中的应力路径。令 $\beta = 14$，即泊松比 $\nu = 0.4$，典型的应力路径如图 10.11 所示，图中已除以剪切屈服应力 k_0 作无量纲化处理。图中可以看到，无论纵向应力 σ_1 如何增加，剪切应力 τ 均不能超过 k_0，即对于理想弹塑性材料，τ 受到剪切强度 k_0 的限制。同时，快波路径 (点划线，如 EF) 和慢波路径 (虚线，如 CD) 在塑性区域成网状分布，耦合塑性波必须沿着快波或者慢波的路径发展。在屈服面 $AECB$ 以内是弹性区，弹性纵波和弹性横波独立传播，进入塑性区 ($AECB$ 以右区域) 以后，纵波和横波则以耦合波的形式传播。图 10.11 还可以看出，压剪加载下的塑性耦合慢波在 σ_1-τ 平面上沿着近似垂直于 σ_1 轴的慢波路径线发展，沿慢波路径线 σ_1 分量的变化很小，可以认为是一道准横波。压剪实验中测量到的剪切波实际上就是由弹性横波以及耦合塑性慢波两部分组成的，具体比例与是否发生屈服以及屈服的程度有关。

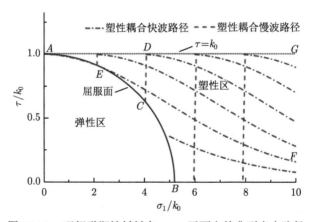

图 10.11　理想弹塑性材料在 σ_1-τ 平面上的典型应力路径

实际上，对于压剪加载，σ_1-τ 平面仅仅是 σ_1-σ_2-τ 空间中的投影结果，其信息并不完整，通过 (10.34)、(10.35) 式，我们可以得到塑性耦合波路径在整个应力空间中的分布。由于我们主要关心剪切波以及横向粒子速度的传播，由图 10.11 可以看到，进入塑性后的剪切分量主要由耦合塑性慢波承载，所以我们只讨论塑性耦合慢波在 σ_1-σ_2-τ 空间中的分布。同样令参数 $\beta = 14$，结果如图 10.12(a) 所示。图中可以看到，屈服面在 σ_1-σ_2-τ 空间中构成一个圆柱面，由于平板压剪冲击条件

下侧向主应变 ε_2 始终为 0, 因此, 弹性区 σ_1 和 σ_2 之间存在关系 $\sigma_2 = \dfrac{\nu}{(1-\nu)}\sigma_1$, 它构成一个平行于 τ 轴的平面, 该平面和屈服圆柱面的交线就是压剪加载下弹性区和塑性区的分界线, 如图 10.12(a) 中的实弧线 AB 所示。塑性耦合慢波的路径如图中虚线所示, 例如曲线 BC 就是一条塑性耦合慢波的路径线。沿该慢波路径线从 B 点出发, 进入塑性区, 随着 τ 的增加, 可以看到 σ_1 几乎不变, 而 σ_2 一直在增加。由于图 10.12(a) 是三维立体图, 不易看清这一点, 为此我们特意把三维图像投影到 σ_1-σ_2 平面, 见图 10.12(b), 图中可以清晰看到这一点。图 10.12(b) 中的符号与图 10.12(a) 中相同, AB 是塑性屈服线。对于平板纵向加载, 在 σ_1-σ_2 平面上呈线性关系 $\sigma_2 = \dfrac{\nu}{(1-\nu)}\sigma_1$, 弹性区 $\nu = 0.4$, 若 B 点进入塑性后 $\nu = 0.5$, 那么 $\sigma_1 = \sigma_2$, 即平行于静水压线 AD, 如图中的 BF 线。当从 B 点沿慢波路径 τ/k_0 增加到 1 时, σ_2 增加到与 σ_1 相等 (C 点), 即材料的纵向和侧向正压力相等, 因此 C 点处于过 A 点的静水压线 AD 上, 此时材料实际上处于静水压下的纯剪切状态 ($\sigma_1 = \sigma_2 = \sigma_3 = p$, $\tau = k_0$), 如图 10.12(a) 中点划线 AD 所示。沿耦合慢波路径上的应力状态的变化表明, 随着压剪加载下的塑性剪切波幅值从 0 开始增加, 偏应力的方向将逐渐从与纵向压力成 45° 角方向朝外载剪应力方向偏转, 调整的最终状态为静水压下的纯剪切状态, 即位于图中 AD 线上。这时, 耦合慢波所能承载和传播的最大剪应力为 k_0, k_0 是纯剪条件下材料的剪切屈服强度, 也是理想塑性材料所能承受的最大剪应力。显然, 当施加的剪切载荷 $\tau > k_0$ 时, 即使界面不打滑, 其超出部分也将不能传入样品内部。既然超出部分不能传入内部, 界面又不能打滑, 那么只能在样品内部非常靠近界面的位置处产生横向剪切滑移来实现。这就造成了两个结果: ① 剪切波在界面附近的衰减, 而且载荷幅值越大, 衰减系数也越大。② 绝热剪切带在非常接近加载界面附近形成, 并且载荷幅值越大, 绝热剪切带越发展。这两点均与实验观测相符。因此, 从力学角度分

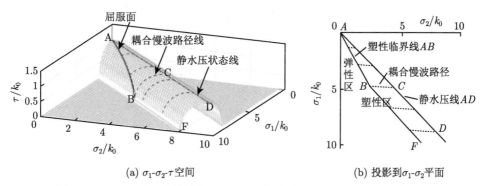

图 10.12 理想弹塑性材料在 σ_1-σ_2-τ 空间中的典型耦合慢波应力路径图

析，压剪复合加载下剪切波在界面附近衰减的主要力学机制就是受材料的剪切强度所限。

10.5　压剪复合加载过程中剪切波衰减的力学机制

实验测量通常得到的是粒子速度信号，因此，我们需要在速度空间中讨论耦合波的传播问题。由下式

$$\mathrm{d}\sigma_1 = \rho_0 C_{\mathrm{s}} \mathrm{d}u \tag{10.37}$$

$$\mathrm{d}\tau = \rho_0 C_{\mathrm{s}} \mathrm{d}v \tag{10.38}$$

以及 (10.30) 式，我们可以得到沿任意慢波路径上的粒子速度和应力间的关系，从而把应力空间 (图 10.11) 映射到粒子速度空间 (图 10.13)。若仅考虑加载过程，设慢波路径的起点为 a，终点为 b，有

$$u_b = u_a + \int_a^b \frac{\Psi_{\mathrm{s}} k_0 \mathrm{d}\tau}{\rho_0 C_{\mathrm{s}}} \tag{10.39}$$

$$v_b = v_a + \int_a^b \frac{k_0 \mathrm{d}\tau}{\rho_0 C_{\mathrm{s}}} \tag{10.40}$$

其中 u_a，v_a 为慢波路径起点 a 处的粒子速度，u_b，v_b 为慢波路径终点 b 处的粒子速度。由于 C_{s} 仅在 $0 \leqslant \underline{\tau} < 1$ 的范围内不为 0，所以积分也只能在该范围内进行，对应力空间中所有的慢波路径进行积分，可以得到粒子速度空间中的慢波路径分布。同样令参数 $\beta = 14$(对应泊松比为 0.4)，结果如图 10.13 所示，图中 $\underline{u} = u/u'$ 为无量纲化的纵向粒子速度，式中 $u' = (\beta + 4)k_0/(2\sqrt{3}\rho_0 C_1)$ 为纯一维应变纵向压缩进入图中屈服点 M 所需的粒子速度，$\underline{v} = v/v'$ 为无量纲化的横向粒子速度，$v' = k_0/(\rho_0 C_2)$ 为纯剪切加载进入屈服点 H 所需的横向粒子速度。图中点划线 $HKNS$，即 $\underline{v} = g(\underline{u})$，是沿慢波路径积分到 $\underline{\tau} = 1$ 的点的集合，它是图 10.11 应力空间中的点虚线 ADG 在粒子速度空间中的映射，该曲线代表了在某个纵向加载粒子速度下能传入试样的最大横向粒子速度。

尽管曲线 $\underline{v} = g(\underline{u})$ 并没有明确的解析形式，但我们可以用分段函数法对其进行拟合，当泊松比为 0.4 时，拟合结果为

$$g(\underline{u}) = \begin{cases} 1 + 1.0862\underline{u} - 0.4193\underline{u}^2 & (\underline{u} < 1.06) \\ 1.68 & (\underline{u} \geqslant 1.06) \end{cases} \tag{10.41}$$

(10.41) 式中第 1 式描述的是图 10.13 中的曲线 HN 段，N 点是从 M 点出发的耦合慢波路径 MN 和曲线 HW 的交点，第 2 式为曲线 NW 段。在应力空

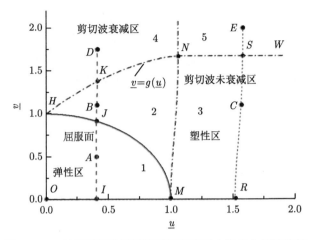

图 10.13 理想弹塑性材料粒子速度空间中的耦合慢波路径

间 (图 10.11) 中看,沿耦合慢波的终点线 ADG,其无量纲剪应力始终保持恒值 1,即理想塑性材料纯剪状态剪应力不能超过屈服剪应力,但在速度空间图 10.13 中,情况则不同,随着纵向加载速度的增加,HN 段的横向粒子速度,即传入试样内部的剪切波幅值是逐步增加的,直到 N 点之后才保持恒定不变。

图 10.13 中的曲线 MN 为通过点 $M(1,0)$ 的耦合慢波路径,点 $N(1.06,1.68)$ 为曲线 MN 和曲线 $g(\underline{u})$ 的交点。由此我们可以把整个速度空间分为如下五个区域:区域 1,位于屈服面 MH 以内。该区域的剪切波为弹性横波;区域 2,位于屈服面 HM,曲线 HN 以及慢波路径 MN 所围成的区域。该区域的剪切波为从屈服面出发的耦合慢波。区域 3,由 M 点以右的横轴,曲线 MN 以及 N 点以右的曲线 $g(\underline{u})$ 所围成的区域,该区域的剪切波为从横坐标轴出发的耦合慢波;区域 4、5 为曲线 HNW(即 $g(\underline{u})$) 以上的区域,以过点 N 的向上垂线为分界线。对于理想塑性材料而言,区域 4、5 的剪切波波速为零,因为曲线 $HKNW$ 是所有塑性耦合慢波路径的终点,也就是说,剪切波无法在区域 4、5 进行传播。

平板压剪实验的实现方式不同,可加载的纵向和横向粒子速度的范围也将不同。例如对于平板斜碰撞而言,纵向和横向速度的夹角就必须小于摩擦角。为了从更广义的角度讨论问题,我们不考虑界面的滑移,即假设界面的结合强度足够高,那么从理论上看,当加载的纵向和横向粒子速度的幅值以及比例可以任意改变时,最终的加载状态可以位于上述五个区域中的任意一个,相应的剪切波的波系结构也会有所不同。下面我们分区进行讨论。

1) 区域 1

当加载到区域 1 的时候,例如图 10.13 中的 A 点,其坐标 $(\underline{u}, \underline{v}) = (0.407, 0.5)$。

很显然，整个波系结构为依次传播的一维应变弹性纵波 OI 以及弹性横波 IA，其 X-t 图如图 10.14(a) 所示，典型波形如图 10.14(b) 所示。可以看到，压缩波 P^+ 完全由一维应变弹性纵波组成，其幅值与纵向粒子加载速度 u_{load} 相同，剪切波 S^+ 完全由弹性横波组成，其幅值与横向粒子加载速度 v_{load} 相同。加载到区域 1 时不会发生剪切波的衰减，并且压缩波和剪切波完全独立传播。

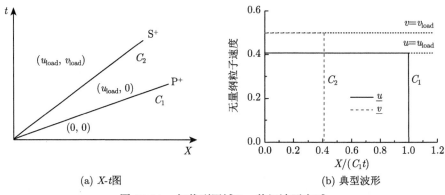

(a) X-t图　　　　　　　　　　　(b) 典型波形

图 10.14　加载到区域 1，剪切波无衰减

2) 区域 2

当加载到区域 2 时，如图 10.13 中的 B 点 (0.413, 1.10)，需说明的是，B 点的值是根据 J 点出发的慢波路径选取的，因此其对应的弹性压缩波的幅值仍为 I 点 $\underline{u} = 0.407$ 不变。此时压缩波 P^+ 依然由一维应变弹性纵波 OI 组成，而剪切波 S^+ 则由弹性横波 IJ 和塑性耦合慢波 JB 共同组成，J 位于屈服面上，不过，耦合慢波 JB 具有较小的纵向分量，如图 10.15(a) 所示。塑性慢波是由一系列波速连续减小的波组成，它在 X-t 图中呈现一个扇形区域。设其波速范围为 C'(J

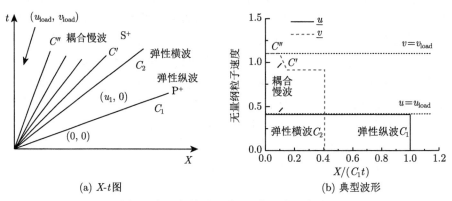

(a) X-t图　　　　　　　　　　　(b) 典型波形

图 10.15　加载到区域 2，剪切波无衰减

点)~ C''(B 点),由沿塑性慢波路径线的积分决定。C'(J 点)$< C_2$,C''(B 点)> 0,这样,弹性横波与塑性耦合慢波之间会产生一个平台,而最终的剪切波的幅值与横向粒子加载速度 v_{load} 相同。典型波形如图 10.15(b) 所示,需要注意的是,对应耦合慢波 C'-C'' 部分,纵波部分也会有一定的改变,但由于分量很小,图中几乎反映不出来。

3) 区域 3

当加载到区域 3 时,如图 10.13 中的点 C(1.57, 1.10),与加载到区域 2 时不同,此时的压缩波 P^+ 由波速为 C_1 的一维应变弹性纵波 OM,以及波速为 C_L 的一维应变塑性纵向冲击波 MR 两道波组成,而此时的剪切波 S^+ 则完全由塑性耦合慢波 RC 组成 (其中有少量的纵向成分),波速范围为 C_2(R 点)~ C''(C 点)。X-t 图和典型波形示于图 10.16,若不考虑耦合慢波部分中的纵向粒子速度的变化的话 (纵向分量很小),压缩波主要呈现双波结构,即弹性前驱纵波 C_1 和塑性纵波 C_L。若塑性纵波幅值很大,甚至可以忽略弹性前驱波,如高压冲击下的塑性波。此外,如果横向粒子速度 $\underline{v}$ 不大,那么 C'' 和 C_2 的差别也不大,耦合波中的剪切波和弹性横波差距不大,这样压缩波 P^+ 和剪切波 S^+ 有时也可以近似地处理为压缩和剪切两道波,从而和加载到区域 1 时类似,此时,最终的剪切波幅值依然与横向粒子加载速度 v_{load} 相同。这也是小角度平板斜碰撞有时可以简化为区域 1 所示的问题来考虑的原因。

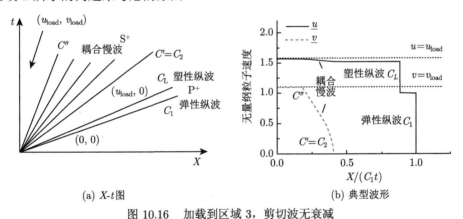

(a) X-t 图   (b) 典型波形

图 10.16 加载到区域 3,剪切波无衰减

4) 区域 4

当加载到区域 4 时,如图 10.13 中的点 D (0.416, 1.75),此时的粒子速度路径为 O-I-J-K-D。典型的 X-t 图及波形分别如图 10.17 (a) 和 (b) 所示,很明显,图 10.17(b) 中的 O-I 为弹性纵波,I-J 为弹性横波,J-K 为耦合慢波。由于区域 4 的路径 K-D 的波速为零,所以 K 到 D 的横向粒子速度变化无法向样品内部

传播，因而在撞击面上将形成速度间断。完整的波结构为弹性纵波 O-I，弹性横波 I-J，耦合慢波 J-K 以及撞击面上的速度间断 K-D。可以看到，传入试件内部的横向粒子速度 v_K 小于加载速度 $v_{\text{load}} = v_D$，也就是说发生了剪切衰减，衰减量为 $v_D - v_K$。v_{load} 越高，衰减就越大。横向粒子速度的间断意味着撞击面上发生了滑移，然而如果撞击面的结合强度非常高，使得滑移无法发生，那么剪切滑移可能就发生在非常临近界面的位置，例如图 10.9 和图 10.10，距离界面仅几个微米。

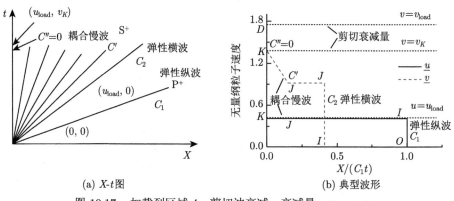

(a) X-t图　　　　　　　(b) 典型波形

图 10.17　加载到区域 4，剪切波衰减，衰减量 $=v_{\text{load}} - v_K$

5) 区域 5

当加载到区域 5 时，如图 10.13 中的点 E (1.58, 2.00)，此时的粒子速度路径为 O-M-R-S-E。很明显，O-M 为弹性纵波，M-R 为塑性纵波，R-S 为耦合慢波。其 X-t 图以及典型波形如图 10.18 所示。同样由于区域 5 的路径 S-E 上的波速为零，所以 S 到 E 的横向粒子速度变化无法向样品内部传播，从而在撞击面上形成横向速度的间断。完整的波结构为弹性纵波 O-M，塑性纵波 M-R，耦合慢波 R-S 以及撞击面上的速度间断 S-E。可以看到，传入试件内部的横向粒子速度 v_S 小于加载速度 $v_{\text{load}} = v_E$，衰减量为 $v_E - v_S$。

以上分析表明，对于区域 4 和 5，也就是当材料加载至处于静水压加上纯剪切状态以上的区域时，即图 10.13 中曲线 $\underline{v} = g(\underline{u})$ 以上的区域，其塑性耦合慢波的波速降为 0，因此，高于曲线 $g(\underline{u})$ 区域中的剪切载荷部分将无法传入试件内部，使得传入试样的剪切波的幅值发生衰减并在界面形成剪切量的间断 (滑移)。因此，曲线 $\underline{v} = g(\underline{u})$ 是判断理想塑性材料剪切波分量是否发生衰减的临界线，当表面加载的无量纲粒子速度为 $(\underline{u}_0, \underline{v}_0)$，且 $\underline{v}_0 > g(\underline{u}_0)$ 时，能传入样品内部的横向粒子速度 $\underline{v} = g(\underline{u}_0)$，衰减量 Δv 和衰减系数 η 分别为

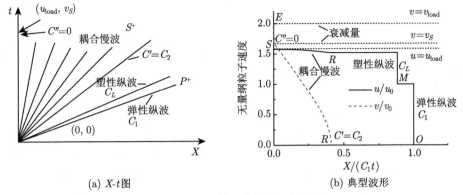

(a) X-t图 　　　　　　(b) 典型波形

图 10.18　加载到区域 5，剪切波衰减，衰减量 $= v_{load} - v_S$

$$\Delta \underline{v} = \underline{v}_0 - g(\underline{u}_0)$$
$$\eta = \frac{\Delta \underline{v}}{\underline{v}_0} 100\% \tag{10.42}$$

若界面的结合强度足够高，那么这一剪切滑移 (绝热剪切层) 就可能发生在紧靠界面的较弱的一侧。在速度空间中，剪切强度极限对应的是曲线 $g(\underline{u})$，从该曲线 (图 10.13) 看，传入样品的横向粒子速度的极限并不是常数，而是与纵向粒子速度相关的，它可以大于纯剪切屈服时的横向粒子速度值 (图 10.13 中的 H 点)。这一点与应力空间不同，在应力空间 (图 10.11) 中，传入样品中的最大剪应力幅值是不变的，等于 k_0，不随静水压的增加而变化。

通过以上分析，可以得出结论：近界面剪切波幅值衰减的力学机理是材料的剪切强度，当界面上加载的剪切分量的幅值超过材料的剪切强度时，超出部分不能传入样品内部，从而在界面造成剪切分量的衰减并形成剪切分量的间断 (绝热剪切带)。

10.6　讨　　论

以上研究，对于平板压剪复合冲击加载剪切波衰减实验，可以给出以下几点新的认识。

1) 剪切波在冲击界面附近的衰减对于聚合物是普遍存在的

Gupta(1980) 首先发现有机玻璃 PMMA 在平板压剪复合冲击下剪切波在冲击界面附近产生显著衰减现象。继而李婷等 (李婷, 2008; Li et al., 2007; 唐志平等, 2005) 发现尼龙 66，聚丙烯等结晶态聚合物也存在类似现象，说明这一现象对于聚合物材料是普遍存在的。

2) 近界面绝热剪切层 (adiabatic shear layer, ASL) 是剪切波衰减的微观物理机制

李婷等 (李婷, 2008; Li et al., 2007; 唐志平等, 2005) 对于回收试样的偏光显微观测, 发现在非常接近样品冲击界面处 (约几个微米) 存在一道厚约几个微米的绝热剪切层, 正是绝热剪切层两侧的相对滑移, 造成横向粒子速度产生间断, 以及剪切波幅值在近界面处的衰减。从间断面理论的角度看, 裂纹是位移间断面, 剪切带则是位移连续的应变间断面。按照间断面的质量守恒定律, 应变间断面一定伴随着质点速度间断。宏观实验表明, 剪切波衰减的幅值依赖于横波加载幅值, 超过一定阈值后加载幅值越高, 衰减系数越大。显微观测发现绝热剪切层随加载幅值增高也存在几个发展阶段: 首先出现塑性应变集中的白色剪切带, 然后出现晶态–无定型转变的黑色剪切带, 进而发展为熔化相变的剪切带, 最终发展为近界面几个微米全部熔化的剪切带。偏光显微观测揭示了聚合物近界面剪切波衰减的微观物理机制, 绝热剪切层的演变规律, 以及和宏观衰减量的联系。

3) 材料剪切强度是剪切波近界面衰减的力学机理

通过对理想弹塑性材料受压剪复合冲击加载下的波系的理论分析, 特别是塑性耦合慢波传播和演化特性的分析, 发现了以下主要规律:

(1) 在应力空间中, 随着剪应力载荷 τ 的增加, 应力张量中的主应力状态不断调节, 当 τ 最终增加到纯剪切屈服应力时, 各个方向上的正压力调节到均相等, 材料处于静水压下的纯剪状态。当载荷 τ 超过该剪切屈服强度时, 超出部分将不能传入试样, 由此在加载面产生了剪切波的衰减。

(2) 在纵向和横向粒子速度空间中, 可以根据不同的压剪复合载荷和波系结构将速度空间划分为五个区域。在 σ_1-τ 应力空间中的纯剪切屈服应力线是一条水平直线, 映射到 u-v 速度空间中的横向粒子速度极限值是一条与纵向粒子速度相关的曲线 $g(\underline{u})$。当加载的横向速度超过该速度极限曲线时, 由于该区域塑性耦合慢波的波速为 0, 高出部分将无法传入试件内部, 造成传入试样的剪切波幅值发生衰减。

(3) 当加载横向粒子速度 v_{load} 高于速度极限曲线 $g(\underline{u})$ 时, 理论上将在界面形成剪切分量的间断, 间断值为 $v_{\text{load}} - g(u)$。如果界面结合强度较低, 那么粒子速度间断将会发生在界面上, 形成滑移, 如果界面的结合强度足够高, 那么这一剪切滑移就可能发生在材料较弱的一侧非常临近界面的位置。我们可以把后者称为 "近界面失效"。

由此可见, 材料剪切强度限制是剪切波衰减以及近界面剪切失效问题的力学机制。

4) 剪切强度原理是普适的, 可以推测近界面剪切间断或失效是普遍存在的

上述结论表明, 剪切波衰减以及近界面失效问题的本质是材料剪切强度的限

制，这一力学原理是普适的，那么这一现象将可能不局限于聚合物材料，其他材料中应该也会发生类似的现象，如金属等。不过由于聚合物剪切强度较低，热导性差，比较容易在实验中被发现。

近年来，在磁驱动高速压剪复合加载的平板冲击实验中，罗斌强等 (2016) 发现纯铝试样中的剪切波衰减现象，并以此来确定纯铝材料在动高压状态下的屈服强度。图 10.19 是磁驱动压剪实验的应力波剖面示意图，图中 Mo 板厚 1.5 mm，用来产生压剪复合加载，Al 样品厚 0.1 mm，ZrO_2 窗口厚 1.5 mm，后者处于弹性状态，采用横向激光干涉测速仪测量窗口自由面的横向和纵向速度波形，从而导出铝试样中传播的纵向和横向粒子速度。当没有试样时，通过 Mo 板直接撞击 ZrO_2 窗口，可以确定 Mo 板载荷的大小。由于磁驱动加载载荷控制精度高，重复性好，对比有无铝试样时的波形，就可以观察进入铝试样的剪切波幅值有无衰减，进而确定对应动高压下材料的屈服强度。

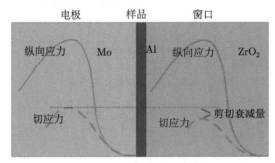

图 10.19　磁驱动压剪实验的应力波剖面示意图

图 10.20 是有和没有铝试样时分别在 ZrO_2 窗口表面的测量结果的对比，其中 (a) 是纵向速度波形，(b) 横向速度波形。图中可见，纵向波形的幅值相近，表明基本没有衰减。横向粒子速度波形的幅值则衰减了约 50%，从约 60m/s 衰减至约 30m/s。由上文研究可以判断，其衰减机理是材料的剪切强度限制，并且可以推测这时样品内部处于静水压下的纯剪切状态，从而由实验得到样品材料的动高压屈服强度。

罗斌强等 (2016) 的实验表明，近界面剪切间断或失效现象可以扩展至金属材料。遗憾的是，该文献中没有微观观测的报道。

5) 能否推广至塑性硬化材料？

本章中近界面剪切衰减的理论解是基于理想弹塑性本构假定导出的，原则上不能预测塑性硬化材料是否存在剪切波的衰减及其规律。不过罗斌强等 (2016) 的实验给出了不同加载幅值下铝的屈服强度 (图 10.21)。图中可见，纯铝具有明显的塑性硬化效应，但仍然呈现出剪切波幅值在加载界面处的衰减，说明这一衰减现象可以推广至塑性强化材料, 不过其衰减规律, 如应力和速度空间中的各区域及边界等, 尚需进一步探讨。

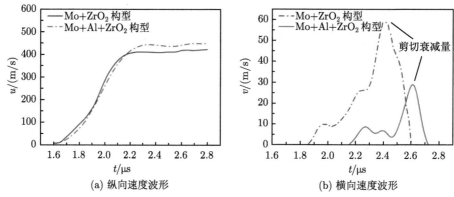

(a) 纵向速度波形　　　　　　　　　　(b) 横向速度波形

图 10.20　带铝样品/无样品时 ZrO_2 窗口测量的粒子速度波形 (罗斌强等, 2016)

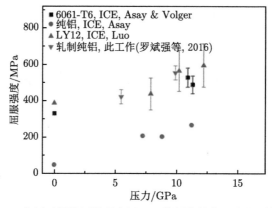

图 10.21　高压下铝的屈服强度呈现工作硬化效应 (罗斌强等, 2016)

6) 能否推广至更广义的材料?

有句俗语说 "拔出萝卜带出泥", 这一现象其实生动地说明了近界面剪切间断和失效现象, 就发生在日常生活中。当萝卜和湿泥结合较强时, 拔出时一旦剪切加载幅值大于泥的强度, 则在较弱的材料 (泥) 一侧靠近界面附近产生剪切滑移失效, 从而 "带" 出了泥。不过萝卜带出的泥的滑移层的厚度可能是毫米量级的, 与界面结合强度及泥的力学性质有关。

更广义的看, 气体高速流动中的附面层, 黏性管流中的附壁层, 如水管、油管、血管等等, 复合材料中的结合界面, 纤维的拔出, 甚至地幔在高地压下的剪切流动等, 或许都可能和这一近界面剪切失效现象相关。因此, 可以认为这是自然界普遍存在的一种现象，其规律和应用值得探索。

7) 滑移层的厚度是多少？

这可能是最后一个一筹莫展的难题：滑移层的厚度是由什么因素决定的？

我们已经通过本构假定和理论推导认识到近界面剪切衰减的力学原理是强度效应，利用显微观测揭示了近界面剪切失效的物理机制是绝热剪切层，并观察到了聚合物滑移层厚度约几个微米尺度。然而，聚合物滑移层厚度为什么是几个微米？而萝卜带出的泥可能是毫米级？可以设想，这一问题和材料性质，尤其是微观特性，载荷方式和加载速率都相关。由于问题的复杂性，需要物理学家、材料科学家和力学家的跨学科合作。不仅探索滑移层厚度的问题，还需探究其中的内涵和规律，从而推动近界面力学的发展，具有重要的科学意义。

其他未解决的还有绝热剪切层的各阶段演化规律的宏微观定量描述等，需要有志者深入研究和探索，那个"有志者"会是读者你吗？

第 11 章   横向冲击下梁中相变弯曲波的传播

11.1   引　言

与相变材料的动态力学性能相比，有关相变结构件的动态力学响应研究相对较少，主要集中在形状记忆合金 (SMA) 结构的振动阻尼特性、屈曲行为，以及大变形可回复性等方面 (Birman, 1997; Nemat-Nasser et al., 2005; Amini et al., 2005)，未涉及结构冲击过程中相变波的传播。

本书前面章节主要讨论一维应力或一维应变条件下的相变波的传播现象和规律，本质上属于一维相变纵波、剪切波或扭转波的范畴，尚未涉及其他结构件中其他类型的相变波。

最近，张兴华等 (张兴华, 2007; 唐志平等, 2007; 张兴华等, 2008，2010) 对相变悬臂梁的冲击响应开展了较为系统的实验和数值模拟研究，发现梁的动态响应规律按时间可以分为波动、振动和结构整体响应三个阶段，并对梁中相变弯曲波的形成和传播特性进行了较为深入的分析。徐薇薇 (2009)、吴会民等 (吴会民等, 2009; 吴会民, 2010)、崔世堂等 (崔世堂, 2013; 崔世堂等, 2014) 分别对柱壳、固支梁和薄板受横向冲击下的相变弯曲波进行了研究。这一章我们主要讨论有限长梁 (悬臂梁) 受横向冲击引起的相变弯曲波的传播问题，它是结构中相变波的典型代表，属于相变应力波的基础内容之一，它和前面各章节组合，构成了较完整的相变应力波体系。其他结构中的相变波现象主要归于相变结构冲击领域，将另行论述。

11.2   半无限长梁弹塑性弯曲波理论简介

梁中相变弯曲波研究是以弹塑性弯曲波理论为基础的，因此有必要先扼要介绍弹塑性弯曲波理论。弹塑性弯曲波研究可以追溯至 20 世纪 50 年代 Duwez 等 (1950) 的工作，他们在一系列基本假定的前提下，从初等理论出发推导了无限长梁受横向恒速冲击载荷作用下弹塑性弯曲波传播的理论解，并证明该问题存在自模拟解。许多著名学者对该理论的发展做出了贡献 (Kolsky, 1953)。有关梁中弹塑性弯曲波传播理论的较系统的叙述可参考王礼立教授编著的 "应力波基础" 第 10 章 (王礼立, 2005)，也是这一小节的主要参照文献。

11.2.1 基本假定和方程

梁的基本方程包括三个方面：动力学方程、运动学方程和材料本构方程。一般情况下，描述运动的各参量是空间坐标 x, y, z 和时间 t 的函数，真实问题的求解在数学上是十分复杂且困难的，因此通常引入某些限制条件和基本假定。

(1) **平面弯曲假定**。该假定限制所讨论的梁是等截面直梁，不发生扭转变形。这一限制将一般空间问题简化成为平面问题。

(2) **平截面假定**。变形前垂直于梁轴的平截面在变形后仍保持平面，并保持和变形后的梁轴垂直。这样在弯曲中就存在某个长度不变的纤维层，即中性层。中性层的上下两侧纤维分别受到拉伸和压缩。

选取变形前的梁轴为 x 轴，中性轴为 y 轴，外力作用的轴为 z 轴，如图 11.1(a) 所示。显然在平截面假定下，梁的弯曲问题归结为梁轴的横向位移 w 和各截面绕中性轴的转动 (图 11.1(b))。平截面假定把平面问题进一步简化为一维问题。以 $Q(x,t)$ 和 $M(x,t)$ 分别表示作用在任一截面 x 上的剪力和弯矩，规定其正号如图 11.2 所示，则在平截面假定下，动力学方程和运动学方程如下：

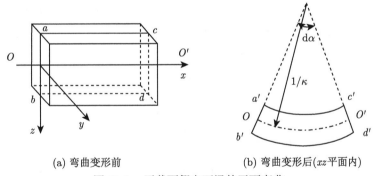

(a) 弯曲变形前   (b) 弯曲变形后(xz平面内)

图 11.1 平截面假定下梁的平面弯曲

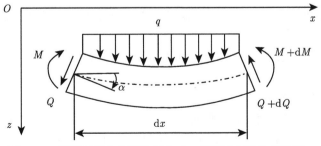

图 11.2 梁微元段上作用的剪力 Q、弯矩 M 和分布载荷 q

$$
\begin{cases}
\dfrac{\partial Q}{\partial x} + q\left(x\right) = \rho_0 A_0 \dfrac{\partial v}{\partial t} \\[2mm]
\dfrac{\partial M}{\partial x} - Q = -\rho_0 I \dfrac{\partial \omega}{\partial t}
\end{cases} \quad \text{(动力学方程)} \tag{11.1}
$$

$$
\begin{cases}
v = \dfrac{\partial w}{\partial t} \\[2mm]
\tan\alpha = \dfrac{\partial w}{\partial x} \\[2mm]
\omega = \dfrac{\partial \alpha}{\partial t} \\[2mm]
\kappa = -\dfrac{\partial^2 w}{\partial x^2} \Big/ \left[1 + \left(\dfrac{\partial^2 w}{\partial x^2}\right)^2\right]^{3/2}
\end{cases} \quad \text{(运动学方程)} \tag{11.2}
$$

其中 Q 为截面剪力，M 为截面弯矩，$q\left(x\right)$ 为横向分布外载荷，ρ_0 为变形前梁的密度，A_0 为变形前梁的截面积，v 为梁轴的横向 (z 方向) 移动速度，w 为梁轴的横向位移 (以 z 轴正方向为正)，I 为截面对中性轴 y 的转动惯量，α 为截面绕中性轴的转角 (以顺时针转向为正)，ω 为截面转动的角速度，κ 为曲率。为了方便分析，在以下的分析中设 $q = 0$。

(3) **小变形假定**。认为梁的变形不大，$\tan\alpha \leqslant 1$，此时可以忽略 Lagrange 坐标和 Euler 坐标的差别，运动学方程简化如下：

$$
\begin{cases}
\alpha = \dfrac{\partial w}{\partial x} \\[2mm]
\omega = \dfrac{\partial \alpha}{\partial t} = \dfrac{\partial^2 w}{\partial t \partial x} \\[2mm]
\kappa = -\dfrac{\partial^2 w}{\partial x^2}
\end{cases} \quad \text{(运动学方程)} \tag{11.3}
$$

另外，截面上离中性轴为 z 的任一点处的法向应变 ε_x 由几何关系确定：

$$
\varepsilon_x = z\kappa \tag{11.4}
$$

因此，在平截面假定下，只需要求得梁中心轴的变形，则梁中任意一点的变形就可以确定了。

(4) **单向应力假定**。各纵向纤维间无挤压，梁的各纤维均处于单向拉伸或压缩状态。

(5) **材料拉压对称假定**。

(6) **应变率无关假定**。这条假定可以理解为：控制方程中的本构方程是区别于准静态本构方程的动态本构方程 (从而计及了材料的应变率效应)，而这个动态本构方程在所涉及的冲击载荷范围下是唯一的 (与表观上的应变率无关)。

材料的动态本构方程一般是应力、应变和应变率之间的函数关系。在梁弯曲问题中，动力学方程中出现的是弯矩和剪力，而与应变相对应的是曲率。由于平截面假定忽略了剪力的作用，因此梁的材料本构方程可以转化为梁的弯矩 M 和曲率 κ 的关系，亦可称为梁的纯弯曲本构模型

$$M = M(\kappa) \tag{11.5}$$

在线弹性变形范围内，式 (11.5) 有简单的线性形式

$$M = EI\kappa \tag{11.6}$$

11.2.2 弹性弯曲波

在初等理论中，忽略了截面的旋转惯性，即假定梁的每一单元的运动纯粹是垂直于梁轴的横向运动，可以得到如下控制方程组

$$\begin{cases} \dfrac{\partial Q}{\partial x} = \rho_0 A_0 \dfrac{\partial v}{\partial t} \\[2mm] \dfrac{\partial M}{\partial x} = Q \\[2mm] v = \dfrac{\partial w}{\partial t}, \quad \kappa = -\dfrac{\partial^2 w}{\partial x^2} \\[2mm] M = EI\kappa \end{cases} \tag{11.7}$$

Rayleigh 理论 (Kolsky, 1953) 考虑了截面的旋转惯性，基本方程组如下：

$$\begin{cases} \dfrac{\partial Q}{\partial x} = \rho_0 A_0 \dfrac{\partial v}{\partial t} \\[2mm] \dfrac{\partial M}{\partial x} - Q = -\rho_0 I \dfrac{\partial \omega}{\partial t} \\[2mm] v = \dfrac{\partial w}{\partial t}, \quad \omega = \dfrac{\partial^2 w}{\partial t \partial x} \\[2mm] \kappa = -\dfrac{\partial^2 w}{\partial x^2}, \quad M = EI\kappa \end{cases} \tag{11.8}$$

Timoshenko 理论 (Kolsky, 1953) 进一步考虑了剪切对梁轴位移的影响，原来的平截面由于剪切应变而翘曲，梁轴的横向位移 w 由弯矩 M 所对应的 w_M 和由于剪力 Q 所对应的 w_Q 两部分所组成，基本方程组修正如下：

$$\begin{cases} \dfrac{\partial Q}{\partial x} = \rho_0 A_0 \dfrac{\partial \upsilon}{\partial t}, \quad \dfrac{\partial M}{\partial x} - Q = -\rho_0 I \dfrac{\partial \omega}{\partial t} \\[3mm] w = w_M + w_Q, \quad \omega = \dfrac{\partial^2 w_M}{\partial t \partial x} \\[3mm] \kappa = -\dfrac{\partial^2 w_M}{\partial x^2}, \quad \gamma = \dfrac{\partial w_Q}{\partial x}, \quad \upsilon = \dfrac{\partial w_Q}{\partial t} \\[3mm] M = EI\kappa, \qquad Q = GA_S\gamma \end{cases} \tag{11.9}$$

式中 G 是弹性剪切模量, A_S 是只依赖于截面形状的系数, γ 是沿截面变化的剪应变。由此可见, 梁的弯曲波同时包含 M-ω 转动波和 Q-υ 位移波, 而 M-ω 波的动力学方程中包含 Q(参看 (11.9) 式的第一行), Q-υ 波的运动学方程中涉及 ω(参看 (11.9) 式的第二行), 意味着两者是相互耦合的。这使得弯曲波问题的解析求解变得格外复杂。

三种不同理论模型得到的方程组 (11.7)~(11.9) 都可以归结为求解 w 的四阶偏微分方程

$$C_0^2 R^2 \dfrac{\partial^4 w}{\partial x^4} + \dfrac{\partial^2 w}{\partial t^2} = 0 \qquad (初等梁) \tag{11.10}$$

$$C_0^2 R^2 \dfrac{\partial^4 w}{\partial x^4} - R^2 \dfrac{\partial^4 w}{\partial x^2 \partial t^2} + \dfrac{\partial^2 w}{\partial t^2} = 0 \qquad (\text{Rayleigh 梁}) \tag{11.11}$$

$$C_0^2 R^2 \dfrac{\partial^4 w}{\partial x^4} - R^2 \left(1 + \dfrac{C_0^2}{C_Q^2}\right) \dfrac{\partial^4 w}{\partial x^2 \partial t^2} + \dfrac{R^2}{C_Q^2} \dfrac{\partial^4 w}{\partial t^4} + \dfrac{\partial^2 w}{\partial t^2} = 0 \qquad (\text{Timoshenko 梁})$$
$$\tag{11.12}$$

式中 $C_0 = \sqrt{E/\rho_0}$ 是纵向弹性波速, $R = \sqrt{I/A_0}$ 是截面对中性轴的回转半径, $C_Q = \sqrt{GA_S/\rho_0 A_0}$ 是弹性剪切波速。取弯曲波解为如下形式:

$$w = D\cos(pt - fx) \tag{11.13}$$

式中 D 是振幅, $f = 2\pi/\Lambda$ 是波数, $p = fC$ 是圆频率, Λ 是波长, C 是波速 (相速)。可以分别得到初等理论、Rayleigh 理论和 Timoshenko 理论中弯曲波速 C 和波长 Λ 的关系

$$(初等理论) \quad C = \dfrac{2\pi R C_0}{\Lambda} \tag{11.14}$$

$$(\text{Rayleigh 理论}) \quad C = C_0 \left(1 + \dfrac{\Lambda^2}{4\pi^2 R^2}\right)^{-1/2} \tag{11.15}$$

$$(\text{Timoshenko 理论}) \quad 1 - \left(\dfrac{C^2}{C_0^2} + \dfrac{C^2}{C_Q^2}\right) + \dfrac{C^4}{C_0^2 C_Q^2} - \dfrac{C^2}{C_0^2 R^2 f^2} = 0 \tag{11.16}$$

图 11.3 给出了半径为 r 的圆截面梁泊松比 $\nu = 0.29$ 时上述三种理论解所得的无量纲量 C/C_0 随 r/Λ 的变化关系。图中可见，这些理论都给出波速和波长相关，表明弹性弯曲波传播是弥散的。当 $r/\Lambda < 0.1$，即波长 Λ 比圆柱半径 r 大 10 倍以上时，三种理论给出相接近的结果，波长 Λ 较短时初等理论和 Rayleigh 修正都导致显著的误差，只有 Timoshenko 理论的计算结果与从一般弹性方程出发所得的精确理论结果极为符合。随着 r/Λ 的逐渐增大，无量纲波速 C/C_0 趋近于某一个定值，约为 0.6，即弹性弯曲波的极限波速为一维应力纵波波速的 0.6 倍。

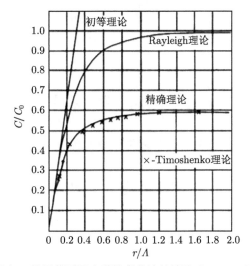

图 11.3　半径为 r 的圆截面梁内弹性弯曲波的波速 $(\nu = 0.29)$(Kolsky, 1953)

11.2.3　塑性弯曲波

最早发表的有关梁在横向冲击载荷下塑性变形的理论和实验研究，应追溯到 Duwez 等 (1950) 的工作，后来的不少研究是在这一基础上发展的。其中理论部分由 Bohnenblust 建立，该理论分析了无限长弹塑性梁受横向恒速冲击载荷 V_1 作用的问题 (图 11.4)。

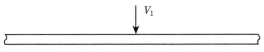

图 11.4　无限长梁受横向恒速冲击载荷作用示意图

Bohnenblust 并不是从一般方程出发得到精确解，而是从梁的初等理论出发，忽略了剪切效应和惯性效应，此时的基本方程组如下：

$$\begin{cases} \dfrac{\partial Q}{\partial x} = \rho_0 A_0 \dfrac{\partial v}{\partial t}, & \dfrac{\partial M}{\partial x} = Q \\[2mm] v = \dfrac{\partial w}{\partial t}, & \kappa = -\dfrac{\partial^2 w}{\partial x^2} \\[2mm] M = M\left(\kappa\right) \end{cases} \tag{11.17}$$

然后他证明了问题存在如下形式的自模拟解

$$w = tf\left(\eta\right), \quad \eta = \dfrac{x^2}{4a^2 t} \tag{11.18}$$

其中 $a^4 = \dfrac{EI}{\rho_0 A_0}$。

引入如下函数:

$$S = \dfrac{2a^2}{EI}\sqrt{t}Q = \dfrac{2a^2}{EI}\sqrt{\eta}\dfrac{\mathrm{d}M}{\mathrm{d}\eta} \tag{11.19}$$

基本方程组 (11.17) 最终化为求解下述常微分方程

$$S'' + EIS\dfrac{\mathrm{d}\kappa}{\mathrm{d}M} = 0 \tag{11.20}$$

边界条件为

$$S'\left(\infty\right) = 0 \tag{11.21}$$

$$S'\left(0\right) = 0 \tag{11.22}$$

$$V_1 = \dfrac{1}{2}\int_0^\infty \dfrac{S'}{\sqrt{\eta}}\mathrm{d}\eta \tag{11.23}$$

当从 (11.20) 式出发求得满足边界条件 (11.21)~(11.23) 的 $S\left(\eta\right)$ 函数之后,最终可以得到剪力 Q、弯矩 M、转角 α、曲率 κ、横向位移 w 和速度 v 的表达式

$$Q = \dfrac{EI}{2a^3\sqrt{t}}S\left(\eta\right) \tag{11.24}$$

$$M = -\dfrac{EI}{2a^2}\int_\eta^\infty \dfrac{S\left(\eta\right)}{\sqrt{\eta}}\mathrm{d}\eta \tag{11.25}$$

$$\alpha = -\dfrac{\sqrt{t}}{a}S'\left(\eta\right) - \dfrac{\sqrt{t}}{a}\sqrt{\eta}\int_\eta^\infty \dfrac{S''}{\sqrt{\eta}}\mathrm{d}\eta \tag{11.26}$$

$$\kappa = -\dfrac{1}{2a^2}\int_\eta^\infty \dfrac{S''}{\sqrt{\eta}}\mathrm{d}\eta \tag{11.27}$$

$$w = \frac{t}{2}\int_\eta^\infty \frac{S'}{\sqrt{\eta}}\mathrm{d}\eta - \frac{t}{2}\eta\int_\eta^\infty \frac{S'}{\eta^{3/2}}\mathrm{d}\eta \tag{11.28}$$

$$v = \frac{1}{2}\int_\eta^\infty \frac{S'}{\sqrt{\eta}}\mathrm{d}\eta \tag{11.29}$$

只要 V_1 相同, 在不同时间的梁的挠度曲线 $w(x,t)$, 当以 w/t 和 $x/\sqrt{t}$ 形式表示时, 是完全一样的, 例如 $w = 0$ 的点 x_0 是正比于 $\sqrt{t}$ 的。对于某一确定的 $\eta_1 = x^2/(4a^2t)$ 值, w/t, v, $\alpha/\sqrt{t}$, κ, M 以及 $Q\sqrt{t}$ 值是相同的。这意味着这些量沿着梁轴 x 是以波速 $\dfrac{\mathrm{d}x}{\mathrm{d}t} = \dfrac{a\sqrt{\eta_1}}{\sqrt{t}}$ 传播的, 即波速随着时间 $\sqrt{t}$ 的增大而减小, 并非恒值。这和讨论弹性弯曲波时所指出的弯曲波具有弥散特性这一结论是一致的。

整个问题的中心在于求解方程 (11.20)。由于 $\mathrm{d}M/\mathrm{d}\kappa$ 的非线性性质, 导致了数学上的复杂化。但是在 $M = M(\kappa)$ 的关系具有线性硬化或理想塑性的简化情况下, 则可以进行求解。由于求解过程比较烦琐, 不再详细列出, 详情请参考文献 (王礼立, 2005)。下面用图 11.5 简要说明弹性和塑性弯曲波的传播特征。

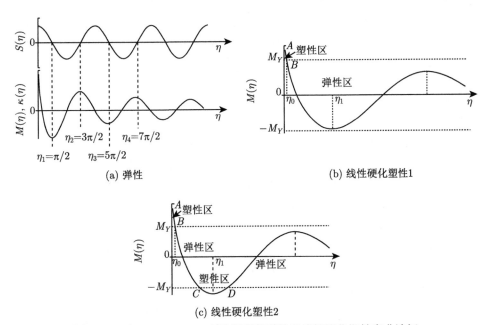

(a) 弹性

(b) 线性硬化塑性1

(c) 线性硬化塑性2

图 11.5　由 Bohnenblust 理论得到的弹性和线性硬化塑性弯曲波解

图 11.5(a) 给出了由 Bohnenblust 理论得到的弹性弯曲波解。可以看出, $S(\eta)$ 是 η 的余弦函数, $M(\eta)$ 和 $\kappa(\eta)$ 则呈现振幅随 η 减小的周期函数的性质, 它们

的极值点对应 $S(\eta)$ 的零点。需说明的是，图中 $M(\eta)$ 和 $\kappa(\eta)$ 用一条曲线表示，主要反映它们的变化规律是一致的，实际上它们之间存在一个比例常数。图中波形意味着弯曲波从冲击点 $x = 0$ 处传播出去，在梁的每一截面处依次上凸及下凹，并且每经历一次凹凸，弯曲的变形将逐渐增大。弯矩 M 在 $x = 0$ 点具有最大值 $M(0) = EIV_1/a^2$。

随着冲击速度 V_1 的提高，将首先在 $x = 0$ 处超过材料屈服应力 (对应弯矩为 M_Y) 而发生塑性变形，如图 11.5(b)，并向前发展 (图中 η_0)，表征形成了塑性弯曲波。由此将 η 轴分成两个区段，AB 段为塑性区 ($0 \leqslant \eta \leqslant \eta_0$)，$B$ 点右方为弹性区 ($\eta \geqslant \eta_0$)。在每一个区段内分别用相应的本构方程求解，交界点 $\eta = \eta_0$ 处要满足转角和曲率连续条件。当冲击速度进一步提高时，在远离撞击点的 $\eta = \eta_1$ 附近可能超过反向屈服强度 $-M_Y$，也可能形成塑性区 CD，梁内形成塑性区、弹性区、塑性区、弹性区间隔分布 (图 11.5(c))。

Bohnenblust 等将上述理论结果和实验 (Duwez et al., 1950) 进行了比较，两者符合得并不好，暴露出理论解的局限性，局限性源自诸多假设和限制。归纳起来，理论解的局限性主要有两方面：① 正如文献 (王礼立, 2005) 所指出的，理论解是建立在初等理论基础上的，忽略了剪应力效应和截面旋转惯性，当波长趋近于 0 时弯曲波速为无穷大，这显然是不合理的，只有在波长比梁横向尺寸大得多的时候才是可靠的；② 分析中没有涉及波的反射和相互作用，也没有处理外载荷卸载的复杂情况。

对于相变材料制成的半无限梁和有限长梁，其弹性弯曲波的传播规律可以参照弹塑性弯曲波的弹性部分，但是，相变弯曲波部分由于相变本构关系的特殊性显得比较复杂。对于形状记忆效应 (SME) 的材料，当其受力未超过它的相变完成应力时，可以借鉴塑性弯曲波理论，因为该范围它的加卸载曲线类似于弹塑性材料。当受力高于相变完成阈值时，由于 2 相的强化效应，经典弹塑性弯曲波理论不再适用。对于伪弹性 (PE) 相变梁，由于 2 相强化效应和卸载时的逆相变影响，导致梁的弯矩–曲率关系十分复杂，难以导出解析解，经典塑性弯曲波理论也不能应用。此外，弹塑性模型通常是拉压对称的，而相变模型可能拉压不对称，这将造成截面几何中性轴上下应变的不对称，增加了理论分析的复杂性。

鉴于以上讨论，我们将采用实验和数值模拟相结合的方法来研究梁中相变弯曲波的形成，传播和演化规律。鉴于 PE 梁能够呈现冲击下相变可逆大循环过程中的完整的动态响应特性，这一章将主要介绍 PE 梁中相变弯曲波特性，对于相变不可逆的 SME 梁，当加载幅值不超过相变完成点时，可以借鉴弹塑性弯曲波理论，当高于相变完成点时，加载段可参考 PE 梁，卸载段采用弹性模型。SME 梁的冲击行为研究可参考文献 (张兴华, 2007)，这里不作介绍。

11.3　矩形截面伪弹性 (PE) 梁的弯矩–曲率相变模型

11.3.1　PE 材料相变本构模型的简化

这一节, 我们主要讨论 PE 梁中弯曲波的传播。为了抓住相变梁响应的主要特征, 清晰地描述第 2 相弹性和卸载逆相变对相变弯曲波的影响, 我们对 PE 梁的材料相变本构模型作如下简化: ① 不考虑应变率效应; ② 不考虑温度效应; ③ 忽略材料的拉压不对称性; ④ 忽略混合相段的应变强化效应, 假定相变和逆相变过程中应力保持恒值; ⑤ 忽略两相模量的差, 即假定马氏体相 (2 相) 和奥氏体相 (1 相) 的弹性模量相同。由此, 得到简化的材料曲线如图 11.6 所示, 也可以称之为理想伪弹性相变模型。由于拉压对称, 图中只画出了拉伸曲线。

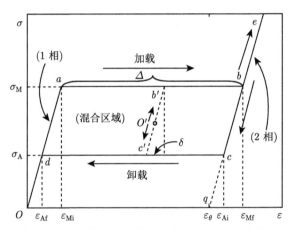

图 11.6　理想伪弹性相变材料的应力–应变曲线

图 11.6 中的各符号含义如下: σ_M 为正相变平台应力 (1 相至 2 相), σ_A 为逆相变平台应力 (2 相至 1 相), ε_{Mi} 为正相变起始应变, ε_{Mf} 为正相变完成应变, ε_{Ai} 为逆相变起始应变, ε_{Af} 为逆相变完成应变, ε_θ 为第二相弹性原点的应变, Δ 为相变总应变, δ 为混合相区材料弹性加卸载时应变变化的最大值。各参量之间有如下关系

$$\sigma_M/\varepsilon_{Mi} = \sigma_A/\varepsilon_{Af} = E \tag{11.30}$$

$$\varepsilon_{Mf} - \varepsilon_{Mi} = \varepsilon_{Ai} - \varepsilon_{Af} = \varepsilon_\theta = \Delta \tag{11.31}$$

$$\varepsilon_{Mi} - \varepsilon_{Af} = \varepsilon_{Mf} - \varepsilon_{Ai} = \delta \tag{11.32}$$

式中 E 为弹性模量, 奥氏体 (1 相)、马氏体 (2 相) 以及混合相的弹性模量相同。

以上参量中只要知道了 σ_M、σ_A、E 和 Δ，其余均可求出。我们采用应变作为相变判据，如果知道任意一点的应力 σ 和应变 ε，则可以根据图 11.6，确定该点的相变百分含量 ξ

$$\xi = (\varepsilon - \sigma/E)/\Delta \tag{11.33}$$

材料的弹性模量、相变应力、相变应变等参数根据实验数据确定，列于表 11.1。

表 11.1　理想伪弹性 SMA 材料参数

E/GPa	σ_M/GPa	σ_A/GPa	Δ	ε_{Mi}	ε_{Mf}	ε_{Ai}	ε_{Af}
62	0.46	0.20	0.04	0.0074	0.0474	0.0432	0.0032

11.3.2　PE 梁弯曲变形假定

图 11.7 是梁的一个微元段受纯弯矩载荷作用时的截面构型 (矩形) 与弯曲示意图，为习惯起见，我们把梁的轴向设为 x 轴，横向加载方向设为 y 轴，中性轴方向为 z 轴，这样梁的弯曲发生在 xy 平面。梁截面宽度为 B，高度为 H，半高度为 h。假定梁的弯曲符合平截面假定与单向应力假定，则截面上的应变沿着截面高度呈线性变化，并且在纯弯曲条件下，各纵向纤维无挤压，梁截面上材料只受单向拉伸或者压缩应力，拉伸与压缩方向垂直于截面。考虑到截面几何形状与材料应力–应变曲线的对称性，可以只分析其一半，下面仅对拉伸一侧 (图 11.7(a) 中性轴 Oz 上半部分) 进行分析。

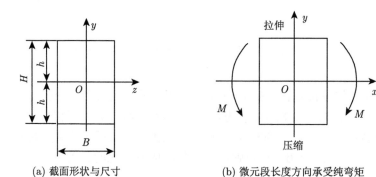

(a) 截面形状与尺寸　　　　　　　(b) 微元段长度方向承受纯弯矩

图 11.7　梁微元段弯曲示意图

设距离中性轴高度为 y 处垂直于截面方向的应力、应变以及马氏体百分含量分别为 $\sigma(y)$、$\varepsilon(y)$、$\xi(y)$，分别简写为 σ、ε、ξ。根据平截面假定可得到如下关系：

$$\kappa = \frac{\varepsilon_S}{h} = \frac{\varepsilon}{y} \quad \text{或} \quad \varepsilon = \frac{y}{h}\varepsilon_S \tag{11.34}$$

式中 h 为截面半高度，κ 为截面处的弯曲曲率，ε 为高度 y 的位置的应变，ε_S 为表层应变。在平截面假定下，(11.34) 式适用于截面加载或者卸载的任何时刻。

在最终结果的处理中，引入以下无量纲量：

$$\bar{\sigma} \equiv \frac{\sigma}{\sigma_{\mathrm{M}}}, \quad \bar{\varepsilon} \equiv \frac{\varepsilon}{\Delta}, \quad \bar{M} \equiv \frac{M}{M_{\mathrm{Pt}}}, \quad \bar{\kappa} \equiv \frac{h\kappa}{\Delta}, \quad \bar{y} \equiv \frac{y}{h} \tag{11.35}$$

分别表示无量纲应力、应变、弯矩、曲率以及截面高度坐标。其中 M_{Pt} 原为塑性极限弯矩 M_{P}，对应于刚性–理想塑性梁整个截面发生塑性屈服时的弯矩，对于图 11.6 所示相变模型，则对应于梁整个截面发生相变时的弯矩，用 M_{Pt} 表示。σ_{M} 是正相变平台应力 (对应于理想塑性的屈服应力)，对宽度为 B、厚度为 $H = 2h$ 的矩形截面相变梁有

$$M_{\mathrm{Pt}} = \sigma_{\mathrm{M}} B H^2/4 = \sigma_{\mathrm{M}} B h^2 \tag{11.36}$$

11.3.3 PE 梁截面内应力–应变分布和相边界的运动

为了建立梁所受的弯矩和曲率的关系，必须了解截面上应力和应变的分布，而这种分布与相变的产生和发展相关。由于弯曲加载时整个截面表层的应变始终最大，因此相变的发生或完成总是首先位于表层。根据表层应变在应力–应变曲线 (图 11.6) 上所处的位置，再由平截面假定，可以分析截面上相边界的产生和演化，相边界分割弹性区和相变区，从而导出截面上沿 y 方向的应力、应变，以及 2 相含量 ξ 的分布。

张兴华 (2007) 详细分析和推导了梁微元在准静态加、卸载作用下截面上相边界运动和各参量分布演变的规律。以加载为例，可以分为三个阶段：

(1) 1 相纯弹性阶段 ($\varepsilon_S \leqslant \varepsilon_{\mathrm{Mi}}$)；

(2) 混合相变阶段 ($\varepsilon_{\mathrm{Mi}} \leqslant \varepsilon_S \leqslant \varepsilon_{\mathrm{Mf}}$)；

(3) 表层相变完成进入 2 相弹性变形阶段 ($\varepsilon_S \geqslant \varepsilon_{\mathrm{Mf}}$)。

图 11.8 给出了四个特定表层应变 ε_S 条件下截面上的参数分布规律。图 11.8(a) 中，$\varepsilon_S = \varepsilon_{\mathrm{Mi}}$，即处于图 11.6 的相变起始点 a，这时整个梁截面都不发生相变，$\xi = 0$，材料处于 1 相弹性状态，截面的应力和应变是坐标 y 的线性函数。当变形进一步增大，首先表层进入相变，然后相变区向内部发展。此时截面分为两个区：内层为 1 相区 (I 区)，材料只发生弹性变形，外层发生相变，处于混合相状态，为混合相区 (II 区)。其中 I 区应力与应变成正比，$\xi = 0$。II 区应力为正相变平台应力 σ_{M}，马氏体含量与应变为正比关系。两区之间由相边界 L_1 分隔。随着表层应变的增大，相边界 L_1 逐渐向中性轴移动 (图 11.8(b))。当表层应变达到相变完成应变 $\varepsilon_{\mathrm{Mf}}$ 时，这一阶段结束，此时截面各参量分布如图 11.8(c) 所示。载荷继续增大，表层将进入 2 相弹性变形阶段，如图 11.8(d) 所示。这时截面将分为三个区，

从内向外依次为 1 相区 (I 区)、混合相区 (II 区) 和 2 相区 (III 区)。存在两个相边界 L_1、L_2，其中 L_1 为 1 相区和混合相区边界，L_2 为混合相区和 2 相区边界，随着加载的进行两边界向中性轴做同方向运动。

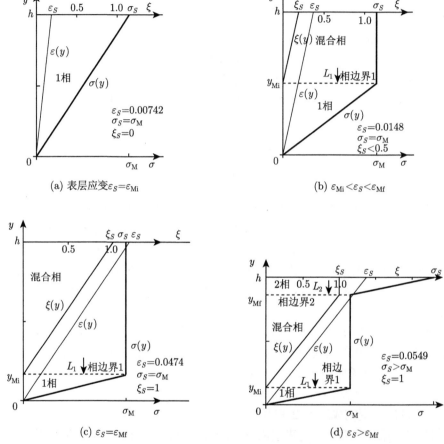

图 11.8　加载各阶段梁截面上应力 σ、应变 ε 和相变含量 ξ 的分布以及相边界的运动

图中粗实线代表应力，细实线代表应变，中等粗细实线代表 2 相含量，虚线表示相边界，箭头表示相边界的运动方向

加载阶段梁截面上应力、应变、相变含量的分布以及相边界的运动均汇总于图 11.8，由于上下对称，图中只绘出中性轴以上部分。图中纵坐标表示截面高度，以中性轴位置为原点，粗实线代表应力，细实线代表应变，中等粗细实线代表马氏体含量，虚线代表相边界，相边界的标号后面的箭头表示相边界的运动方向。可以看出，在弯曲加载的过程中，相变总是先从表面发生，然后逐渐向内部发展，相

应的相边界从表层向内部移动并且各区中各参量均是坐标 y 的线性函数。

卸载阶段同样可以做类似分析，不过要区分加载时表层应变 ε_S 的最终位置，加载结束时表层处于混合相，或者纯 2 相，卸载过程略有不同，但是，同加载时一样，各区中各参量仍是坐标 y 的线性函数。

以上分析可以看出，在梁弯曲的问题中，相边界的传播至少是一个二维的问题，即相边界不只在梁的长度方向传播，在梁截面厚度方向也在做相应的传播。然而，从图 11.8 可以看出，知道了表面的应变，就可以完全确定出加载过程中截面上的应力与马氏体含量的分布，而只要同时知道加载结束时的状态和卸载过程中的表面应变，也可以完全确定卸载过程中截面的参量变化。因此，在整个截面上，表面应变的信息是最重要的，可以在很大程度上代表整个截面的状态。以上整个分析是从准静态出发的，动态时，情况可能会更复杂，因为截面内相边界的传播也是需要时间的，但是一般而言只要梁的截面尺寸远小于轴向尺寸，截面内可作近似瞬态处理。

11.3.4 PE 梁的弯矩–曲率关系

在 11.3.3 节求得加、卸载条件下截面上的应力分布之后，如果知道截面的几何形状，则可以进一步求得加卸、载过程中的弯矩。对于矩形截面，应力分布关于中性轴对称，符号相反，因此截面弯矩可以只求一半，然后乘以 2。将各个区 (图 11.8) 所产生的弯矩记为 M_i，各区弯矩相加得到截面的弯矩 M 为

$$M = \sum M_i, \quad M_i = 2B \int_{y_{i-}}^{y_{i+}} \sigma_i\left(y\right) y\mathrm{d}y \tag{11.37}$$

式中 B 是梁截面的宽度。

张兴华 (2007) 给出了加卸载全过程各区的详尽的弯矩计算公式，可以通过位于图 11.6 应力–应变曲线上的梁截面表层应力和应变状态逐点求出对应的截面弯矩和曲率曲线，即把材料的应力–应变关系映射到结构截面的弯距曲率响应，具体公式和过程这里就不一一介绍了。

最终得到的无量纲弯矩 (M/M_{Pt})–曲率 $(h\kappa/\Delta)$ 或表层应变 (ε_S/Δ) 的关系如图 11.9 所示，M_{Pt} 见 (11.36) 式，h 是梁截面半高，Δ 是相变应变，图中各字母与图 11.6 相对应。可见，弯矩–曲率关系同样表现出伪弹性滞回。弯矩图上的各段分别与 11.3.3 节中的应力分布相对应，加载曲线上 a 点和 b 点分别为表层相变起始和完成点，e 点表示截面已进入纯 2 相。卸载时，不同的初始卸载点对应不同的卸载曲线，譬如 e(从纯 2 相区)、b(从相变完成点)、b'(从混合相区) 对应的逆相变起始点分别为 f、c、c'，逆相变完成点都是 d 点。加载初始段 Oa 段为 1 相弹性段，弯矩与曲率呈线性关系。ab 段为非线性，部分材料进入混合相，弯

曲刚度减小。b 点处表层完成相变进入 2 相，由于 2 相的强化效应，弯曲刚度再次呈非线性增加 (be 段)，e 点以上处于 2 相线弹性段。弹性卸载段弯矩–曲率仍然呈线性关系，如 ef、bc、b′c′ 段。逆相变开始之后，再次表现出非线性，如 fd、cd、c′d 段，直到逆相变完全结束，进入 1 相弹性卸载阶段 (d 点以下)。

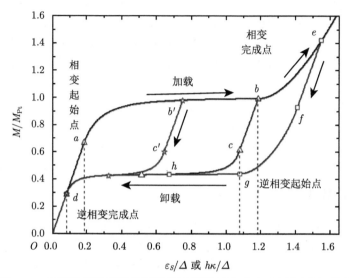

图 11.9　理想伪弹性矩形截面梁的无量纲弯矩–曲率 (表层应变) 关系

值得注意的是，图 11.6 中，相变应力是一个平台，但图 11.9 中，相变起始弯矩和完成弯矩是不相等的，显示出结构的信息。图 11.9 中 a 点、b 点、d 点所对应的无量纲曲率或者无量纲表层应变分别为 0.19、1.19 和 0.08。定义 a 点所对应的弯矩为表层相变起始弯矩 M_{Mi}，b 点对应表层相变完成弯矩或表层纯二相弹性起始弯矩 M_{Mf}，d 点对应逆相变完成弯矩或相变回复弯矩 M_{Af}。对于当前的本构关系以及截面尺寸，其值分别为

$$M_{\mathrm{Mi}} = \frac{1}{6}\sigma_{\mathrm{M}}BH^2, \quad \frac{M_{\mathrm{Mi}}}{M_{\mathrm{Pt}}} = \frac{2}{3} \tag{11.38}$$

$$M_{\mathrm{Mf}} = \frac{1}{4}\left(1 - \frac{1}{3}\frac{\varepsilon_{\mathrm{Mi}}^2}{\Delta^2}\right)\sigma_{\mathrm{M}}BH^2, \quad \frac{M_{\mathrm{Mf}}}{M_{\mathrm{Pt}}} = 1 - \frac{1}{3}\frac{\varepsilon_{\mathrm{Mi}}^2}{\Delta^2} = 0.989 \tag{11.39}$$

$$M_{\mathrm{Af}} = \frac{1}{6}\sigma_{\mathrm{A}}BH^2, \quad \frac{M_{\mathrm{Af}}}{M_{\mathrm{Pt}}} = \frac{2\sigma_{\mathrm{A}}}{3\sigma_{\mathrm{M}}} = 0.290 \tag{11.40}$$

11.4 有限元计算方法简介

11.4.1 几何模型与加载条件

我们使用 LS-DYNA 有限元分析软件, 计算选取了两种长度的矩形截面梁, 截面均为厚度 × 宽度 = 5mm×8mm。短梁长度 $L = 180$mm, 长梁长度 = $5L$ = 900mm 为短梁长度的 5 倍。长梁模拟半无限梁, 短梁模拟有限梁, 尺寸和下文实验中的悬臂梁相同, 以作比较。以梁自由端一个角点的初始位置为坐标原点 O, 长度方向为 x 轴, 厚度方向为 y 轴, 宽度方向为 z 轴, 如图 11.10 所示。两种梁采用相同的网格单元尺寸, "厚度 × 宽度 × 长度" 方向的单元尺寸为 1mm×2mm×3mm, 短梁有 1200 个单元, 长梁 6000 个单元。

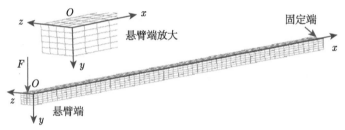

图 11.10 有限元计算几何模型图 (短梁)

边界条件与加载方式, 如图 11.10 所示。梁右端为固定端, 施加位移约束条件, 限制其六个自由度。左端面施加不同幅值和脉宽的矩形集中力 F, 方向沿 y 轴正方向, 大小平均分配到左端面内的 30 个节点上。实际计算中采用自动步长, 典型的计算步长为 $2.2 \times 10^{-7} \sim 2.3 \times 10^{-7}$s。

11.4.2 后处理

有限元计算给出单元积分点任意时刻的应力、应变张量的各分量值, 为图 11.10 坐标系下的标量值。假定梁的弯曲符合 Euler-Bernoulli 平截面假定和单向应力假定, 根据张量变换法则, 可以求得垂直于中性轴的截面的应力、应变等参量, 最终计算得到截面的弯矩和曲率等。马氏体相变的百分含量则根据 (11.33) 式计算。

计算结果最终进行无量纲处理, 选取以下无量纲变量

$$\bar{X} \equiv \frac{X}{L}, \quad \bar{Y} \equiv \frac{Y}{L}, \quad \bar{F} \equiv \frac{F}{F_{\mathrm{c}}}, \quad \bar{C}_{\mathrm{f}} \equiv \frac{C_{\mathrm{f}}}{C_0} \tag{11.41}$$

分别表示无量纲 x 方向位置, y 方向的位移 (挠度), 载荷以及弯曲波速, 其中 L 为短梁长度, C_0 为弹性纵波波速, F_{c} 为静加载下悬臂梁固定端进入相变时对应的自由端所加的的极限载荷。其余无量纲量定义参见 (11.35) 式。

11.5　半无限梁中弹性弯曲波的传播

我们通过数值计算的方式给出在自由端部突加横向力作用下梁中弹性弯曲波的传播，读者可以与文献中的解析解作对比 (王礼立, 2005; 余同希等, 2002)。这里简要归纳弹性弯曲波的几个典型特征。

11.5.1　弥散特性

图 11.11(a) 给出了弹性弯曲波传播过程中，典型的弯矩分布图 (长梁，载荷 $2F_c$，脉宽 0.5ms)。图中可以看出，梁中的弯矩分布就性质上来说是波动的，波长越短的部分，幅值越低，传播速度越快，反之，波长越长，幅值越高，传播速度越低，这正是弯曲波的弥散特性，和理论解是一致的。图 11.11(b) 给出了距离自由端 0.5L、L 和 2L 处三个截面的弯矩历史曲线，从中可以看出，弯曲波先后在 0.05ms、0.1ms 和 0.2ms 到达三个截面处，引起截面弯矩出现正反交替，逐渐增大。由此说明，由于弯曲波的弥散特性，梁的每一个截面经过一系列正反交替的弯曲波，幅值逐渐增大，周期逐渐加长，呈周期波动增大的趋势。

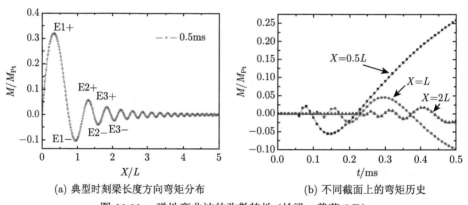

(a) 典型时刻梁长度方向弯矩分布　　　　(b) 不同截面上的弯矩历史

图 11.11　弹性弯曲波的弥散特性 (长梁，载荷 $2F_c$)

11.5.2　弹性弯曲波是不断发展的

从加载端开始，将图 11.11(a) 中的弹性波的各个极值依次表示为 E1+、E1−、E2+、E2−···。图 11.12 给出了载荷 $2F_c$ 时长梁中一些典型时刻的弯矩和挠度分布。从中可以看出，各个极值点位置在不断向前移动的同时，幅值随时间逐渐增大，而弯矩的各个峰值绝对值大小与 $t^{1/2}$ 成正比 (图 11.13)。由此说明，尽管力 F 是突然施加的强间断冲击载荷，但是弹性弯曲波的幅值不是一开始就达到最大，而是在传播的过程中不断发展的。

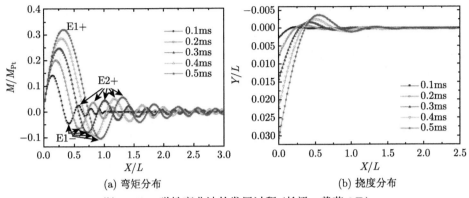

(a) 弯矩分布   (b) 挠度分布

图 11.12 弹性弯曲波的发展过程 (长梁, 载荷 $2F_\mathrm{c}$)

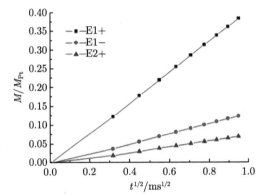

图 11.13 弹性弯曲波弯矩各峰值的绝对值与 $t^{1/2}$ 成正比

11.5.3 弹性弯曲波的波速

由于弯曲波具有弥散的特性, 不同波长的扰动将以不同的速度传播。图 11.14(a) 给出了三个弯矩为零 ($M = 0$) 的点和三个横向位移为零 ($y = 0$) 的点的位置与时间的关系 (载荷 $2F_\mathrm{c}$, 长梁), 其中 M_{01}、M_{02}、M_{03} 分别表示从加载端开始第 1、2、3 个 $M = 0$ 的点 (加载端弯矩恒为 0, 该点除外), D_{01}、D_{02}、D_{03} 分别表示从加载端开始第 1、2、3 个 $y = 0$ 的点。可以看出, 这些零点的位置与 $t^{1/2}$ 成正比, 即传播速度是在不断变慢的。同时弯矩和挠度的零点并不重合, 各弯矩零点的传播速度比相应的挠度零点的传播速度要快, 譬如 M_{01} 的位置总是在 D_{01} 的前方。可以将传播在最前面的第一个明显可见的波动近似看作弹性弯曲波的波头 (Yu et al., 1997), 其传播速度记为 C_f, 图 11.14(b) 给出了弯矩分布和挠度曲线上得到的波头位置与时间的关系, 两者基本重合, 并且波头的位置与时间 t 成正比, 即波头的速度保持不变。由此计算得到 $C_\mathrm{f} = 1800\mathrm{m/s} = 0.58C_0$, 其

中 C_0 为一维应力条件下的弹性纵波波速。文献给出的弹性弯曲波速的极限为一维应力纵波波速的 0.6 倍 (王礼立, 2005), 可见, 计算得到的弹性弯曲波的可见波头的速度接近弯曲波的极限速度。以上数值计算结果与 11.2.3 节中弹性弯曲波的理论解是吻合的。

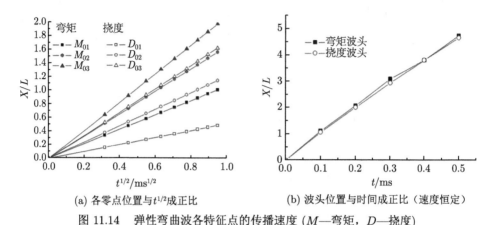

(a) 各零点位置与 $t^{1/2}$ 成正比　　　　　　(b) 波头位置与时间成正比 (速度恒定)

图 11.14　弹性弯曲波各特征点的传播速度 (M—弯矩, D—挠度)

11.5.4　弹性弯曲波随载荷幅值的变化

当冲击载荷 F 的幅值变化时, 弯曲波也会相应的发生变化。图 11.15 给出了 $2/3F_c$ 和 $2F_c$ 两种载荷作用下相同时刻 (0.1ms) 的波形的比较, 载荷 $2F_c$ 所产生的波形幅值恰好是载荷 $2/3F_c$ 的 3 倍。这说明, 在弹性范围内弯曲波的幅值与载荷成正比, 而形状与波速都不随载荷变化。

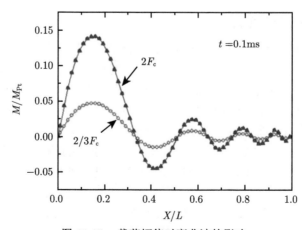

图 11.15　载荷幅值对弯曲波的影响

11.6 半无限梁中相变弯曲波的产生与传播

11.6.1 相变弯曲波的形成

在对弹性弯曲波的分析中我们已经看到，在自由端恒定载荷的作用下，弹性弯曲波在传播的过程中不断发展，幅值逐渐增大。对于半无限长梁，经过一定时间，最大弯矩峰 E1+ 的幅值总有可能达到相变起始弯矩 M_{Mi}，从而使得该处梁截面的表层发生相变。相变发生之后，弯曲波便携带了相变的信息，因此称之为 "相变弯曲波"，相应的 E1+ 峰则由弹性弯曲波的波峰演化成相变弯曲波的波峰，称之为 Pt 峰。如图 11.16 所示。在载荷 $12F_c$ 作用下，0.09ms 时弹性弯曲波 E1+ 峰的幅值达到 M_{Mi}，形成 Pt 峰，相变弯曲波产生，此时 Pt 峰中心位置距离加载端 0.142L。Pt 峰形成之后，将各个波峰的符号重新编排如下，各峰依次为 Pt、E1−、E1+、E2−···，显然各幅值的大小关系为顺次减小。对于各截面，则首先是经过一系列的弹性弯曲波，之后才能发生相变，相变发生的时间则取决于相变弯曲波何时传播到该截面。

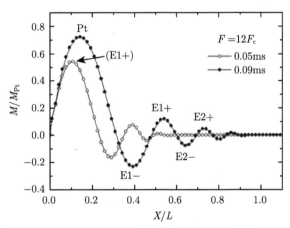

图 11.16　相变弯曲波的形成 (载荷 $12F_c$)，弹性波峰 E1+ 演变成相变峰 Pt

由此可见，相变弯曲波并不是在冲击加载的瞬间产生的，其形成有一个过程，总是通过弹性弯曲波的不断发展增大后产生。同时，对于半无限梁而言相变首先出现的位置不是在加载处，而是距离加载处有一定的距离。

11.6.2 相变弯曲波的发展

相变产生之后，弯曲波在传播的过程中会不断发展，仍以载荷 $12F_c$ 为例进行分析。图 11.17(a) 是相变弯曲波发展过程中典型时刻的弯矩分布。可以看出，相变弯曲波形成之后，弯曲波总体的形状和弹性时相似，随着弯曲波的不断向前传播，Pt 峰幅值逐渐增大，宽度不断增加，但是增加速度逐渐变慢，大约 0.2ms 之后 Pt 峰幅值变化很小，Pt 峰中心位置也逐渐趋于稳定。从图 11.18(a) 可以看出，0.2ms 之后，Pt 峰幅值达到 $0.887M_{\mathrm{Pt}}$(M_{Pt} 的定义和大小见 (11.30) 式)，之后几乎不再变化，前方的弹性波峰 E1− 和 E1+ 幅值也逐渐趋于某一稳定值，这和弹性弯波中各峰的幅值与 $t^{1/2}$ 成正比不同，但是波前各零点的位置和时间的关系却几乎没有发生变化，仍然和 $t^{1/2}$ 成正比，图 11.18(b) 中载荷 $12F_{\mathrm{c}}$ 和 $2F_{\mathrm{c}}$ 时弯矩零点的位置与时间的关系曲线几乎完全重合。

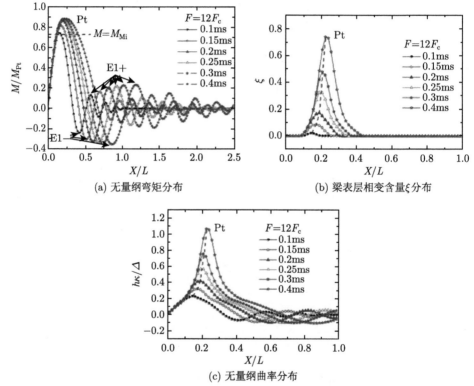

图 11.17　载荷 $12F_{\mathrm{c}}$ 时长梁中相变弯曲波的传播

对照梁表层相变含量分布图 11.17(b)(注意这里的相变含量分布均指截面表层，内部相变含量是不同的，但可以通过表层信息计算出来，参见 11.3.3 节)，相变首先在距离加载端 $0.142L$ 处，即 Pt 峰出现的位置发生，然后相变区逐渐扩大，从 0.09ms 开始产生到 0.4ms 时，相变区域已经扩展到 $0.075\sim0.458L$ 之间长约 $0.383L$ 的范围，弯矩超过相变起始弯矩 M_{Mi} 的区域都发生了相变。在 Pt 峰中心位置相变含量始终保持最大，当弯矩峰值逐渐趋于稳定之后，相变含量最大的位

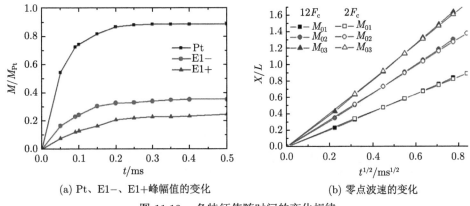

(a) Pt、E1−、E1+峰幅值的变化   (b) 零点波速的变化

图 11.18 各特征值随时间的变化规律

置也逐渐趋于稳定, 但是相变含量仍然持续增大, 0.4ms 时最高达到了 75.3%, 梁在这一中心附近的材料已经发生了大量的相变。这表明弯矩虽然几乎不变, 但是该处相变仍然可以持续发展。对照曲率分布 (图 11.17(c)) 可以发现, 在相变发生的区域, 曲率相对较高, 并在 Pt 峰中心位置达到一个极值, 远远超过了梁上其他各处的曲率, 表明变形在此处集中, 形成了一个铰。由于这个铰是由相变形成的, 我们把它称之为 "相变铰"(Phase transition Hinge, PtH)(Collet et al., 2001), 以区别传统意义上由塑性引起的 "塑性铰"。下文在悬臂梁冲击实验中将证实相变铰的存在。

图 11.19 给出了相变区传播的 $X\text{-}t$ 图, 从中可以更清楚地看到相变区的发展过程。图中的直线 OO' 代表弹性弯曲波波头运动的轨迹, 虚线 ACE 代表相变含量最高的位置的运动轨迹, 其余五条曲线则分别表示相变含量 0%、10%、20%、40%、60% 的相边界的运动轨迹, 相变含量 0% 的相边界 $FBAH$ 之外的 I 区为奥氏体相区 (1 相), 之内的 II 区为混合相区。对于含量 0% 的相边界, 0.09ms 时相变首先在 0.142L 处 (A 点) 发生, 然后向两边传播, 左边界在 0.15ms 时到达 0.075L 处 (B 点), 然后保持静止, 右边界持续向前发展, 但是速度逐渐减慢。不同含量的相边界表现出相似的传播规律, 但是含量越高的相边界, 出现的时间越晚。与弹性弯曲波波头速度相比, 相边界传播速度相当慢, 对于典型的相边界的速度, 含量 0% 的右边界 AH 段的平均传播速度约为 97m/s。

根据图 11.17, Pt 峰最终稳定在距离加载端大约 0.23L 处, 这一位置和弹塑性预测的塑性铰的位置 (Yu et al., 1997) 非常接近, 说明相变弯曲波和塑性弯曲波有一定的共性。

由此说明, 在相变弯曲波传播的过程中, 总是以弹性弯曲波为前驱波, 各截面先经过一系列的弹性弯曲波, 然后发生相变, 演变为相变弯曲波。传播过程中

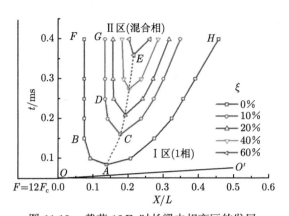

图 11.19　载荷 $12F_c$ 时长梁中相变区的发展

I 区为奥氏体相区，II 区为混合相区，OO' 代表弹性弯曲波波头运动的轨迹

相变主峰的幅值与中心位置逐渐趋于稳定，并最终在相变峰中心附近位置形成相变铰。除 Pt 峰附近的区域外，其余各处仍然是 1 相弹性区。

11.6.3　相变弯曲波随载荷幅值的变化

图 11.20 给出了 $12F_c$、$20F_c$ 和 $30F_c$ 三种突加载荷作用下相变弯曲波形成以及 Pt 峰稳定时的波形，可以看出，Pt 峰出现的时间 t_A 分别为 0.09ms、0.04ms 和 0.02ms，位置 X_A 分别为 0.142L、0.092L 和 0.058L。Pt 峰稳定的时间 t_S 分别为 0.25ms、0.1ms 和 0.06ms，稳定时中心位置 X_S 分别为 0.2L、0.125L 和 0.092L，稳定时相变区宽度分别为 0.207L、0.131L 和 0.103L。可见，随着载荷幅值的提高，Pt 峰出现与稳定的时间提前，中心位置则向加载端靠近，Pt 峰稳定时相变区的宽度则缩短。同时，由于前方的弹性弯曲波速相同，因此载荷幅值越高，相

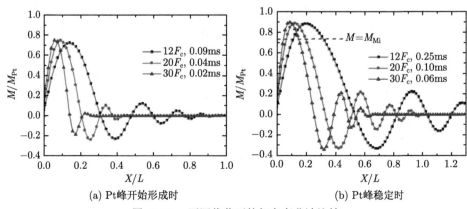

(a) Pt峰开始形成时　　　　　　　　　　　(b) Pt峰稳定时

图 11.20　不同载荷下的相变弯曲波比较

变形成时弯曲波所传播的距离也越近。

整理不同载荷下 Pt 峰的出现和稳定时的时间和位置数据，可以拟合得到与载荷 F 的定量关系如下：

$$\frac{X_A}{L} = 0.56 \times \frac{3F_{\mathrm{c}}}{F}, \quad \frac{X_S}{L} = 0.89 \times \frac{3F_{\mathrm{c}}}{F} \tag{11.42}$$

$$\frac{t_A C_{\mathrm{f}}}{L} = 12.67 \times \left(\frac{3F_{\mathrm{c}}}{F}\right)^2 + 0.56 \times \frac{3F_{\mathrm{c}}}{F}, \quad \frac{t_S C_{\mathrm{f}}}{L} = 71.58 \times \left(\frac{3F_{\mathrm{c}}}{F}\right)^2 - 3.07 \times \frac{3F_{\mathrm{c}}}{F}$$

$$\tag{11.43}$$

式中，位置与载荷 F 的倒数呈简单的线性关系，时间与 F 的倒数呈抛物线关系，C_{f} 是弹性弯曲波波头波速。

11.6.4 材料进入 2 相弹性后的弯曲波的传播

11.6.4.1 进入 2 相弹性后弯曲波形的变化

对于半无限长梁，当载荷较高时，相变弯曲波经过稳定阶段之后，Pt 峰中心位置处梁截面的表层材料会首先完全进入 2 相的弹性阶段，此时弯曲波的传播呈现一定的变化。

图 11.21、图 11.22 是载荷 $30F_{\mathrm{c}}$ 时的结果。相变弯曲波在 0.02ms 形成，0.06ms 时 Pt 峰稳定。大约 0.07ms 时，Pt 峰的弯矩值达到相变完成弯矩 M_{Mf}，截面表层 2 相含量达到 100%，表明该截面位置表层材料的相变已经完成，开始进入 2 相弹性。此后的一段时间内，Pt 峰最高幅值不断增大，中心位置明显前移，相应的相变区的分布范围也在不断向前扩大。同时 Pt 峰前端的形状开始发生扭曲，并且这种扭曲能够超过相变区，以较快的速度向前传播 (图 11.21(a))，这和前面分析的相变弯曲波的形状有着很大的差别。大约在 0.16ms 时 Pt 峰的幅值达到一个极大值，波形较明显的扭曲已经发展到了 $0.56L$ 附近。这时，从 $0.01L$ 到 $0.27L$ 之间梁表层都发生了相变，并且有相当大一部分 ($0.06 \sim 0.23L$ 之间) 完全进入了 2 相弹性。此后扭曲所影响的区域继续向前传播，Pt 峰的幅值逐渐减小，波尾向右收缩，相变区的左边界开始和右边界做同方向的运动，梁内形成一个向右移动的相变区 (图 11.21(b))。这一点图 11.22 表现的更清楚。

图 11.22 给出了表层相变含量 0% 和 100% 两条相边界的传播轨迹。两条相边界将时空区域分成三个区域，I 区为 1 相区 (奥氏体相)，II 区为混合相区，III 区为 2 相区 (马氏体相)。其中相变含量 0% 的相边界首先在 A 点形成，然后同时向两边传播。左边界到达 B 点之后停止了运动，右边界先是速度逐渐减慢，到 D 点时速度再次加快，DH 段平均速度达到了 166m/s。注意到 D 点所对应的时刻为 0.1ms，此时部分材料已经开始进入 2 相弹性，说明进入 2 相弹性可以使得相边界运动加速。两条相边界中的左边界分别在 E 点 (0.16ms) 和 F 点 (0.3ms) 之

后开始向右移动，这对应着相变弯曲波波尾的收缩，同时和右移的右边界一起形成移动的相变区。

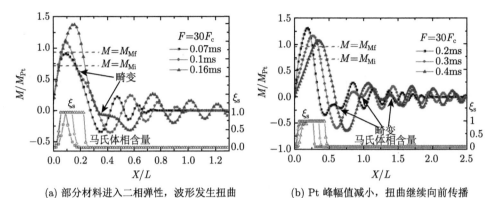

(a) 部分材料进入二相弹性，波形发生扭曲　　　(b) Pt 峰幅值减小，扭曲继续向前传播

图 11.21　$30F_c$ 作用下弯距波形与表层相变含量分布 (实心点—弯矩，空心点—相变含量 ξ)

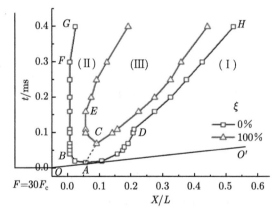

图 11.22　$30F_c$ 作用下相变区的演化 (I—奥氏体相区，II—混合相区，III—马氏体相区。OO'—弹性弯曲波波头轨迹)

11.6.4.2　加载端大变形对弯曲波的影响

在图 11.21 中已经看到，随着弯曲波的持续发展，特别是产生二相弹性波之后，必然伴随着梁特别是加载端附近大的弯曲变形。计算表明 0.16ms 和 0.3ms 时加载端横向位移分别达到 $0.031L$ 和 $0.116L$，转角分别达到了 49° 和 76°，这反过来又对弯曲波的传播产生影响。影响主要表现在如下三方面：① 在阶跃载荷的加载条件下，载荷大小与方向不变，当加载端挠度和转角逐渐变大之后，载荷对于加载端附近一段梁的作用有很大一部分变成轴向载荷，相应的产生横向弯矩的载荷分量减小。因此在加载端大挠度、大转角时，加载端附近的弯矩将减小，弯曲

波形上表现为波尾向梁内部收缩。② 对于 PE 材料，相变是可逆的，当加载端附近挠度很大，转角接近 $90°$ 时，该段梁以承受轴向载荷为主，由于在当前 $30F_c$ 条件下，轴力所能产生的最大轴向应力只有 96MPa，远低于逆相变的起始应力，所以当转角大到一定程度时，加载端附近材料将发生逆相变，相变区的左边界表现为向右移动，载荷越大，这一过程发生的时间越早。③ 载荷横向分量的减小，使得相变峰 Pt 的幅值不能持续增大，达到一定极值后会开始减小，图 11.21(b) 中 0.16ms 之后 Pt 峰幅值逐渐减小便说明了这一现象。

另外，当载荷很高时，剪切波的影响可能会显现出来。因此，当载荷幅值很高并且作用时间较长时，梁中特别是加载端附近的应力波不再是简单的弯曲波，存在纵波和剪切波的作用，导致波系变得复杂，仅仅分析弯曲波已经不够了，当然这已超出目前讨论的相变弯曲波的范围了。

11.7 有限长梁 (悬臂梁) 中相变弯曲波的传播

11.7.1 弹性弯曲波在固定端的反射

悬臂梁 (短梁，长 L，右端固定) 中的弹性弯曲波遇到固定端时将发生反射，从而影响短梁中的波形。根据应力波理论 (王礼立, 2005)，t 时刻梁中的实际弯矩波形 M 等于该时刻入射波 M_i 和反射波 M_r 的叠加，即

$$M(t,x) = M_i(t,x) + M_r(t,x) \quad (x = 0 \sim L) \tag{11.44}$$

式中只要知道 2 个波形，就可求出第 3 个。通常情况下固定端的反射波 $M_r(t,x)$ 是未知的，它的确定可以通过短梁和长梁波形的比较得到。通过测量或数值计算得到短梁的实际波形 $M(t,x)$，再通过同样材料、截面尺寸、载荷的长梁计算出入射波形 $M_i(t,x)$，由此可解出固定端的反射波 $M_r(t,x)$ 如下：

$$M_r(t,x) = M(t,x) - M_i(t,x) \quad (x = 0 \sim L) \tag{11.45}$$

然而上式受到三个时间节点的限制：弯曲波头到达 $x = L$(固定端) 的时间 t_1，弯曲波头从固定端反射到达加载端的时间 t_2，以及弯曲波从长梁右自由端返回至 $x = L$ 的时间 t_3。三个时间分别为

$$t_1 = L/C_f, \quad t_2 = 2L/C_f, \quad t_3 = 9L/C_f \tag{11.46}$$

由弯曲波波头速度 $C_f = 1800\text{m/s}$，$L = 180\text{mm}$，求得 $t_1 = 0.1\text{ms}$, $t_2 = 0.2\text{ms}$, $t_3 = 0.9\text{ms}$。当时间 $t \in (0, t_1)$，弯曲波头尚未到达固定端，有 $M_r(t,x) = 0$, $M(t,x) = M_i(t,x)$，即反射波为零，短杆中弯矩波形等于入射波形。当 $t \in (t_1, t_2)$ 时，入

射弯曲波第 1 次从固定端反射的弯曲波形还未到达加载端，其反射波 $M_{\mathrm{r}}(t,x)$ 实际等于长梁中 $x = (L, 2L)$ 区间的入射波关于 $x = L$ 的镜像，如图 11.23(a) 所示，这是由固定端约束特征决定的，短杆中的实际波形 $M(t,x)$ 等于 $M_{\mathrm{i}}(t,x)$ 和 $M_{\mathrm{r}}(t,x)$ 的叠加。当 $t \in (t_2, t_3)$ 时，固定端反射波到达加载端，并从加载端反射。由于加载端的弯矩始终为 0，对于弯矩而言相当于自由端，将会反射一个反相的右行弯曲波，它将会参与到入射波和从固定端反射的左行弯曲波的叠加之中。之后，弯曲波在固定端和加载端之间不断反射，固定端和加载端成为两个反射源，从而影响短梁的波形。因此，悬臂梁中反射波可写为

$$M_{\mathrm{r}}(t,x) = M_{\mathrm{r}}(t,x)_{\mathrm{fix}} + M_{\mathrm{r}}(t,x)_{\mathrm{free}} \quad (x = 0 \sim L) \tag{11.47}$$

即 $M_{\mathrm{r}}(t,x)$ 是两个端面的反射波的合成，但无法把二者区分开来，不过似乎没有必要加以区分，不妨把它们合称为反射波 $M_{\mathrm{r}}(t,x)$ 即可。这种情况下，$M_{\mathrm{r}}(t,x)$ 自然不再是长梁中 $x = (L, 2L)$ 区间入射波的镜像了，如图 11.23(b)。不过，由于自由端反射波的相位和固定端反射回来的相位相反，所以，一般而言 $M_{\mathrm{r}}(t,x)_{\mathrm{free}}$ 起到消减作用，$M_{\mathrm{r}}(t,x)_{\mathrm{fix}}$ 起到增强作用，对于总的反射波 $M_{\mathrm{r}}(t,x)$ 而言，总是靠近固定端处幅值较高，加载端处幅值趋于 0。当 $t > t_3$ 时，长梁中的弯曲波波头已从其 $5L$ 处的右自由端返回到 $x = (0, L)$ 区间，产生干扰，使得 (11.45) 式失效。

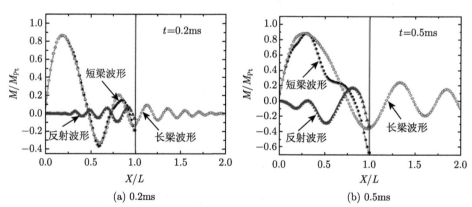

(a) 0.2ms　　　　　　　　　　　　(b) 0.5ms

图 11.23　短梁中反射波与入射波形的比较 (载荷 $12F_{\mathrm{c}}$)

11.7.2　端面反射与相变弯曲波的相互作用

从图 11.23 可以看出，由于有了固定端的反射，短梁中的弯曲波形比长梁要复杂得多。为了方便说明，我们只画出悬臂梁部分 $(0, L)$ 示于图 11.24。引入如下标记：突加载荷 $(12F_{\mathrm{c}})$ 产生的弯曲波，即 $M_{\mathrm{i}}(0, L)$，的相变峰标记为 Pt，弹性波的各个波峰和波谷从左向右依次标记为 Ei+ 和 Ei-，$(i = 1, 2, \cdots)$。用 Rj-

和 Rj+$(j=1,2,\cdots)$ 标记反射弹性弯曲波即 $M_r(0,L)$ 的峰、谷。显然，各峰、谷的绝对值对 $M_i(0,L)$ 来说往左是增加的，对 $M_r(0,L)$ 则相反。

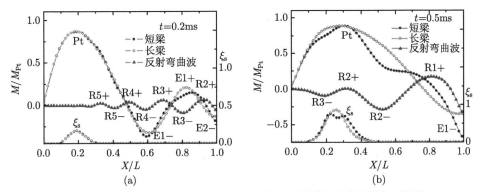

图 11.24　载荷 $12F_c$ 时短梁中相变弯曲波和反射弹性弯曲波的相互作用

从图 11.24 可以看出，正是由于 $M_i(0,L)$ 和 $M_r(0,L)$ 都是波动和变化的，它们的叠加作用随时间和空间不断演化，特别是当两者的峰峰、谷谷或峰谷相遇，将使悬臂梁在该处的实际弯矩发生显著改变，从而改变 Pt 峰 (相变区) 的形状、强度和中心位置，甚至在新的位置产生新的相变区。图 11.25 给出了梁中相变区的演变图，大约在 0.55ms，固定端形成一个新的相变区 IL，它是最强的一个弹性弯曲波的波谷 (即 E1−) 到达固定端反射时产生的。

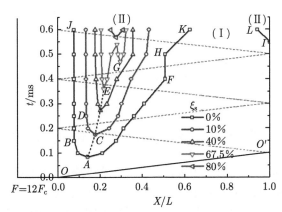

图 11.25　载荷 $12F_c$ 时悬臂梁中相变区的演变 (I—奥氏体相区，II—混合相区)

11.7.3　2 相弹性的影响

当载荷增强到出现 2 相弹性波之后，11.6.4 节曾指出入射波形状与强度都发生了变化，相应地，反射弯曲波也会发生变化，与入射波的作用结果也会有所不同, 不再赘述。图 11.26 是载荷 $30F_c$ 时相变区的时空演变, 可见主相变区不断扩大, 从 E 点开始向右加速移动。除主相变区外, 在固定端处, 先后出现了 2 个相变区。

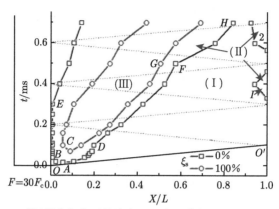

图 11.26　载荷 $30F_c$ 时短梁中相变区的演变 (I—奥氏体相区, II—混合相区, III—马氏体相区)

　　由上面的分析可以看出, 弯曲波在固定端的反射和纵波有很大的不同。在纵波加载时, 固定端反射可能会瞬时发生相变, 并产生相变波。然而, 弯曲波在固定端反射的瞬间并不能产生相变, 这是由弯曲波的弥散特性引起的。由于弯曲波幅值较低的部分传播速度快, 幅值高的传播慢, 因此首先到达固定端并发生反射的部分幅值非常低, 反射弯曲波的幅值也很低, 反射与入射叠加得到的弯矩难以达到相变弯矩, 不能立即发生相变。固定端能否发生相变以及发生的时间, 取决于到达固定端并发生反射的弹性波峰的强度, 与弹性弯曲波的波头在梁中来回反射的次数没有直接的关系。当然, 和载荷的幅值有直接关系, 载荷越大, 固定端产生相变的时间越快。

11.8　矩形脉冲作用下半无限长梁中相变弯曲波的卸载行为

　　冲击载荷的强度通常都比较大, 但作用时间较短。结构在冲击载荷作用下弯曲波的传播既取决于载荷的大小, 又取决于它的作用时间, 这就需要研究弯曲波的卸载规律。本节讨论矩形脉冲载荷作用下半无限长梁中相变弯曲波的卸载规律。

11.8.1　弹性阶段卸载可能发生相变

　　前文指出, 弹性弯曲波的最大峰值 E1+ 需要一定时间才能发展成为相变峰 Pt, 后者距加载端有一定的距离。如果在 Pt 峰形成前卸载, 此时梁中还未发生相变, 结果会如何呢?图 11.27 是载荷 $F = 12F_c$, 脉宽 $T = 0.08\text{ms}$ 作用下长梁的弯曲波形。显然，在加载时间内 $(t < 0.08\text{ms})$ 弯曲波的传播与 11.6 节、11.7 节所讨论的完全相同。0.08ms 之后，加载端突然卸载成为自由端，随着卸载的进行，弯曲波的形状与幅值都发生了显著的变化，自由端附近的弯矩逐渐减小，波尾向右收缩。幅值最高的正弯矩峰的中心位置以一个较快的速度向固定端方向运动。有意思的是，该峰的幅值并没有立即减小，而是继续增大，在 0.1ms 左右达到一个极大值，成为 Pt 峰，然后再持续减小 (图 11.27(a))。

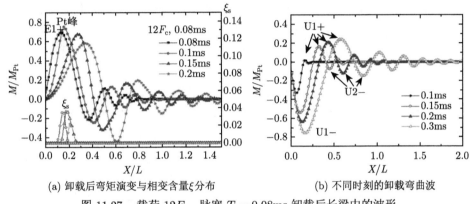

(a) 卸载后弯矩演变与相变含量ξ分布　　　(b) 不同时刻的卸载弯曲波

图 11.27　载荷 $12F_\text{c}$，脉宽 $T = 0.08\text{ms}$ 卸载后长梁中的波形

根据 11.6.2 节阶跃载荷的分析结果，载荷 $12F_\text{c}$ 时，0.09ms 开始产生相变，因此 0.08ms 卸载时梁中还没有发生相变。但是卸载开始后的一段时间内 (0.09~0.12ms)，弹性波峰 E1+ 的幅值却继续上升并超过了相变起始弯矩，表明该峰中心附近区域发生了相变，形成了相变峰 Pt。这主要有两方面原因：其一，弯曲波在传播的过程中是在不断发展的，弯矩最大的峰值中心不在加载端，并不断向前运动，在卸载波影响 E1+ 峰之前，E1+ 峰还会继续发展，幅值继续增加，在一定条件下可能形成 Pt 峰；其二，卸载波也是弯曲波，当它的某个波峰和 E1+ 峰相作用时，如果两者位相一致，可以起到一定的加强作用。

我们将矩形脉冲载荷作用下计算得到的波形减去阶跃脉冲作用下的波形，得到的就是卸载波形，见图 11.27(b)。可以看出，卸载波也是弯曲波，表现出波动弥散的特征。计算得到卸载波波头速度约为 1800m/s，和加载弹性弯曲波完全相同，波形靠近自由端并且幅值最大的一个峰 U1−，幅值为负，与加载波恰好相反，表明卸载波的主要作用是使得弯矩减小。

卸载弯曲波的波动弥散特性，决定了和加载波相互作用时，必然有着和纵波完全不同的规律。卸载弯曲波在传播的过程中，各个波峰先后与加载波相遇，当两者位相相反时，卸载波起削弱作用；反之，当位相相同时，卸载波则可能起增强作用，譬如图 11.27(b) 中卸载波中的 U1+ 若和加载波中的 E1+ 相遇，则使后者增幅,可能产生短时的相变。尽管卸载波总体的趋势是对加载波起削弱作用,但在某些局部的时空区域,反而可能起加强的作用,这和纵波有着本质的不同。

11.8.2　相变弯曲波的卸载过程

我们分析长梁受载荷 $F = 30F_c$, $T = 0.05$ms 的矩形脉冲作用下的卸载过程。前文已给出在 0.05ms 脉冲结束前,梁中相变弯曲波已经形成,Pt 峰基本稳定 (图 11.20)。这时在加载端突然卸载,相变主峰 Pt 同样经历一个先增大后减小的过程,只是增大的幅值已经非常微弱,主要影响在于使波尾收缩并削弱 Pt 峰的幅值,直至幅值小于逆相变完成弯矩,相变弯曲波消失。

整个过程中相变区的运动演化 X-t 图示于图 11.28,其中 OO' 和 O_1O_2 分别表示加载和卸载弹性弯曲波的波头的运动轨迹。可见卸载发生之后,相边界的运动在时空区域中形成了闭合的区域。其中,相变含量越高的相边界,出现得越晚,消失得越早。各相边界的右边界总是在某一位置静止,如图中含量 0%的 EF 段和含量 10%的 CD 段。相边界的典型运动速度仍然在 100m/s 的量级,如图 11.28 中 AE、BF 两段平均速度分别为 162m/s 和 119m/s。以上相变区的运动过程实际上代表了一个相变铰的形成和回复过程。卸载发生后,相变铰首先会有所加强,0.05ms 卸载刚开始时 2 相含量是 38.4%,0.07ms 时上升为 57.8%,增加了约 50%,事实上这时在 0.09L 附近形成了一个相变铰。之后逐渐向远离自由端的方向运动,运动的过程中范围不断扩大,相变含量持续降低,最终在某处消失。这一过程是受材料的正相变和卸载逆相变行为所支配的。不同的载荷幅值与脉宽,会影响到相变弯曲波发展的程度,相变区的分布的范围,以及相变弯曲波消失的快慢,但是不会改变这一消失过程的顺序。

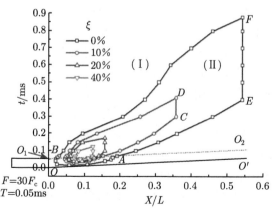

图 11.28　矩形载荷 $F = 30F_c$, $T = 0.05$ms 时长梁中相变区的演化 (I—奥氏体相区,II—混合相区)

跟阶跃脉冲加载的图 11.26 相比，图 11.28 有两点不同：① 没有 $\xi = 100\%$ 的纯 2 相区；② 相变界在时空域是闭合的，空间上表示相变影响的范围，时间上表示相变的发生、发展以及恢复。

11.9　矩形脉冲作用下悬臂梁中相变弯曲波受到的复杂作用

在 11.7 节的分析中已经看到，固定端反射弯曲波与自由端反射的卸载弯曲波都会对梁中相变弯曲波产生影响。当有限长悬臂梁受矩形脉冲载荷作用时，加载端的突然卸载产生的卸载波和固定端反射波一起作用，将使得梁内弯曲波形发生更为复杂的变化，从而造成相变区演化的多样性。

图 11.29 给出了悬臂梁在 $F = 30F_c$，$T = 0.05\mathrm{ms}$ 矩形脉冲作用下整个相变区的时空演化图，图中 I 区为奥氏体相区，II 区为混合相区，OO' 和 O_1O_2 分别表示加载和卸载弹性弯曲波的波头的运动轨迹。图中可见，左端卸载波和右侧固定端反射波的共同出现使得相变区的发展变得相当复杂。相边界的传播速度时快时慢，如相变含量 0% 的相边界，AC、BD、DG 等段速度相对较快，FI、HJ 等段相对较慢，甚至 CE 段表现为静止。传播方向时正时反，如左边界 BG 段向右移动，而 GH 段则对应着返回向左移动。在某些时间和位置消失，而在另一些位置又再次出现。由此，整个相变区的时空演化图表现为一些形状不规则并且互不联通的封闭区域。

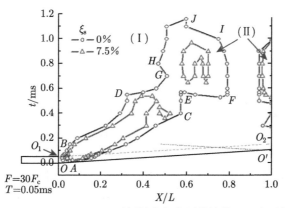

图 11.29　载荷 $F = 30F_c$，$T = 0.05\mathrm{ms}$ 时短梁中相变区的演化 (I—奥氏体相区，II—混合相区)

与长梁 (图 11.28) 相比，可以充分体会固定端的增强作用。长梁中，只有一个相变区一个峰值，相变区仅传入约 $0.55L$ 长度，消失时间约 $0.85\mathrm{ms}(F$ 点)。而悬臂梁中，不仅主相变区传入 $0.8L$ 长度，而且在固定端还出现了两个相变区，并且有多处峰值, 消失时间更晚, 约 1.15ms(J 点)。其根本原因是, 对于悬臂梁来说, 加载能量被锁定在有限长梁内。

11.10　伪弹性 PE 悬臂梁的横向冲击实验装置和测试方法

实验在 $\phi 14.5$mm 口径的经改造的分离式 Hopkinson 压杆上进行, 实验简图如图 11.30 所示, 图中布置是水平方向的, 即子弹沿水平方向撞击 PE 悬臂梁。气枪发射子弹, 通过入射杆将动量传递给撞击子弹, 撞击子弹横向撞击 NiTi 悬臂梁试件, 使其变形。试件为 NiTi 矩形截面梁, 厚 5mm, 宽 8mm, 总长 200mm, 其中夹持部分长 20mm, 悬臂部分长 $L = 180$mm, 与上文数值模拟所用的短梁试件尺寸和材料相同。撞击子弹为 45 号钢, 经淬火处理, 直径 14.5mm, 长度有 100mm 和 200mm 两种。为保持撞击时良好的线接触, 头部磨成半径为 $R = 7.25$mm 的柱面。以悬臂梁的自由端为原点, 长度方向为 x 轴, 冲击方向为 y 轴建立坐标系, 如图 11.30 所示。

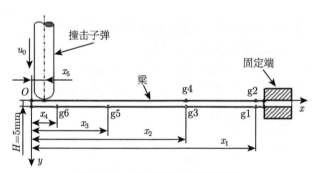

图 11.30　悬臂梁冲击实验简图

实验采用应变片测试与高速摄影相结合的方法。应变测试记录系统由大应变片、超动态应变仪和示波器组成。应变片采 BX60-1AA 型塑性应变计, 敏感栅尺寸 1mm×1mm, 应变测试范围可达 10% 以上。六个应变片 g1~g6 贴于梁正反表面不同的位置 (图 11.30), 以测得沿梁长度方向不同位置的应变信号。定义梁的撞击面为正面, 其背面为反面, g1、g3、g5、g6 贴于反面, 分别距离梁自由端 $x_1 = 174$mm、$x_2 = 120$mm、$x_3 = 60$mm、$x_4 = 20$mm, g2、g4 则分别对称的贴于正面与 g1、g3 相对应的位置, 用以测试梁正反表面应变信号的对称性, x_5 表示撞击点与梁自由端的距离。采用四台数字示波器记录应变波形, 其中两台记录 1ms 的波形, 观察梁早期的波动响应, 另外两台记录 60~150ms 以内的波形, 观察梁在较长时间内的结构动态响应。为了使一次实验中所有应变波形具有统一的时间基准, 四台示波器统一用入射杆应变信号触发。

实验同时采用数字式高速 CCD 摄影系统记录子弹对 NiTi 合金悬臂梁的撞击过程。在悬臂梁的后面约 10mm 处放置网格纸，通过它可以读出各个时刻梁和子弹上各点的位移，从而计算得到梁的挠度以及子弹的速度、动能等量。

总共对 PE 状态的 NiTi 合金悬臂梁进行了 7 次实验，实验中采用了从低到高不同的弹速，打击梁的两个不同位置，一种是近自由端，$x_5 = 10$mm，另一种是梁中部约 1/3 处，$x_5 = 60$mm，由此来研究梁在不同冲击条件下的动态响应。撞击子弹分 200mm 和 100mm 两种。实验参数和实验结果分别列于表 11.2 和表 11.3。

表 11.2   PE 悬臂梁冲击实验参数

实验序号	弹速/(m/s)	弹长 /mm	撞击位置 x_5/mm
1	9.9	200	10
2	19.6	200	10
3	19.6	200	10
4	25.6	200	10
5	24.5	100	10
6	16.7	200	60
7	25.8	200	57

表 11.3   PE 试件实验结果

实验序号	最大挠度 /mm		g1 最大应变 /%		残余弹速 /(m/s)	残余挠度 /mm	振动周期 /ms	吸能效率 /%
	正向	反向	压缩	拉伸				
1	60	−19.5	1.39	−0.86	4.9	0	15.8	75.5
2	77	−43	2.60	−2.06	14	0	15.2	49.0
3	77	−50	—	—	14	0	15.2	49.0
4	90	−53	3.23	−3.22	20	0	16.5	39.0
5	96	−95	3.13	−3.26	20	0	16.5	33.4
6	—	—	—	—	7	0	—	82.5
7	149	−52	4.22	—	18	0	16.1	51.3

代表性实验结果的分析见 11.11 节和 11.12 节，应变均以压缩为正，弯曲方向以 y 轴正方向弯曲为正。

11.11   打击 PE 悬臂梁自由端的横向冲击实验

11.11.1   典型结果

实验 2(弹速 19.6m/s，弹长 200mm，$x_5 = 10$mm) 是一次典型的长子弹打击伪弹性 (PE) 梁自由端的实验，其响应代表了 PE 梁自由端受到冲击时的一般特征。我们以实验 2 的结果为例对梁的变形过程、早期弯曲应力波的传播以及梁中相变铰的形成与发展变化规律进行探讨。

图 11.31 给出了实验 2 中高速 CCD 记录的几个典型时刻的图像 (右侧固定端在画面之外)，可以看到梁运动与变形的主要特征。高速 CCD 录像显示，撞击开始时子弹推动梁正向摆动，在 2.8ms 左右发生了脱离，3.8ms 时最大分开距离约 7mm。4.8ms 时子弹头部再次与梁自由端发生撞击，再次推动梁摆动，6.3ms 时梁摆动至最大挠度，自由端横向位移达到 77mm，此时梁自由端已经开始和子弹侧面接触，在子弹从梁自由端逐渐滑出的过程中，两者发生剧烈摩擦出现火花 (9.8ms 照片)，梁的回摆受到限制。9.8ms 时子弹运动发生偏转，18ms 时子弹完全滑出梁自由端，两者脱离接触。两者作用结束后，梁以初始状态为平衡位置来回摆动，摆动周期约为 15.4ms。25.5ms 时梁反向摆动达到最大挠度，自由端横向位移为 −43mm。之后最大摆幅逐渐减小，直到 888ms 记录时间结束时，摆幅只有不到 2mm，接近静止。在梁摆动的过程中，弯曲变形主要集中在根部，其余梁的大部保持原来比较平直的状态，弯曲变形很小。最终观察回收试件，完全回复到原样，没有残余变形。

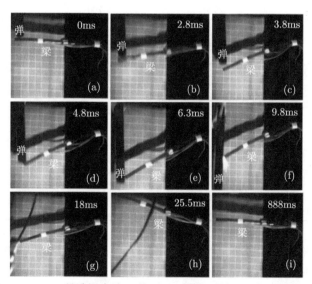

图 11.31   PE 悬臂梁实验 2 的 CCD 图像 (俯视)，右端是固定端

(a) 0ms 静止，(b) 2.8ms 弹和梁开始分离，(c) 3.8ms 弹与梁明显分开，(d) 4.8ms 二次撞击，(e) 6.3ms 梁正向最大挠度，自由端开始和弹侧面接触，(f) 9.8ms 弹与梁自由端摩擦出现火花，(g) 18ms 自由端与弹尾脱离

(h) 25.5ms 反向最大挠度，(i) 888ms 接近静止

图 11.32 给出了高速 CCD 记录的子弹头部的位移曲线，由于 9ms 之后子弹头部已经飞出视场，因此只给出了 8ms 以内的值，这一时间内子弹尚未发生明显的偏转。可以看出在 8ms 内子弹头部位移与时间近似呈正比关系，这说明子弹头部的速度几乎为常数，并无明显衰减，得到的平均速度值为 14.4m/s，比初始速度 19.6m/s 减小了 5.2m/s。说明子弹速度的减小可能主要发生在撞击开始的瞬间，约 0.5ms 的时间内。

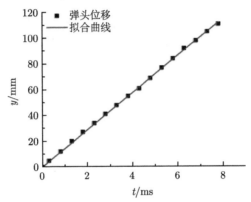

图 11.32　实验 2 中子弹头部的位移曲线

下面将梁的动态响应分为撞击早期应力波的传播和后期相变铰的形成与发展两个阶段，结合应变片测得的波形进行具体分析。

11.11.2　撞击早期 PE 梁中应力波的传播

11.11.2.1　悬臂梁中的弹性弯曲波与波速

撞击瞬间，在撞击点分别沿正负 y 方向向梁和子弹内部各传入一道压缩波，由于梁的厚度较小，这道波在梁的撞击点上下表面间来回反射，使得梁的自由端在子弹推动下产生 y 方向的横向运动和挠度。这种压缩波的作用局限于撞击点附近，时间短，在梁的分析中可以略去。重要的是，撞击的同时将向梁内部沿轴向 x 方向传入一道弯曲波和一道剪切波，使梁产生运动与变形。在弯曲波的作用下，梁的正反表面一面受拉，另一面受压，应变信号呈现出对称的变化，而剪切波使得梁截面上剪切应变相同。图 11.33 给出了实验 2 中对称贴片 (g1,g2) 和 (g3,g4) 在 1ms 内的应变波形。仔细观察图 11.33(b) 可以发现，每一对波形的前端 (t_2, t_3 处) 总有一小段是重合的，幅值较低，这是剪切波造成的，这也说明了剪切波比弯曲波传播的速度稍快。其后正反表面波形开始分叉，表明弯曲波开始到达该位置。弯曲波到达之后，波形形状基本对称，幅值差别很小，1ms 内对称贴片 g3 和 g4 应变绝对值的差别最大只有 0.09%。由此说明，测得的应变波形中，既包含了弯

曲波又包含了剪切波，其中剪切波的传播速度稍快，但幅值很低，影响很小，可见
11.2 节弹性弯曲波的理论解中忽略剪切波的作用是有实验根据的，弯曲波传播稍
慢，但在波系中起到主导作用。

　　既然在波系中弯曲波起主导作用，波形所反映的主要是弯曲波的信息。六个
应变计所测到的最大应变只有 0.73%，没有超过相变临界应变，波形为弹性弯曲
波。分别观察图 11.33(b) 中每一个应变计波形的头部，均呈现出正负交替变化，
并且幅值逐渐增大，周期逐渐加长，呈现出 11.4 节所述的弥散特性和发展过程，
在悬臂梁打击自由端的条件下，弯曲波幅值最大的位置不是在撞击点附近，而是
在距离撞击点的某一位置 (图 11.33(a))。

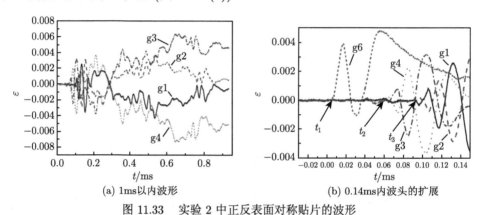

(a) 1ms以内波形　　　　　　　　　　(b) 0.14ms内波头的扩展

图 11.33　实验 2 中正反表面对称贴片的波形

　　弹性弯曲波波速，一般指波头波速，波头选取对称贴片波形最早出现的一个
明显分叉点。由图 11.33(b)，波头到达对称贴片 (g3,g4) 和 (g1,g2) 的时间分别为
t_2 和 t_3，取撞击点附近 g6 信号的起跳点 t_1 作为起始时间，贴片位置均已知，由
此可得弯曲波平均波速约为 1726m/s。远小于弹性纵波的速度 3100m/s。根据理
论计算结果 (王礼立, 2005)，弹性弯曲波的速度极限为弹性纵波的 0.6 倍，实验
测得的结果和理论基本相符，与 11.5 节的计算波速 1800 m/s 也比较接近。

11.11.2.2　悬臂梁中弹性弯曲波的卸载与反射

弹性弯曲波的卸载。图 11.34(a) 显示实验 2 中撞击面反面应变计 g1、g3、g5、
g6 约 1ms 内的应变记录波形，撞击点附近的应变计 g6 信号可以反映出撞击端的
载荷状态。图 11.34(b) 中，g6 信号在 O 点开始上升，至 C 点 (0.056ms) 达到最
大值，表明属于加载过程，其中有一个跌落段 ABC 是由于弹和梁的短暂分离造
成的。最大值之后 0.2ms 内 (CD 段) 应变持续减小，表明进入卸载阶段，说明
0.056ms 后卸载弯曲波开始从撞击点向梁内传播。

弹性弯曲波在固定端的反射。弯曲波头约在 0.1ms 左右到达固定端并发生反

射, 开始与入射波相互作用。应变计 g1 距离固定端只有 6mm, 弯曲波从 g1 至固定端来回一次仅需 0.007ms, 我们可以忽略这一时间差, 把 g1 近似视为固定端。固定端反射波和入射波的相位是相同的, 叠加起增强作用。因此 g1 的波形实际上是入射波和反射波综合作用的结果, 可以用来反映弯曲波在固定端的反射影响。从图 11.34(b) 中可以看出, g1 的应变并不是在反射一开始便达到最大值, 而是正反交替缓慢增大, 如图中的 M 至 N 点, N 点 (0.15ms) 的应变仅 −0.36‰。说明由于弯曲波的弥散特性, 首先到达固定端的波头部分幅值很低, 反射之后固定端附近的波形幅值也不大。

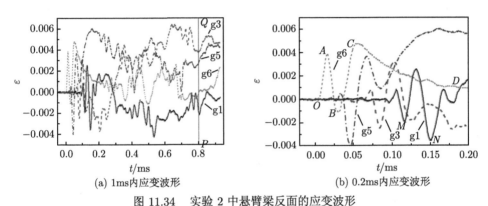

(a) 1ms 内应变波形   (b) 0.2ms 内应变波形

图 11.34   实验 2 中悬臂梁反面的应变波形

11.11.3 根部相变铰的形成和梁的响应

11.11.3.1 根部相变铰的形成

由于实验 2 撞击速度较低, 撞击处没有产生相变弯曲波。但是, 图 11.34(a) 显示, 经过弹性弯曲波在梁内多次反射以后, 大约在 0.8ms 之后 (图中 PQ 线右侧), 撞击面背面四个计的信号都变为正值 (固定端附近 g1 尚在 0 附近, 但随后将迅速增长), 表明梁的背面均开始承受压缩, 整个梁表现为整体正向弯曲摆动。因此时间 0.8ms 或者近似 1ms 可以作为悬臂梁的波动响应和整体结构响应的分界点。根据弹性弯曲波波头速度约 1700m/s 计算, 此时弯曲波在梁中已经来回反射了 4~5 次, 这表明弹性弯曲波来回反射 4~5 次左右梁将进入整体变形阶段, 这和 SHPB 压杆实验中近似认为应力波在试件中来回反射 3~5 次时应力均匀相类似。图 11.35(a) 给出了 20ms 内的应变波形, 可以看出, 1.9ms 时根部附近 g1 应变达到了相变临界应变 (图中 a 点), g2 波形和 g1 基本对称, 表明根部附近表层材料开始发生相变。之后根部应变持续增加, 不仅表层越来越多的材料发生相变, 同时相变开始向梁的厚度方向发展, 整个截面逐渐进入相变区。到 6.6ms 时, g1 应变达到最大值 2.6%(b' 点)。不过, 在根部应变增加的过程中, 其他位置 (g3 和

g4,g5,g6 处) 的应变变化不大。根据材料的力学性能知道 (图 11.6),发生相变之后,应力–应变曲线变得平缓,材料进入一个软化阶段。根部附近发生相变使得该处相对软化,由此该处应变大幅增加,产生了应变的局部化 (图 11.35(b)),梁整体上呈现出围绕根部的转动,这意味着根部形成了一个铰,即相变铰。

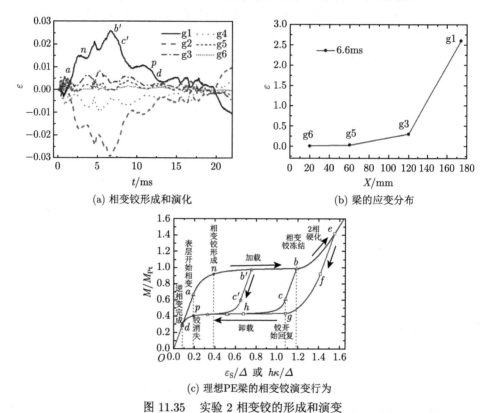

(a) 相变铰形成和演化　　　　　　　　　　(b) 梁的应变分布

(c) 理想PE梁的相变铰演变行为

图 11.35　实验 2 相变铰的形成和演变

　　以上是从材料特性方面来阐述相变铰的产生,然而,相变铰应该是一个结构响应的问题,从梁截面特性分析会显得更加清晰。矩形截面理想伪弹性相变梁的无量纲弯矩–表层应变 (或曲率) 的关系示于上面图 11.9 的分析中,为便于讨论相变铰的形成和特性,我们将图 11.9 重新画为图 11.35(c),并且让图 11.35(a) 中的字符与图 11.35(c) 中的一致,以便对照。

　　图 11.35(c) 中,a 点 ($\varepsilon_s = 0.75\%$) 是表层开始相变的临界点,b 点 ($\varepsilon_s = 4.75\%$) 是表层相变完成点,其中 nb 段截面弯矩 M 几乎不变,但是表层 ε_s 以及曲率 κ 不断增加,相应转角不断增大,相当于梁环绕该截面转动,形成了一个 "相变铰"。点 n 处 $\varepsilon_s = 1.5\%$,约等于 a 点的 2 倍。因此当表层应变达到约 1.5%(即 2 倍的相变临界应变) 时,我们便认为形成了一个较明显的相变铰。图中 be 段由于表层

进入 2 相产生强化, 称 b 点为相变铰冻结点或硬化点。卸载时, 视不同的加载终态点, 具有不同的卸载路径, 如 ef, bc, $b'c'$ 等, g, h 对应不同卸载路径的相变铰开始回复点, p 是相变铰消失点, d 是表层逆相变完成点, 表层恢复为纯 1 相。水平线段 gp 是所有卸载路径必经的, 该线段 M 几乎不变, 但表层 ε_s 以及曲率 κ 不断减小, 表明相变铰的恢复, 至 p 点 ($\varepsilon_s = 0.75\%$), 相变铰消失。也就是说, 对于图 11.35(c) 所示的相变梁参数而言, 加载时, 当 $\varepsilon_s > 1.5\%$ 时相变铰形成; 卸载时, 当 $\varepsilon_s < 0.75\%$ 时, 相变铰消失。

11.11.3.2 相变铰的特点

相变铰主要受马氏体相变所控制, 具有不同于传统塑性铰的特点。

(1) **有限性**。由于受到相变完成应变的限制, 相变铰的转动不是无限的, 属于有限铰。由图 11.35(c) 中可见, 加载平台段到表层相变完成点 b 为止, b 点以后, 由于截面上的材料从表层开始陆续进入 2 相, 2 相材料的弹性强化效应, 使铰逐渐硬化。因此, 对图 11.35(c) 所示的梁, 加载时相变铰的作用范围为 nb 段, 表层应变 ε_s 约为 1.5%~4.75%。理想塑性铰的范围理论上是无限的。

(2) **可回复性**。对于处于伪弹性状态的相变材料, 卸载时会发生逆相变, 从而变形得到回复。图 11.35(a) 中, g1 信号上的 n 点 (应变 1.5%) 表示根部相变铰形成, 从最大值 b' 点 (6.6ms, 应变 2.61%) 开始 ε_s 迅速减小, 代表了相变铰的卸载回复过程。大约 12ms 时, g1 应变减小到 0.75%(p 点), 相变铰消失。大约 13.2ms 时, $\varepsilon_s = 0.35\%$, 逆相变完成 (d 点), 截面处于 1 相弹性状态, 相变完全回复, 通常塑性铰是不可回复的。由于相变铰的可回复性, 相变梁可以承受多次冲击。

(3) **拉压不对称性**。在整个相变铰的形成与回复过程中, g1 和 g2 的应变波形基本对称, 但是幅值是有所差别的, 拉伸一侧 (图中负值) 的应变幅值总是比压缩 (图中正值) 一侧大 (图 11.35(a))。这一差异主要是由实际相变材料的拉伸压缩的不对称性导致的。这时, 梁弯曲的中性轴不再是截面的几何中性轴, 而是向材料相对较强的压缩一侧发生了偏移。这和 Rejzner 等 (2002) 在对 CuZnAl 合金的准静态弯曲实验中得出的结论是一致的。然而, 图 11.35(a) 中相变铰的这一拉压不对称性并不显著, b' 点的拉伸和压缩最大应变 (绝对值) 分别为 2.9%、2.6%, 差值仅 0.3%。大多数的理想塑性铰拉压是对称的。

(4) **冲击下相变铰变形过程中的波动性**。从图 11.35(a) 可以看出, 相变铰形成与回复的过程中, 梁上各处的应变不是单调变化的, 而是呈现出显著的波动性。这说明, 尽管梁整体向某一方向摆动, 但是梁上各处变形趋势并不一致, 而且根部相变铰处的变形总是和其他部分形成相反的趋势, 仔细比较图 11.35(a) 中 g1 和 g3 波形, 可以看到 g1 的波峰均和 g3 的波谷——对应。梁的整体的摆动伴随着局部的波动, 这种波动性在准静态时不会出现, 是冲击条件下特有的。

11.11.3.3　相变铰对梁动态响应的影响

相变铰一旦形成, 便承担了主要的变形和吸能任务, 梁的变形主要集中在相变铰处, 其余部分的变形不会再明显增大。根据应变波形, 可以绘制出图 11.35(a) 中相变铰变形至最大时刻 b' 点 (6.62ms) 的应变沿梁长度方向的分布图 (图 11.35(b)), 取梁撞击面的反面 g1、g3、g5、g6 四个位置。尽管图中只有四个点, 但是仍能直观地反映出相变铰形成之后应变的局部化 (如采用指数曲线拟合, 局部化将更为直观), 最大的应变发生在根部附近, 达到了 2.61%, 其余部分应变则维持在一个很低的水平, g3 处应变只有 0.31%, 尚处于 1 相弹性状态。另外, 从高速 CCD 拍到的录像也可以看出, 当梁达到最大挠度时, 弯曲变形主要发生在根部附近, 其余部分则保持相对平直 (图 11.31, 6.3ms)。可见, 根部相变铰形成之后, 梁整体表现为绕根部相变铰的转动。

相变铰卸载回复的过程中, 铰的反向转动引起梁的向回摆动。高速 CCD 录像表明梁的摆动能够超过初始静止位置达到一个较大的反向挠度 (图 11.31, 25.5ms), 对照应变波形, 此时应变计 g1 的幅值达到了 −2.1%, 表明根部再次形成了一个变形稍小的反向相变铰。100ms 内的应变波形表明, 根部相变直到 60ms 以后才完全消失, 此后梁进入弹性振动阶段。

相变铰的变形不仅承担着主要的变形任务, 还承担着主要的能量吸收任务。根据材料性能曲线, 材料在相变过程中应力–应变曲线存在滞回, 在此循环过程中大量能量将得到耗散。因此, 在相变铰的形成与回复过程中, 伴随着正、逆相变不断发生, 大量的能量将被吸收, 转化成热能, 使梁的动能快速衰减。进入弹性振动阶段以后, 阻尼变小, 衰减速度变慢。

11.12　打击 PE 梁 1/3 处时的典型实验结果

11.12.1　高速 CCD 记录的梁的总体运动与变形

实验 7 中子弹撞击位置距离自由端 $x_5 = 57\text{mm}$, 大约在梁的 1/3 处。弹长 200mm, 弹速 25.8m/s。图 11.36 是高速 CCD 的录像截图 (右侧固定端在画面外), 录像显示, 子弹与梁发生了多次撞击, 最终子弹从梁自由端滑出后, 梁来回摆动多次最终静止并恢复原样, 没有残余变形。但是, 与撞击自由端的实验 2 有两点明显的不同: ① 在撞击瞬间, 梁在撞击点位置首先向前突出, 梁的自由端保持不动, 梁整体成反向弯曲状态, 见 0.5ms 图片。约 1.5ms 时左自由端开始迅速向正向甩动, 梁整体呈正向弯曲状态。② 梁摆动至最大挠度前弯曲变形主要集中在根部附近, 其余大部平直, 如图中 4.3ms 时的照片, 根部附近 g1 应变达到最大值 4.22% 时，梁根部以外近乎笔直。当达到最大挠度附近时 (7.7ms)，靠近固定端约 1/3 梁长度的一段发生了明显的正向弯曲变形。这说明，打击梁的不同位置，梁的响应会发生很大变化。

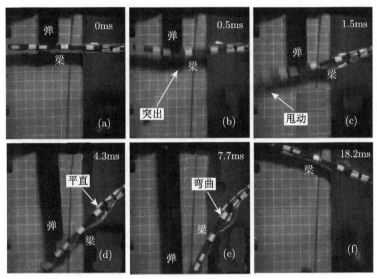

图 11.36　实验 7 的 CCD 图像 (俯视)，右端是固定端

(a) 0 时刻静止，(b) 0.5ms 中间向前突出，(c) 1.5ms 自由端迅速正向甩动，(d) 4.3ms 根部应变最大，(e) 7.7ms
正向最大挠度，(f) 18.2ms 反向最大挠度

11.12.2　早期相变弯曲波的传播

图 11.37(a) 是实验 7 中对称贴片 (g1,g2) 和 (g3,g4) 在 1ms 内的应变波形，可以看出，g3 和 g4 的波形除幅值稍有差别外，形状基本对称。实验 7 中对称 g2 和 g1 的实际位置距离固定端分别为 10mm 和 6mm，并不完全对称，但比较接近，两片波形大致也成对称趋势。由此说明，当前实验条件下，剪切与轴向载荷的作用较小，应变波形所反映的主要仍是弯曲波信号。

图 11.37(b) 给出了梁的背面四个应变计 (g1,g3,g5,g6) 的应变波形，位置分别为：g1$(x_1 = 174\text{mm})$ 位于根部附近，g3$(x_2 = 120\text{mm})$ 位于梁的 2/3 处，g5$(x_3 = 60\text{mm})$ 位于梁的 1/3 处，离撞击点仅 3mm，g6$(x_4 = 20\text{mm})$ 左边离自由端 20mm，右面距撞击点 37mm。位于撞击点背面附近的 g5 从撞击一开始测到的就是拉伸应变，表明撞击点附近产生了反向弯曲，与图 11.36(b)0.5ms 照片一致。g5 应变幅值增加非常快，0.013ms 时便达到 -0.74%(拉伸应变)，开始发生相变，形成了相变弯曲波。相变弯曲波从撞击点向左右两端传播，左侧的 g6 和右侧的 g3、g1 先后在 0.022ms、0.036ms、0.070ms 出现应变信号，波形前部都有一段正负交替

增大的应变信号，幅值小于相变临界应变，说明最先到达的是弹性弯曲扰动，然后幅值增大至超过相变临界应变，形成相变弯曲波。由此说明，相变弯曲波首先在撞击点处产生，然后向两边传播，其前方是弹性弯曲波作为先导。

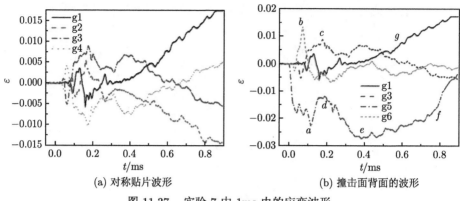

(a) 对称贴片波形　　　　　　　　　(b) 撞击面背面的波形

图 11.37　实验 7 中 1ms 内的应变波形

图 11.37(b) 中，g5 应变信号在撞击 0.042ms 时达到 −1.8%，然后经过两次小波动在 0.117ms 达到一个极值 −2.26%(a 点)，然后迅速减小至 d 点的 −1.18%，这应该是子弹和梁发生短暂分离引起的。子弹和梁在 d 点可能再次发生撞击，应变迅速增加，0.383ms 时达到该位置应变的最大值 −2.73%(e 点)。撞击处的应变超过了相变铰的定义值 (1.5%)，实际上 g5 处已经形成一个反向转动的相变铰。

左侧的 g6 一开始是一个小的拉伸应变，在 0.038ms 时变为压缩应变，说明该处已转为正向弯曲。0.06ms 时压缩应变幅值达到相变临界应变，0.073ms 时达到极大值 1.35%(b 点)，说明 g6 处也发生了相变，形成相变区，但还不足以构成相变铰。0.093ms 时应变减小到 0.35%，逆相变完成，之后一直处于弹性响应状态。g6 位置相变持续的时间很短，仅有 0.033ms。g6 位置的波形特性和相变波的波动弥散特性跟自由端反射作用相关。根据弯曲波波头速度可以计算出自由端反射波到达 g6 的时间为 0.045ms，在此以前，g6 记录的是左行相变弯曲波，此后是左行的相变弯曲波和自由端反射的弯曲波在该处的叠加。由前文知，在相变波 Pt 峰前有一个反相的幅值较大的 E1 峰，当撞击载荷较高时，在反射共同作用下，E1 峰可能超过相变阈值而演变为一个反相的 Pt 峰。下文的数值模拟也能说明这一点。

右侧 g3 和 g1 波形早期趋势和 g6 相似，为正负交替的弹性弯曲波，后来都转变为压缩应变。不同的是应变增加较慢，图中达到相变应变阈值发生相变的时间 (图 11.37(b) 中的 c 点和 g 点) 是在固定端反射波到达之后。

然而，g6 发生相变时其应变的符号和 g5 恰好相反，g6 处为压缩，而 g5 为拉伸, 这表明, 在 0.06~0.07ms 之间的任一时刻, g6 和 g5 两处梁的变形方向是相反的, 则中间某一位置必然应变为 0, 该位置两侧附近的应变也必然小于相变临界应变, 即不会发生相变, 因此 g5 和 g6 两处相变区之间必然存在一个弹性区, 两个应变计位置处的相变区不是一个连续的相变区。类似的分析可以得到 g5 和 g3 两处的相变区也是不相连的。

11.12.3　相变铰的演化与梁的运动

将实验 7 和实验 2 对比可以发现, 冲击梁中部某一位置, 更容易在梁的中间形成相变波和相变铰。图 11.38 给出梁背面 4 个应变计的约 14ms 内的演变波形, 对照图 11.37(b), 可以发现撞击处附近 g5 处应变在 0.026ms 时就已经达到 −1.5%, 表明该处很快形成了一个相变铰, 记为铰 1, 应变符号为负, 表示是一个反向转动的铰。图 11.38 中, g5 应变表现出波动变化, 对应着相变铰 1 的形成、部分回复、变形加剧、再次回复的过程。另外, 在 0.073ms 左右 g6 处相变也达到了较高的水平, 形成一个独立的相变区, 但没有构成相变铰。中部相变铰 1 形成时, 梁撞击点附近向前突出 (图 11.36(b)), 而当铰 1 逐渐回复之后, 梁自由端快速的正向甩动 (图 11.36(c))。

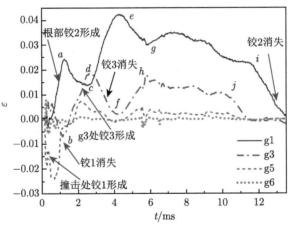

图 11.38　实验 7 中撞击面背面的应变波形 (14ms 内)

当撞击点附近的相变铰 1 回复之后, 根部 g1 处在 0.795ms 时应变达到 1.5%, 相变铰形成, 记为相变铰 2。此后梁的响应过程和撞击自由端时 (实验 2) 有很大的相似之处, 因为不管撞击在什么位置, 仅影响早期波动作用下梁的响应, 悬臂梁所受的冲量都是向下的, 总的冲击弯矩最终都需由根部来承担。

g3 处的应变在 1.89ms 达到 0.75%, 开始发生相变, 2.71ms 时达到极大值 1.88%, 表明另一个相变铰 (铰 3) 在 g3 处形成, 不过铰 3 存在时间很短。和实验

2 情形相似, 根部相变铰 2 的发展变化过程中表现出强烈的波动性, g1 处应变的变化趋势总是和 g3 等处相反, 峰谷相对, 如图 11.38 中的 a 和 b, c 和 d, e 和 f, g 和 h 等。直到约 11ms 以后, 铰 2 才最终消失, 这时梁整体上向相反方向摆动, 进入弹性振动模态, 逐渐趋向静止, 不再赘述。

11.13　打击 PE 梁 1/3 处实验的数值模拟

实验采用应变计测量, 只能得到几个孤立点的应变–时间波形, 数值模拟能较好地反映梁的整体动态响应, 并且可以和实验波形相互补充和验证, 探讨其规律。由于篇幅所限, 我们将主要介绍早期波动响应以及相变区 (铰) 的形成和演化规律。

11.13.1　模拟实验参数和材料模型

梁和子弹的几何尺寸、弹速、撞击位置等实验条件以及坐标系与上文实验 7 完全相同。梁的材料模型采用前文 11.3 节中的理想伪弹性相变模型 IP(Ideal Pseudo-elastic) 参数列于表 11.1。

11.13.2　早期相变弯曲波的形成和传播

图 11.39 给出了梁内早期 (0.12ms 内) 弯曲波的传播, 以及自由端和固定端反射作用的数值模拟结果。图中可见约 0.02ms 时撞击点附近约 15mm 的范围内的表层便发生了相变, 如图 11.39(a) 中的相变峰 Pt^-, 以及图 11.39(b) 中的 A 区 (混合相), 说明一开始便形成了相变弯曲波。弯曲波从撞击点对称的向两边传播, 两侧波形的幅值与形状关于撞击点完全对称 (图 11.39(a))。随着相变弯曲波的发展, 0.04ms 时在 34.5mm 和 85.5mm 处同时形成了两个相变水平很低的相变区 B 和 C(图 11.39(d))。可见, 尽管相变弯曲波是连续传播的, 但是可能形成一些不连续的相变区。

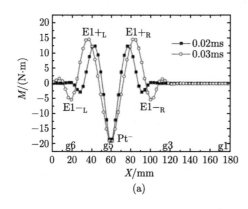

(a)

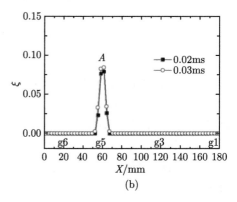

(b)

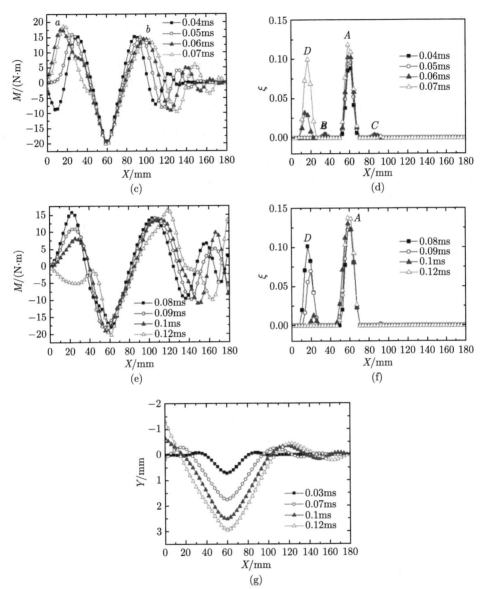

图 11.39 梁内早期弯曲波的传播以及在自由端与固定端的反射 (模拟结果)

(a)(c)(e) 弯矩分布，(b)(d)(f) 相变含量 ξ 分布，(g) 挠度分布

　　大约 0.03ms，弯曲波左边的波头首先到达自由端并反射，从图 11.39(c) 可以看出，反射之后，两侧波形形状变得不再对称，0.06~0.07ms 时在左侧 a 点附近弯矩幅值超过了右侧对称位置 b 处幅值，并且超过了相变起始弯矩，发生了相变，形成相变区 D 区 (图 11.39(d))。大约 0.07ms 之后，左侧波形的幅值开始逐渐减

小，相变区 D 发生逆相变回复。可见，自由端反射弯曲波对梁并不总是起卸载作用，在某些时刻反而可能起加强作用，形成新的相变区。

大约在 0.07ms 时，右侧弯曲波波头到达固定端，自由端的反射波波头也已经到达撞击点附近，之后梁中弯曲波的形状变得比较复杂。自由端附近弯矩持续减小，相变区 D 逐渐消失 (图 11.39(e), (f))。图 11.39(g) 给出了早期梁的挠度变化。

11.13.3　梁摆动至最大挠度过程中相变铰的发展和演化

大约 0.3ms 之后，梁中部撞击点附近相变含量迅速增加，0.4ms 时该位置表层相变含量 ξ 便达到了 52%，一个明显的相变铰在中部撞击点处形成，我们称之为铰 1，其转动方向与梁整体的摆动方向相反，是一个反向转动的相变铰 (图 11.40(b))。0.5ms 之后相变铰 1 开始回复，到 1.65ms 时铰 1 完全消失 (图 11.41，图 11.42)。

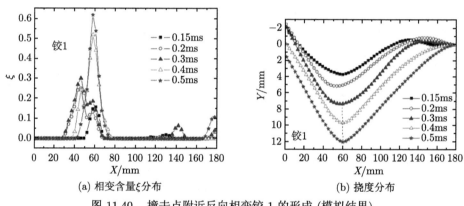

(a) 相变含量 ξ 分布　　　　　　　　　　(b) 挠度分布

图 11.40　撞击点附近反向相变铰 1 的形成 (模拟结果)

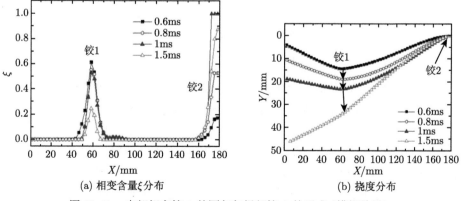

(a) 相变含量 ξ 分布　　　　　　　　　　(b) 挠度分布

图 11.41　中部相变铰 1 的回复与根部铰 2 的形成 (模拟结果)

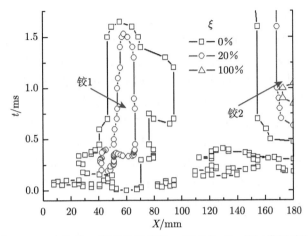

图 11.42 中部铰 1 演变及根部铰 2 形成的 X-t 图 (模拟结果)

在相变铰 1 回复的同时, 梁根部开始发生相变, 2 相含量 ξ 迅速增加, 根部附近表层最高相变含量在 0.6ms 时已接近 20%, 1ms 时则已经达到了 100%, 形成相变铰 2(图 11.41, 图 11.42)。另外, 伴随着铰 1 的回复, 梁自由端迅速的正向甩动 (图 11.43), 甩动对梁中相变区的发展产生了两方面影响: ① 造成了根部铰 2 的含量发生波动, 0.9ms 时铰 2 相变含量 ξ 最高已经达到 100%, 但是 1.1ms 之后开始减小, 1.6ms 时根部最高含量 ξ 只有 75.6%, 3ms 时再次增加到 100% (图 11.44(a))。② 使得梁中部形成了大范围的相变区, 比如 2.5ms 时从 67.5mm 处直到固定端长约 113.5mm 的范围内都发生了相变 (图 11.44(a))。

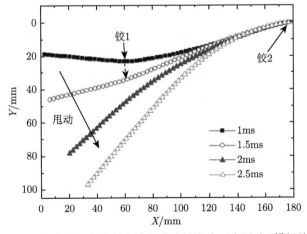

图 11.43 相变铰 1 回复过程中梁自由端发生正向甩动 (模拟结果)

大约 3ms 时甩动过程结束，梁整体表现为正向弯曲摆动，中部相变区开始向根部收缩，同时根部铰 2 由于表层材料进入 2 相弹性得到强化而开始向左移动，成为一个"移动相变铰"，后方则形成了一个相变硬化区 (图 11.44(a))。6.6ms 时梁摆动到达最大挠度处，自由端最大挠度达到 148.4mm，根部铰区相变含量 $\xi = 100\%$ 的区域已经延伸到了 $x = 148.5$mm 处，距离固定端 31.5mm。铰 2 的模拟结果和实验测量的根部 g1 位置处的波形 (图 11.38) 是基本吻合的。不过实验测量的 $X = 120$mm 处的 g3 波形表明，在 2.5~3.7ms 应该形成一个较弱的相变铰 3(图 11.38)，仔细分析图 11.44(a)，可以看到，在 $X = 130$mm 处，在 2.5~4ms 范围，表层应变高于 1.5%，也形成了一个相变铰 3，实验和模拟结果也是定性一致的，不过相变铰 3 较弱，存在时间较短。

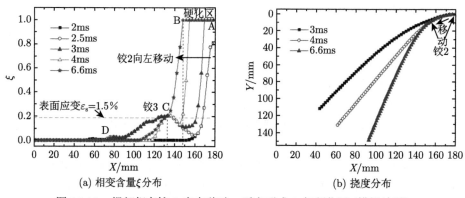

(a) 相变含量 ξ 分布　　　　　　(b) 挠度分布

图 11.44　根部相变铰 2 向左移动，后方形成 2 相硬化区 (模拟结果)

这一章对伪弹性 (PE) 相变长梁和悬臂梁受横向冲击载荷下的动态响应从理论分析、实验和数值模拟三个方面进行了较为系统的分析探讨，得到了不同于传统弹塑性梁的一些新现象和新规律，对相变弯曲波的产生和传播、相变铰的特性及其形成与发展、相变梁的冲击响应特性有了基本的认识。本章仅限于讨论相变弯曲波在 PE 梁中的传播，更多内容，如形状记忆 (SME) 梁，悬臂梁的结构动力响应，抗冲阻尼和吸能效应及其应用，其他工程结构中的相变弯曲波，相变结构的冲击屈曲失稳等，请参看相关文献 (张兴华, 2007; 李丹, 2009; 吴会民, 2010; 崔世堂, 2013; 张科, 2015)。

参 考 文 献

陈永涛, 李庆忠, 胡海波. 2008a. FeMnNi 合金高压相变波形测量和层裂机理分析. 高能量密度物质, 28(1):8-12.

陈永涛, 李庆忠, 胡海波. 2008b. 低相变阈值金属高压加载下的相变层裂特性. 爆炸与冲击, 28(6):503-506.

崔世堂. 2013. TiNi 合金圆薄板的冲击响应研究. 中国科学技术大学博士学位论文.

崔世堂, 唐志平, 郑航. 2014. TiNi 合金圆薄板的横向冲击特性实验. 爆炸与冲击, 34(4):444-450.

戴翔宇. 2003. 动载下相变材料中宏观相边界的传播. 中国科学技术大学硕士学位论文.

戴翔宇, 唐志平. 2003. 冲击相边界传播过程中梯度材料的形成. 高压物理学报, 17:111-116.

丁启财. 1985. 固体中的非线性波. 北京: 中国友谊出版公司.

冯端, 刘治国, 杨正举, 等. 1990. 金属物理学 (第二卷): 相变. 北京: 科学出版社.

郭扬波. 2004. TiNi 合金冲击相变特性和相变本构研究. 中国科学技术大学博士学位论文.

郭扬波, 唐志平, 徐松林. 2004. 一种考虑静水压力和偏应力共同作用的相变临界准则. 固体力学学报, 25:417-422.

哈德逊 R D Jy. 1975. 红外系统原理. 北京: 国防工业出版社.

经福谦. 1999. 实验物态方程导引. 2 版. 北京: 科学出版社.

李丹. 2009. TiNi 相变柱壳的轴向静动态屈曲特性研究. 中国科学技术大学博士学位论文.

李婷. 2008. 高聚物材料在压剪复合冲击下剪切失效特性的研究. 中国科学技术大学硕士学位论文.

李永池, 朱林法, 胡秀章, 等. 2003. 粘塑性薄壁管中复合应力波的传播特性研究. 爆炸与冲击, 23(1):1-5.

刘永贵. 2014. 考虑温度效应时相变波传播规律研究. 中国科学技术大学博士学位论文.

刘永贵, 唐志平. 2011. 温度界面对相边界传播规律的影响. 中国力学学会学术大会.

刘永贵, 唐志平, 崔世堂. 2014a. 冲击载荷作用下瞬态温度实时测量方法研究. 爆炸与冲击, 34(4):471-475.

刘永贵, 唐志平, 崔世堂. 2014b. TiNi 合金冲击相变过程中的温度变化规律实验研究. 爆炸与冲击, 34(6): 679-684.

罗斌强, 陈学秒, 王桂吉, 等. 2016. 磁驱动压-剪联合加载下材料动态强度的直接测量. 中国科学: 物理学, 力学, 天文学, 46(11):1-8.

施心路. 2002. 光学显微镜及生物摄影基础. 北京: 科学出版社.

宋卿争. 2014. 复合加载下 NiTi 合金力学特性和相变波的研究. 中国科学技术大学博士学位论文.

宋卿争, 唐志平. 2011. 复合应力相变波在薄壁圆管中传播特性的研究. 第十届全国冲击动力学学术会议论文摘要集, 太原: 93.

宋卿争, 郑航, 唐志平. 2015. 加载路径和温度对 NiTi 合金相变特性的影响. 实验力学, 30(1):42-50.

唐小军, 胡海波, 李庆忠, 等. 2006. HR2 钢及几种铁基材料的冲击相变行为. 爆炸与冲击, 26(2): 115-120.

唐志平. 1992. 材料的冲击相变//冲击动力学进展. 王礼立, 余同希, 李永池, 等. 合肥: 中国科学技术大学出版社: 117-154.

唐志平. 1993. Lagrange 分析方法及其新进展. 力学进展, 23:348-359.

唐志平. 1994. 冲击相变研究的现状和趋势. 高压物理学报, 8:14-22.

唐志平. 2008. 冲击相变. 北京: 科学出版社.

唐志平, 戴翔宇. 2005. 一级可逆相变材料中冲击相边界的传播//材料和结构的动态响应. 白以龙. 合肥: 中国科学技术大学出版社: 18-31.

唐志平, 李婷. 2005. 压剪复合冲击加载下聚合物的剪切失效行为和机理研究. 中国力学学会学术大会.

唐志平, 卢艰春, 张兴华. 2007. TiNi 相变悬臂梁的横向冲击特性实验研究. 爆炸与冲击, 27(4):289-295.

唐志平, 刘永贵. 2015. 温度对相变波传播规律的影响. 中国力学学会学术大会.

王波. 2017. 相变材料及聚合物中的复合应力波研究. 中国科学技术大学博士学位论文.

王波, 唐志平. 2016. 薄壁管预扭冲击拉伸实验装置的研制. 实验力学, 31(3):299-305.

王波, 张科, 唐志平. 2017. 薄壁管拉扭复合相变波的实验研究. 振动与冲击, 36(22):29-33.

王礼立. 2005. 应力波基础. 2 版. 北京: 国防工业出版社.

王礼立, 胡时胜, 杨黎明, 等. 2016. 材料动力学. 合肥: 中国科学技术大学出版社.

王文强, 唐志平. 2000. 冲击下宏观相边界的传播. 爆炸与冲击, 20:25-31.

王志刚, 黄克智. 1991. 一种描述形状记忆合金拟弹性变形行为的本构模型. 力学学报, 23:201-210.

吴会民. 2010. TiNi 相变固支梁的冲击响应研究. 中国科学技术大学博士学位论文.

吴会民, 唐志平. 2009. 低速大质量冲击下伪弹性 TiNi 合金固支梁响应的数值研究. 振动与冲击, 28(8):6-10.

肖纪美. 2004. 合金相与相变. 2 版. 北京: 冶金工业出版社.

徐薇薇. 2009. 几种基本构件的冲击相变响应的数值模拟研究. 中国科学技术大学博士学位论文.

徐薇薇, 唐志平, 张兴华. 2006. 有限杆中不可逆相边界的传播规律及其应用. 高压物理学报, 20:31-37.

徐祖耀. 1988. 相变原理. 北京: 科学出版社.

虞吉林, 王礼立, 朱兆祥. 1982. 杆中应力波传播过程中弹塑性边界的基本性质. 固体力学学报, 3: 313-324.

虞吉林, 王礼立，朱兆祥. 1984. 杆中弹塑性边界传播速度的确定. 固体力学学报, 1:16-26.

余同希，斯壮 W J. 2002. 塑性结构的动力学模型. 北京: 北京大学出版社.

袁福平. 2002. 复合应力波的传播特性和工程效应研究. 中国科学技术大学硕士学位论文.

张科. 2015. 新型 SMA 缓冲器及其响应特性研究. 中国科学技术大学博士学位论文.

张科，郑航，汪玉，等. 2011. 一种采用 TiNi 合金柱壳的抗冲击装置设计. 振动与冲击, 30(5):32-36.

张联盟, 杨中民, 沈强, 等. 1999. 颗粒共沉降法消除梯度材料内部界面的可能性分析. 硅酸盐通报, 6:60-62.

张兴华. 2007. TiNi 相变悬臂梁的冲击响应研究. 中国科学技术大学博士学位论文.

张兴华, 唐志平, 李丹，等. 2008. 横向冲击载荷下伪弹性 TiNi 合金矩形悬臂梁结构响应的实验研究. 实验力学，23(1):43-52.

张兴华, 唐志平, 徐薇薇, 等. 2007. FeMnNi 合金的冲击相变和层裂特性的实验研究. 爆炸与冲击, 27(2):103-108.

张兴华, 唐志平, 郑航. 2010. 子弹冲击 SMA 悬臂梁实验的数值模拟. 兵工学报, 31(4):491-498.

周友和, 郑晓静. 1999. 电磁固体结构力学. 北京: 科学出版社.

Abeyaratne R, Knowles J K. 1993. A continuum model of a thermoelastic solid capable of undergoing phase transitions. J Mech Phys Solids, 41:541-571.

Abeyaratne R, Knowles J K. 2006. Evolution of Phase Transitions. Cambridge: Cambridge Univ. Press.

Abou-Sayed A S, Clifton R J, Hermann L. 1976. The oblique-plate impact experiment. Exp.Mech., 16: 127-132.

Avrami M J. 1939. Kinetics of phase change I: General theory. J Chem Phys, 7:103-112.

Avrami M J. 1940. Kinetics of phase change II: Transformation-time relations for random distribution of nuclei. J Chem Phys, 8:212-224.

Avrami M J. 1941. Kinetics of phase change III: Granulation, phase change, and microstructure. J Chem Phys, 9:177-184.

Bancroft D, Peterson E L, Minshall S. 1956. Polymorphism of iron at high pressure. J Appl Phys, 27(3):291-298.

Barker L M, Hollenbach R E. 1974. Shock wave study of the $\alpha \leftrightarrow \varepsilon$ phase transition in iron. J Appl Phys, 45(11):4872-4887.

Bekker A. 1997. Mathematical modeling of one dimensional shape memory alloy behavior. Texas A & M University PhD thesis.

Bekker A, Victory J, Lagoudas D C. 2001. Shock propagation of phase transition in SMA rods. Technical report No. CMC-2001-01.

Bekker A, Jimenez-Victory J C, Popov P, et al. 2002. Impact induced propagation of phase transformation in a shape memory alloy rod. Int J Plasticity, 18:1447-1479.

Berezovski A, Engelbrecht J, Maugin G A. 2008. Numerical simulation of waves and fronts in inhomogeneous solids, World Scientific Series on Nonlinear Science, Series A, Vol b2, World Scientific Singapore.

Berezovski A, Maugin G A. 2004. On the thermodynamic conditions at moving phase-transition fronts in thermoelastic solids. J Non-Equilib Thermodynamics, 29:37-51.

Berezovski A, Maugin G A. 2005. Stress-induced phase-transition front propagation in thermoelastic solids. Eur J Mech A/Solids, 24:1-21.

Berezovski A, Maugin G A. 2008. Numerical simulation of waves and fronts in inhomogeneous solids. World Scientific Series on Nonlinear Science. Series A, Vol 62, World Scientific, Singapore.

Bland D. 1964. On shock waves in hyperelastic media// Reiner M, Abir D. Proc of Int Symp on Second-order Effects in Elasticity, Plasticity and Fluid Dynamics. New York: The Macmillan Company: 93-108.

Bleich H H, Nelson I. 1966. Plane waves in an elastic-plastic half-space due to combined surface pressure and shear. Trans ASME, J Appl Mech, 33:149-158.

Bruno O P, Leo P H, Reitich F. 1995. Free boundary conditions at austenite-martensite interfaces. Phys Rev Lett, 74:746-749.

Burgers W G, Groen L J. 1957. Mechanism and kinetics of the allotropic transformation of tin. Discuss Faraday Soc, 23:183-195.

Carroll M. 1985. Foundations of solid mechanics. Appl Mech Rev, 38(10):1301-1308.

Chang S N, Meyers M A, Thadhani N N, et al. 1988. Martensitic transformation induced by tensile stress pulse in an Fe-Ni-Mn alloy// Shock Waves in Condensed Matter. Schmidt S C, Holmes N C. 1987. Elsevier: 143-146.

Chen I W, Reyes-Morel P E. 1986. Implications of transformation plasticity in ZrO_2- containing ceramics: I, shear and dilation effects. J Am Ceram Soc, 69:181.

Chen Y C, Lagoudas D C. 2005. Wave propagation in shape memory alloy rods under impulsive loads. Proc Roy. Soc A, 461:3871-3892.

Christian J W. 1979. Phase transformations in metals and alloys - an introduction in phase transformations, London: York Conf. Proc, Inst of Metal: 1-14.

Clifton, R J. 1966. An analysis of combined longitudinal and torsional plastic waves in a thin-walled tube. Proc of the 5th U. S. National Congress of Appl Mech: 465-480.

Collet M, Foltete E, Lexcellent C. 2001. Analysis of the behavior of a shape memory alloy beam under dynamical loading . Eur J Mech A/Solids, 20(4): 615-630.

Соколовский В В. 1948. Распространении упруго-вязко-пластических волн в стержнях. Прик Мат Мех, 12:261(in Russian).

Dai X Y, Tang Z P, Xu S, et al. 2004. Propagation of macroscopic phase boundaries under impact loading. Int J Impact Eng, 30:385-401.

Deribas A A, Matizen V, Nesterenko V F, et al. 1990. Properties of high T_c super-conductor Bi-Sr-Ca-Cu-O using shock waves// Schmidt S C, Johnson J N, Davison L W. Shock Compression of Condensed Matter. Amsterdam: Elsevier, 1989: 549.

Duvall G E, Graham R A. 1977. Phase transitions under shock loading. Rev Modern Phys, 49:523-579.

Duwez P E, Clark D S, Bohnenhlust H F. 1950. The behavior of long beam under impact loading. J Appl Mech, 17(1): 27-45.

Escobar J C, Clifton R J. 1993. On pressure-shear plate impact for studying the kinetics of stress-induced phase transformations. Mater Sci and Eng A, 170(1-2):125-142.

Escobar J C, Clifton R J. 1995. Pressure-shear impact induced phase transformation in Cu-14.44Al-4.19Ni single crystals. SPIE Active Matter Smart Struct, 2427:186-197.

Escobar J C, Clifton R J, Yang S Y. 2000. Stress-wave-induced martensitic phase transformation in NiTi, Shock Compression of Condensed Matter. Furnish M D, Chhabildas, Hixson R S. 1999. AIP: 267-270.

Espinosa H D. 1992. Micromechanics of the dynamic response of ceramics and ceramic composites. Ph.D Thesis, Brown University, Providence.

Espinosa H D. 1996. Dynamic compression-shear loading with in-material interferometric measurements. Rev Sci Instrum, 67(11):3931-3939.

Fisher F D, Oberaigner E R. 2001. A micromechanical model of interphase boundary movement during solid-solid phase transformations. Arch Appl Mech, 71:193-205.

Fukuoka H, Masui T. 1975. Incremental impact loading of plastically prestressed aluminum by combined tension-torsion load. The Japan Soc of Mech Engineers, 18(116):104-113.

Fukuoka H, Hayashi T, Tanimoto N, et al. 1977. Torsional impact loading of the thin-walled aluminum statically pre-tensioned. The Japan Soc of Mech Engineers, 20(149):1396-1401.

Gibbs J W. 1878. On the equilibrium of heterogeneous substances, in The Scientific Papers of J. Willard Gibbs, Vol. l, Longmans, Dover, 1961: 325.

Graham R A, Anderson D H, Holland J R. 1967. Shock-wave compression of 30%Ni-70%Fe alloys: the pressure-induced magnetic transition. J Appl Phys, 38:223-229.

Grujicic M, Olson G B, Owen W S. 1985. Mobility of the β_1-γ_1 martensitic interface in Cu-Al-Ni: part I, experimental measurements. Metall Trans A, 16A:1713-1734.

Guo Y B, Tang Z P, Zhang X H. 2005. Phase Transition Taylor Test, WIT Transactions on Eng Sci, 49, Impact Loading of Lightweight Structures, Alves M, Jones N: 241-255.

Gupta Y M. 1976. Shear measurements in shock-loaded solids. Appl Phys Letters, 29:694-697.

Gupta Y M. 1980. Determination of the impact response of PMMA using combined compression and shear loading. J Appl Phys, 51(10):5352-5361.

Gupta Y M, Keough D D, Walter D F, et al. 1980. Experimental facility to produce and measure compression and shear waves in impacted solids. Rev Sci Instrum, 51(2):183-210.

Gust W H. 1982. High impact deformation of metal cylinders at elevated temperatures. J Appl Phys, 53: 3566-3575.

Hawkyard J B, Eaton D, Johnson W. 1968. The mean dynamic yield strength of copper and low carbon steel at elevated temperatures from measurements of the "mushrooming" of flat-ended projectiles. Int J Mech Sci, 10: 929-948.

Hayes D B. 1975. Wave propagation in a condensed medium with N transforming phases: application to solids-I-solid-II-liquid bismuth. J Appl Phys, 46: 3438-3443.

He Y J, Sun Q P. 2009. Non-local modeling on macroscopic domain patterns in phase transformation of NiTi tubes. Acta Mechanica Solida Sinica, 22(5): 407-416.

He Y J, Sun Q P. 2009. Scaling relationship on macroscopic helical domains in NiTi tubes. Int J Solids Struc, 46: 4242-4251.

Hill R. 1950. The Mathematical Theory of Plasticity. Oxford: Clarendon Press.

Hsu J C C, Clifton R J. 1974. Plastic waves in a rate sensitive material -I. Waves of uniaxial stress. J Mech Phys Solids, 22(4):233-253, II. Waves of combined stress. J Mech Phys Solids, 22(4):255-266.

Hutchings I M. 1978. Estimation of yield stress in polymers at high strain rates using G.I. Taylor's impact technique. J Mech Phys Solids, 26:289-301.

Jamieson J C, Lawson A W. 1962. X-Ray diffraction studies in the 100 kilobar pressure range. J Appl Phys, 33:776-780.

Johnson W A, Mehl R F. 1939. Reaction kinetics in processes of nucleation and growth. Trans ALME, 135:416-458.

Kolsky H. 1953. Stress Wave in Solids. Oxford: Clarendous Press. (中译本: 固体中的应力波. 王仁, 王大均, 王肇, 等译. 科学出版社, 1958)

Kubo R. 1968. Thermodynamics. Amsterdam: North-Holland.

Lagoudas D C, et al. 1996. A unified thermodynamic constitutive model for SMA and finite element analysis of active metal matrix composites. Mech Comp Mater Stuct, 8:153-179.

Lagoudas D C, Bo Z. 1999. Thermomechanical modeling of polycrystalline SMAs under cyclic loading, part IV: modeling of mino hysteresis loops. Int J Eng Sci, 37:1205-1249.

Lagoudas D C, Chandar R, et al. 2003. Dynamic loading of polycrystalline shape memory alloy rods. Mech. Mater, 35:689-716.

Lagoudas D C. 2007. Shape Memory Alloys. New York: Springer.

Landau L D. 1937. Zur Theorie der Phasenumwandlungen II. Phys Z Sowj Un, 11:26-35.

Lax P D. 1954. Weak solutions of nonlinear hyperbolic equations and their numerical computation. Communications on Pure and Appl Math, 7(1):159-193.

Levitas V I, Preston D L. 2002. Three-dimensional Landau theory for multivariant stress-induced martensitic phase transformations. I. Austenite↔martensite. Phys Rev B, 66: 134-206.

Lexcellent C, Blanc P. 2004. Phase transformation yield surface determination for some shape memory alloys. Acta Materialia, 52:2317-2324.

Lexcellent C, Vivet A, Bouvet C, et al. 2002. Experimental and numerical determinations of the initial surface of phase transformation under biaxial loading in some polycrystalline shape-memory alloys. J Mech Phys Solids, 50:2717-2735.

Li T, Tang Z P, Cai J. 2007. Micro-observation of shear wave attenuation mechanism in nylon-66. Materials Letters, 61(6):1436-1438.

Li Y, Ting T. 1982. Lagrangian description of transport equations for shock waves in three-dimensional elastic solids. Appl Math Mech, 3(4):491-506.

Lipkin J, Clifton R J. 1968. An experimental study of combined longitudinal and torsional plastic waves in a thin-walled tube. 12th Int Cong Appl Mech, Stanford Univ: 292-304.

Lipkin J, Clifton R J. 1970. Plastic waves of combined stresses due to longitudinal impact of a pretorqued tube, Part 1: Experimental results and Part 2: Comparison of theory with experiment. J Appl Mech, 37:1107-1120.

Liu Y, Li Y, Ramesh K T, et al. 1999. High strain rate deformation of martensitic NiTi shape memory alloy. Scr Mater, 41:89-95.

Lubliner J, Auricchio F. 1996. Generalized plasticity and shape memory alloys. Int J Solids Struc, 33(7):991-1003.

Malvern L E. 1951. The propagation of longitudinal waves of plastic deformation in a bar of material exhibiting a strain-rate effect. J Appl Mech-Trans of ASME, 18(2):203-208.

Marsh S P. 1980. LASL Shock Hugoniot Data. Berkeley: Univ of California Press.

McMeeking R M, Evans A G. 1982. Mechanisms of transformation toughening in brittle materials. J Am Ceram Soc, 65: 242.

Messner C, Werner E A. 2003. Temperature distribution due to localized martensitic transformation in SMA tensile test specimens. Comp Mater Sci , 26:95-101.

Meyers M A. 1994. Dynamic Behavior of Materials. New York:John Wiley.

Millett J C F, Bourne N K. 2004. The shock-induced mechanical response of the shape memory alloy, NiTi Mater Science and Engi a-Structural Materials Properties Microstructure and Processing, 378(1-2):138-142.

Nemat-Nasser S, Choi J Y, Isaacs J B, et al. 2005. Experimental Observation of high-rate buckling of thin cylindrical shape-memory shells, Smart Struc and Mater: Active Materials: Behavior and Mechanics, Armstrong W D, Proc of SPIE, 5761: 347-354.

Nesterenko V F. 1990. Effect of high dynamic pressures on the properties of high-T_c ceramics, in SCCM-1989, Schmidt S C, Johnson J N, Davison L W, et al. Elsevier: 553.

Niemczura J, Ravi-Chandar K. 2006. Dynamic propagating phase boundaries in NiTi. J Mech Phys Solids, 54:2136-2161.

Рахматулин Х. 1945. Распространении волны разгрузки. Прик Мат Мех, 9:449-462. (in Russian)

Rao C N R, Rao K J. 1978. Phase Transitions in Solids. New York: McGraw-Hill.

Rejzner J, Lexcellent C, Raniecki B. 2002. Pseudoelastic behaviour of shape memory alloy beams under pure bending: experiments and modeling. Int J Mech Sci, 44:665-686.

Sharma S M, Gupta Y M. 1998. Wurtzite-to-rocksalt structural transformation in cadmium sulphide shocked along the a-axis. Phys Rev B, 58:5964-5971.

Shaw J A, Kyriakides S. 1997. On the nucleation and propagation of phase transformation fronts in a NiTi alloy. Acta Mater, 45(2):683-700.

Sittner P, Hara Y, Tokuda M. 1995. Experimental study on the thermoelastic martensitic transformation in shape memory alloy polycrystal induced by combined external forces. Metall Mater Trans A, 26(11):2923-2935.

Song Q Z, Tang Z P. 2014a. Combined stress waves with phase transition in thin-walled tubes. Appl Math Mech (Eng Edition), 35(3): 285-296.

Song Q Z, Tang Z P. 2014b. Dynamic properties of NiTi shape memory alloy under combined compression-shear loading. Advanced Materials Research, Int Conf on Frontiers of Advanced Mater and Engi Tech 2014 (FAMET 2014).

Syono Y. 1987. Mechanism of phase changes under the shock process//Graham R A, et al. High Pressure Explosive Prossessing of Ceramics. Switzerland: Trans. Tech. Pub.: 379-400.

Tang Z P, Dai X Y. 2006. A preparation method of functionally graded materials with phase transition under shock loading. Shock Waves, 15:447-452.

Tang Z P, Gupta Y M. 1988. Shock induced phase transition in cadmium sulphide dispersed in an elastomer. J Appl Phys, 64:1827-1837.

Tang Z P, Gupta Y M. 1997. Phase Transition in cadmium sulfide single crystals shocked along the c axis. J Appl Phys, 81(11):7203-7212.

Tang Z P, Tang X J, Zhang X H, et al. 2006. Abnormal spall behavior observed in pure iron and FeMnNi alloy undergoing α-ε phase transition// 2005. Furnish M D, Elert M, Russell T P, White C T. Shock Compression of Condensed Matter. AIP Conf Proc, 845:662-665.

Tang Z P, Xu S L, Dai X Y, et al. 2005. S-wave tracing technique to investigate the damage and failure behavior of brittle materials subjected to shock loading. Int J Impact Eng, 31:1172-1191.

Tanimoto N. 2007. An analysis of combined longitudinal and torsional elastic-plastic-viscoplastic waves in a thin-walled tube. J Solid Mech and Mater Eng, 1(9): 1112-1127.

Taylor G I. 1940. Propagation of earth waves from an explosion, British Official Report RC, 70.

Taylor G I. 1946. The testing of materials at high rates of loading. J Inst Civil Eng, 26: 486-519.

Taylor G I. 1948. The use of flat ended projectiles for determining yield stress. I: Theoretical considerations. Proc R Soc Lond, A194: 289-299.

Thakur A M, Thadhani N N, Schwarz R B. 1990. Martensitic transformation in NiTi alloys induced by tensile stress pulses, Shock Compression of Condensed Matter-1989. Proc of the Am Phys Soci Topical Conf, 139-142.

Thakur A M, Thadhani N N, Schwarz R B. 1997. Shock-induced martensitic transformations in nearequiatomic NiTi alloys. Metall and Mater Transactions A, 28(7):1445-1455.

Ting T C T. 1969. On the initial slope of elastic-plastic boundaries on combined longitudinal and torsional wave propagation. J Appl Mech, 36:203-211.

Ting T C T. 1972. A unified theory on elastic-plastic wave propagation of combined stress, Proc. IUTAM Symp, Sawczuk A. On Foundations of Plasticity: 301-316.

Ting T C T. 1973. Plastic wave propagation in linearly work-hardening materials. J Appl Mech, 40:1045-1049.

Ting T C T, Li Y. 1983. Eulerian formulation of transport equations for three-dimensional shock waves in simple elastic solids. J Elasticity, 13(3):295-310.

Ting T C T, Nan N. 1969. Plane waves due to combined compressive and shear stresses in a half space, J Appl Mech, 36(2):189-197. Also see AD678481, Technical Report No. 185, Stanford University, 1968.

von Karman T, Bohnenblust H, Hyers D. 1942. The propagation of plastic waves in tension specimens of finite length, Theory and Methods of Integration. NDRC Report A, 103.

Wang B, Song Q, Tang Z P. 2016. The propagation of plastic waves in a rate-sensitive material under compression and torsion, in the Proc of the 2nd Int Conf of Advanced Mater, Mech and Structural Eng (AMMSE 2015), Je-ju Island, South Korea,. CRC Press, 65-66.

Wang B, Tang Z P. 2014. Study on the propagation of coupling shock waves with phase transition under combined tension-torsion impact loading. Science in China: Phys, Mech, Astron, 57(10):1977-1986.

Wang B, Zhang K, Cui S T, et al. 2017. Mechanism of shear attenuation near the interface under combined compression and shear impact loading. Wave Motion, 73:96-103.

Wilkins M L, Guinan M W. 1973. Impact of cylinders on a rigid boundary. J Appl Phys, 44: 200-1206.

Yang S Y, Escobar J, Clifton R J. 2009. Computational modeling of stress-wave-induced martensitic phase transformations in NiTi. Math and Mech of Solids, 14(1-2):220-257.

Yu T X, Yang J L, Reid S R. 1997. Interaction between reflected elastic flexural waves and a plastic 'hinge' in the dynamic response of pulse loaded beam. Int J Impact Eng, 19(5-6):457-475.

Zerilli F J, Armstrong R W. 1987. Dislocation-mechanics-based constitutive relations for material dynamics calculations. J Appl Phys, 61:1816-1825.

Zhang K, Zhang H J, Tang Z P. 2011. Experimental study of thin-walled Tini tubes under radial quasi-static compression. J Intell Mater Systems and Struc, 22(18):2113-2126.